以知为力　识见乃远

DIET *For* *A* LARGE PLANET

Industrial Britain, Food Systems, and World Ecology

Chris Otter

环球共此食

工业化英国、食品系统与世界生态

[英] 克里斯·奥特——著
杨恩路——译

中国出版集团 東方出版中心

图书在版编目（CIP）数据
环球共此食：工业化英国、食品系统与世界生态 /（英）克里斯·奥特著；杨恩路译. —上海：东方出版中心，2025. 6. — ISBN 978-7-5473-2710-4
Ⅰ. TS971. 201
中国国家版本馆 CIP 数据核字第 2025YV5093 号

上海市版权局著作权合同登记：图字 09-2024-0200 号

DIET FOR A LARGE PLANET: Industrial Britain, Food Systems, and World Ecology
By Chris Otter
Licensed by The University of Chicago Press, Chicago, Illinois, U.S.A.

环球共此食：工业化英国、食品系统与世界生态

著　　者　[英] 克里斯·奥特
译　　者　杨恩路
策划编辑　戴浴宇
责任编辑　戴浴宇
封扉设计　甘信宇

出 版 人　陈义望
出版发行　东方出版中心
地　　址　上海市仙霞路345号
邮政编码　200336
电　　话　021-62417400
印 刷 者　山东韵杰文化科技有限公司

开　　本　890mm × 1240mm　1/32
印　　张　14.375
插　　页　2
字　　数　370千字
版　　次　2025年7月第1版
印　　次　2025年7月第1次印刷
定　　价　85.00元

献给蒂娜

目　录

序　言 1

今日，一个小小岛国的经济霸权正将世界束缚在枷锁之中。若是拥有三亿人口的国家也举国采取类似的经济剥削，那它必将同蝗虫一般把世界洗劫一空。

——圣雄甘地，《与资本家的讨论》(1928年)

我认为，或许饮食的改变比朝代的更替或宗教的变革更加重要。

——乔治·奥威尔，《通往威根码头之路》(1937年)

2019年，EAT[①]与《柳叶刀》杂志共同组建的产自可持续食品系统的健康膳食委员会（Commission on Healthy Diets from Sustainable Food Systems）发布报告称："现代食品系统具有改善人类健康和地球环境可持续性的潜力，然而它现在却威胁着人类和这个星球。"[1] 该委员会的第二份报告概述了当今的一种"全球共疫"（Global Syndemic）现象，它由肥胖、营养不良和气候变化所导致。[2] 包含"高热量、添加糖、饱和脂肪、加工食品和红肉"的饮食正在导致代谢紊乱发病率飙升、温室气体排放以及种群灭绝的激增。[3] 这些报告作为一系列最新的研究成果，指出庞大的全球食品系统以及富含肉类的饮食正使我们逐步陷入危机。2014年，联合国关于食物权的报告总结道，全球食品系

① 译者注：EAT是一家由Stordalen Foundation、Stockholm Resilience Center、Wellcome Trust共同设立的旨在促进食品系统转型的全球非营利基金会。

统正在导致磷酸盐和硝酸盐残留、土壤侵蚀和温室气体排放达到危险级别。[4] 2009年，伦敦城市大学（City University, London）粮食政策教授蒂姆·兰（Tim Lang）直言不讳地指出："这世界不能都像美国人或英国人那样饮食，"他说，"若全世界人的胃口和食物选择范围都像美国或欧洲人那么大，那么将没有足够的地球来喂饱我们。"[5]

"没有足够的地球"这一说法也回应了弗朗西斯·摩尔·拉佩（Frances Moore Lappé）的《一颗小星球的新饮食方式》（*Diet for a Small Planet*）一书，拉佩坚定地认为富含肉类以及精制碳水化合物的饮食正是导致多种环境和健康问题的元凶。

2 拉佩呼吁人们食用"食物链底层"的食物，并倡导素食的革命性潜力。她同时坚定地将这场紧急的粮食危机归咎于1945年后由美国主导的世界食品系统，因为它帮助"创造了一个热爱汉堡和小麦面包的世界"。[6] 联合国和EAT-柳叶刀的报告一致认为，全球食品系统所发生的巨大变化正是过去50年来全球经济、科技和地缘政治剧变的结果。[7] 这场全球性饮食转型与1945年以来出现的人类世①和"大加速"（Great Acceleration）完美契合。在这个历史阶段，"人类活动的每一项指标都经历了急剧的增长"。[8]

加速是真实存在的。全球的肉类消费速度正在加快，同时食品系统消耗氮、水和化石燃料的速度也在加快。若欲理解这种加速，我们要先探索现在的食品系统是怎样形成的；那些富含肉类、小麦和糖的膳食又是为何以及如何变得既便宜又诱人的？若欲理解拉佩所说的"小星球的新饮食方式"背后的逻辑，我们必须要先理解罔顾生态限制的"大星球的饮食方式"最初是如何形成的。几乎所有繁衍至今的人类族群都是以当地出产的、植物性的食物为主要的饮食摄入。小星球的饮食方式才是历史的常态，而非一种特例。放弃这种小星球的饮

① 译者注：人类世是研究者提出的一个新地质时代，以人类作为这个星球的主导变动力量为特征。

食方式，是我们星球历史上最致命的进程之一。

本书认为，为了更深入地了解今日全球的粮食形势的历史，有必要先探究19世纪之后的英国。在许多试图解释当今复杂的粮食危机的史学叙述里，提及英国的世界食品系统时通常只是轻描淡写。[9] 本书却认为，正是英国为当代的粮食体系奠定了基础，且其影响比其他任何地区更加深远。英国是19世纪的世界霸主，它控制着巨量的全球资源，建立了远距离的食物供应链，输送大量的肉类、小麦和糖。英国超前的工业化、城市化和人口增长，加上丰富的化石燃料、广袤的帝国领土和自由的政治经济所创造的条件，使得将整个地球变为其食物来源地的想法变得可能、可行，甚至可以系统性地开枝散叶。富含动物蛋白、加工谷物和糖的所谓“西方饮食”，与其国力和社会的进步密不可分。与其把英国的饮食当作笑料，更应该将其当成一个值得用严肃的、历史批判的眼光来研究的课题。

本书认为，历史和现实之间并不存在任何明确的割裂。书中所探究的诸如动脉硬化、人为氮循环、食品加工、对肉食的热衷、代谢紊乱、龋齿、经济发展和气候变化等现象，其确切的出现时间都是难以确定的。

这些现象在人体内部和全世界范围内缓慢地展开。它们的影响是 3
渐进累积的，需要几十年，甚至数个世纪才能完全显现出来。这些现象无法直接地被归因于现代性、人类世或者大加速。

相反，本书的重点集中于作为物质的、时间和空间的现象而存在的食品系统。食品系统连接着动物和植物、劳动者和消费者、农业科技和物流运输、信息网络和加工厂、饮食习惯和食欲。食品系统并非一蹴而就，其建构也并非易事，有时还充斥着暴力。当食品系统建构起来的时候，不同元素之间的排列就形成了凯勒·伊斯特林（Keller Easterling）所说的“倾向性”（Disposition）。英国的食品系统形成了一套庞大的半封闭的基础设施，这套基础设施则倾向于增加化石燃料和化肥的使用，增加肉类和加工食品的消耗，加剧不平等的消费，还会引发突发的卫生问题。另一个重要的概念就是“乘数”（multiplier）。[10] 当系统的元素叠加倍增时，其影响就会成倍增加。一个星球上生养着150万头牛还是15亿头牛，可绝不是同一回事。许多看起来微不足道的新技术——滚磨机、氢化脂肪、牛奶巧克力和拖拉机——它们在大型的食品系统中都有着巨大且长期的乘数效应。随着时间的推移，这些系统获得了托马斯·休斯（Thomas Hughes）所提出的“势头”（momentum）：它们开始具有“质量、速度和方向”。[11] 它们好像无可避免地带着惯性，要改变它们的路线似乎越来越难。食用大量的肉类、小麦和糖类变得不费吹灰之力。而这种饮食对身体和生态的影响则变得越来越难以回避。这三个概念——倾向性、乘数和势头，将有助于解释本书中所讨论的英国食品体系的持久影响。

序言的其余部分概括了这些系统的四个关键因素：外包（outsourcing）与距离（distance），肉、小麦与糖，权力与暴力，以及生态成本。本书的其余部分将更详细地阐述这几个广义的主题，以展现当今包含着诸多面向的粮食危机，其历史远比我们想象的要深远。

大星球的哲学

4 城市的发展始终需要控制农业腹地，进行远距离的食品调拨。像罗马这样的一些古代城市，它们的基础资源都来自海外，通过紧密协调的供应链来取得。在中世纪和近代早期，葡萄牙、俄罗斯、荷兰和中国等多个帝国的统治中心，都是通过探索与控制遥远的农业地区来展现其日益增长的实力。[12] 早在1350年，荷兰省就开始进口谷物，而到了16世纪、17世纪以后，荷兰的商业势力调用了大量波兰的土地、劳动力以及大批商船。[13]“荷兰对外国粮食的依赖已非同小可”，到了17世纪，荷兰约有三分之一的粮食来自谷物高度商品化的海外地区。[14]

在1300年，伦敦的粮食来自遥远的东部牛津郡；而到了16世纪后期，伦敦的沿海粮食贸易已非常发达。[15] 在17世纪，英国的饮食虽然基本自给自足，但也越来越依赖来自波罗的海和东欧的进口，这种现象在英格兰城市化的地区尤为明显。[16] 英格兰人也开始实行“内部外包”，把苏格兰和爱尔兰作为毗邻的农业腹地，同时再从大西洋的“商品前沿”（commodity frontier）① 获取鳕鱼和糖类。[17] 到了18世纪90年代，人口增长使英国国内资源吃紧；在英国干涉法国大革命引起的一系列战争期间，英国人又饱受着粮食短缺和物价上涨之苦。[18]

后续的发展并非注定如此。粮食生产迅速地转向外包，其实也并非唯一出路。弗雷德里克·奥尔布里顿·琼森（Fredrik Albritton Jonsson）告诉我们，有许多有影响力的人物在18世纪末和19世纪初就提出过一些生态上更谨慎的、自给自足的系统方案，包括开垦荒地、引种新作物或提倡移民等。[19] 约瑟夫·班克斯（Joseph Banks）作为一名自然主义者，他一面谨慎地支持使用帝国的领土来生产主食，一面又表达了作为重商主义者的担心，那就是资本会因为购买食物而离开英国。[20] 马尔萨斯（Malthus）则对食品进口感到担忧，担心不断增长的肉类消费会危害英国自给自足的根基。[21] 他认为，“在美国种植欧洲人的粮食，其后果自然令人恐惧”。这也许会带来短暂的繁荣，但最终会走向“长期的倒退和痛苦”。[22] 约翰·辛克莱（John Sinclair）于1791年提出：“我们如果无法做到面包自给，就算不得一个独立的国家。”自由贸易是一个不爱国的潘多拉魔盒，从中倾泻而出的是不安全感，是毫无道德底线的商业利润，以及“几乎是永久的粮食短缺”。贸易保护和较高的价格则会反过来鼓励更高产量的农业生产。[23] 1801年，詹姆斯·安德森（James Anderson）用“荒唐”二字来形容粮食进口，并说道：“若有任何个人或群体通过制定计划、采取措施，

---

① 译者注：商品前沿指资本主义体系为维持资本积累，不断向外扩张，寻找和开发新资源的地理或经济边界。这一过程涉及将未商品化的自然区域（如森林、矿产、农业用地）或社会空间纳入全球商品链，通常伴随生态破坏和社会关系重组。

5 直接地导致我们依赖于其他国家的供给，这该是何等邪恶啊！”[24] 六年后，反斯密主义者威廉·斯彭斯（William Spence）引用了伯克利提出的包围着不列颠的“铜墙”（wall of brass）这一概念，呼吁英国从国际贸易中独立出来。[25] 面临着同样的问题，世界其他地区却作出了不同的选择。例如，日本在20世纪前所采取的就是一种相当程度上的自给自足的发展道路。[26]

不过上述观点在19世纪却逐渐边缘化。史蒂文·卡普兰（Steven Kaplan）认为，这种“自给自足的心态”（subsistence mentality）的瓦解，是一场极深远的集体变革，在心理、经济和政治层面都是如此。[27] 这种瓦解就意味着抛弃辛克莱、安德森和马尔萨斯的担忧，转而拥抱相反的主张：让英国向海外自由流动的食品开放，必将带来工业化和进步。政治经济学家罗伯特·托伦斯（Robert Torrens）竭力主张进口粮食有利于降低国内食品价格，并为制成品带来海外市场。[28] 其结果将会是工业化的不列颠与隶属于它的各类分散的农业殖民地省份之间形成一种“互惠互利的地域性就业分工”。[29] 这是对政治经济学的一种高度历史性的、往往是臆测的解读，它经常使人想起荷兰模式，并建议英国可以将此体系进一步发展起来。[30] 另一位政治经济学家詹姆斯·惠特利（James Wheatley）则认为，利用远距离的农产品盈余是古罗马实践的复兴，它终结了“贸易平衡理论长久而专制的统治”，尽管有批评者认为罗马的外包行为预示着其衰落和崩溃。[31]

若以荷兰和罗马为榜样，其重点在于无边界的交流。这种交流将覆盖全球，就像全球都汇聚在伦敦的世界博览会（The Great Exhibition）那样。[32] 这种范式并非帝国式的，它不是西利（Seeley）所谓的“血缘与宗教”的统一。[33] 它是由我称为“大星球的哲学”（the large-planet philosophy）的结构组成的。在这里我所说的前提，是整个地球都能作为物质财富和资本投资的潜在来源。正如密尔（Mill）所观察到的，英国“不再依赖其自身土壤的肥力来保持利润率，它依靠的是整个世界的土壤”。[34] 英国人“外溢的资本”很方便地在世界各地流动，以资助农业基础设施：仅在1907年和1913年间，英国就在海外投资超过10亿英镑。[35] 一位匿名作家在1899年写道："如今的英国人……他们的许多田地、工厂、矿场和铁路等都在国外。"[36]

卡尔·波拉尼（Karl Polanyi）指出，正是由于英国的政治经济学，"工业—农业的分工才被应用于这个星球"。[37] 古典自由主义者则认为，英国农业终将衰落从根本上说是无须争议的。1881年，自由派经济学家罗伯特·吉芬（Robert Giffen）建议道，如果大量的土地不再用于耕种，而用于"居住"，"这对国家总体来说并不是一件很糟糕的
事"。[38] 英国的小麦种植面积急剧下降。一个古老的、自给自足的生活 6
方式的最后残余正在瓦解，[39] 即便英国是世界上资本最密集的农业种植区。[40] 埃里克·齐默尔曼（Erich Zimmermann）在1951年写道，英国是最接近将农业主导至灭绝的国家。[41] 正如乔尔·莫基尔（Joel Mokyr）总结的那样，这正是对李嘉图的比较优势概念最好的历史诠释：即各个国家"天然地"会将其资本和劳动力引向对本国最有利的方向。[42]

结果是惊人的。1820—1824年和1835—1839年间，由爱尔兰进口到不列颠的谷物和食品的数量几乎翻了一番，当时英格兰85%以上的谷物、肉类、黄油和牲畜进口均来自爱尔兰。[43] 英国还找到了来自德国、波兰和俄罗斯的小麦供应，19世纪40年代进口牲畜法规放宽后，英国还开始从这些国家进口牲畜。不过，关键性的一跃其实在于对新大陆和大洋洲的大片肥沃土地的开发。正如彭慕兰（Pomeranz）所揭示的，正是随之而来的"新大陆的暴利"（New World windfall），加上煤炭的迅速普及，使英国克服了匮乏的威胁，实现了经济腾飞。[44] 英国人有效利用了唐纳德·沃斯特（Donald Worster）所谓的"第二个地球"（Second Earth）的资源。[45] 从1850—1852年到1910—1912年间，英国的食品进口量增长了近8倍，约占英国进口总额的五分之二。[46] 到了1909年，英国人消费的面包至少有五分之四使用进口谷物制成。[47] 此外，进入世界贸易的食品中，流入英国的比例非常高，英国成为"世界上最富有的单一食品和原材料消费市场"。[48] 1860年，亚洲、非洲和拉丁美洲的食品出

口总额中的49%流入了英国。[49] 1930年，英国人口不到世界人口的3%，却进口了全世界出口的99%的火腿和培根、63%的黄油、62%的鸡蛋、59%的牛肉、46%的奶酪以及28%的小麦和小麦粉。[50]

阿夫纳·奥弗尔（Avner Offer）认为，外包正是“英国在维多利亚时代后期最伟大的经济创新”。[51] 有些欧洲国家，尤其是比利时也走上了类似的道路，但它们的进口规模都不如英国。当然外包也有局限之处，也有走进死胡同的时候：例如18世纪末塞拉利昂发展商业化农业的计划就没能成功。[52] 某些食品的生产很大程度上仍然依赖本地，特别是土豆、蔬菜和液态奶，它们易于腐坏的性质提供了“免受外国竞争的天
7 然保护”。[53] 不过，牛奶制品却快速实现了外包。19世纪60年代，美国工厂生产的奶酪已经比英国产的切达干酪便宜，从此这种奶酪就源源不断地进口英国。[54] 在大规模生产、巴氏杀菌技术和酸乳酶标准化的推动下，泛化、同质化的盎格鲁切达奶酪的时代正在到来。1888年，有人在萨福克郡观察到“国外产的奶酪、黄油和炼乳遍布了每个村庄”。[55]“Lur-brand”商标在1913年获准后，英国40%的黄油都来自丹麦，丹麦在当时成为英国的“黄油、培根和鸡蛋工厂”。[56] 1935年英国生产了自身所需的9%的黄油和30%的奶酪；与此同时，有两种经典的工业化食品——人造黄油和炼乳（主要进口自荷兰）大量涌入英国。[57]

1935年，阿斯特（Astor）和罗恩特里（Rowntree）指出，如此惊人的进口水平，正是英国资本大规模海外投资和制成品出口的结果。[58] 仅依赖国内农业，还要同时提高生活水平是“不可能的”。[59] 他们所考虑的是一种“独特的‘英国式’的发展模式”，即结合了自由的贸易、降低的运输成本、廉价的原材料以及一个工业化核心的建设，而这必须要有多个不同的世界性粮食市场。[60] 在英国人看来，自由贸易与经济繁荣息息相关，但18世纪70年代，欧洲大陆的农民却逐渐发现，自由贸易与经济萧条如影随形。[61] 到了1900年，除了英国、丹麦、比利时和荷兰以外，大多数欧洲国家都实行了某种形式的贸易保护。[62]

要形成牛肉、小麦和糖的市场，就需要如今我们所谓的“农业—

食品系统”。这个系统是一个多领域的集合，将不同的元素捆绑在一起，形成长久的空间配置：这些元素包括畜牧大草原、农场、牧场、蒸汽船、铁路、电报、检验员、文书、精炼厂、仓库、码头、磨坊、屠宰场和面包店等。随着系统的规模的扩大和物料复杂性的不断增加，对牲畜肉类、谷物和食糖的预期流动来进行管理、监测和标准化就变得越来越有挑战性。高架轨道、带式输送机、井架式电梯、自卸式铁路卡车和自动秤等机械搬运技术，又使得贸易流通变得更加快捷、顺畅。[63] 其结果是形成了“网络化食品经济”，即营养物质通过一种极其复杂的结构，由生产地流向加工场所、销售场所和食用场所。[64] 早在货盘、集装箱和食品物流软件出现之前，食品链的管理就已经是一套环环相扣的做法了：若是没有它，比较优势理论便不过是政治经济学的纸上谈兵；食品系统也不会形成产生全球性的影响的势头。

1820年到1914年这段时期是农业—食品系统漫长历史中的一个 8
重要阶段，新欧洲移民社会飞速崛起，它们大量利用农业和技术系统，凭借新兴的世界市场供应主食。这个系统和旧式的欧洲贸易垄断不同，是真正的国际和多边的体系。[65] 如果没有农业—食品系统，1945年以后的加速发展将不复存在。农业—食品系统虽然没有单一的中心，但是由于英国吸收了远超其他国家的进口食品，因此它曾是这个网络中最重要的节点。这些系统把英国消费者与丹麦的养猪户、印度农民、新西兰的奶酪工人和阿根廷的牧场主联结在一起。新大陆和大洋洲的系统是“商品前沿”：在那里，长期累积的土壤肥力、丰饶的资源、资本的流入、廉价的劳动力和薄弱的国家权利意识，使得食品的大量生产和资本的快速累积得以实现。[66] 正因如此，政治经济学家把它认作资本前沿扩张的一个新的阶段。[67] 亚当·斯密（Adam Smith）兴奋地说道：“只需付出极小的代价，便可以获得生产力极大的一片荒地。”[68] 这种“廉价而新鲜的土地”或“处女地”可以像英国泰恩赛德的煤田一样被高效地开采，而正是泰恩赛德的这些“黑色的钻石”为农业工业化的丹麦乳制品厂和培根工厂提供动力。[69] 未开垦的土地将得到改良，变得更有生产力：经济动机与征服世界的宗教使命融合在一起。[70] 于是，大规模的移民潮开始涌现，其中很大一部分来自英国：殖民化将会恢复工业化大都市与其农业领地之间的人口平衡。在1841年到1900年间，有2 500万人离开欧洲，他们中的多数奔赴了美洲和大洋洲的“商品前沿”。从1870年到1910年，北美、阿根廷、乌拉圭和澳大利亚的已开发可耕地面积从8 200万公顷激增到1.85亿公顷。[71] 这一“基于资源而发展的黄金时代”还不断地进行纵向“商品前沿”的开采，它饥渴地吞噬着铁、海鸟粪、煤、粪化石和石油。[72]

在《生态帝国主义》（*Ecological Imperialism*）一书中，阿尔弗雷德·克罗斯比（Alfred Crosby）观察到，这些“新欧洲”的“商品前沿”（加拿大、美国、澳大利亚、新西兰、阿根廷和乌拉圭）仍然生产着三分之一的跨国界的农产品。他认为，这些地区对食物的贡献，就如同中东对石油的贡献一样：为资源匮乏的工业化地区供输关键的能量。[73] 其生物量①的生产与消费的比例仍然是世界上最高的。[74] 这个比例深深植根于英国食品的历史之中，它孕育了专门生产特定食品的“商品前沿”：加拿大的小麦、新西兰的羊肉、阿根廷的牛肉，这些食品均从地理上非常遥远的地方运送而来。19世纪70年代中期，皇家统计学会的斯蒂芬·伯恩（Stephen Bourne）总结道：“我们的生活必需品可能需要整个世界来进贡。”[75] 20世纪初，殖民地经济与英国的
9 联系变得特别密切。[76] 20世纪30年代，南非超过70%的食品出口到英国。[77] 这种出口导向是非常罕见的：1945年之前，澳大利亚、新西兰和加拿大总共出口了进入世界市场的45%的小麦、40%的黄油、46%的奶酪和78%的羊肉。[78]

斯密把食品的自由贸易作为《国富论》的核心内容，指出正是政府对食品供应的干预并非预防饥荒的措施，反而引起了饥荒。如果商品从海外采购更便宜，那么英国就应该保持进口。[79] 19世纪的农业

① 译者注：生态学术语，指某一时刻单位面积内实际存活的有机物质总量。

进步主义者都坚持这种斯密主义的路线。政治经济学家理查德·怀特利（Richard Whately）特别提到如何对价格信号作出反应，使伦敦的“理性自由人”的食品供应像机器一样规律运转。[80] 反贸易保护主义者詹姆斯·凯尔德（James Caird）对英国的政策表示赞赏：“大不列颠没有农业大臣……没有国有的畜群或马场，也没有任何国立的农业院校。”[81] 从政策角度来看，此言不虚。英国从1842年起不再禁止活畜进口；1846年废除了《谷物法》。其他食品的贸易也开始自由放开，最后食糖关税也于1874年废除。[82] 李嘉图的比较优势模型很好地得到实践、证明和延续。

于是，亚当·斯密和李嘉图的理论通过英国人对廉价食物的体验而与英国的形象交织在一起。正如弗兰克·川特曼（Frank Trentmann）所言，廉价食品、开放市场和“充满活力的公民社会”构成了英国理性与感性的自由版本，这同“像德意志帝国这样的保护主义国家的军国主义道路”形成了鲜明对比。[83] 英国刻意摒弃了奥弗尔所说的“新理性新重商主义”。[84] 通过拒绝贸易保护主义，勇于追求自由贸易，英国避免了“挨饥的四十年代”，享用着廉价的牛肉、小麦和食糖。谁喜欢吃黑面包和马肉这种所谓自给自足的、粗糙的、令人厌恶的饮食呢?[85] 无论是从本能的、想象的还是理性的层面上，重新引入保护主义的尝试均告失败。正如罗伯特·罗伯茨（Robert Roberts）所回顾的，在1906年的选举中，如果说保守党的胜利“意味着‘小面包’，那么自由党的胜利就意味着‘大面包’”：“这就是穷人也能理解的政治！”[86]

自由贸易者向来认为是经济自由主义维持了食品的低价格。[87] 把阿根廷的牧场和英国的餐桌连接起来的农业—食品系统创造了一个“廉价肉类制度”。[88]“商品前沿”的廉价燃料和劳动力压低了价格。在1871—1875年和1894—1898年间，小麦价格下降了约51%。[89] 1870年以后，廉价食品成为提高工人阶级生活水平的基础（见图0.1），这必定有利于国内的幸福感和稳定。[90] 城市地区的食品价格普遍较低。[91]

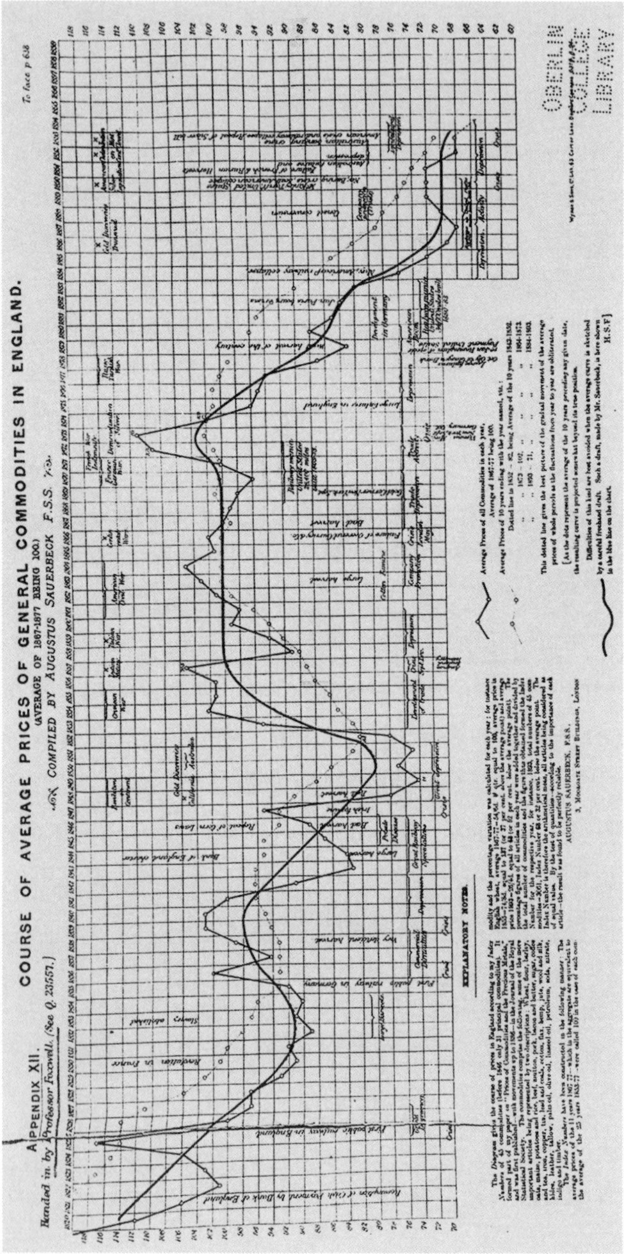
APPENDIX XII.
Handed in by Professor Foxwell. (See Q. 23557.)
COURSE OF AVERAGE PRICES OF GENERAL COMMODITIES IN ENGLAND.
(AVERAGE OF 1867-1877 BEING 100.)
COMPILED BY AUGUSTUS SAUERBECK F.S.S.
To face p 638
EXPLANATORY NOTES.
OBERLIN COLLEGE LIBRARY

图0.1　廉价食品的时代。19世纪晚期商品价格下降

From Royal Commission on Agriculture, *Minutes of Evidence Taken Before Her Majesty's Commissioners Appointed to Inquire into the Subject of Agricultural Depression*, 3 vols. (London: HM Stationery Office, 1894), vol. 2。

新古典主义和凯恩斯主义经济学皆认为廉价的食品与欧洲的繁荣 11
之间存在着本质联系。[92] 在德国，除了土豆和牛奶，其他所有食品都比英国贵得多。[93] 法国的食品价格也比英国高出许多。[94] 此处所要着重说明的是，并非英国的所有食品都更便宜，而是外包的那些（肉、小麦、糖）更便宜。英国的牛奶相对昂贵，且消费量很低。

不过，廉价的背后有着许多隐性的成本，如劳动、生态和生理上的成本。拉杰·帕特尔（Raj Patel）和贾森·穆尔（Jason Moore）主张："廉价是一种策略、一种做法、一种暴力，它调动了各种各样的工作——人类与动物的工作，植物和地质的工作——却只付出了尽可能少的代价。"[95] 低廉的价格，是食物系统创造的倾向性中的一个必要部分：它使某些食物特别具有吸引力。但是，这种追求以单位时间内的劳动换取更多热量供应的系统，为大规模的全球不平等、代谢疾病和生态崩溃埋下了伏笔。这正是在当今的食品体系危机下，我们所要关注的对象。

肉类、小麦和糖

这种划时代的饮食转变通常被称为"营养转型"，其他术语，如"中阶饮食的兴起""饮食革命"也被用于指代同样的情形。[96] 这种转变有几个显著特征。第一，从肉类和奶制品中摄入的蛋白质比例增加。这种"肉食化"（meatification）导致全人类营养水平的上升：人类开始吃食物链更上游的食物。[97] 第二，小麦，尤其是碾磨后的小麦，成为主要的谷物来源。第三，纤维的摄入量降低。[98] 第四，糖的摄入量急剧增加。第五，脂肪（肉、奶酪、黄油、人造黄油）的消费量显著上升。由此我们发现，"复合碳水化合物的消耗被其他两个方面的消耗挤占，一方面是糖，另一方面是脂肪"。[99] 在19世纪80年代，脂肪约占英国人卡路里总摄入量的22%，到1961年，这个数字变成了

41%。[100] 第六，这种饮食是工业化的，以机械化、加工和包装为典型特征。第七，肉、小麦和糖的组合越来越多地被大众所接受，在城市地区尤为如此。[101]

除了肉类，这种饮食与人类进化过程中消化的饮食大相径庭。在旧石器时代晚期，人类饮食中没有牛奶、精制谷物和糖，而主要是由水、蔬菜、水果、坚果、根茎和鱼组成，吃肉是偶尔的事。营养转型是人类营养史上的一个关键分水岭，其意义也许可以与新石器革命相
12 提并论。[102] 世界上任何一个地区，只要采用西方资本主义社会的多肉、高糖的饮食模式，营养转型往往会迅速地实现。拉丁美洲就是一个很好的例子。[103] 城市化程度越高，人们的饮食就越甜，摄入的纤维则越少。

英国是继荷兰之后世界上第一个经历营养转型的国家。[104] 20世纪初，英国消耗的肉和糖在欧洲是最多的。[105] 在1909—1913年间，肉、小麦、糖和乳制品是英国食品供应的四种主要来源，共占英国食物总能量的76%。[106] 这就是为什么本书要把重点放在肉、小麦、糖和牛奶（不过牛奶的占比会少一些）上：它们是在19世纪、20世纪滋养英国人身体的食物。这些食品（除液体奶外）被外包生产，价格低廉，通过远距离的农业—食品系统进行生产和分配。

至少在近代早期以来，肉，尤其是烤牛排，已经成为英国饮食的象征性核心。[107] 在1800年的星期日烤肉（Sunday roast），即"神圣的一餐"中，肉通常是家庭聚餐的唯一餐食。[108] 到了19世纪80年代，中产阶级早餐的餐桌上普遍出现了熏肉。[109] 1938年，克劳福德（Crawford）和布罗德利（Broadley）指出："长期以来，'英式早餐'在英国国内一直是民族自豪感的来源，在国外也是一种典范。"[110] 从18世纪初开始，来自海外的访客就注意到英国的肉类消费旺盛，他们通常把这种现象与较高水平的工业生产联系起来。不仅肉类消耗量大，而且认为"肉类是文化的必需品"的观念也普遍存在。

必须承认，英国人在烹饪上有着节俭与清淡的传统，当然这

和长期以来他们排斥吃青蛙、蜗牛、“燕窝汤或马肉排”的人的排外心理没什么关系。[111] 美国外交官沃特尔·海恩斯·佩奇（Walter Hines Page）曾咆哮道：“（英国人）只吃三种蔬菜，而且其中两种都是卷心菜。”他还同样厌恶英国的理发师、钢笔和报纸。[112] 英国烹饪也以煮得过熟而闻名，炖得过熟的肉常被戏称为“古塔佩查胶”（guta-percha）。[113] 英国的食谱建议将蔬菜熬煮很长时间，不过考虑到如果使用的是较小的锅子、不太稳定的热源和质地坚硬的蔬菜，最后的出菜可能比我们预料的还要更紧实一点。[114] 历史资料常常提及英国人对烹饪的漠不关心、寥寥可数的菜谱和功能不全的厨房。[115] 于是，他们成了全欧洲最热衷于预制食品的消费者。

地方性差异还是存在的。从德文郡和科尼什郡的藏红花面团蛋糕到约克郡的茶点蛋糕，它们都呈现出各异的形状。[116] 蛋糕和糖果通常以产地命名：切尔西螺旋形果子面包、贝克韦尔馅饼、埃克尔斯酥饼、达林顿祖母面包、杰德堡蜗牛太妃糖、埃弗顿太妃糖和唐卡斯特奶油糖果等。[117] 奥威尔（Orwell）则非常推崇英式饼干。[118] 糖果和薯片
的形状和口味也出现了无穷的创新。尽管如此，英国食品体系的发展 13
势头仍然意味着英国的饮食变得越来越同质化。[119] 传统的苏格兰燕麦饮食曾保留了它的追随者，例如有一位作家就尖刻地宣称：“我们捍卫燕麦硬饼和燕麦粥，反对小麦制品把这个世界搞得一团乱。我们以燕麦硬饼、燕麦粥、薄麦饼和麦片汤之名发誓。”[120] 但在20世纪早期的爱丁堡，燕麦粥还是被“打入了冷宫”，格拉斯哥的一项研究随即表明，白面包、果酱和茶已经篡夺了燕麦的地位。[121] 威尔士也经历了类似的转变，开始喝茶并吃起了“娘娘腔的小麦面包和黄油”。[122] 爱尔兰的人均糖消费量从1859年到1904年增长了大约10倍。[123] 这带来了一个后果，那就是当代英国的地方性食品品种比其他欧盟国家少得多。2005年，意大利有149种食品具备地理标志保护地位，法国则有143种，而英国只有29种。[124]

营养转变的势头首先在城市地区显现出来。肉类消费在城市里更为突出："随着英格兰人的生活逐渐向城镇集中，工作越来越劳累，越来越需要人工作业，动物性食品对人们来说也必然变得不可或缺。"[125]人们对白小麦面包和加糖的茶的需求也同样如此；城市地区还从农村地区攫取牛奶。"这是一种反常而且令人不安的情形，"1936年的《泰晤士报》指出，"为国家提供给养的农村无法再从自己的产品中充分受益。"[126]不断延长的供应链使城市的食品经过更多加工、包装和掺假：城市人口吃的是垃圾食品，这也许是城乡地区身高差异的原因之一。[127]尽管移民社区——尤其是犹太人保留了许多饮食传统，帝国主义也有利于英国烹饪方式与新口味的融合，但这些烹饪的多样性，不过只是点缀了英国人那波澜不惊、平淡无奇和千篇一律的口味罢了。

这一时期的饮食使英国人的平均身高得到增长，也增强了他们对各种传染病尤其是肺结核病的抵抗力。英国人的饮食使他们更高大、更强壮，但同时也增加了患心脏病、2型糖尿病和肥胖的概率，随之而来的还有龋齿和便秘的高发病率。血糖和胆固醇在城市人口的静脉和动脉中积累的速度更快。[128]到20世纪初，这种情况已经很明显了。营养的转型将人体快速推进到一种新的饮食生态中，通常以营养过剩为特征。这是一种显著的、历史性的变化，但从进化的角度看，我们人类还没有准备好应对这种情况。这是一个相当缓慢甚至难以察觉的过程，但在进化史上却是短暂的一瞬。随着西方人愈发饱受退行性疾病之苦，食物就滋生出了焦虑和健康的困境。[129]古代和非西方的饮食因此变得越来越有吸引力：发展一词在有些人的眼中，其实就是一种腐败和退步。不过，随着英国以及后来的美国的势力在世界各地蔓延，与肉—小麦—糖饮食相关的矛盾综合效应在更大的范围内显现了出来。

权力 14

虽然饮食不平等是一种历史的常态，但它总是受到历史上的特定权力关系的影响。英国的世界食品体系将阶级、性别、种族和物种的不平等联系在一起。在英国，饮食供应是不平等的。极端贫困的人们由于饮食中含有大量白面包、人造黄油、含糖茶和炼乳而体质羸弱，就是一种由于营养转型造成的营养退化。一份报纸评论道："政治上无权力的人吃得也无营养。"[130] 我们现在知道，出身贫困会对人的身材、长期代谢健康和人的能力产生有害的影响，这种影响还可能会代际传递。[131] 与男性相比，女性摄入的蛋白质和卡路里更少，不同的性别角色和经历对应着明显不同的饮食基础，从前是这样，以后也必将继续如此。尽管一些人推崇殖民地的饮食，但通常来说，殖民地居民的饮食还是比英国精英阶层的更差。把吃得不好与政治上的弱势进行联系，逐渐成为一种陈词滥调。温斯顿·丘吉尔（Winston Churchill）指出，"黄种人、棕色人种和黑人"还没有"学会去要求并且购买比米饭更好的饮食"。[132] 随着营养转型的展开，弱势者受到的不良影响最大，其饮食最终使他们最容易受到营养过剩疾病的威胁，特别是那些与肥胖相关的疾病。这一进程的发展势头是当今全球流行病的一个关键方面。肥胖不利于个体的体力和能力的发展，而且这种能力上的削弱和被污名化的情况，在贫困和肥胖女性的身上尤为明显。[133] 血糖、胆固醇和内脏脂肪的累积是缓慢的、无形的，而且极难逆转。罗布·尼克松（Rob Nixon）所说的"缓慢的暴力"正是如此：它们是会"递增和增殖的"。[134] 这些公共健康的祸患，恰是"缓慢的暴力"中最慢、最难以察觉的形式——对新陈代谢的暴力——它是由营养转型以及各类相互交织着的农业—食品系统所共同施加的暴力。与其说这是人类身体的历史，不如说这是人体内部的历史。

缓慢的营养暴力的另一个维度是饥荒。当今，把饥荒看作“权利危机”的观点已经司空见惯了。饥荒不是由绝对的缺乏粮食引起的，而是由缺乏购买力引起的，是由结构性无力和经济混乱造成的，而这
15 正是食品系统缓慢发展的自然结果。[135] 通过对资源前沿和农业—食品系统的控制，英国开始指挥、分配并消耗巨量的动植物食品。它可以拒绝向饥饿的人们提供食物，也可以通过规定发放条件来提供食物。爱尔兰（1845—1850年）和印度（1876—1878年、1896—1902年、1943—1945年）的饥荒就是“缓慢的暴力”的结果。危机最初是由植物病害或气候灾害引起的，它打击的是那些处于经济极度不稳定状态中的人口。英国人利用这些危机作为机遇，将这些碎片化的地带进一步市场化、去农民化，使之人口减少，并将他们吸收到其农业—食品系统中去。霍布森（Hobson）指出，进口粮食使一些国家通过“加剧其他地方的人口问题”来“规避（自己的）人口问题”。实际上，饥荒是被外包的。[136] 保守估计，在19世纪的爱尔兰和印度，因饥荒而导致死亡的人数约为1 300万。英国对全球粮食体系的掌控也导致了自身的问题。1898年，海军少将贝雷斯福德认为，由于大量的进口，英国的全球性商业结构“恰恰在我们体系中最能迸发伟力的地方”形成了软肋。[137] 在两次世界大战期间，英国放弃了经济自由主义，并通过许多技术方法重新调整其对全球和国内农业—食品系统的控制，包括恢复国内农业和配给制、使用护航舰队、武装保护商船等。从英国人的角度来看，这一努力是非常成功的：在这两次大战中，英国都没有面临饥荒的威胁。在第一次世界大战中，它调动了对农业—粮食系统、情报网络和后勤运输能力的控制，实施了封锁，造成约80万德国人和40万奥匈人死亡，这显然是轴心国崩溃的原因之一。希特勒统治东欧和乌克兰、进行种族灭绝的构想，正是源于他对将来可能遭遇饥荒的恐惧心理。

对农业—粮食系统的控制还涉及跨“商品前沿”的权力关系的重构，通常以购买、占领、征服或签订条约来实现。例如，澳大利

亚的土地就是通过宣布或假定其法律上的权力真空，或称其为无主地（terra nullius）而被占有的。[138] 欧洲人宣称其占有某块土地的理由多种多样，有时甚至互相矛盾，特别是洛克的思想：那些改善了“未经人类涉足的自然”（unassisted nature）的人，他们从根本上提高了生产力，创造了价值，所以由此而获得了土地的所有权。[139] 在澳大利亚，英国殖民者因为没有发现任何农场，就宣称当地从事狩猎、采集的人民处于社会经济发展的最低水平，即当地土著居民几乎与动物或植物无异。[140] 所有权与生产性利用是分不开的：仅仅占据土地并不意味着拥有它。这一观点在19世纪逐渐巩固，尽管从未完全占据主导地位。[141] 推行个人财产权对于土地的改良和生产盈余的积累是必不可少的。这点突出地体现在殖民者强行杀戮、迁徙原住民的行径中：高地 16
清洗（Highland Clearances）就提供了一个最初的范本。实际上，许多高地人移民到澳大利亚，在那里他们取代了那些被视为没有生产力的当地土著。[142] 塔斯马尼亚（Tasmanian）土著人被殖民者迅速地灭绝，然后被羊群所取代，许多人在弗林德斯岛的营地中丧命，那些营地名义上是为了提供庇护和传教。[143] 殖民者们在阿萨姆邦建立皇家茶叶种植园的过程，伴随着暴力的军事征服。[144] 1885年，加拿大的梅迪斯人（métis）的抵抗行动被西北平叛行动所粉碎；19世纪70年代初，阿根廷的高乔人（gauchos）被布宜诺斯艾利斯政府征服。[145] 土著巴塔哥尼亚人（Patagonian）被驱赶到指定的定居点，被禁止沿用原来的生活方式。[146] 高乔人的生活方式从19世纪70年代开始瓦解，其生活被围栏和铁丝网所包围。高乔人只得屈从于不需要太多劳动力的资本主义农业，最终沦为了苦工。[147]

然而，人类对动物的暴力以更快、更加机械化的形式出现。在1800年之前，屠宰是一种小规模的、常见的，甚至具有社交性质的活动，只生产相对少量的肉类和其他动物产品。然而，随着肉类需求的增长，传统的屠宰系统遭遇了瓶颈。人们最后选择了工业化的屠宰，把屠宰和人类社区隔离开来，其规模也变得前所未有，越来越不可思议。这种屠宰场系统由法国首创，在德国被推广，而后在新大陆和澳大利亚的大型屠宰场登峰造极。这些复杂的系统进行了三重分隔、掩盖方式：首先，屠宰与社会完全隔离，尽管这是一个渐进的过程；其次，在屠宰场内，屠宰与非屠宰活动被隔离开来；最后，动物本身也被圈在与屠宰区隔开的待宰围栏里。肉类消费与肉类生产在空间和感知上被完全分开，屠宰变成了一道默默无闻的、隐形的工序。[148] 正如丽贝卡·伍兹（Rebecca Woods）所言：将屠宰转移到了遥远的“商品前沿”，是最成功的混淆视听的技术。“屠宰……被移到了帝国的边缘地带，真可谓移到了地球的尽头。”[149] 农业—食品系统中最深层的暴力在很大程度上变得难以察觉，这一点在20世纪全球鸡肉消费的增长中同样明显。

生态学

“我们目前食用的蔬菜中，几乎没有哪种是自然生长的。”医生约翰·帕里斯在1826年这样说道。[150] 为了满足需求，英国的食品系统通过选择性育种、科学饲养、杂交和人工授精等技术，培育新的生物品
17 种。[151] 这些新的生命形式包括赫里福德肉牛、丹麦长白猪、科里代尔羊、红快富小麦（Red Fife）、POJ2878品种甘蔗和白西里西亚甜菜等。这些生物是为资本主义农业—粮食系统的需要而设计的，能够抵御虫害，快速成熟，从最少的粪肥或其他肥料中吸收尽可能多的营养。他们被用来生产标准化的商品，如五花培根、高谷蛋白小麦，以满足营养转型对高能量食物的需求。英国的食品系统加强了人们对非人类生命体的生物性控制，从进化史的角度来看，这一过程已远远超出了驯化的范畴。[152]

在这段历史中，人们也开始担心可能会出现的自然异化问题。越来越多的牲畜被关在畜棚、牛栏里，后来又被圈养在工厂化的农场

里，以保证它们的生物、营养和物理环境可以被密切管控。农业生理学家约翰·哈蒙德（John Hammond）宣称："通过对环境条件的控制，我们才得以在家畜中繁育和筛选早熟的品种。若是在食物供应不稳定的自然条件下，这是绝无可能的。"[153] 然而，这个过程却产生了意想不到的后果，比如牲畜更容易受到各种疾病或心理问题的困扰。食品加工的程度越来越深，从滚筒碾磨小麦制作的白面包、精制蔗糖，一直到大规模生产的冷冻即食食品。从全麦面包运动和素食主义运动开始，到推崇有机农业和非西方的饮食方式，人们对人造食品的恐惧推动了这些19、20世纪的反主流文化运动。因此，食物有可能成为一个关键的核心，有关进步、自然、健康、道德以及西方生活方式的最终可行性，将围绕着这一核心无休止地争论下去。

本书运用了几种不同的批判性框架，来揭示这些复杂的人工化和生态转型的过程。它们与饮食转型相伴而生，标志着其历史中的一种自我反省的面向。

第一，本书使用了由威廉·克罗农（William Cronon）继承的马克思的"第二自然"的概念。克罗农论证了城市的发展推动了前沿的扩张，然而，本书讨论的不是芝加哥和美国西部，而是英国和全球。横贯各洲的第二自然，指引着食品流向英国。[154]"大星球的思想"创造了一套组织，使大自然被人类所占有，被人类所体验。

第二，本书借用了贾森·穆尔（Jason Moore）的"世界生态"概念，重新强调了在过去的几个世纪里，生物以及人类之间的关系是如何日益被资本主义塑造的，即使这里强调的是工业化之后的世界，而
非现代早期的大西洋。摩尔认为，"当资本主义作为一种世界生态时， 18
它便不再是指这个世界的生态，而是一种由权力、资本和自然组成的历史模式"。[155]

第三，本书引入马克思理论中"社会新陈代谢"的思想，论证了食物系统的倾向性是如何在城市和农村地区之间，以及在全球范围内的发达地区和欠发达地区之间，造成巨大的生态失衡的。[156]"大星球的

哲学”抓住并引导了全球能量的关键流向。尚德尔（Schandl）和克劳斯曼（Krausmann）断言这种英国模式“并不是一种可持续的和普遍适用的欧洲工业化蓝图”。[157] 不过，这却让英国人有了奢侈的幻想，认为经济增长可能是无限的和可持续的，尤其是因为化学和生物学的进步似乎预示着作物产量将不断提高。[158] 英国的饮食需要不断膨胀的代谢，其消耗的全球的资源与其几个小岛的体量严重不匹配。[159] 为这种膨胀的代谢提供动力，会导致化石燃料使用的增加、动物粪便的积累、氮和磷循环的重构，以及化肥和污水渗入周围生态系统。

第四，这本书利用了罗克斯特罗姆（Rockström）和克卢姆（Klum）的“地球界限”（planetary boundaries）的概念。一旦跨越了某些界限，就可能会对地球造成不可逆转的生态破坏。其中有两个界限的不确定性区域已经被跨越：那就是氮和磷的生物地球化学的循环以及物种灭绝率。[160] 其他位于不确定地带的地球界限，即土地系统变化和气候变化，也与全球食品系统的影响息息相关。[161]

第五，本书使用了“生态需要面积”（ecological footprint）和“生态超限”的概念。“生态需要面积”简单地衡量了“维持每个生命体所需的生产土地和水源面积”。[162] 使用准确性各异的衡量方式，使人类消费对地球的影响概念化的做法，有很长一段历史。1903年，罗伯特·特恩布尔（Robert Turnbull）计算出，若要养活不断增长的人口，英国每天需要“1 000英亩的额外的土地，其生产力与整个英国相当”，而且，这一计算并未包括肉类生产。[163] 这种概念的后来版本还包括格奥尔格·博格斯特伦（Georg Borgstrom）的“幽灵公顷”①（Ghost Acreage）或环境社会学家威廉·卡顿（William Catton）提出的“幻影承载能力”（Phantom Carrying Capacity）。[164] 威廉·里斯（William Rees）在1992年发展出了“生态需要面积”的概念。英国的资本主义

---

① 译者注：一些国家或地区的发展已经超出了本土土地的承载能力，支撑超出部分的土地在本土是看不到的，可能位于地球的其他地方，因此被称为“幽灵公顷”。

与煤炭、肉类、小麦和糖的结合，变成了马尔萨斯最害怕的噩梦：一
个国家在物质上所需的土地面积远远超过其实际拥有的土地面积。一 19
个国家对饮食资源的需求已经大大超过了其生态承载能力，这种过度依赖资源的“大星球”理念被植入英国人的油腻、纵乐日常习惯和欲望之中。英国的增长是建立在热力学上无法成立的假设之上的，这种假设认为经济增长可以无限进行，而不会产生生物地球化学的后果。[165] 正如肯尼思·博尔丁（Kenneth Boulding）所抱怨的那样，经济学家们“未能认识到地球从开放走向封闭的终极后果”，也没有认识到把从“大星球的哲学”转向“小星球的哲学”的必要性，地球的新形象似乎要求这样的转变：它不过是一颗孤独的、闪亮的“蓝色大理石”罢了。[166]

但是，我们还有多少土地可以利用，其肥沃程度如何呢？1939年，地理学家乔治·金布尔（George Kimble）指出，尽管“仍有数百万平方英里的潜在农田散布在地球各处”，但这些土地大多是被雨水风霜侵蚀的边缘地区。不过，他补充说，“每个人都应该有足够的土地来养活自己和家人，这是天经地义的事”，并呼吁对这个宜居的星球进行技术开发。尽管水土流失日益加剧，但危机还没有迫在眉睫。[167] 斯坦福大学食品研究所的卡尔·阿尔斯伯格（Carl Alsberg）则没有那么乐观，他认为极寒使得全球约三分之一的土地几乎无法用于粮食生产。[168] 保罗和安妮·埃利希（Paul and Anne Ehrlich）以其特有的夸张的笔调提出，如果地球上的每个人都像当代美国人那样消费，我们将需要五个地球。[169] 而在此之前，对全球承载能力的估算就已经成为一个名副其实的产业。卡顿的想法则更加令人难以置信——他认为人类至少需要十个地球。[170] 这些观点可能会滑向朴素的马尔萨斯主义，但它们通常强调的不是单纯的人口问题，而是过量的消费特定资源组合（尤其是红肉）的人口，而这些资源组合是由全球食品系统提供的。亚当·斯密在《国富论》中就认识到了肉类和过度利用土地之间的联系。[171]

生态需要面积模型表明，我们“目前利用的自然产品和服务至少比生态系统可再生的数量多出50%”。“人类经济的新陈代谢”现在已经“超过了生态圈的再生能力”。[172] 为了维持“安全的运行空间”，有人提出一项“半个地球战略”的倡议，旨在保护地球50%的生态系统，使其保持基本完整的状态：全球食品系统的扩张要被遏制下来。[173] 这远远超过了目前世界上受到保护的全球15%的土地面积。[174] 其他报告则指出，只要减少废物和生物燃料的生产、改善管理并保证土壤可再生，农田面积还可以谨慎地扩大。[175] 这些模型并不完美，也
20 不总是相互兼容的。数据和结论也仍存在争议。一直有人批评生态需要面积模型，因为它将所有的环境转变简化为一个土地面积和碳排放的问题，而忽略了生态变化的许多其他方面，或是因为对资本主义关系的关注不足。[176] 类似于“荒野”（wilderness）以及甚至“生物群落”（biomes）这样一些生态需要面积模型的基础性的概念，在认识论上也很容易遭到反对。[177] 然而在事实上，并没有哪种单一的测量方法可以全面计算出人类对地球生态系统的影响。这一系列的测量方法的意义就在于，我们得以从多个角度有效地应对这些巨大而复杂的问题。[178]

本书追溯了19世纪英国饮食彻底转变的背景、原因、后果和历程。这是一本综合性的著作，借鉴了许多学科（历史、经济学、科学和技术研究、营养学、生态学、进化生物学），并利用了数以千计的第一手资料（医学期刊、各行业的教科书、议会报告、家畜饲养手册、报纸、饮食调查、有机农业的论著、经济地理学的指南、食谱、食物中毒专题论文集以及工人阶级的回忆）。本书关注为英国提供廉价和充足食物的各种系统。这些系统是比较优势理论的最基本范例，也是经济自由主义真正的体现。不过，这些系统在安排协调上非常复杂，最终仍需要运用国家的各种监管措施来维持。这些系统提供的都是精制的、经过加工的、富含动物蛋白和脂肪的新型膳食，在英国经济腾飞期间提供了持续的热量摄入，但也增加了因新型的营养缺

乏而导致新发病率和死亡率。这个庞大的机器还在地缘政治上发挥了重要作用，是盟军在两次世界大战中取得胜利的关键因素之一；对于那些生活在其边缘的人来说，它有时也会带来残酷的饥荒。最终，它还是一个新陈代谢与生态的系统，它重新配置了地球系统的元素：包括氮、磷和碳的循环，以及从加拿大到新西兰的动植物基因库和生命世界。简而言之，本书是为了解释西方饮食霸权是如何以及为何产生的，并揭示它与政治不平等、肥胖、代谢危机和全球生态退化等现象之间的密切联系。

第一章 21

肉　类

> 要保持英国民族的活力，就必须吃肉。如果牛肉从我们身边消失，那么英国民族的性格也将随之消退。若我们无法从国内得到足够的牛肉，那就要从国外进口。
>
> ——《伟大的肉类问题》,《乡村绅士杂志》(1872年)
>
> 我们逐渐将自然的野兽变成了几乎是由人类驯化的牲畜。
>
> ——沃尔特·吉尔比,《生猪健康》(1907年)
>
> 冰箱的发明对饲养家畜的意义，大概如同国家废除《谷物法》对谷物种植的意义一样。
>
> ——詹姆斯·麦克唐纳,《来自远西的食物》(1878年)

1854年《家常话》(*Household Words*) 杂志宣称:“除了人身保护令和新闻自由之外，在英国几乎没什么比牛肉更值得尊重和信赖了。”[1] 牛肉是克雷西战役和阿金库尔战役伟大胜利的助力；相反，克里米亚战争的失败也可归因于缺乏优质的牛肉供应。[2] 自近代早期开始，体液学说和类推法就被用来解释牛肉如何滋养了英国人的体能和耐力。[3] 这种观点在19世纪尤为普遍，当时的肉类尤其是牛肉被视为英国人的体力和耐力的重要来源，更是战争的武器和征服的工具。英国军人在服役期间每天能吃到一磅以上的肉食。[4] 在专门研究糖尿病和肥

胖的医生约翰·福瑟吉尔（John Fothergill）看来，“擅长征服的盎格
22 鲁-撒克逊人”正是“一种卓越的食肉者”。[5] 英国的全球霸权得益于其对动物蛋白前所未有的掌控和消化吸收。

我们常常漫不经心地运用着“男性化”（masculine）这个词，却不应被这个词的字面意义迷惑，而忽略了其背后的含义：肉是最男性化的食物。对妇女、有色人种、儿童和动物的控制和支配，都和肉类的消费有着密不可分的关系。然而，“吃肉的男人”（Meat-eating man）却越来越对这个生产和分配肉类的庞大系统熟视无睹。他也许没有意识到，为他提供烤肉和牛排的动物正在经历生物学层面上的剧变；他对满足其口味需求的农业生态转型和食品物流的新形式毫无察觉。自然界的生物和用于提供食用肉的牲畜之间的距离——无论是空间距离还是认知距离——都已经极其遥远，几乎像隔着一个星球一样。这种巨大的脱节促进了肉类的高度商品化，并且人们因此系统性地无视肉类的生产模式。虽然人们在生产肉类的程序中对牛漠不关心，却颇有深意地把牛称为“动物王国中对人类最有价值的朋友”。[6]

肉类消费：概念和趋势

在19世纪的欧洲，英国的肉类消费最多；只有那些肉类供应充足的欧洲殖民者才会比英国人吃得更多。19世纪30年代，英国每人每年摄入约75磅肉，到1912年这个数字达到130磅。[7] 1923年英国每年消费约180万吨牛肉、小牛肉和羊肉。[8] 肉逐渐被摆在了餐桌的正中，而不是偶尔的奢侈品或基本的“改善口味的调味品”。[9] 食肉性和经济发展之间的相关性表明，吃肉和文明是密切相关的，甚至有因果关系。[10] 在回顾了20世纪70年代世界上的蛋白质消费情况后，阿道夫和欧内斯特·韦伯（Adolf and Ernest Weber）得出结论，一旦人类满足了基本的代谢的需求，在供应允许情况下，总是会选择摄入动物蛋白。[11]

人类的发展似乎无可避免地遵循着一个“蛋白质矢量”，人类的发展就是“肉食化”的过程。[12] 医生伍兹·哈钦森（Woods Hutchinson）对那些几乎完全依靠淀粉类主食生活的民族不屑一顾，因为他们“要么太穷，买不起其他种类的食物，要么因为太懒或文明程度太低而吃不起肉”，因此注定“寿命大概只有文明民族的一半”。[13] 斯坦福大学食品研究所所长梅里尔·贝内特（Merrill Bennett）在1940年提出，包括英国在内的少数以英语为主要语言的国家中，国民从谷物和土豆中获得的卡路里占比不到40%。[14] 这就是著名的“贝内特定律”：碳水化合物的消耗与国家发展水平成反比。[15]“发展落后”和“没有肉吃”成了同义词。

不过，肉食化在很大程度上受到阶级、性别和地理因素的影响， 24
这一点将在本书后面加以讨论。弗雷德里克·伊登（Frederick Eden）和约翰·奥尔（John Orr）的调查报告一致显示，穷人比富人吃的肉更少。[16] 英国皇家统计学会在1904年的一项研究得出结论，工人每人每年消耗87磅肉，而贵族每人每年消耗300磅肉。[17] 穷人也会吃便宜的碎肉，更多的是内脏（猪蹄、猪舌和香肠）。他们的口味不够精致，“他们的胃是令人作呕的腐肉的坟场”。[18] 肉类的消费同时有着很大的性别差异，丈夫通常比妻子吃更多的肉。毕竟当时最普遍的想法是“牛肉供养男孩”（beef makes boys），而非女孩。[19] 在20世纪30年代，牛肉成为最受英国人青睐的肉类，不过英国人的羊肉消费量仍然远远超过欧洲其他地方。[20] 弗兰克·杰拉德（Frank Gerrard）在《肉类技术》（*Meat Technology*，1951年）中指出：“英国是欧洲最热衷于吃羊肉的国家，其羊肉消费量是其他欧洲国家的五倍。”[21] 尽管培根、香肠和猪肉派在英国也很受欢迎，但其猪肉消费量仍然不及德国。1831年，野味开始合法销售。[22] 兔肉依旧相对更受欢迎，但人们对某些动物（如马、猫、狗）肉的食用禁忌进一步收紧，也更少食用小型禽类。不过，苏格兰的部分地区仍很爱吃管鼻海燕和塘鹅，约克郡人则钟爱白嘴鸦肉做成的馅饼。[23] 鸡肉的消费量在19世纪很低，但此后开始上升，这一现象将在第8章中进行讨论。

国内肉类生产

英国的肉类生产最初通过精耕细作的农业和选择性育种来满足不断增长的需求。19世纪30年代以后，畜牧生产和耕地生产的结合，展现出精耕细作的趋势。利用本来正在休耕的土地来种植卷心菜、轧豆等家畜饲料，使得畜物在得到饲养的同时，还可以稳定地产出肉类和粪肥。[24] 伊波利特·泰纳把英国的农村称为“饲料工厂”，“只不过是奶牛场或屠宰场的前哨站”。[25] 与此同时，生物层面的变革也同样重要，这对英国的牲畜而言尤甚。[26] 17世纪和18世纪引入的荷兰牛，再加上其与本地牛所交配出的品种长角牛，在不列颠群岛的大部分地区成为“殖民者”。[27] 约翰·韦伯斯特（John Webster）和罗伯特·贝克韦尔（Robert Bakewell）认真地开展了选择性育种的试验。通过近亲繁殖和纯系繁育，贝克韦尔培育出了长角牛、夏尔马和莱斯特羊，筛选了早熟、多肉的动物品种。不过，长角牛和莱斯特羊的成功都只是短暂的。在一个世纪内，长角牛作为肉牛和奶牛的一个品种几乎消失，
25 而莱斯特羊则因为背部脂肪过多以及太过虚弱而饱受质疑。[28] 竟然还有人购买莱斯特羊只是为了“拿去做成蜡烛，而不是当成食物”。[29]

选育试验表明，在品种的培育中，遗传因素的作用比气候和种源因素更突出。[30] 人们把贝克韦尔的技术运用在了达勒姆和北约克郡的牛身上，培育出了短角牛。1822年，乔治·科茨（George Coates）出版了一本关于短角牛血统的小册子，列出了各类纯种短角牛，这是第一本记录农场动物良种的登记册。[31] 通过近亲繁殖能确保清晰的遗传史，任意两头记录在册的公母牛都能繁育出纯种后代。[32] 阿摩司·克鲁克香克（Amos Cruickshank）的短角牛品种由于其矮小、结实和容易长膘的特点而在19世纪50年代开始盛行。[33] 繁育者亨利·贝里

（Henry Berry）指出，“早熟”是“短角牛的突出特征”。[34] 短角牛有两种用途，既可以产肉，也可以产奶，而且在不同的地区都具有较强的适应能力。根据农业作家亨利·埃弗谢德（Henry Evershed）的观察，短角牛是“所有品种中，分布最广、最能适应纯人工耕作系统，也是对气候、土壤或饲养环境最不挑剔的。”[35] 1908年，短角牛在全英国的牛种中的占比达到了64%。[36]

赫里福德肉牛的突出特点在18世纪被确定下来；到了19世纪60年代，其白色的面部就成了一个非常稳定的特征。[37] 赫里福德肉牛的白色面部意味着极高的经济价值，几乎变成了“该品种的商标”。[38] 赫里福德肉牛很耐寒，只要有草就能茁壮成长，饲养它的主要目的就是产出牛肉。到2000年，它可能已经成为地球上分布最广的肉牛品种。[39] 与此同时，在休·沃森（Hugh Watson）的努力下，亚伯丁安格斯牛在19世纪早期渐负盛名，休被英国福弗尔郡凯勒区的人们称为“亚伯丁安格斯牛的贝克韦尔”。[40] 安格斯牛因矮小而又健壮的躯体，而被某位作家称为“也许有着比所有品种牛都更理想的身躯”，安格斯牛的牛肉也一样十分珍贵。[41] 到了20世纪初，英国政府逐渐增强了对这类品种牛的生物标准的监管，目的在于消除血统不可考、品种不明的“劣等牛”。1931年的《家畜改良（公牛许可）法案》规定，达到规定年龄的公牛不得无证饲养；不得向不适合繁殖的公牛颁发许可证。[42]

精耕细作的农业和选择性育种使英国成为一个畜牧业相对密集的地方。英国牛的数量从1878年的980万头增加到1908年的1 170万头。[43] 然而，正如许多评论家所观察到的那样，这些数字仍然没能跟上需求的步伐：“英国产肉动物增长的比例远远没能与吃肉的动物（也就是人类）的增长比例保持同步。”[44] 到19世纪60年代，就开始有人 26
夸张地抱怨“肉食饥荒”，这是由需求上升、保存技术落后所引发的；并且由于全球化的食品经济，动物疫情也得以自由传播，这导致肉食成本也不断上升。[45] 19世纪70年代早期，在西布罗姆维奇（West

Bromwich）、彭德尔顿（Pendleton）和克拉肯威尔（Clerkenwell）等地，人们就曾公开组织集会，抗议肉类价格过高。[46] 1873年，《园丁纪事与农业公报》提出，英国的“肉类供应正日益成为当今最重要的问题”，而且“几乎没法找到一个令人满意的解决方案”，因此需要大力呼吁增加英国国内的肉类产量。[47] 1866年，约瑟夫·费希尔（Joseph Fisher）写了一本著作，书名颇为感伤——《我们该往何处寻肉？》[48]。

英国人也曾做过不少尝试，以改变他们在肉类的口味上过于单一的问题。不过，这些努力并没有奏效。受到法国成功引进牦牛的启发，大不列颠环境适应协会（The Acclimatisation Society of Great Britain）于1860年成立，这延续了启蒙运动时期探索物种转移可能性的悠久历史传统。[49] 大卫·埃斯代尔（David Esdaile）认为，既然牦牛已经习惯了喜马拉雅的气候，那么英国高地的气候应当适合它们生长：“用不了多久，我们就会看到牦牛在山坡上吃草。”[50] 1867年，希尔勋爵提出的大羚羊养殖计划同样不切实际：在什鲁斯伯里（Shrewsbury），出售整只大羚羊肉的屠户发现，要说服人们食用大羚羊肉是“根本办不到的事”。[51] 1868年，阿尔杰农·西德尼·比克内尔（Algernon Sidney Bicknell）的食用马肉推广协会则在伦敦举办了一场马肉宴。这一运动同样是受到了法国人的启发。协会敦促英国人也将马肉作为一种廉价的牛肉替代品。[52] 这些尝试最终走向失败，有着多种原因：例如英国没能建立由屠户和科学家组成的法式联盟、英国工人阶级的口味过于保守，还有英国人坚定地热衷于将肉类生产外包。[53] 在解决“肉荒”问题的探索中，无论是采取饮食多样化的策略，或是转而追求更大程度的自给自足，这些方法都走进了死胡同。

畜牧业的流散和家畜的全球化

英国最后的解决方案是成为“世界的良种牧场”，然后将优质的牲畜品种运往新欧洲①的牧区前沿，然后繁衍出它们的后代供英国人消费。[54] 这是英国生态需要面积扩张的关键阶段。1929年的《肉类和牲畜文摘》指出，“当今世界肉类贸易总额的约80%是英国品种的家畜”。[55] 亚伯丁安格斯牛、赫里福德肉牛和短角牛开始横行于“世界上还没有本土牛的地区”。[56] 这一全球肉类贸易也以英国市场为中心：“仅英格兰的进口量就占据了国际贸易中肉类运输总量的60%。”[57] 27

1861—1865年，英国的肉类人均进口量不足5磅，到了1906—1910年却上升到人均近44磅，进口的肉类对英国那些热爱食肉的城市人口来说尤为关键。[58] 进口的牛肉和那些被榨干了最后一滴奶的奶牛肉，就成了穷人吃的肉；有钱人则吃优质的英国本土牛肉。[59] 肉类消费被深深地划上了阶层差异的痕迹。1945年之后，英国仍然是“世界上最大的肉类进口市场”，到1970年，英国仍有三分之一的肉类依赖进口。[60]

在美洲，家畜产出的增长意味着原住民土地的减少、野牛群以及传统的家牛品种不断缩水。例如在得克萨斯州，本来四处可见的得州长角牛是最初由西班牙进口的种牛的后代。[61] 但它“坚硬、干柴、质量参差的牛肉”不符合英国人的口味。[62] 美洲从1783年开始引进短角牛，其数量从1850年开始增多。当人们把牧场开拓到玉米带和北美大平原东部边缘，短角牛就变得特别常见。[63] 19世纪80年代，赫里福德肉牛已经在美国遍布扎根（见图1.1）。[64] 查尔斯·达尔文（Charles Darwin）指出，英国培育的纯种动物“现在几乎被出口到世界的每一个角落”。[65] 农业作家阿尔文·桑德斯（Alvin Sanders）观察到：“美国从来都是一个牛种和人种的熔炉，几乎所有欧洲主要品种的血脉都被不时地注入其中。”[66] 正如克罗农所指出的，牧场前沿的重新配置所涉及的，不仅是科技的转型，亦是生物的转型。[67]

---

① 译者注：在1820年到1930年间，超过5 000万欧洲人移居到遥远的殖民地，如美国、加拿大、澳大利亚、新西兰、阿根廷、乌拉圭等地。这些地区被称为“新欧洲”。

28

图1.1　赫里福德肉牛，由新墨西哥州的麦考利夫牛业公司（McAuliffe Cattle Company of New Mexico）饲养

Reproduced with kind permission from the Cattle Raisers Museum, University of North Texas Libraries.

铁路、带刺铁丝网和饲育场迅速取代了得克萨斯式的露天牧场，而围栏、牛棚和冬季舍饲等新的农业实践使牛的举止变得更加温顺。[68] 到20世纪30年代初，美国拥有近7 000万头牛。这一资本雄厚的产业拥有庞大的牧场和工业化的肉类加工流水线，经营规模远超英国。随着人口的城市化，越来越多的美国肉类被留在了本国市场。从1926年开始，美国也成了肉类进口国。[69]

另一个和肉类建立起持久关联的地方是阿根廷。19世纪早期，阿根廷饲养了大批野生牛群，多数是早期西班牙殖民时代遗留下来的，这一资源支撑了阿根廷相当可观的培根出口贸易。[70] 不过，阿根廷的畜牧业最初是围绕着羊毛出口建立的。[71] 阿根廷在19世纪20年代就引入了短角牛，而赫里福德肉牛以及亚伯丁安格斯牛则分别在1862年和19世纪70年代先后出现在阿根廷。这些进口品种，特别是后者，在良种牛集中的潘帕草原上尤其占优势。[72] 由于气候温和，远离干旱或动物疾病的侵扰，人们认为阿根廷特别适合发展牧牛业："牛在自然状态下自由地成群漫步。"[73]"外部世界对阿根廷肉类和谷物的依赖几乎表明，这个国家注定要成为全人类家庭的食品间"，约翰·弗雷泽（John Fraser）早在1914年就对此赞不绝口。[74]不过，阿根廷肉类产业的发展并不是自然的，也不是必然的。阿根廷肉类产业的发展是为 29
了满足英国对肉类的需求，巨大的牧场、铁丝网、广泛种植的苜蓿、进口牧草、佃农以及英国人出资建造的铁路在布宜诺斯艾利斯交汇。1908年，阿根廷的肉类出口一度超过了美国。[75]到1920年，阿根廷成为"世界上最重要的牛肉生产国"，其出口产品包括腌牛肉、牛油和牛肉提取物等。[76]十年之后，90%以上的阿根廷牛肉都销往英国。[77]牛肉也在阿根廷人的膳食中大受欢迎。[78]

羊产业的历史也遵循着类似的模式。常见的商业羊品种的命名——林肯羊（Lincoln）、多塞特羊（Dorset）、南丘羊（Southdown）、莱斯特羊（Leicester）——都暗示着它们的英国血统。[79]1841年，绵羊首次被引进到新西兰，并培育出考力代羊（Corriedale），这一新的"殖民地杂交品种"由美利奴羊（Merino）、英国莱斯特羊和林肯羊杂交而成。[80]到20世纪20年代，最初从英国进口的耐寒、肉毛两用的罗姆尼羊（Romney）成为新西兰的主流品种。[81]新西兰的生态条件能够实现生态上的"英国化"，其草料则被出口到国外用作牧草。[82]和阿根廷一样，新西兰的气候温和，动物很少生病，而且它以畜牧业为主的经济与英国市场形成了更为密切的关系。这种"极端的专业化"意味着新西兰几乎所有的出口羊肉都流向了英国。[83]若失去了与英国市场的联系，新西兰的"高生活水平和不断改善的社会服务"将会是天方夜谭。[84]1933年，全球95%的羊肉贸易都与英国相关。[85]

英国培根的加工业或许是这一体系的典范。英国人对轻度腌制、瘦肉培根的偏好导致他们不喜食用油脂丰富的美国猪肉，并刺激了爱尔兰和丹麦的熏肉产业。英国的大白猪（Large White pigs）[比小白猪（Small Whites）更瘦，也被称为约克夏猪]是英国最重要的出口品种。大白猪于19世纪50年代引入爱尔兰，19世纪早期引入丹麦。[86]丹麦人精心地将大白公猪与丹麦母猪杂交，以图改善丹麦长白猪的品质。[87]这些“史前型的瘦弱生物”因此让位于那些专为英国消费者培育的、有着“很长的侧身面和沉重大腿”的、多肉且精瘦的品种。[88]在丹麦，生猪在由国家支持的工厂系统中饲养，乳制品工厂为英国消费者生产黄油和奶酪，并将副产品作为猪饲料。育种中心、饲料转化率改良、选种、登记、检测站、副产品工厂、营销、腌制、屠宰场以及遍布英国的销售网络，共同确保了“五花培根”（streakly bacon）在
30 英国市场上实现“标准化的质量和稳定的供应”。[89]丹麦产出的这些同质化极高的牲畜，“其精度和效率就像福特汽车，或沃特曼自来水笔一样”，这正是标准化程度较低的英国工业所缺乏的。[90]生猪被加工成“威尔特郡式”（Wiltshire）的两半，这种对半的切法最后成为丹麦培根的招牌特色。[91]“丹麦”（Danish）的品牌（以及装饰在肉铺的海报）象征着培根的质量，其标准化的程度不言自明，以至于人们“闭着眼睛买就行”。[92]正是因为这些技术，英国的消费者开始更喜欢外国培根而非国产培根。丹麦的生猪数量从1871年的442 421头增加到1914年的近250万头。[93]1930年，世界上99%的培根和火腿都出口到了英国。[94]

蒂亚戈·萨赖瓦（Tiago Saraiva）曾记录在物质上、历史上和地理上特定存在的“法西斯猪”的发展。它们生活在德国的土地上，只吃德国的食物（甜菜、土豆），养肥后也仅供德国人食用。[95]丹麦的猪则正相反，它们是资本主义的生猪，二者是截然不同的生物逻辑、空间逻辑和经济逻辑之下的产物。丹麦生猪吃进口的饲料，它们供外国人食用，主要任务就是提供蛋白质，它们的物质生存依赖于化石燃料驱动的现代化农业。[96]猪的各种物质通过许多渠道流入英国：为了获得猪的脂肪，英国人乘上了美国猪油产量增加的东风，1875年后其对美国猪油的进口量迅速增加。[97]丹麦对德国的猪肉出口贸易则是低迷的。如果丹麦人想在德国销售他们的生猪，“那么就需要一种不同类

型的猪”，必须养得更肥，还必须采取不同的饲养和育种方式。[98] 培根作为英式早餐的核心，它是政治的产物。它自豪地展示着创造它的自由主义的、非地域化的、国际化的体系。英国的膳食是非本土的，是一种庞大的全球肉类系统的产物。[99]

对于英国的牲畜来说，它们的生存是跨国界或跨大陆的：它们被生养在一个国家，却在另一个国家被吃掉。不过，这并没有使整个世界都成为英国的畜牧场。英国牛在全球的统治地位是相对的，而非绝对的，主要集中在新欧洲地区。英国的品种牛不适合热带地区，主要因为它们对寄生虫不耐受。印度瘤牛则可以被进口到巴西、非洲部分地区和昆士兰。[100] 短角牛在意大利也没能站稳脚跟，而捷克人和匈牙利人则更喜欢瑞士牛。1900年后，新的欧洲牛种（夏洛来牛和弗里赛奶牛）则重新占领了英国。然而，正如丽贝卡·伍兹（Rebecca Woods）所指出的，英国牲畜的播散，是一种强大的生物殖民技术。这种播散打破了地域和品种之间历史性的联系，使得英国动物能够在全球范围内“生根发芽”，从而在概念上重构了本土性的全部意涵。[101] 31

约翰·桑顿（John Thornton）曾在1887年指出：“英国人在何处殖民，短角牛就会在何处安家。”他补充道：“‘英式烧牛肉’（the Roast Beef of Old England）这一英国的伟大国粹，之所以能传播到其他国家和民族，短角牛无疑是最主要的推手。”短角牛还为英国创造了更多空间：若是短角牛能在“任何地方栖息”，那么亦可想见英国的版图便可以拓展到任何地方。[102] 通过牲畜，“英国特色”得以渗透到巴拉圭、特立尼达、直布罗陀、阿森松岛、罗得西亚、芬兰、秘鲁和日本。这种跨大陆的经济创造了廉价和充足的肉类，但它也造成了流行病、粮食安全、劣质肉类的倾销、经济依赖和生态过度扩张等问题。我将在合适的时候讨论这些问题，不过，现在先让我们从一个“较少以人类为中心”的角度来看待这段历史。

牲畜的本质

牲畜系统的发展产生了深远的影响。牲畜的数量急剧增加的同时，体型却被人为操控，其肉体结构被重塑，其生物特征发生改变，其寿命也被人为缩短。[103] 从近亲繁殖到杂交，英国的农民进行了各种形式的育种实践。这种最初的经验主义实践很快催生了人们对进化论的猜想和对古动物学的研究。都柏林皇家科学学院农业教授詹姆斯·威尔逊（James Wilson）提出的“牛的历史时代”中，有些牛的品种遭到灭绝，例如萨默塞特红牛（Somerset Reds）就是如此。[104] 尽管拉马克的遗传学观点的影响犹存，但到了1900年，动物育种的概念大多遵循达尔文–孟德尔的理论：近亲繁殖是通过“净化染色体信息”来实现的，这有助于品种的固定，使之后的育种实践更为省事。畜物的毛色等因素受简单的孟德尔法则支配，而那些有经济价值的因素，如肉类或牛奶产量，则需要更多的统计形式的分析。[105] 孟德尔理论最初没有被应用到人类身上，而是应用于动物和植物，人类更热衷于在动物身上肆意地进行育种选择。[106] 按照哈佛大学动物学教授威廉·卡斯尔（William Castle）的说法，不理想的潜在特征将“不得不被消除”。[107] 在20世纪20年代，牲畜的遗传学已经变得高度精确化。[108] 1900年，约翰·瓦特金斯（John Watkins）推测，到2000年，野生动物将被迫灭绝。他进一步说道：“用于食用的动物将耗尽几乎所有的生命能量，用于生产肉、奶、羊毛和其他副产品。而其兽角、骨骼、肌肉和肺的发展则被忽视。”[109] 这样的评论明显过于夸张，但人们对特定性状的选择、对不理想性状的淘汰，以及急剧减少的种牛数量，都确实大大降低了有效种群的规模和遗传的多样性。[110]

32 虽然称重系统存在差异，但其显示这些被改造过后的动物的大小维持在某个近似值，且牲畜的体型明显是越来越大了。大约在1730

年到1850年间，家牛的重量约从500磅增加到800磅。[111] 不过，绝对体积的增大，只是家畜生物结构全面重组的一个方面。家畜的繁育者还推动了肉和骨比例的提升。[112] 从前拥有楔形身形的牛消失了，取而代之的是饲养者生产的块状、桶状身形的牛，它们的重心从肩膀转移到臀部，由于牛不再从事耕作，这一过程变得更易实现。[113] 赫里福德肉牛成了"一个用短壮的四肢行走的、气球状的贮藏库，其全部使命就是把蔬菜饲料变成结实的肉块"。[114] 畜物肉质的组成也发生了变化。1900年以后，人们对肥肉的态度发生了改变。过度圆润的动物成了人们嘲笑的对象，被认为是"一团没有毛的肥肉""活蹦乱跳的猪油"，或被认为表现出一种"臃肿的病态"。[115] 脂肪不再作为肉类加工的一部分夹在兽皮和肌肉之间，而是已经"分布在肌肉纤维中，并非胡乱地推挤成一团"，从而能生产出更多汁、更少筋的肉。[116] 这种被称为雪花纹理的现象反映了肉类作为膳食角色的转变。纵观历史，肉类通常被当作脂肪的来源，但在今天的许多发达国家，人们食用肉类更多是为了获取蛋白质，这与植物油的崛起有很大的关系。[117] 人们不再喜欢英式的带骨厚肥肉。在当下，家畜的肌肉和脂肪是同时生长的，而不是先长肉，后产生脂肪。也可以说，"从出生那天起，畜物就同时在长肉和增肥"。[118] 这种做法与原先先饲养、再养肥的方法相比，"更有利可图"。[119]

与人类饮食学一起发展起来的动物饲养学，使人们能够有意识地制定饮食计划，并据此来生产特定类型的肉。于是，温顺的牛就被塞进了狭窄的通风间。英国农业化学泰斗约翰·劳斯（John Lawes）和约瑟夫·吉尔伯特（Joseph Gilbert）强调，脂肪的主要来源是碳水化合物，而非蛋白质。[120] 因此淀粉对家畜的饲养就变得十分关键。依靠廉价的玉米饲料，美国中西部改良的畜牧业很快兴旺起来。到19世纪晚期，玉米饲养的范围不断扩大，超过了牧草饲养。[121] 然而，随着人们越来越不爱吃肥肉，蛋白质在动物饮食中的角色得到了重视。在猪的饲养中，豆类饲料能使瘦肉的分布更加均匀，长出广受欢迎的"五花肉”。[122] 豆渣饼从近代早期开始作为饲料，日益受到欢迎。渣滓动物饲料于19世纪晚期引入南美洲，在当时，复合型的饲料的使用已经
33 初具规模。[123] 大豆饲料、亚麻籽饼、油菜籽饼、棉籽粉、鱼粉和高赖氨酸玉米，通常压成粉末或饼状，以进一步加快牲畜的生长速度：选择性育种则增加了猪的肠道长度，以更好地实现谷物喂养。[124] 饲料通过全球经济自由流通：到1899年，英国进口了大约600万英亩土地产出的动物饲料。[125] 雪花纹理是肉牛特有的现象，奶牛则不同，它的脂肪大多沉积在肠道和肾脏周围。之所以会出现这种完全不同的脂肪分布，正是“为实现特定结果而进行专门化的一个例证”。[126] 家牛开始食用谷物（可参考英国的大麦牛），甚至有的牛连牛肉都吃。能够促进脂肪和肉同时生长的饲料的使用，使得畜肉快速生长，并形成雪花纹理。动物不再经历脂肪的季节性损失：体重的增加是持续性的。这点毋庸置疑，特别是当它们能在有顶棚的院子、畜栏或畜圈里过冬的情况下。至少从19世纪中期开始，人们就懂得保暖和荫蔽有利于培育肉畜。[127] 莱昂斯德·拉韦涅（Léonce De Lavergne）认为，这种“圈养”（stabulation）恰恰体现了英国人的“企业精神”（spirit of enterprise）。[128]

牲畜的生长速度大幅提升。1886年《田野》（*Field*）杂志刊发的一篇文章指出，对于牛羊来说，“只需要花费原来三分之二的生长时间，就能获得同样体重”。[129] 年轻的牲畜——尤其是新品种——比老品种的牲畜能更高效地生产出瘦肉和雪花纹脂肪，这就使得屠宰的时间进一步提前。亚伯丁安格斯牛的“雪花纹理”特别突出，而短角牛则不同，它们的皮下有顽固的脂肪沉积。[130] 青壮年的牲畜比老年的牲畜需要摄入更多的蛋白质。[131] 英国和美国的饲养者培育出了“小牛肉”（baby beef）。[132] 把饲养场的牛喂肥后，在2～4岁时宰杀，产出的是普通牛肉；而从出生开始就用浓缩饲料增肥，在长到12～20个月之间屠宰，产出的则为“小牛肉”。[133] 虽然是小牛，但其最终的产品毕竟是牛肉。一农民直言不讳：他养的牲口虽然只有19个月大，但“完

全不像人们想象中的那么幼小”。[134]“小牛肉”从19世纪50年代开始培育生产，到1937年，英国牛群中不满2岁的牛已经占72%。[135] 正如康奈尔大学谷仓建筑教授埃利奥特·斯图尔特（Elliott Stewart）所指出的：“如果继续喂养那些已经超龄、肉质无法满足市场需要的牲口，无异于浪费粮食。”[136] 早在1945年人们开始向动物饲料中添加抗生素之前，牛的新陈代谢速度就已经大大提高了。“休养生息”是不利于生物性累积和资本积累的：“没有什么休养生息的时间，牲畜必须一直保持生长。”[137] 根据哈蒙德（Hammond）在1940年的估算，当时一头13个月大的赫里福德肉牛的体型和一个世纪以前的成年公牛的体型差不多。[138] 同样的现象也能在绵羊的身上看到，“五年才会成熟的羊”的时代已经过去。[139] 在新西兰，新的考力代羊比原来的美利奴羊成熟 34
得更快。[140] 通过这一生物性过程，羔羊肉取代了羊肉。并且至少在美国，猪的名称“pig”取代了“hog”，因为后者才指的是“真正成熟的动物”。[141]

缩短的寿命以及“越来越早的成熟期”使得人们能用更少的动物在更短的时间内生产更多的肉，从而降低了成本，并“实现更快的资本周转”。这意味着，按照萨里（Surrey）的农民埃德温·埃利斯（Edwin Ellis）的说法，即使是只有一岁的牛，“也已经达到‘牛肉’标准”。[142] 它们可以在市场条件最佳时出售。动物的体型和肉变得更可预测，更加标准化和商品化。这些新的家畜品种是资本主义的产物，居住在人工环境中的“活物工厂”，在全球经济空间中，它们的交换价值被最大化，正如无数老生常谈的类笛卡尔式比喻所反复强调的那样。[143]

在狄更斯的《董贝父子》中，斯丘顿夫人想与奶牛为伴，因为她认为奶牛是自然的，而自己则是一个“田园牧歌式的人”。[144] 不过，并非所有人都认同她的天真。和真正的野生动物相比，牛是很温顺、软弱的。1890年，埃弗谢德（Evershed）观察到“大部分的牲畜在人类双手的塑造下成为人们想要的样子，而它们也极少能脱离人类的保护而独自生存”，“我们饲养的可怜的猪仔没有足够的嗅觉和腿部力量来支持它们独自在野生状态下生存”。[145] 牛被关在潮湿的畜棚里，吸入的是畜群吞吐的空气，极易感染结核病，而这在野牛中却很罕见。由于这些动物要么死于屠宰场，要么死于疾病，它们的“自然”寿命无法得知。[146]

随着牛的生殖周期不断被人们所了解，牛的繁殖能力也经历了同样的改造。[147] 那些不用繁育的牲口都被阉割或切除了卵巢。而那些免于这种侮辱的牲口，它们的性关系却日益受到人工阴道、配种架、精液罐和受精枪等工具的介入。1942年，英国第一家商业性人工授精中心在剑桥成立；到了1954年，这种授精中心的数量已经达到了112个。[148] 相比于牛肉行业，人工授精对于英国的乳制品行业来说更为关键，早期的人工授精在俄罗斯和阿根廷更为先进。[149] 精子的冷冻保存（一项英国人的发明）以及胚胎移植技术增强了人类对牛的生殖生理的控制：第一头用冷冻精液生产的小牛被命名为“冰霜”（“Frosty”）。[150] 历史上的著名的公牛（如达勒姆公牛）的优秀个体特征，将（在理想条件下）被一种毫无特色的、同质化的遗传物质的系统所取代。[151] “几头有价值的优质雄牛的精液经过稀释，就可以繁育出数百头牛，”维克托·科恩（Victor Cohn）在他的狂热崇尚技术的作
35 品《1999：我们充满希望的未来》中充满热情地说道。[152] 人们鼓励那些有志于从事授精行业的学徒在屠宰场里用那些即将被宰杀的母牛进行练习。[153] E. B. 怀特（E. B. White）则采取了更“牛本主义”的观点：“很遗憾，若牛也要吹嘘它们曾播撒过情种，那些风流韵事将不得不通过（精液的）‘邮寄’来实现了。”[154]

牲畜数量不断激增。到1929年，世界上牛的数量约为6亿，另有约7亿头绵羊和山羊，猪的数量约为3亿。[155] 在像南非或澳大利亚等全年都在户外放牧的地区，人们会担忧“当地的自然条件”和“不利的气候”对牲畜的负面影响。[156] 在过去，牛的生活要么在人造的环境中变得高度同质化，要么就是在人工干预较少的环境中仍保有一点多

样性。家畜的生长周期更多地是由经济力量和技术条件决定的，而不是气候或生态。[157] 这些生物性的创新——快速成熟和周转、雪花纹理、人工授精、地理分化、种群数量的波动——证明了资本主义渗透和重建“生命之网”的能力。[158] 动物的基因和新陈代谢使人类的寿命得以延长，遗传的资本也得以积累：“简而言之，大自然被人类改造得能够更高效、更优质地进行生产。”[159]

让我们在这里稍作停顿。本处论点的主旨是动物变成了资本主义的机器。这一论点显而易见，但必须明白人类与动物间情感关系的持续存在与重新配置。动物饲养手册总是鼓励“友善”“抚摸”和“交谈”。[160] 罗达·威尔基（Rhoda Wilkie）指出，在畜牧业生产中“工具性和情绪性”两方面是“共存”的。[161] 遗传学的应用有明显的局限性，其虚夸的展现方式通常掩盖了人们在实践中遇到的难题。[162] 有批评者谴责现代农业是“畸形的怪物”。[163] 喜欢吃老一点的牛肉的食客大有人在，今日流行的巴斯克褚特牛肉（Basque Txuleta beef）就是一种极端的变种。[164] 如果有人总结道，现代畜牧业就是完全机械化、冷酷无情的，那么这种看法也是站不住脚的。

尽管如此，这一时期人与牲畜的关系的确发生了三大显著变化。第一，牲畜工业化生产的规模意味着动物被当作群体来处理，而动物作为个体可以实现高效的互相替换。[165] 第二，人类和牲畜的关系出现了在距离上愈加遥远、有更多科技介入、关系越来越短暂的突出特征。这个系统愈发倾向于将牲畜闭塞、包藏起来。正如埃丽卡·富奇（Erica Fudge）所指出的，这种发展可能会导致人们对动物变得不友善，习惯性地忘记了它们的存在。跨大陆的肉类系统的核心正是“人
类和动物之间亲密关系的消亡”。[166] 克罗农（Cronon）就曾注意到美国 36
西部庞大的肉业机构是如何让消费者远离屠宰过程的。[167] 第三，围绕动物的屠宰问题，人类的感知发生了复杂的转变。正如富奇指出的，人类可以养育动物，也可以杀死动物，这种说法长期以来都是通过一种“实用性、伙伴关系和象征主义交织在一起的体系”来维护其正当

性的；在这一体系中，善良和屠杀得以矛盾地共存。[168] 不过，人们对于血腥的耐受程度的微妙变化，以及越来越多的易呕吐体质（这一点在公开处决等其他行为中特别明显），使得那些善良的、养宠物的食肉者越来越难以和那些作为肉食来源的牲畜生活在同一个可感知的世界中。[169]

屠宰

屠宰空间的变化与人们情感的转变同步进行。其中关键的发展，就是将屠宰业迁移出城市居民的视线。英国传统的屠宰场往往只是用于屠宰牲畜的房屋、棚舍或商店。它们的规模非常庞大：1910年，仅谢菲尔德地区就有183个屠宰场。[170] 到20世纪20年代，英格兰和威尔士估计拥有2万个屠宰场。[171] 伦敦纽盖特（Newgate）市场周围的屠宰场藏在肉铺的地窖里，要通过楼梯逐级而下，人们通常把牲畜拖下台阶，然后进行刺穿、放血和剥皮。[172] 1899年，布里斯托尔的卫生官员大卫·塞缪尔·戴维斯（David Samuel Davies）抱怨说，市内的屠宰场大多设在屋后，乱象丛生。有一家屠宰场就是用“普通的起居室”改造而成，每到屠宰的日子就得搬开家具。[173]

正如富奇所言，将屠宰活动移出人们视野的想法，是在近代早期的伦敦出现的。[174] 后来，改革者将屠宰场形容成斗兽场，它所显示的其实是一种隐晦的残酷。[175] 屠宰场靠近人们的居所，激发了低俗的偷窥行为：“孩子们在门边徘徊，透过栅栏的缝隙向内窥视，少年们会沉醉于观看屠宰牲口时所产生的感官刺激，但对他们来说这也是道德逐渐败坏的过程。”[176] 在极端情况下，观看屠宰可能会引发暴力行为和谋杀：此类关联偶尔会在法庭上被提及。[177] 增强市政和地方政府对屠宰场的管理可能是一种解决办法。1857年发布的《公共卫生法》将1847年《城镇改善条款法》的内容纳入其中，尽管在实际上要关闭屠宰场仍然困难重重，而且检查往往效果不佳，但这还是建立起了一套屠宰许可和登记的机制。改革者们竭力敦促采用的屠宰场制度，该制度始于拿破仑时期的法国，但在德国和美国得到了更全面的推广。屠宰场 37
的规模变得更大，有了专业的建筑结构，而且远离人口密集的城市中心，以便于开展更大规模的屠宰、更高效的检查，也有利于动物肉体的修整和副产品的利用。[178] 原本单一的、没有功能区隔的屠宰场空间被划分为多个更小的空间，而每个空间都有精确的功能：活牲口的候宰圈、屠宰车间、冷却和冰冻间以及进行病理检查的化验室等。屠宰场在空间上进行了区分和定向。[179] 活的牲口从屠宰场的一端进入，变成各种有机物料——如肉块、内脏、皮、废弃物、粪便等——从另一端流出。

公共屠宰场被广泛地看作一种高效且卫生的技术设施，屠宰的过程受到了监管，而且让居民难以察觉。肉类被剥夺了所有有关生命和个体的痕迹（如眼睛、脸和解剖学上的特征），变成了普通的大块蛋白质和脂肪。[180] 杀戮是可以被遗忘的。1899年，有一位叫维克多·怀特彻奇（Victor Whitechurch）的牧师兼小说家在参观了伯肯黑德屠宰场后经历了短暂的创伤，他曾发誓不再吃肉，但这个誓言只坚持到了当天晚上。他总结道："人们一离开屠宰场，那些令人厌恶的情感就消失不见了。"[181] 制肉和食肉这两件事在空间上是分离的。牲畜开始从人们的感知领域消失，躲进了人们难以察觉或并不关注的空间，即使是从事屠宰业的大多数工人也有同感。[182] 在这个确切的历史时刻，动物祭祀成为"原始的象征"，一种"无死亡的肉"的虚构观念也变得根深蒂固，这当然不是一种巧合。[183] 披露屠宰场和工厂化农场背后的秘密成了一种重要的揭秘手段，它揭示的是文明表象背后的残酷。[184] 无怪乎厄普顿·辛克莱（Upton Sinclair）说观看屠宰的过程会马上让人"陷入哲思"。[185]

1933年，英国农业和渔业部委员会的报告指出，爱丁堡的屠宰场最接近英式"工厂式屠宰场"。[186] 工业化屠宰在英国的"商品前沿"

发展得更快，其作为一种有着“放大镜效应”的技术，极大地加快了肉类的流动。在1926年，阿根廷有17家肉厂，每天能屠宰27 500头牛、50 000头羊和4 000头猪。[187] 到1927年，美国约有2 000家食品罐头厂，为北美的肉业发展增添了不少动力。[188] 由于牛是有生命的实体，其新陈代谢和生殖系统日益被利用、改造，以用于资本的累积，于是“生物技术”一词在1919年被创造出来，专门用来描述牲畜的加工过程。[189] 整个屠宰系统都建立在强调速度、规模和大批量生产的理念之上。不过具有讽刺意味的是，屠宰系统在其原产地法国遭到了抵制，因为它被视为生产过剩、技术退化和低品质的象征。[190]

38 英国国内的屠宰场网络的系统化程度仍然较低。卡的夫市（Cardiff）从1835年开始建设市政屠宰场，到20世纪早期，该市的私人屠宰场已经全部消失。1872年，曼彻斯特开设了第一家公共屠宰场；为了屠宰进口动物还专设了港口屠宰场。得益于严格的立法，屠宰场在苏格兰的城镇发展得更快：到1910年，超过一半的苏格兰城镇都有了屠宰场。[191] 到1930年，大约80%的苏格兰牛都是在公共屠宰场屠宰的。[192] 人们有时会以此来解释苏格兰的牛肉为何“质量向来很高”。[193] 1933年，英国只有大约33%的牲畜在公共屠宰场进行屠宰。尽管1937年的《畜牧业法案》为三个实验性的中央屠宰场提供了贷款，但英国的屠宰业在二战前并没有取得太大的进展。[194] 在19世纪，城市当局建造的公共屠宰场看起来相当先进，但没过多久就过时了。1848年，工程师理查德·格兰瑟姆（Richard Grantham）认为利物浦的公共屠宰场是“英格兰最好的屠宰场”，但五十年后，它却被视作“非常陈旧”，而且“在某些方面还不如普通的私人屠宰场”。[195] 利物浦的公共屠宰场位于市中心，居民区也弥漫着它的恶臭。屠夫通常认为建设屠宰场侵犯了他们的自由，而城市当局则会抱怨费用太高。许多屠宰场规模很小，技术水平也不高。

最终，屠宰行为仍然无法完全由机器控制。这就是西格弗里德·吉迪翁（Siegfried Giedion）所说的：即使是“屠杀机器”也需要人类作为同谋。[196] 传统的（基督教的）屠宰方法包括击昏、割喉和放血；而犹太教和伊斯兰教的屠宰方法则略去了击昏的环节。在英国，动物们首先被固定住（这是一个很紧张压抑的步骤），然后再用屠斧将其击昏，再将一根用于刺毁脑脊髓的针/棒插入头部，以“搅碎大脑”，防止牲畜出现反射性的腿部抽搐。不过，宰杀过程往往是不受管制的。许多羊和猪在被屠宰时没有被击昏，这是不合规的：“屠夫就像在打板球的年轻人那样得意扬扬地挥舞着他的屠斧。”[197] 有一些改革家认为犹太人的定礼屠宰（shechita）是更人道的屠宰方式。他们认为，灵巧地运用刀具比多次笨拙地挥斧要好得多。圣彼得堡亚历山德拉医院（Alexandra Hospital）的艾萨克·登博（Isaac Dembo）很快在实验中得出结论，由于“大脑缺血”，这种方法在3～5秒内就会摧毁牲畜的意识，而且锋利的刀所产生的是“几乎无痛的割伤”，尤其是在颈部，“那里几乎没有任何感觉神经分叉”。[198] 这种宰杀方式使牲畜的放血更加彻底。加上良好的检疫，定礼屠宰产出的肉类相比于其他方式要健康得多。类似的主张引起了激烈的争辩，《英国医学杂志》
认为采取定礼屠宰的牲口在其意识消失前遭受了更长时间的痛苦。[199] 不 39
过，除了在阿伯丁，定礼屠宰的方式在英国是基本没有争议的；[200] 而在1933年的德国，希特勒严禁这种做法。[201]

人们曾经尝试以新的器具来替代传统的屠斧和屠刀。最成功的技术就是用枪或者锤子直接刺穿动物的头颅，比如贝尔手枪（Behr pistol）（见图1.2）。1913年，动物保护倡导者克里斯托弗·卡什（Christopher Cash）和火器专家乔治·阿克尔斯（George Accles）生产了系簧枪（captive bolt pistol），在英国和世界上许多其他地方，这款手枪都是最主流的用于击晕牛的工具，至今仍在销售。[202] 也有人尝试用毒气、击杀面罩、断头台和电击等方式，但都不太成功。新技术的传播是缓慢且不均衡的。1933年的《屠宰动物法》规定，必须采取击晕的方式进行屠宰，而绵羊则不受此法案限制。羊在没有被击晕的情况下被割开喉咙，扭断脖子，然后人工切断脊髓：“通常在羊身上留下

图1.2 人道的屠宰方式

From Gerald Leighton and Loudon Douglas, *The Meat Industry and Meat Inspection*, 5 vols. (London: Educational Book Co., 1910) vol. 3.

的洞口如一个橙子般大。”[203] 人性化的自动击昏系统常见于殖民地的屠宰场，它们一般规模更大，也受到严格的检查。[204] 1958年《屠宰生猪（麻醉）条例》将二氧化碳致昏屠宰技术（使用转盘、传送带或升降机）合法化。能遮挡牲口视线，以避免其看到屠宰场面的击晕隔间被日益广泛运用。[205] 1974年的《屠宰场法》规定，除了以定礼屠宰或清
40 真的方法屠宰的动物外，所有的牲口都要实施击晕屠宰。[206] 脑脊髓刺毁法在2001年之前（因为人们担心脑部组织的感染而予以禁止）都是合法的，而关于屠宰技术的争议仍在继续。[207]

副产品

传统上，屠宰场周围聚集着大量与动物相关的产业。利兹

（Leeds）拥有繁荣的皮革工业，而赫尔（Hull）的屠宰场会用桶装着牲口的血液送到林肯郡的农民手里。[208] 然而此举也浪费了许多物料。丢弃的内脏堆积成山，在潮湿的天气里，这些“半腐烂的内脏”会引来成群的苍蝇。[209] 而大型的现代屠宰场使得收集和加工肉类以外的角料的经济能够形成规模。屠宰场将个体的牲口分解成多种组成元素，然后把这些元素聚合在一起，形成了帕奇拉特（Pachirat）所说的“脑海中挥之不去的大规模毁灭的画面”。[210]

虽然兽皮仍然是最有价值的副产品，但脂肪逐渐变得更加有利可图。可以用来制作板油的内脏周围的脂肪尤为珍贵。品质较低的脂肪被用来制作人造黄油、狗饼干、牛油、肥皂和润滑油。甘油可粗加工出售，也可用于制造炸药。从骨头、皮肤、肌腱和结缔组织中提取的动物胶，则被用于制造第二次工业革命的标志性商品：相片底片、肉罐头、药用胶囊、细菌培养物和糖果。[211] 肠子和气管则变成了香肠肠衣、飞艇的气囊、乐器的弦和网球拍线（见图1.3）[212]。用11头“强壮、健康且充满活力的羔羊”的肠子才能够做出一把能够经受得住20世纪早期网球运动员“硬朗的截击和猛烈的发球”的球拍。[213] 骨头的传统用途仍然存在（如制作梳子、牙刷），但也开始被磨成粉用作肥料或动物饲料，骨灰也是骨瓷业的宝贵原料。[214] 猪的鬃毛被用于制作油漆刷或剃须刷、以鬃毛填充的坐垫、家具装饰和床垫，或者被用作绝缘材料。[215]

畜物的血液也开发出了多种用途，包括糖的精制、染色、制造肥料、增稠油漆和葡萄酒的澄清。[216] 法国病人会饮用血液，甚至偶尔用血液泡澡，而有洁癖的英国人则觉得这种习惯“令人恶心”，虽然英国人偶尔也会通过吸食血清来杀灭绦虫。[217] 内分泌学和快速发展的制药工业都受益于屠宰场，因为屠宰场能提供冷冻并包装好的腺体：包括胰腺、脑垂体、甲状腺、睾丸和肾外腺等。[218] 比如，松果腺体的提取物就曾被用于治疗“智力发育迟缓”的病例。[219] 胰岛素是从胰腺中提取的。提纯1磅肾上腺素需要25 200个肾上腺。[220] 布朗·塞加尔

41

图1.3 用动物肠子制作乐器和网球拍的弦

From Rudolf Clemen, *By-Products in the Packing Industry* (Chicago: University of Chicago Press, 1927). Reproduced by kind permission of the University of Chicago Press.

（Brown-Séquard）制作的睾丸提取物和“炖睾丸”（testicle stew）一度被当作长生不老药。[221] 美国的屠宰场与制药业紧密相连，规模化推动了标准化；而在英国，腺体通常和内脏放在一起出售。[222] 德国屠宰场最先开始收集淋巴液用于制造疫苗，并大量出口到英美两国。[223]

肉类产业的发展推动了工业的扩张。牲畜的胴体变成了工业原料，被加工成药品、狗饼干、人造黄油、炸药、糖果和乐器。这些副产品的价值约占动物总价值的六分之一。1932年，英国的屠宰副产品工业每年创造约9 700万英镑的收入，为约31万人提供就业岗位。[224] 新的交通联结拓展了屠宰和加工之间的联系：例如，阿伯丁的屠宰场将牲口的蹄子运往兰开夏郡用于制作胶水，将肠子运至格拉斯哥用于制作香肠，兽皮则运往米德兰兹的制革厂。[225] 用屠宰场的废料和“碎肉”制作动物饲料曾引发一些人的担忧，但灭菌技术缓解了这种顾虑。只可惜，细菌的确是被杀死了，但朊病毒却没被消灭。[226]

肉的物流 42

传统上，牲畜是从牧场步行长途跋涉到市场的。英国的赶牛由来已久，人们把牛群从北部和西部赶到人口更为密集的南部和东部的市场和集市。[227] 在18世纪，每年有多达8万头牛从苏格兰南下。[228] 其中有大约200 ～ 1 000头会在英格兰北部的市场被卖掉，其余的牛群则被赶到更南部的地方放牧。然而到了19世纪早期，这一体系几乎难以为继。牛群的行进速度最快约每小时20英里，再加上夜间的休息，速度就很难再提升了；在旅途中牲畜的体重还会减轻。此外，公共牧场的流失、赶牛道路的关闭，以及1840年后的各种家畜流行病的暴发，这些因素都加快了赶牛的消亡。

蒸汽列车运输的重要性不言而喻。1850年1月8日，第一辆运牛专列从距离阿伯丁8英里的波特兰驶出。人们普遍认为从阿伯丁运到伦敦的肉的品质往往优于伦敦本地宰杀的肉，阿伯丁的牛肉因为其品质优良而从此声名远扬。[229] 在新欧洲的肉类贸易前沿，蒸汽动力重塑了畜牧业的地理分布。爱尔兰的养牛业受到了蒸汽船的刺激，尤其是在都柏林到利物浦的定期航线开通之后。在19世纪中期，利物浦的畜牛交易市场收购的主要是爱尔兰牛，仅1852年就有17.6万头成年牛和小牛犊经由海路进口。[230] 牲畜通过轮船从汉堡和哥德堡等欧洲港口运出；由于1865年的牛瘟，英国关闭进口欧洲牲畜的港口，转而从美国和阿根廷进口牛只，反而促进了跨大西洋的活畜贸易。[231] 同时，澳大利亚和新西兰的活畜海运也开始试行。[232] 英国人在伯肯黑德和德特福德等地建设了大型的港口屠宰场。进口的活畜可以在这里进行检疫和屠宰，畜肉随后通过铁路运输，还能常常享受优惠的运费。[233] 到了

1900年，每年有近20万头牛进口到德特福德。[234] 在20世纪30年代早期，英国还在从加拿大、爱尔兰自由邦、南非联邦、南罗得西亚①和西南非洲等地进口活牛。[235]

机械化运输活畜显然是残忍的。铁路公司通常很少专门制造的运牛车厢，而且在长途运输中不给牲畜饮水。这些问题在运牛船上则变得更加突出，有些运牛船为了容纳额外的活畜，有时会在上层甲板上搭建临时木结构。[236] 一位防止虐待动物协会（RSPCA）的检察官曾提
43 道："那些围栏看起来就像放在甲板上的鸟笼。"[237] 一位观察者指出，恶劣的天气会把甲板"变成名副其实的烂肉摊"，被刺伤的牲畜散布其间，它们散发的血腥气味会引来成群的鲨鱼。[238] 火灾则是另一种威胁：1890年"埃及号"发生火灾时，"数百头可怜的牲口被活活烤熟"。[239] 1886年，大西洋牲畜贸易中有6 467头牛在航行中丧命，其大多数被抛进了大海。[240] 在沃拉西，有赶牛人被卸船的牲口踩踏受伤，而不得不求助于救护车。[241] 这种"漂浮的海洋农场"是国际肉类体系中一个主要的"反转凸角"②。[242]

到19世纪中期，人们发明了各种各样的肉类保存技术来解决这个问题，包括防腐气体、含油涂层或机械压缩等，然而除了罐头之外，大多数保存技术都没有成功。[243] 世界博览会上就展出过"数百种不同的腌制食品"。[244] 1865年伦敦举行了"牛肉干宴会"，试图改变工人阶级的口味。[245] 最后的解决方法是机械制冷，后来又有了冷冻技术。使用冷藏库或卤水的铁路车厢对于不断扩张的美国"商品前沿"来说，就像谷物粮仓一样必不可少。[246] 1871年，机械降温系统首次在得克萨斯州的一家屠宰场投入使用。到1925年左右，澳大利亚拥有了54家出口冷冻工厂，每天足以屠宰9万只绵羊、羔羊以及6 000头牛。[247] 1882年，《新西兰先驱报》（*New Zealand Herald*）的

① 译者注：即今天的津巴布韦。

② 译者注：reverse salient，指大型技术创新系统在发展过程初期碰到的障碍因素。

一篇文章心潮澎湃地宣称，冷冻肉（frozen meat）将会使新西兰“成为英格兰的一个省，像约克郡或德文郡一样，轻而易举地成为伦敦市场的供应源地”。[248] 一年后，坎特伯雷冷冻肉公司在贝尔法斯特的工厂开张；1904年又在帕雷拉开设了一家新工厂；到1906年，其年屠宰量达到了100万。[249] 自19世纪80年代起，具有冷冻设备的跨大陆运输变得非常普遍（见图1.4）。它还被推广为一种道德的消费手段，因为其使得牲畜免于经历残酷的海洋航行。[250] 1880年，英国仅进口了400只活羊；得益于成功的营销推广，到1893年这一数字变成了390万。[251]

然而，冷冻肉并没有立刻受到人们的欢迎。1888年，一名作家将

44

图1.4　在布宜诺斯艾利斯装船的冷冻牲畜胴体

From Pedro Bergé, “La industria della carne refrigerata nella Repubblica Argentina,” *Anales de la Sociedad Rurale Argentina* 45, no.1 (1910): 68.

冷冻牛肉的口感描述为“呆板、无味”。[252] 实际上，只要把肉冷却到略低于冰点的温度，就可以保持其肉质相对柔软，还能避免积聚过多的冰晶。这种保鲜方式使得大西洋贸易能够为英国市场提供质量更好的牛肉。1907年，伦敦大学的里迪尔（Rideal）教授调查了阿根廷的冰鲜肉（chilled beef）后发表报告，认为其营养质量超过了英国本土的新鲜牛肉。[253] 1910年，阿根廷冰鲜牛肉的出口量首次超过冷冻牛肉。[254] 过远的距离意味着澳大利亚和新西兰的牛肉贸易最初仅限于冷冻运输，其冰鲜牛肉贸易直到20世纪30年代才逐渐发展起来。[255] 船舶还配备了单独的可调节的冷冻或冷藏货舱。[256] 其他技术创新还包括密闭门、控制胴体间距以促进空气循环、测温仪以及当温度偏离特定水平时发出警报的系统等。[257] 大量食用冰鲜肉和冷冻肉是英国特有的现象，法国消费者则对这类产品持怀疑态度。[258]

随着资本流入冷藏肉行业，其贸易的“重心”转移到南半球。[259] 根据1894年的报道，新西兰羊肉在史密斯菲尔德的售价比英国羊肉“低得多”，[260] 两年后，它仍比英国最好的羊肉产品便宜了2.5便士。[261] 1911年，澳大利亚和南美的“冷藏船队”每月最多可以运送1 600万匹牲畜胴体：该贸易以英国为中心，被称为冷藏船（reefers）的船只在当时大部分为英国所有。[262] 到1913年，英国已经拥有冷藏船230艘，载货能力达44万吨。[263] 到20世纪30年代中期，英国在世界冷冻和冷藏肉类贸易中占据主导地位，接收了超过全世界90%的冷藏牛肉，帝国的食品运输船又进一步巩固了其与澳大利亚的贸易联系。[264]
45 冷藏技术在配送系统中全面应用，包括火车冷藏车厢、冷藏驳船、冷冻机和冷库，构成了肉类流通的冷链（这个术语首创于1908年）。[265] 可伸缩输送机、绞车起货机、架空铁道和升降机将牲畜胴体搬运到仓库内（见图1.5），伦敦的纳尔逊码头的工人们都学会了“像处理鸡蛋一样处理牲畜的胴体”。[266] 1882年，由伦敦和圣凯瑟琳码头公司所有的、英国首家实现大规模运转的冷库在伦敦开业。1886年，该冷库已经能够储存59 000具牲畜胴体。[267] 1895年7月，伦敦全市存储了约

46

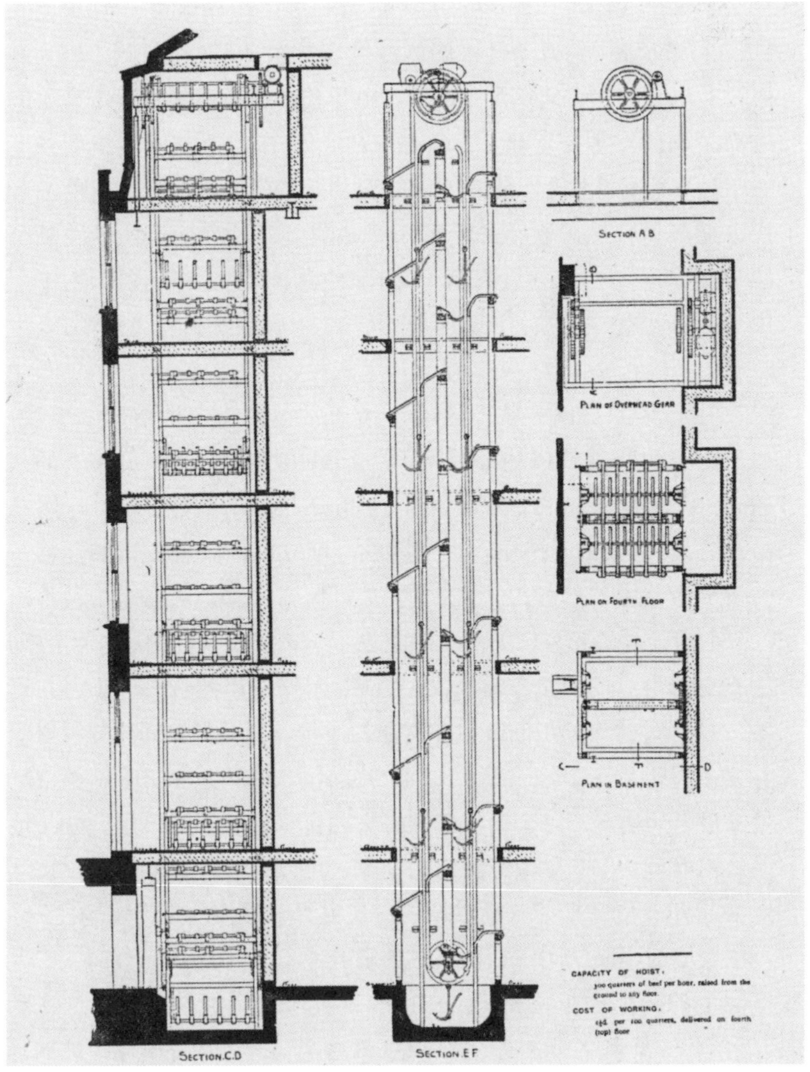

图1.5　多层冷库中牲畜胴体的机械化处理

From George Zimmer, *The Mechanical Handling of Material: Being a Treatise on the Handling of Material Such as Coal, Ore, Timber, &c. by Automatic or Semi-Automatic Machinery* (London: Crosby Lockwood & Son, 1905).

有50万具牲畜胴体。[268] 单是纳尔逊码头的多层冷库就可容纳20万头羊。[269] 到1911年，伦敦的牲畜胴体冷藏容量达到了284万具（约为当时伦敦人口数的三分之一），20世纪30年代，伦敦成为世界冷藏牛肉和冷冻羊肉的主要集散地。[270] 到1902年，已有50个英国城镇配备了冷冻库。[271] 气锁阀的发明使冷冻库能保持较低的温度；[272] 从20世纪20年代中期开始，英国铁路开始采用冷藏集装箱，以便于从铁路到公路的转运，不到10年，就有近1 000个冷藏肉类集装箱投入使用。[273] 冻肉卡车于1921年左右出现在英国，比冰激凌车的出现早了至少5年。[274]

在1850年的英国，城市的肉市场通常被视为一种落伍的事物。比如，伦敦的纽盖特市场（Newgate market）只有一条9英尺宽的入口通道。[275] 约翰·霍林黑德（John Hollingshead）描述了600吨肉是怎样“被大约3 000人挤压着、推搡着，堆放到像汉普顿宫的迷宫一样的狭窄小巷中，然后很快又被这3 000人撕扯着，从迷宫中被拖出来”。“不断涌入的死畜肉如潮水般淹没了”肉类批发商的店铺。[276] “如果从成交的牛只的数量来看”，史密斯菲尔德牛市的规模“小得几近荒谬”。[277] 通过建筑的不断改造和交通的改善，商品的流通压力得以缓解。纽盖特市场于1861年关闭，而专卖肉类的新史密斯菲尔德市场又于1868年开张。[278] 这个市场建立在大西部铁路货运站之上，并与地下铁路相连。[279] 这座20世纪新建的仓库，足以存放8万具牲畜胴体。[280] 直到20世纪，史密斯菲尔德市场仍然是世界上最大的生肉市场。[281] 终于，在人们的不断努力下，肉类零售业几乎完全与屠宰场分离，二者在空间上的距离被越拉越远。1910年，英国的肉类供应商估计达到四万三千家。[282] 到了20世纪30年代，许多肉铺开始用瓷砖墙、玻璃幕墙来装饰，有的甚至还配备空调。[283]

47 莱顿和道格拉斯在他们关于英国肉类行业的五卷本巨著的开篇中写道：“从资本的角度来看，除了金融业，英国投资在肉类行业的资金可能比其他任何行业都要多。”[284] 冷藏运输所需的大规模运营和资本投资最终使该行业被几家美国大型公司掌控，这些公司于1907年就进入阿根廷市场，虽然早期阿根廷肉类产业的大部分资本都来自英国，但到1918年，美国公司已经占据阿根廷出口市场68.1%的份额。[285] 肉类行业是最早由跨国公司主导的行业之一，形成了一个真正的全球市场，而整个肉类行业由“全球各国各种影响力的总和”来调节。[286] 美国的商业之所以在20世纪高歌猛进，很大程度上是通过控制这个主要为供养英国人而建立的体系来实现的。

当英国的观察者们为他们巨量的肉类消费而得意庆祝的时候，却很少有人停下来深入反思肉类系统本身。他们很少去思考这个历史上前所未有的生物力量的大动员，怎样催生了新的牛的品种？或者思考一下，能够快速生长的雪花纹理牛肉如何演变成一种积累资本的技术？他们忽略了一个悖论，那就是要获得供英国人自由地大快朵颐肉类，只能以牺牲自给自足的能力和经济独立为代价。英国人要想在营养方面有所发展，就需要一种生态和技术的影响远远超出其有限的国土面积的饮食体系。这种“密集的肉类综合体”（intensive meat complex）是一项覆盖全球的技术基础设施，围绕它的是数亿头牲畜，它们被系统性地屠宰，然后推动了全球肉食化的进程。[287] 这种以大规模畜牧生产为导向的全球性的“第二自然”，是“大星球的哲学”最持久的成就之一：它所催生的，是一种全球性的肉食消费偏好。

第二章 48

小 麦

全世界的丰收皆为我所用。

——温斯顿·丘吉尔在议会的讲话（1905年3月8日）

人类不再接受作物的原样，而是开始规定它们应该长成什么样子。

——雅各布·罗森和马克斯·伊士曼，

《通往丰饶之路》(1953年)

理查德·杰弗里斯（Richard Jefferies）在1887年曾提出："掌握了小麦的人就是世界的主宰。"[1] 若按照这个标准，英国人曾是世界的霸主。从1771年到1879年，英国小麦面包的消耗量增加了四倍多，而"食用小麦的人口"更是从430万增加到2 190万。[2] 1911年，英国的劳动阶级摄入的约一半的卡路里是由小麦面包提供的。[3] 不过，彼时的英国已不再是种植小麦的国度。1909年，超过80%的英国面包是用进口的谷物制作的。[4] 1886年《德比水星报》(*Derby Mercury*)的一篇文章指出，小麦可能会成为一种"在英格兰灭绝的植物"。[5] 英国"小麦霸主"的地位并非自给自足，而是通过全球性的粮食体系实现的。

这种外包或许能最明确地表述"大星球的思维"（large-planet thinking）所产生的影响。新大陆的肥沃土地被大肆开发，为英国工人提供廉价的卡路里；许多英国农民只能被迫从事乳业和商品蔬菜种植业，否则只能勉强度日。小麦通过广阔的运输和物流网流入英国，而这些网络则由复杂完善的信息以及金融体系支撑。小麦本身经历了生物性的改良，能标准化地产出富有黏性的谷物颗粒，然后经滚筒碾磨，变成批量生产的白面包。没有哪种食物能像小麦一样，成为世界
49 市场掌控和自由贸易的象征。然而到了1914年，小麦面包却成为人们对饮食的一个重要的焦虑。本章将会追溯这段错综复杂的历史。

小麦的崛起

1800年，英格兰北部和苏格兰的人们仍在广泛食用燕麦，英格兰米德兰东部的人们普遍食用大麦，而黑麦则在约克郡常见。[6] 在接下来的一个世纪里，人们逐渐改吃小麦的情况从南部和城市中心扩散开来，渐渐影响到英国的北部和西部。到1900年，小麦成了英国的标准谷物。移民到英格兰的苏格兰人通常不再吃燕麦片，而改吃白小麦面包。[7] 查尔斯·罗德（Charles Roeder）感叹道："食用燕麦粥的伟大时代和荣耀，显然已经一去不返了。"[8] 长期存在的谷物等级制度又得到了巩固和延续。小麦处于金字塔的顶部，而那些"地位较低"的谷物则日益与贫困的人口和牲口联系在一起。阿瑟·杨（Arthur Young）记录了一名叫"哈特"的先生的想法，他发现，"甚至连贫穷的农民都以一种恐惧的眼光看待"黑面包和全麦面包。[9] 亚伯拉罕·埃德林（Abraham Edlin）在1805年的一本面包制作手册中嘲笑全麦面包"厚实、黏稠，令人肠胃胀气"。[10] 发酵食品代替了如烤燕麦饼、薄麦饼和谷物煮制品（麦粉布丁、牛奶麦粥和燕麦粥）等地方美食。

自古以来，白小麦面包一直是一种很高级的食物。但在19世纪，由于碾磨机的出现以及硬质小麦的全球种植和流通，白小麦面包变成

了一种大众消费品。1800年，伦敦的穷人似乎除了白小麦面包，对其他一切食物都不甚满意；而到了19世纪60年代，甚至连囚犯都在吃白小麦面包。[11] 麦麸通常被用于制作饼干或动物饲料。面包既廉价又方便携带，且无须烹饪。因此，它被称为“工人们的主流食品”。[12]

白小麦面包就像肉类一样，成了英国全球实力的象征。小麦是一种进步的谷物，是“谷物之王”。[13] 贝内特竭力主张“精白面粉”代表着“饮食的经济改善”。[14] 这一逻辑同样在经济史上有所体现：罗伯特·艾伦（Robert Allen）就将白面包消费的增长与“高工资经济”联系在一起。[15] 由此，小麦和“文明”之间形成了一种持久的、循环的联系，在整个盎格鲁世界广泛传播：“小麦……自古以来就是促进文明和福祉的食物……世界上最强大的国家都把小麦作为主要谷物。”[16] 这一逻辑通常还会把谷物和种族直接联系在一起，带有偏见的刻板印象将食用大米的民族描述为体质虚弱。[17] 种族、文化和进化的叙事可以很容易地结合在一起。在麦坎斯（McCance）和威多森（Widdowson） 50
的《白面包与黑面包》（1956年）（*Breads White and Brown*）一书中，面包的颜色代表着文明有机体的进化类型：燕麦饼、印度的全麦面饼、古埃及的无酵饼象征“早期进化类型”，影响范围有限；而小麦面包则被视为“高度文化的标志”。[18]

这种所谓的“进化”绝非偶然，而是特定的政治、经济和环境历史共同作用的产物。

小麦生产的全球化

英国小麦生产外包的历史与肉类生产外包的历史大致相似。由于轮作、圈场和排水系统的改进，从1750年到1850年，英国国内的小麦产量提高了225%，彼时的产量已达到中世纪时的三倍。[19] 英国的小麦基本实现自给自足，少量进口小麦主要来自爱尔兰。[20] 1854年，

《经济学人》声称当时的小麦产量达到有记录以来的最高值。[21] 不过在1855年以后，英国的小麦产量就开始走下坡路了。[22] 英国小麦种植的面积从19世纪60年代末的340万英亩下降到1904年的130万英亩。[23] 随着政治经济学的推广、小麦价格下跌、黄金价值波动以及“大星球的哲学”的兴起，除了英格兰东部那些有着廉价、轻质的土壤的地区之外，在英国本土种植小麦变得无利可图。[24] 在1893年的皇家农业委员会上，一群沮丧的见证人沉痛地描述着英国小麦种植的衰退，他们指责海外竞争和汇率波动是主因。[25] 在1893年康沃尔（Cornwall）的一些地区，人们种植小麦充作茅草，而非食物。[26] 1931年，英国只有22.5%的小麦被制成面包，而一半的小麦被做成饲料。[27]

英国的小麦来自全球多个产地，而且不断地转移。从1891年到1911年，澳大利亚的小麦产量增加了三倍，出口量增加了七倍。[28] 苏伊士运河的开通、铁路建设和卢比黄金价值的下降刺激了印度小麦产量的显著增长，这一现象在旁遮普邦尤为明显。[29] 到1895年，英属印度大约有2 000万英亩（还要再加上印度其他邦的570万英亩）田地用于小麦种植，大部分出口到英国。[30] 俄罗斯的小麦生产版图则扩展到了欧亚草原的黑钙土上。[31] 1910年，俄罗斯成为世界上最大的小麦出口国。[32] 然而，印度不断增长的人口、较低的小麦产量、相对较差的小麦生产基础设施，以及经常性的干旱造成其小麦供应不稳定；而俄罗斯则陷入革命和内战，很快就退出了世界市场。[33] 阿根廷的小麦种植面积从1890年的320万英亩增长到1910年的1 500万英亩左右。[34]
51 到1903年，从阿根廷运送到英国的小麦比其他任何国家都多。[35] 然而，阿根廷小麦产业的发展还是受到了若干因素的制约。位于养牛地带外围的小麦种植业的地位仍然不及牧场放牧。[36] 由于阿根廷对粮仓基础设施、分级和检验机制方面的投资有限，阿根廷小麦变成了新欧洲地区最不可靠的品类。[37] 1912年经济衰退之后，小麦种植户的贫困还引发了周期性的社会动荡。[38]

英国主要的小麦供应地后来变成了北美，而非阿根廷、印度或俄罗斯。美国的小麦出口量从18世纪中期开始增长，1800年后，美国的小麦生产区迅速向西部更廉价的土地扩张，因为在那里，广耕粗放农业更有利可图；到19世纪末已经扩展到明尼苏达州、达科他州、俄亥俄州和堪萨斯州更寒冷、更干燥的平原地区。[39] 1870年，美国改良了中西部北部7 800万英亩的土地；到1910年，这一数字增长到2.5亿英亩。[40] 到19世纪80年代末，美国70%的出口小麦运往英国港口。[41] 1892年，美国粮仓和谷物贸易协会将美国称为“进口世界的粮仓”。[42] 美国政府对铁路进行的补贴，又刺激了西部新社区的发展。[43] 粮食谷仓取代了原本适合小规模农业生产的粮食麻袋，[44] 谷物粮仓是一种高大的仓库，谷物被储存在垂直摆放的箱子里，然后被运送到铁路、卡车或轮船上。它们的规模各不相同，有位于铁路沿线的小型乡村谷仓，也有用于集中粮食并进行大规模分配和出口的大型终端谷仓，其具有复杂的内部系统，用于调度、组织和粮食称重。1842年，首个完善的谷物粮仓在布法罗建成后，这一系统迅速扩展开来，现代主义者们都对这些功能齐全的建筑极为着迷。弗兰克·戈尔克（Frank Gohlke）拍下了绝妙的黑白照片，让谷物粮仓的雄姿永留人间。[45] 在弗兰克·诺里斯（Frank Norris）的小说《章鱼》（*the Octopus*）的结尾，铁路公司的代理人贝尔曼（Behrmann）跌入自己的谷仓后，便在一股小麦的洪流中窒息而亡。[46] 然而，美国的小麦生产却逐渐转向经济繁荣的东北部各州。到20世纪20年代，由于美国的土地和劳动力成本高于其竞争对手，美国小麦出口量因此下降。[47] 虽然在1945年之后，美国小麦的出口量再次上升，但是那时世界上最大的小麦出口国已经变成了加拿大。

加拿大小麦种植业的快速扩张，发生在19世纪末和20世纪初“草原三省”得到发展的背景之下（首先是马尼托巴，然后是阿尔伯塔和萨斯喀彻温）。1849年，加拿大视察专员弗朗西斯·欣克斯（Francis Hincks）呼吁改善基础设施，并与英国的制造商自由流通农业物料，而詹姆斯·凯尔德（James Caird）则预测在1880年加拿大将

52 提供“大量廉价食品”。[48] 在小麦价格上涨和国家政策的刺激下，1896年至1920年成为加拿大小麦生产的大繁荣时期；加拿大的政策促进了草原移民、铁路和农业实验站的建设，于是小麦生产在整个20世纪20年代都持续有着丰厚的利润。[49] 新的农业技术（轮式收割机、蒸汽脱粒机、自动捆绑收割机）使得大片相对贫瘠的土壤得以开垦。[50] 那些年，有许多英国人移民到加拿大，他们受英国农村衰落所迫，又受到对边疆生活的浪漫想象的驱使：1921年阿尔伯塔省的瓦肯地区就有超过60%的人口是英国血统。[51] 这一移民的过程受到加拿大种族主义移民政策的鼓励，该政策将英国移民列为“首选移民”，并相信加拿大“完全适合英国人”。[52] 盎格鲁资本主义的机器强行颠覆了加拿大传统的生物和社会经济体系。徙倚的水牛群在19世纪70年代后期遭到大肆屠杀，土著居民在饥馑中被迫迁入保留地。[53] 到1923年，英国53.3%的进口小麦来自加拿大。[54]

加拿大的大草原为小麦的生长提供了近乎完美的生态条件。这里的“泥质壤土”显然“比任何已知的农业土壤更能经受多次耕种而无须施肥”。[55] 作物生长初期，强降雨加上漫长的夏季促进了作物成熟；降雪又能使土地免受残酷的霜冻。[56] 草原变成了地球上单一栽培程度最高的农业景观之一。在许多地区，小麦占全部作物的百分之八十；在干旱地区，这一比例超过百分之九十。[57]“第二自然”布满了这一景观：基础设施把加拿大的农业空间设计成一个庞大的系统，将小麦向东运输。这个系统围绕铁路、运河和粮仓网络而建，在19世纪80年代迅速发展。到1918年，它已经长达3 000英里，从哈利法克斯（Halifax）和圣约翰（St. John）一直延伸到阿尔伯塔省的诺德格（Nordegg）。[58] 当农民把粮食运送到粮仓时，他们会拿到可以在当地银行兑换现金的票据（其中扣去了码头费和保险费），这种票据在1900年以后显著增加（见图2.1）。[59] 粮食标准委员会还制定了小麦的商业等级。谷物会经过清洗、储存，最终装进铁路货车。每当小麦季到来时，货车就会开进铁路网络的计划地点，而这需要密切的电报协调工

53

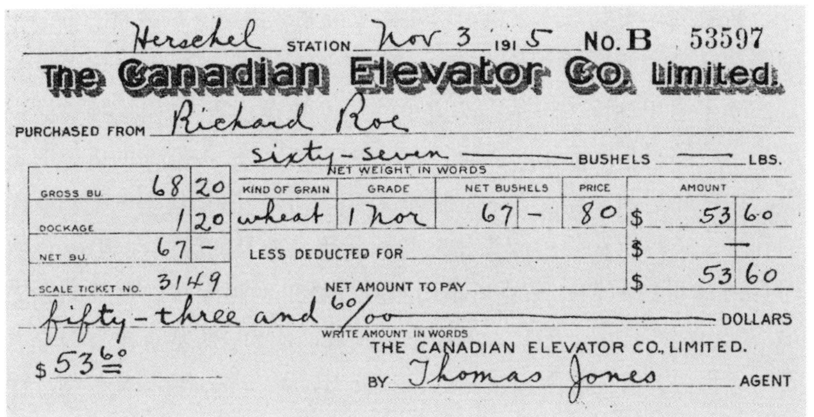

Herschel STATION Nov 3 1915 No. B 53597

The Canadian Elevator Co. Limited

PURCHASED FROM Richard Roe

sixty-seven BUSHELS — LBS.

NET WEIGHT IN WORDS

GROSS BU.	68	20
DOCKAGE	1	20
NET BU.	67	–
SCALE TICKET NO.	3149	

KIND OF GRAIN	GRADE	NET BUSHELS	PRICE	AMOUNT
wheat	1 Nor	67 –	80	$ 53 60

LESS DEDUCTED FOR $ —

NET AMOUNT TO PAY $ 53 60

fifty-three and 60/00 DOLLARS

WRITE AMOUNT IN WORDS

THE CANADIAN ELEVATOR CO., LIMITED.

$53 60

BY Thomas Jones AGENT

图2.1　加拿大粮仓公司发行的现金票据。这张票据可以在任何银行兑换，也可以用作支票

From Clarence Piper, *Principles of the Grain Trade of Western Canada* (Winnipeg: Empire Elevator Co., 1917).

作。铁路公司要定期检查和修理数千辆能够装载1 448蒲式耳①的铁路货车，并通过系统来分配煤炭。加拿大太平洋铁路公司的温尼伯车场据说是世界上最大的车场。[60] 加拿大小麦与其经济发展相辅相成，也与英国的工业化交织在一起。加拿大银行宣称，没有哪个政府像加拿大这样依赖单一商品来维持“现代文明和生活水平”。[61] 为庆祝爱德华七世加冕，加拿大竖起了一座拱门，上刻着“加拿大：英国的粮仓”，这“相当于宣布加拿大并非冰雪封冻、不宜居住和荒无人烟的国家，它是丰饶大地慷慨赐予果实的地方”。[62] 1881年，爱德华·赫普尔·霍尔（Edward Hepple Hall）撰写了许多关于北美旅行和移民的书，他称加拿大是大英帝国的“武器”，是地球上“无与伦比”的小麦种植地。[63] 直到20世纪60年代，英国还是加拿大主要的小麦出口市场，也仍然是加拿大小麦运往欧洲最重要的目的地。[64]

---

① 译者注：测量谷物的计量单位。

依赖另一大陆的小麦进口，所产生的紧要问题之一就是必须制定国际公认的粮食标准。在美国，芝加哥贸易委员会在1856年根据重量建立了通用标准（包括白小麦、红小麦和春小麦），但这种检验仍然是主观的、非标准化的，而且充斥着欺诈行为，令欧洲的进口商不满。1916年美国又建立了一个联邦标准：检验员必须获得美国农业部的许可，进行粮食检验成为州际和国际粮食贸易的强制性规定。[65]然而直到20世纪后期，海外买家仍然对谷物过度潮湿和破损等问题表示不满。相比之下，加拿大的评分系统反而成为“世界标准”。[66]伦敦谷物贸易协会仅凭加拿大出具的检验证书就可以放心购买其谷物。铁
54 路能迅速地将小麦从当地的粮仓输送到巨大的终端粮仓。[67]温尼伯车场每天要检验多达两千节车厢的粮食。[68]到达目的地后，列车员要向验货人员递交表格，说明详细的货物成分。[69]验货员会用类似注射器的探针从每辆车中采集样本，这些探针通过“11个等距的开孔”来收集样本，这些开孔形成11个小室上，稍后打开这些小室，就会形成11个单独的谷堆，它们代表整个车厢的深度：对每个车厢进行多次穿刺，就可以确保整个卡车样品全覆盖。[70]如果验货员满意样品的一致性，就会将其混合，然后用小包送到温尼伯粮食交易所大楼的检验部办公室，将谷物称重、筛分、进行颜色和水分测试以及物理评估和分级（见图2.2）。[71]批量处理、检验和记录流程环环相扣，小麦以及其信息的流转是畅通无阻的。[72]在20世纪20年代早期，小麦检验的内容还加入了蛋白质含量，尽管这将导致完善的分级系统变得更加复杂。[73]在完成分级之后，样品会被保存在一个约有六万个盒子的房间里：新样品每天添加，旧样品逐日丢弃。[74]在收到检验证书后，小麦被储存在巨大的终端粮仓里，并进行称重、清洗、上许可证和保税。[75]检验人员会严密观察整个过程的各个环节：“要构思一个比现在更严密、更准确的检验方法是很难的。”[76]港口粮仓最集中的地方是苏必利尔湖上的亚瑟港（Port Arthur）和威廉堡（Fort William）双城，经其处理的小麦的总量比世界上任何其他粮食港口还要多（见图2.3）。[77]

图2.2 温尼伯的谷物检验。可以看到右边的锡样箱将被移到样品室储存

From A. H. Reginald Buller, *Essays on Wheat* (New York: Macmillan, 1919).

55

图2.3 谷物粮仓，威廉堡，加拿大

Reproduced by kind permission of Thunder Bay Public Library.

在18世纪晚期，谷物尚未跻身英国十大进口商品。[78] 到20世纪初，英国进口了全球贸易中约五分之二的小麦。英国在1914年以前的平均进口水平比德国、法国、意大利和比利时的总和还要高。[79] 英国小麦的“幽灵公顷”约为600万英亩（包括小麦在内的全部农作物的幽灵公顷为2 300万英亩）。[80] 乐观主义者认为，“大星球思维”是一种风险管理的形式，可以对抗变幻莫测的气候所带来的风险：“世界上的小麦生产国所组成的，不应该是一支只有一个顶尖击球手的棒球队；而要像一支各方面都很优秀的全能队伍，每场比赛都会有队员脱颖而出。”[81] 然而，我们将在下文看到，这种观点仍然面临许多争议。

小麦的转型

小麦的籽粒由三个部分组成：种皮或麸皮，是包裹麦粒的保护壳；淀粉胚乳，约占麦仁的83%；胚胎或胚芽，含有丰富的蛋白质、
56 脂肪和维生素。[82] 然而，构成每个部分的化学成分有很大不同。一些小麦含有相对较多的谷蛋白：这些是“硬”的、蛋白质丰富的小麦，产出的是筋道的面粉，可以制成“大块、蓬松、多孔的面包”，而松散、柔顺的面粉，可以做出“小的、扁平的和稠密”的面团，更适合做蛋糕、馅饼和饼干。[83] 春天在霜冻严重地区播种的春小麦，面筋含量最高，能制作“大块、结实的面包”。[84] 1883年，丹麦化学家约翰·凯道尔（Johan Kjeldahl）发明了计算小麦含氮量的方法①，并将曼尼托巴产的小麦列为世界上含氮量最多的小麦。[85] 通过这些方法，小麦的分级不再是地方性的经验之谈，而是实现了国际化、集中化和标准化。[86] 不过，“硬”和“软”这两个词的指代往往并不准确，因为小

① 译者注：该方法也称之为凯氏定氮法，通过测定物质中的含氮量估算出物质中的总蛋白质含量。

麦的硬度还受到气候和土壤以及遗传因素的决定性影响。

人类选育小麦已经有几千年的历史。也正因如此，小麦高度依赖人类的管理。[87] 然而，人类选育小麦的强度和精度在19世纪才得到显著提高，20世纪初植物育种开始应用孟德尔原理，尤其是通过杂交的方式，人们得以进一步控制小麦的特性。[88] 达尔文发现："像小麦这样最古老的栽培植物仍在继续产生新品种。"[89] 育种学家运用新兴的植物遗传学，选择小麦的颜色、谷蛋白含量、产量、烘焙品质、对肥料的反应、光照周期性、抗"倒伏"（避免在收获前倒伏）的能力以及抗病虫害的能力。[90] 然而，培育出具有抗病害能力的品种只会导致更致命的新疾病，然后只能无休止地创造新的抗病品种。[91]

小麦具备自花授粉能力，这意味着遗传产生的有用特性相当稳定，这有利于对特别优异的植株进行选择。[92] 18世纪德国植物学家科尔罗伊德（J. G. Kölreuter）首次通过有意授粉来实验杂交品种。随着性状及其分布概念的出现，杂交实验逐渐从推测领域转向实际应用。[93] 英国育种家托马斯・奈特（Thomas Knight）在18世纪和19世纪早期的杂交实验为其争得了与贝克韦尔（Bakewell）不相上下的地位。帕特里克・谢里夫（Patrick Shirreff）利用选择和杂交培育了新的品种，包括白须谢里夫小麦（Shirreff's Bearded White）、普林格尔小麦（Pringle）和方头谢里夫小麦（Shirreff's Square head）等。然而，这些改进没能克服英国小麦的核心问题，即较低的谷蛋白含量。有些苏格兰小麦只含有5%的谷蛋白，潮湿的气候是原因之一。虽然较软的小麦风味佳、产量高，但它们不能烘焙出符合大众需求的松软面包：确实，这些特性和面包质感之间呈现出了"明显的负相关"。[94] 不 57
过，英国小麦良好的味道和颜色使其能够与进口的优质小麦混合，从而生产出适应不断发展的烘焙规范的面粉。[95] 尽管如此，20世纪初罗兰・比芬（Rowland Biffen）在剑桥植物育种研究所（Cambridge Plant Breeding Institute）的实验筛选出新型杂交英国小麦，其中包括能生产优质饼干的小乔斯小麦（Little Joss）和能生产出高品质面包的约曼小麦（Yeoman）。[96] 还有一些特色的面包，特别是爱尔兰苏打面包，则仍主要使用当地的软质小麦面粉。[97]

美国的进展则更具影响力。早期北美平原上的殖民者从俄国进口的小麦，后来成为英国面包的基础。[98] 小麦的育种得到了制度化的支持。1888年，明尼苏达州的实验站开始了对小麦改良的系统性研发，培育出数千个品种。[99] 这类耐病害的硬小麦在美国的农业中引发了一场"生物革命"。[100] 到了1908年，春季和冬季的硬小麦占美国小麦总产量的55%。[101] 美国被划分为几个小麦种植区，包括北部平原州的硬质春小麦区和南部平原州的硬粒小麦的旱作区。[102] 最重要的新品种为红快富（Red Fife），它在1842年由安大略省的戴维·菲费（David Fife）选育，并于1855年左右引入美国。[103] 农学家卡尔顿·鲍尔（Carleton Ball）称其为美国第一款"真正的硬红春麦"：它广泛播种于美国平原和加拿大大草原，那里的气候正需要这种早熟、抗旱的春小麦。[104]

1904年，加拿大农学家查尔斯·桑德斯（Charles Saunders）将红快富和红加尔各答（Red Calcutta）杂交，结合两者高产和早熟的特点，培育出"世界上最优秀的硬红春麦"：侯爵小麦（Marquis）。[105] 它比红快富早六天成熟，使加拿大的小麦种植区得以向北推进。[106] 到1918年，加拿大和美国已经播种了2 000万英亩的侯爵小麦。[107] 甚至有父母给孩子起名为快富（Fife）和侯爵。[108] 与此同时，1873年引入的土耳其小麦（Turkey wheat，一种硬红冬麦品种），促进了小麦向干旱边缘地区的扩张：到1919年，内布拉斯加和堪萨斯有超过80%的小麦种植面积上种的是土耳其小麦。这样的比例在今天已经不常见了，因为越来越多的种子是为更小的生态位设计的，小麦育种者不断地选择能抵抗小麦叶锈病的种子。到2008年，已经没有任何一个单一的小麦品种能占美国和加拿大总种植面积的6%以上：原来的小麦种植区已经变得越来越分散。[109] 然而，作为侯爵小麦的亲本，红快富仍然构成了北美小麦育种项目的遗传学基础。[110] 在1886—1990年和1926—

1930年间，小麦的全球产量增长了17%，而育种是主要的原因。[111] 二 58
倍体（有14个染色体）和四倍体（有28个染色体）小麦基本上消失了，栽培的六倍体（有42个染色体）小麦成为主导品种。[112] 双粒小麦（Emmer）、单粒小麦（einkorn）和斯佩耳特小麦（spelt）几乎完全被抛弃了：在人类驱动的重塑农业的进程中，它们变成了所谓的“古老的谷物”。

全球范围内还出现了一些新的小麦品种：如阿根廷的巴莱塔小麦（Barletta）、印度的普萨小麦（Pusa）。[113] 20世纪20年代，普萨小麦刺激了印度小麦对英国的重新出口。[114] 苏联的李森科声称，他将谷物冷冻以加速其开花的技术，或称为“春化”（“yarovization”）技术，可以将春小麦转变为冬小麦（甚至有人提出更疯狂的主张，例如可以把兔子变成鸡）。[115] 不过，李森科的极端行为的确是一种普遍信念的极端表达，即相信关键的生命资源也可以发生突变。有人认为，作物可以在完全人为控制的阶段被“制造”出来，就像“制造一辆汽车，每个部件都是分开制造的，然后将其置于整车中指定的位置”一样。[116] 遗传物质在这种变化中的作用，在更相信孟德尔遗传规律的西方得到了强调：研究表明，内胚乳细胞中存在决定因素，可以产生从硬到软的不同硬度分级。[117] 然而人们也不能忽视环境和气候的因素，这正是硬小麦在英国生长不良的原因。[118] 实际上，即使不论拉马克式①的李森科主义的影响，“春化”仍然是一种常见的农业技术。[119]

制作面包

用硬冬小麦大规模生产白面包，就必须在磨粉和烘焙等方面进行

① 译者注：Lamarck，法国生物学家拉马克，提出获得性状遗传的观点，即生物适应了环境，其性状发生改变后，这些改变通过遗传的形式传递给它们的后代。

技术变革，包括机械化、标准化和规模化，最后加速生产。在19世纪70年代，匈牙利和美国的传统磨粉方法迅速被辊轧式磨粉取代，后者随后传入英国。小麦到达工厂后，首先去除杂质：用磁铁吸附金属碎片，用吸气分离器来去除较轻的杂质，再用分离机去掉石块。[120] 工厂会对谷物进行清洗、冲刷、调制和干燥。[121] 然后，凹槽滚轮会对小麦进行"破碎"，这些滚轮带有凹槽和不同的速度，旨在对小麦进行剪切和破裂，而非完全压碎。[122] 这些步骤的目的不是生产面粉，而是形成半成品，或称为"粗粒小麦粉"，然后经过筛选、净化并返回进行进一步分解步骤，以提取更多的麸皮。[123] 最终，净化后的半成品经过平滑的还原辊，被碾压成面粉。[124] 这种半成品的反复分解法可追溯到
59 18世纪的"经济碾磨"技术，当时要依靠磨盘才能实现。[125] 然而，处理工艺的排列组合也有所不同。硬小麦和软小麦就有着不同的调制、洗涤、破碎安排和净化要求。[126]

磨好的面粉会被精细地为几个不同的等级，使工厂得以精确地进行分级和混合：它可以被归类为纯粉（占碾磨小麦粉总重量的70%以上）或者是特级面粉［"精特级面粉"（short patent）仅占碾磨麦粉重量的30%；而"普通特级面粉"（long patent）则可占到60%］。[127] 面粉、胚芽和麸皮被分离开来，麸皮通常作为牛饲料出售，而胚芽可以出售给制造胚芽面包的厂家。[128] 最后，面粉被储存起来，并在筒仓中"陈化"，以渐渐变白。这是一个耗费时间和空间的过程。另外也可以选择商业漂白，其中使用许多化学物质，包括二氧化氯和过氧化氮。[129] 这种做法备受争议。迫于一系列的报道导致的舆论压力，英国于1998年对漂白剂发出了禁令。

机械设备很快渗透到磨粉工艺中，磨坊也因此变成了"单一的自动化单元"。[130] 美国化学家查尔斯·斯旺森（Charles Swanson）评论说，现代的磨坊里"只需要很少的人工"。[131] 其规模之大以及技术之复杂使得工厂具有较高的火灾风险：到了20世纪初，在工厂里安装自动喷水灭火系统已经非常普遍。[132] 磨坊也经历了漫长的能源转型。1870

年，水磨仍为英国谷物碾磨提供了三分之二的动能。[133] 直到1933年，《泰晤士报》才指出："如今，风车几乎完全消失了，水车也只剩下很少的几架。"[134] 风车磨坊逐渐荒废。磨坊从内陆的溪流和山区转移到主要港口（利物浦、布里斯托尔、赫尔、伦敦、卡迪夫、纽卡斯尔等），在这些地方新建设的大型设施可以将刚进口的小麦立即加工，并发往广阔的地区。面粉进口量也因此下降。[135] 约有三百家内陆磨坊幸存至20世纪30年代末。[136] 到1939年，制粉商"三巨头"［约瑟夫·兰克有限公司（Joseph Rank）、斯皮勒斯公司（Spillers）和英国合作社批发组织（Co-Operative Wholesale Society）］控制了全国约三分之二的面粉生产。[137]

商业化的烘焙首先出现在城市中心和英格兰南部。威廉·科贝特（William Cobbett）觉得面包店就像商业酿酒厂一样，"浪费""可耻"且"过于随便，简直如同犯罪"。家庭烘焙的衰落产生了"可鄙"的现象，"一群男女住在一起，不断地向外张望着有没有人给他们带来食物和饮品"。[138] 这种去技能化（deskilling）的现象就像《狩猎法》（Game Laws）一样，是一种基本的原始积累行为，它把大部分家庭的卡路里消费交由市场来调节。[139] 不过，这种转变并非在所有地区都一样：家庭自制面包仍然普遍存在于兰开夏郡、约克郡和西部乡村的某些地区，并且显然从未完全消失。[140] 然而，商业化的烘焙可以从日益 60
广泛的小麦品种中进行选择，并通过大量购入盐、酵母和煤来节约成本。家庭烘焙仍能在约克郡的西赖丁（Yorkshire's West Riding）持续存在，主要原因是其靠近廉价的煤炭供应地。[141]

大都市的烘焙房经常被描绘成贫民窟，"炎热而闷热的空气"使汗水灌进面团。[142] 到访过的人都会渲染那爬虫密布、卫生条件差和幽闭恐惧症般不见天日的环境。[143] 面包师容易患有皮肤和呼吸道疾病［比如"揉面湿疹"（bakers' eczema）］，他们自杀和酗酒的概率也很高：直到今天，皮肤炎仍然是烘焙师的一种职业病。[144] 一位评论家总结道："我认为在所有沉闷、绝望、毫无生气的工作中，面包师是最悲惨的。”[145] 塞巴斯蒂安·里乌（Sébastien Rioux）认为，享用廉价的食物的代价，是整个食品系统中最骇人听闻的用工条件：面包师工作时间通常极长（每周超过110小时）。[146] 面包师受到的剥削最甚，地位与屠宰场工人和蔬菜采摘工相似。不过在1880年之后，烘焙店也逐渐被纳入环境卫生监管的范围。

在面包店里，老式的“中种法”（sponge-and-dough method）先在英格兰被淘汰，在其他地方则逐渐被更快、更简单的“直接法”（straight method）所取代，即将所有的原材料同时加入。[147] 埃德蒙·本尼恩（Edmund Bennion）即认为，直接法制出的面团更符合“现代烘焙生产程序”。[148] 这种方法还可以通过添加更多的酵母和麦芽提取物来进一步加速：该工艺在英格兰越来越受欢迎，并在20世纪60年代早期的机械化面包店中占据了主导地位。[149] 可靠和标准化酵母对重油面团至关重要，因为它比轻油面团需要更多的酵母。[150] 1897年，《帕尔美尔公报》（*Pall Mall Gazette*）声称，手工调和的面团“几乎已经成为过去式”，而对那些更卫生的、生产过程中几乎不与人手接触的食品，《公报》则不吝溢美之词。[151] 虽然这种看法不免有些超前，但面包的制作走向仪器化和机械化的趋势已然清晰（见图2.4）。到20世纪中叶，烘焙师们已经开始通过中央控制面板调整进料速度和黏度，同时仪表还能显示进入搅拌机的配料量。[152] 发酵测定仪、面筋拉力测定仪、引伸计等仪器取代了原本依赖个人经验对面团的膨胀程度、强度和弹性等特性的判断。[153] 面团竟变成一种工业化的材料，其胶体特性在化学属性上可与橡胶相提并论：“从面包到汽车轮胎，尽管相距甚远，但二者在拉伸强度问题上异曲同工。”[154] “近年来，烘焙已经从一门手艺发展成为一门科学，”詹姆斯·托比（James Tobey）在1939年写道。“谷物化学家”和“烘焙工程师”取代了面包师：按键操作取代了人手与发酵着的、“生长”的面团之间的触觉互动。[155] 操作员只需要按下按钮，就可以通过控制设备快速地将面团膨胀起来，而这原是不可能做到的事。轻松烘焙工艺（Do-Maker Process）（1951

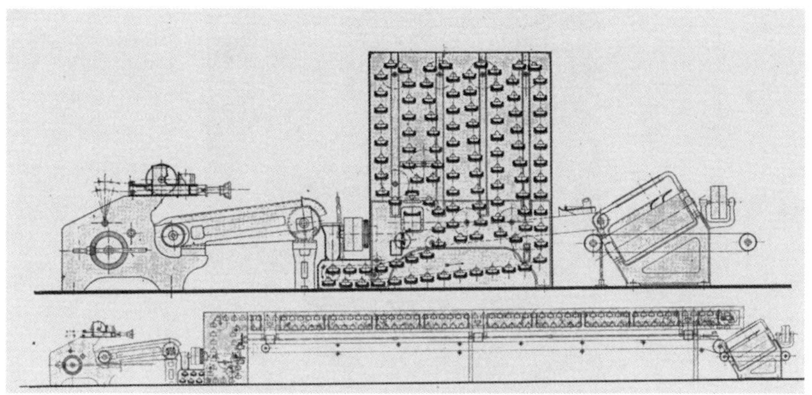

图2.4 自动化烘焙

From W. Jago and W. C. Jago, *The Technology of Bread-Making, Including the Chemistry and Analytical and Practical Testing of Wheat, Flour, and Other Materials Employed in Bread-Making and Confectionery* (London: Simpkin, Marshall, Hamilton, Kent, 1911).

年）将制作面包的时间缩短了三个小时，可以在几分钟内用液态发酵剂制作面团。[156] 乔利伍德面包制法（Chorleywood Baking Process）（1961年）则通过利用氧化剂和强力的搅拌做出可以迅速且完美膨胀的蛋白质基质（见图2.5），用质量较差的面粉生产出美味可口的面包。[157]

面包不再是简单的面粉、酵母、盐和水的混合物。人们为了产生精确的化学效果（如块状结构、颜色等），有时还会加入麦芽、脂肪和糖。[158] 像大豆卵磷脂这样的乳化剂在20世纪60年代经常被用作软化剂和迟滞剂。过硫酸盐能保持恒定的吸水性，而溴酸钾有助于调理面团；不过溴酸钾可能会致癌，目前已被欧盟禁止。这些面团被制作成“统一的大小和形状”，“混合至相同的紧实度”，以便能够通过面团刻度机和成型机。这种面包是为了便于切片而制作，具有坚固的块状结构和酥皮。[159] 到了20世纪60年代，自动化机器每小时能切割两千个面包，极大地促进了三明治消费的增加。[160] 至少在20世纪20年代，就已

62

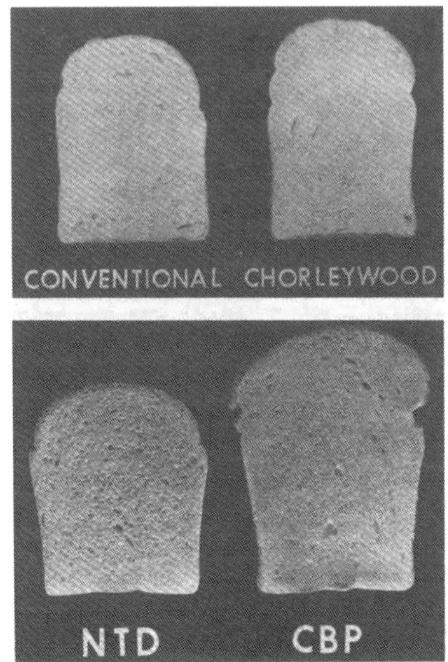

图2.5　絮凝技术。通过不同的烘焙系统增加白面包的蓬松度

From E. Bennion, *Breadmaking: Its Principles and Practice*, 4th ed. (London: Oxford University Press, 1967). Copyright Oxford University Press. Reproduced with permission of the Licensor through PLSclear.

经出现使用蜡纸包装的面包。[161] 科贝特（Cobbett）所说的家庭经济已经被机械化的面包制作摧毁，而手工制作和无添加剂的“手工面包”获得了生存空间。通过一系列化学物质重新配置和塑料袋包装，面包实现了“营养现代化”（nutritionally modernized）。[162] 如今，人们在面包的质料上仍有很多争议。

争议

许多人认为，白面包可以提供更多的能量，因为人体无法完全消化纤维，容易造成浪费，而白面包的纤维相对较少。“在消化率方面，白面粉就像一种高级燃料，可以完全燃烧，而不会产生浓密的黑烟，也不会产生过多的灰烬或渣块。”[163] 这一论点说明，劳动者之所以对白 63
面包有所“偏爱”，是有着“实实在在的生理基础”的。[164] 不过，黑面包的支持者虽然不多，但他们有着强大的话语权。1925年，《纽约时报》的一位作家抱怨道：“用去掉胚芽的小麦来制作家庭面包的做法应该依法受到惩罚。”[165] 1956年，《每日邮报》专栏作家帕特丽夏·凯兰（Patricia Keighran）严厉谴责了这种有着匀称形状的面包，并称其质地几乎与裹着塑料的“棉絮”无异。[166] 技术悲观主义哲学的掌门人雅克·埃吕尔（Jacques Ellul）就认为白面包是“一种无价值的时尚品”罢了。[167] 英国人的面包最多只能算是糊口之物，这在国际上广为人知。在1933年伦敦化学工业协会食品分组的一次会议上，约翰·巴尔加斯·艾尔博士（Dr. John Vargas Eyre）更是直接评价英国面包“大多没有什么味道，作为食物来说又味同嚼蜡，若坦率地说，就是一种不值一试的食物”。[168] 这种对味觉审美的批评是与更广泛的健康和文化问题紧密联系的。对许多人来说，白面包是一种合成时代的缩影，食用白面包时常会隐晦地和许多疾病联系在一起，例如便秘和儿童行为问题等等。[169]

成立于1880年的面包改革联盟（Bread Reform League）对白面包和黑面包都提出了批评，声称前者可能会使英国变成“水母之国”[①]，而后者不过是白面包套上令人讨厌的谷物外壳。[170] 不过，小麦粉本就是通过去壳工序制造的，已经消除了谷物的粗糙外层，只含有更易消化的麸皮和富含营养的胚芽。[171] 托马斯·艾利森（Thomas Allinson）所著的《全麦面包的优点》（1889年）一书卖出近10万册，他宣称：“每个好公民都有责任拒绝把白面包端上家庭餐桌。”[172] 霍维斯面包（Hovis bread）起源于1890年。它最初被称为“史密斯专利黑面包”

① 译者注：nation of jelly-fish，水母暗指意志软弱的人。

（Smith's Patent Brown Bread，1885），霍维斯这个名称来自拉丁语homo（人）加vis（力）。[173] 霍维斯打造了一个庞大广告体系，在各种盒子、箱子、送货篮、货车和手推车上都打上了广告。[174] 霍维斯把自己和健康食品、"更健康的英国"运动（"Fitter Britain" movement）以及肌肉男托马斯·英奇（Thomas Inch）的形象绑定在一起。[175] 霍维斯面包的广告知道如何调动人们对小麦胚芽含量高的非现代面包的怀旧情绪。在1973年由雷德利·斯科特（Ridley Scott）执导的广告中，一个卖面包的男孩推着自行车爬上北部陡峭的鹅卵石街道，这段广告获选为2006年英国最受欢迎的广告。[176] 1927年，专攻便秘症的医生阿巴思诺特·莱恩（Arbuthnot Lane）在利物浦进行一次演讲之前，他的学生们手举插着全麦面包的棍子，拥簇着他穿过街道。[177]

科学家们对此并没有给出明确的答案。1912年进行的一个测试表明，随着面包中麸皮含量的增加，"消化吸收的效率"会降低，而白面包中的氮元素比"普通"面包中的氮更容易被充分地消化。[178] 不过，也有其他实验表明，鸽子在吃全麦食物的时候族群健康繁盛，但
64 若只吃白面包，健康状况则会恶化。[179] 利物浦热带医学院（Tropical School of Medicine）的伊迪（Edie）和辛普森（Simpson）认为，白面包中可能缺少"有机磷化合物"这一重要物质。[180] 这个争议随着维生素B_1和维生素E的发现而有望得到解决。在一份1936年发布的营养报告中，国际联盟奉劝人们"应该减少"白面粉的使用，而更多使用"轻磨的谷物（lightly milled cereals）"。[181] 辊磨技术的出现可谓具有历史性的意义，因为它标志着一种新的维生素缺乏形式的出现，而这对人体健康有害。有人认为不孕不育现象和面包中缺少维生素E和麸皮有关。[182]

不过，这个问题很难有明确的答案，因为人们对面包的选择日益折射出人们对政治文化的态度。随着饮食日益多样化，原本由于食物来源过于单一所造成的维生素缺乏，变得很容易被另一种来源的维生素摄入所弥补。比如英国人吃白面包并未像日本人吃精米那样造成脚

气病的盛行。白面包还可以通过化学添加的方式弥补面粉碾磨过程中损失的营养物质。这是二战期间采用的做法，“不会影响颜色、味道和烘焙质量”。[183] 此外，白面包还有强大的情感象征。长期以来，它一直被视为英国自由贸易的胜利在营养上的体现，与保护主义国家的黑色面包形成对比：后者为了保护其农业基础，顽固地抵制全球化的食品。[184] 更有人认为，若关税改革者在议会中获胜，则可能会开启一个使得英国面包变得更黑的时代①。[185] 保守主义者有时是不得不去攻击白面包的退化效应的，就像皮尔斯·洛夫特斯（Pierse Loftus）在《保守党的信条》（*Creed of a Tory*）（1926年）中所写的那样。[186] 纳粹党人提倡食用全麦面包的运动也表达了其对跨国食品的体系及其掺假问题的担忧。[187] 这种絮状的、形状匀称的白面包是铁杆的资本主义面包，是全球食品体系和小麦流通自由化的产物。全麦面包则带有地方性、有烟火气、营养全面的含义。深色面包也可能与羸弱的知识分子有关：在1940年的一场关于全麦面包的议会辩论中，威茨伯里的工党议员约翰·班菲尔德（John Banfield）表示，这种面包“适合布卢姆斯伯里的长发绅士”，但工人们并不想每天都吃全麦面包。[188]

面包的政治经济学

面包是一种深具政治意味的物质。20世纪初的资本主义面包与粗糙的传统面包分属完全不同的政治体系。从12世纪就开始实行的面包定量法（assize）就是为了确保面包的价格公平：如果谷物价格上涨，那么面包尺寸就会成比例地缩小。这些规定由地方层面制定，它反映
的是区域性价格差异，以及缺乏国家统一市场的现象。[189] 虽然人们获 65

① 译者注：20世纪初英国殖民大臣约瑟夫·张伯伦领导了一场声势浩大的关税改革运动，试图对英国当时的贸易政策进行部分修正，使其重新回到保护主义的轨道上。

得面包的基本权利的确得到了保障，但由于面粉价格并不受管制，所以就无法在全国范围内制订统一的面包定量法。[190] 如果要让整个社会都遵循秩序，就要以价格合理、可预测的粮食供应为前提。[191] 为了平息骚乱，1709年面包定量法重新恢复。囤积、垄断和倒卖等市场行为都被视作非法。[192] 此外，政府还通过了各种谷物法，通过设定允许出口的最高价格限制，来规范英国与国际市场的互动。尽管禁令往往容易规避（在当时走私并不困难），但很少有人能突破限价，因此很难说有哪几年的粮食出口是真正自由的。[193] 1815年通过的《谷物法》（Corn Laws）是为了在战后转型期间维持较高的粮食价格：人们还认为，从海外进口粮食只会降低粮食的价格，而无法真正解决粮食短缺问题。[194]

这些多元、零散且通常是低效的监管行为表明，人们过分地重视面包，以至于不敢将其完全交给市场来支配。然而在18世纪，这种正统观念开始瓦解，两种“面包逻辑”发生了碰撞，一种围绕着道德经济学而构建，另一种则由政治经济学所塑造。E. P. 汤普森（E. P. Thompson）认为废除反对买断囤积（forestalling）的法规是英国向经济自由主义转变的关键时刻。[195] 随着小麦、面粉和面包价格之间的关系变得越来越不透明，面包价格的制定变得困难且充满争议，面包定量法终于崩溃了。有低价的卖家开始压低定量面包的价格。1801年格拉斯哥不再使用定量法，伦敦则于1815年放弃定量法，不列颠的其余地区也于1836年全部效仿。[196] 两位杰戈先生①宣布：“这种权利再也不会被夺走，面包师有权以任何他想要的价格出售面包。”他们在1815年9月1日大声宣称这“可谓烘焙业的《大宪章》”。[197]

因此，在英国保守党推出新的保护主义立法之际，谷物经济却在逐步自由化。许多政治经济学家将谷物流通视为经济的脉搏。[198] 詹姆斯·威尔逊（James Wilson）认为，粮食价格与购买力是成反比的。他认为如果小麦稀缺，那么它会“吸走用于其他所有用途的资本”，

① 译者注：即W. Jago和W. C. Jago。

而如果小麦充足，则会“把资本释放回去”。购买工业制品的能力取决于“基本生活必需品”的成本。[199] 托伦斯（Torrens）在1815年阐述了同样的观点。[200]“《谷物法》通过人为地提高面包价格，将粮食生产推到了边际土地上，引发了农业收益递减的恐慌，从而扭曲了整个英国经济”。[201] 1822年，利物浦的勋爵就已经在上议院积极呼吁提供廉价的食品。[202] 李嘉图（Ricardo）表示，废除《谷物法》将使英国成 66
为“世界上最廉价的国家”，并吸引来自全球的资本。[203] 反《谷物法》联盟（The Anti-Corn Law League）只有一个目标，那就是廉价的面包。这是在传单和小册子中回荡的呼声，它直白地反映了制陶、织布和毛纺工人的心声。[204] 1842年，麦考利抨击了自给自足的观点，而赞成对外国供应品的“持续依赖”，他还称赞那些努力将“荒野变成麦田”并渴望消费英国制造品的海外人口。“廉价的食品”是他所推崇的“国家福祉之一”。[205] 相反，强制性的自给自足会迫使农民在低质土壤上耕作——这样既推高了租金，又增加了饥荒的风险，还会将英国推向停滞状态。[206] 英国所有的现实存在和未来发展的方向可能会因为廉价进口谷物而改变。[207]

这是一场针对自给自足的战争，其前提是地球上还遍布着可供开发利用的空间。随着贵族议员们的经济投资多样化，并在制造业和贸易领域获益，废除《谷物法》在政治上得以实现，尽管它对保守党造成了短期内的灾难性后果（该党于1846年分裂）。[208] 罗伯特·皮尔（Robert Peel）认为，废除《谷物法》将吸引更多的资本投入农业，刺激农业发展，但他的愿望没能实现。[209] 1846年谷物税开始大幅降低，并于1849年2月1日被废除，但每季度一先令的名义登记税一直保留到1869年。[210]“经典的自由经济市场”由此开启，自由主义及自由党开始在政治上占据主导地位。[211] 传统的农业利益“在柯布登主义①的厚

① 译者注：Cobdenism，以英国政治家和经济学家理查德·科布登（Richard Cobden）的名字命名，主要论述自由市场和自由贸易。

颜无耻的故技重施面前崩溃了”。[212] 真正的“谷物自由贸易”时代始于1869年，除了布尔战争的短暂中断外，一直持续到了1932年。[213]

小麦与世界经济

尽管谷物的远距离交易已经持续了数千年，但直到15和16世纪才发展出了更大的世界市场，这得益于像荷兰这样的西方核心地区经济发展的推动。[214] 在18世纪，粮食生产开始响应大西洋经济体的需求，这一趋势因西班牙帝国的进口自由化政策而进一步加速。过分强调重商主义可能会掩盖市场一体化或全球化的趋势，而这些趋势又曾被拿破仑一世发起的历次重大战争所破坏。[215] 英国粮食贸易的自由化并没有直接标志从分散市场到一体化市场的历史性转折，不过，也不能过分强调历史的连续性。英国废除保护主义框架、进行外包粮食生产，这
67 两者代表了世界经济史上的一个重要转变。得到保障的国际小麦贸易，能把更多的地区纳入远距离的贸易网络中来。小麦作为人类的而非动物的食品，其市场价格是高于燕麦或玉米的。[216] 从威尔士到印度，大麦和大米等“低贱谷物”养活的是当地贫困的民众，而小麦则是为整个世界市场所种植的。[217] 德·拉韦涅（De Lavergne）于1854年指出，法国有些地区之所以没有种植小麦的可能，就是因为它距离市场太远。[218] 地理学家奥斯卡·冯·恩格尔恩（Oscar von Engeln）在1920年观察到：“小麦的特殊之处在于，它在国际贸易中占据了极大的比重。”他指出，大多数食物都是在产地附近被消费掉的。[219] 据估计，世界粮食贸易量从1854—1858年的3.8吨增长到1901—1913年的3 770万吨。[220]

正如詹姆斯·C. 斯科特（James C. Scott）所指出的那样，谷物是“看得到摸得着的、可分割的、可评估的、可储存的、可运输的和‘可配给的’”，而这种可流通、耐储存的特征使得国家能够对它进行征税、分配、储存和积累。[221] 小麦在物质方面具备的这些特性，使其

非常适合远距离贸易。能够紧凑存放的特质使其易于收集和运输。辊磨白面粉比全麦面粉更耐储存，因此干燥设备在筒仓中非常重要。[222]白面包的兴起，在一定程度上是精制面粉的耐久性所推动的。[223] 小麦和一小部分白面粉能以可预测的、标准化的、不易腐坏的方式进行储存、分级和分配。谷物粮仓设计的目的在于最大化地利用这些特点。当小麦大量堆积时，它对谷物粮仓的墙壁和地板产生的压力较小，这意味着谷物粮仓的墙壁可以很薄，地面也可以不用支撑：人们进行了许多关于储存和移动谷物的物理原理（或称之为“半流体定律”）的实验。[224] 在经济不景气的前沿地区，小麦的不易变质和易于分配的特点能够激活商品的交换。无论小麦流到哪里，货币就流到哪里：它“不断流通，给贸易带来活力，使新企业和新土地得以开发”。[225] 在北美，小麦的流动性很强，很容易转化为货币：小麦仓库收据可以作为银行贷款的有效抵押品。[226] 由于小麦可以顺畅循环，它成为“世界上唯一可以与黄金媲美的标准商品”。[227]

英国成为世界上小麦缺口最大的地区，是小麦研究所称的西欧
“低气压区”的中心，小麦持续向该地区流入。[228] 不过，用气象隐喻来
描述并不完全恰当。为了创造条件，使小麦能够稳定、平稳、可预测
地流向英国，需要一整套“第二自然”体系。伦敦的马克莱恩谷物交 69
易所（London’s Mark Lane Grain Exchange）和波罗的海商业和航运交
易所（Baltic Mercantile and Shipping Exchange）分别于1747年和1744
年成立。[229] 美国和加拿大的谷物交易所也在19世纪成立，并通过电报
和电话与世界市场相连。[230] 在温尼伯，英国的谷物价格在交易所开业
前就能通过电报传达，因此其价格立即反映了大西洋彼岸的行情。信
息流动正在加速：“以前要等上两三个月才能得到的价格信息，现在在
价格产生的当天就能通过电报传遍全世界。”[231] 路透社的统计新闻部门
可以发布价格信息，而天气预报也通过国际合作得到了显著改善。[232]
电报还促进了凭货样销售的模式：如果货样没有问题，只需要发送一
个简单的信息，便可以订购整批货物。

运输和物料处理技术同样重要。洲际货运是通过那些不定期航行的货船实现的，它们也被称为“世界的收获车”（the world’s harvest waggons）。不断发展的灯塔、浮标和不断改善的水道等海上基础设施使得货船的航行变得更加顺畅。[233] 在运载包括肉类在内的其他货物的班轮上，小麦是一种很容易被用于补空填充的货物，只需要在操作上进行一点技术革新就行：无端斗链、绞盘、输送机和大型粮仓等；得益于这些设备，小麦的散装流通不仅能够实现，而且还变成稀松平常的事。[234] 采用柔性喷嘴管道的气动升降机加快了卸货速度，几乎无须人工铲装，在谷仓内就能实现谷物精确分配（见图2.6），这大大加速了小麦在网络化食品经济中的流通。[235] 蒙特利尔的大干线（Grand Trunk）粮仓拥有长达三千英尺的传送带长廊，可以同时装载两艘汽船。[236] 于1898年建成的曼彻斯特船运河谷仓储存容量为四万吨，其自动输送和喷口系统可将粮食精确分配到226个独立的仓位上。[237]

基础设施的发展，推动了从近代早期开启的小麦价格一体化进程。运输成本的下降是至关重要的。1869年，从芝加哥到利物浦运输一蒲式耳小麦的成本约为37美分；到1905年这一成本就降到了10美分。[238] 城市之间小麦的差价相应缩小，19世纪70年代的差价大约为50% ～ 60%，而30年后仅为约5% ～ 10%。[239] 冯·杜能（Von Thünen）区位理论中“运输成本随离市场的距离成正比增加”的核心公理就这样被推翻了。[240] 这些理论没有预见到真正的全球粮食系统。这种粮食系统全球化的现象导致了一些夸张的说法，如艾伯特·莫特（Albert Mott）所言，“时间的概念湮灭了，距离变得无关紧要”，甚至有人称地球已成为“一片由国际资本开垦的国际土壤”。[241] 从本质上讲，滞后性还是不可避免的。比如在世界小麦经济仍然与中国处于脱节的
71 情况下，要讨论世界统一价格的概念则还不够严谨。[242] 时间—空间的压缩、市场的一体化和价格趋同虽然都是相对的现象，却是真实存在的。

彼得·唐德林格曾写道：“商业的投机性就像一个飞轮，它为现代

70

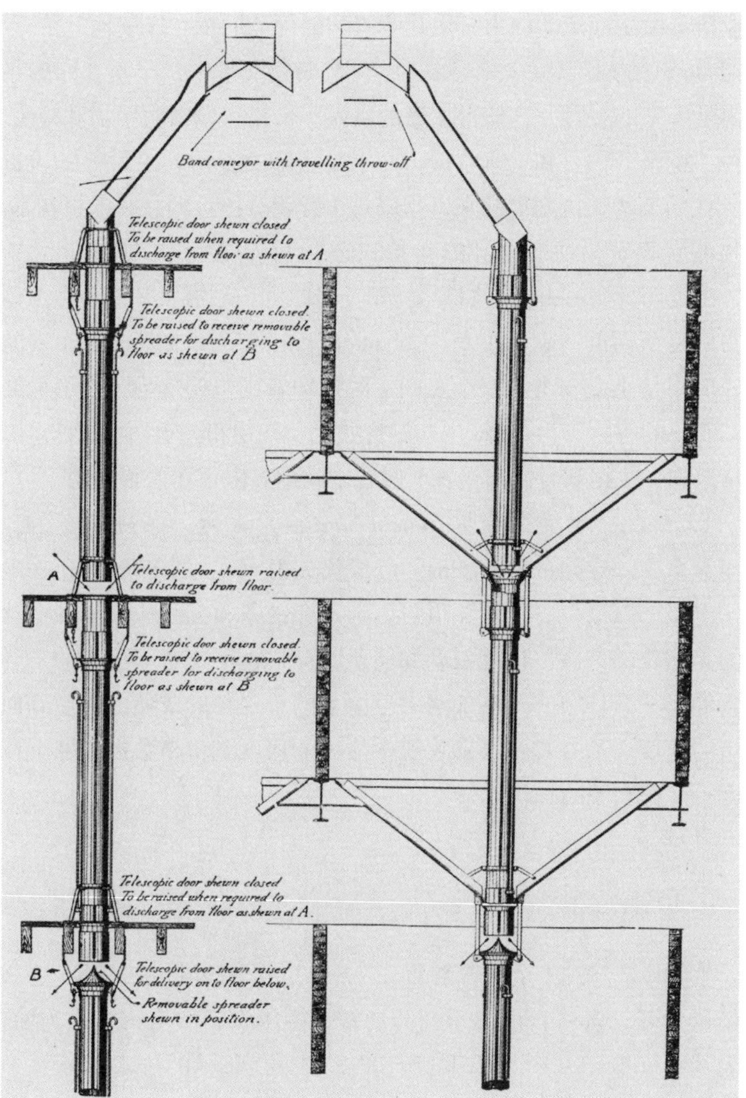

图2.6 粮仓内部喷口系统，用于将粮食导向特定的储存仓

From George Zimmer, *The Mechanical Handling of Material: Being a Treatise on the Handling of Material Such as Coal, Ore, Timber, &c. by Automatic or Semi-Automatic Machinery* （London: Crosby Lockwood & Son, 1905）.

商业机器赋予稳定的动力，使其所有的部件能同步、连续地运转。”投机通常被认为可以减少价格波动。[243] 在期货交易中，小麦合同的买卖是为了未来的交付，这使得小麦的供应和价格得以暂时平衡和稳定。[244] 这种“将至合约”和仓库收据（而不是实际的谷物）的买卖在19世纪40年代后期的美国发展起来，这得益于谷物分级、粮仓和电报技术。[245] 利物浦谷物贸易协会于1883年授权进行期货交易。[246] 到20世纪30年代，小麦期货交易占所有期货交易的三分之二。[247] 有批评者指出该体系交易的是所谓的“幽灵小麦”（phantom wheat），即交易的是小麦的价格，而不是小麦本身。但小麦期货的拥护者则坚持认为，市场最终是以“实际的谷物”为基础的。[248] 尽管如此，谷物和关于谷物的信息（以大量票据、收据和合同为代表）两者之间的界限正在变得模糊。

1925年，《小麦研究》（*Wheat Studies*）认为，保持小麦的“可出口盈余”（exportable surplus）已经失去意义了。[249] 谷物粮仓—蒸汽船—电报—碾磨厂—工业化烘焙店的产业链条，交织成小麦在全球流动的无休止的节奏。传统粮仓和储备库存再也不是必不可少的了。该体系的每一个环节——从加拿大草原上的小麦穗的成熟的速度到面包烘焙的速度，从谷物由气动管道中喷出的速度到价格数据传遍全球的速度——都在不断加快。

“谷物即金钱，金钱即谷物。”杰弗里斯（Jefferies）得出了这样的结论。劳动者将自己的辛勤劳动转化为工资，然后再变成为面包。小麦就是资本。小麦将英国的厨房与广袤的草原单一作物区联系在了一起。白面包是“大星球思维”（large-planet thinking）的产物，它驳斥了自给自足的观念，并成为自由的象征。“所有事情最终都归于同一个目标：铁矿、煤矿、工厂、熔炉、柜台和办公桌——没有人能靠铁、煤或棉花生活——真正的目标其实是一袋袋小麦。”[250]

第三章 72

糖　类

糖不仅是一种“人造的”食品，而且还经历了精细的化学和机械加工。

——詹姆斯·惠特利，《龋齿和糖果》（1920年）

这里提出的假设是，糖和其他成瘾性食品让农场和工厂工人得到满足和供给，并使其成瘾，这就大大降低了创造和再生产城市无产阶级的总体成本。

——西敏司，《甜与权力：糖在近代史上的地位》（1985年）

“要是试图一天不吃糖，”自由派思想家、不可知论者格兰特·艾伦（Grant Allen）曾在1884年调侃道，“睡觉前不喝茶，不喝咖啡，不吃果酱，不吃布丁，不吃蛋糕，不吃糖果，不喝热棕榈酒；光是想想就够可怕了。”对于那些生活在吃糖的乐趣普及之前的“蒙昧的一代”（benighted generations）来说，食物的烹饪一直处于一种“令人担忧”的状态。艾伦直言一个没有糖果、甜饼干、果冻和蛋挞的世界“简直难以想象”。古代文明中的穷苦孩子们生活在一个“完全没有巧克力奶油或埃弗顿太妃糖所带来的一丝欢乐”的世界里。[1] 糖的出现就是味觉时代的分割线。在《味觉生理学》（*Physiologie du gout*，1825）中，布里亚-萨瓦兰（Brillat-Savarin）认为糖制造出了“前所未有的口味”，预示着营养进步和创新的时代即将到来。[2]

这种对糖的赞誉，相比约翰·尤德金（John Yudkin）的《纯洁、洁白和致命：糖的难题》（*Pure, White and Deadly: The Problem of Sugar*, 1972）一书中，对超糖化社会的反乌托邦设想形成了鲜明的对比。尤德金抱怨道：“英国人无疑是世界上最大的糖消费国。”他指责“孩子的母亲”明知“糖对牙齿的危害”，却没有限制孩子的糖分摄入。[3] 在尤德金的描述下，国家的活力正被一种非自然的、经过人工改造的饮食的乐趣所削弱。J.I.罗代尔强烈谴责道：“糖的故事，就是一则关于愚蠢、贪婪和无知的故事。人类把自己从自然环境中无可挽回地剥离出去。”[4] 在所有食物中，糖类最能体现营养进步中的矛盾。

直到18世纪，糖才真正成为一种食物，而非防腐剂或调味品。[5] 这种转变与其消费量的飙升相同步。在过去的150年里，全世界糖类的消费量增长了100多倍。[6] 到1922年，每年“现代世界对糖的需求量”相当于四座吉萨金字塔的体积。[7] 对糖的嗜好首先在英国大规模发展起来。英格兰和威尔士的人均糖消费量从17世纪中期的2磅左右上升到20世纪初的90磅（见图3.1）。[8] 到18世纪末，英国消耗的糖量几乎占到了欧洲所有进口糖量的一半，而英国人的消费水平比其他欧洲地区高出十倍以上。[9] 到19世纪30年代，英国使用了大约200万英亩的海外土地来生产糖。糖确实是英国的第一个“大星球的食物”（large-planet food）。[10] 1908年美国人的人均糖消费量才超过了英国，但其他欧洲国家（丹麦除外）仍然远远落
74 后。[11] 能与英国消费水平相媲美的地方只有澳大利亚和加拿大：这里要再次强调，“盎格鲁-撒克逊人的生活方式”是植根于特定的饮食模式的。[12]

18世纪后期，糖、白面包和茶，仍然被称为“昂贵”的奢侈品，甚至是“致命的舶来品”。[13] 在接下来的50年里，这一情况发生

图3.1 英国人均糖消费量，约1911年

From J. W. Robertson-Scott, *Sugar Beet: Some Facts and Some Illusions* (London: Horace Cox, 1911).

了变化。1847年，乔治·波特（George Porter）指出，英国“几乎每个阶层”都在“每天食用糖”，远远超过欧洲其他地区。[14] 西敏司认为，当糖变成了“体面而受人尊敬的待客之道”的“必不可少”的一部分时，它就成为第一批真正大众化的奢侈品和爽心美食。[15] 凯尔德（Caird）在1872年评论道，“于是在这个国家，糖已经成为仅次于面包的重要生活必需品”，然后他注意到糖是如何为工人阶级提供“慰藉”的，尤其是“在低工资和就业不稳定的时期”。[16] 糖、牛肉和小麦代表了一种独特的盎格鲁-撒克逊的饮食发展模式。1841年《普雷斯顿纪事报》（*Preston Chronicle*）写道：“一个民族的文明程度和身体愉悦程度通常与糖的使用量成正比。”[17] 吉芬指出，“茶和糖的消费通常被认为衡量整体物质水平进步的重要标志”。[18] 甜味、文明和身体愉悦是彼此促进的：英国是“世界上最大的糖消费大国”。[19] 盎格鲁–撒克逊人是“吃糖的种族”，是“精力充沛、健壮有力”的民族，其殖民扩张正好与日益增长的糖类消费相吻合。[20]

产生“能量”是需要燃料的，而糖是最完美的燃料食物。哥特和日耳曼族裔消耗糖类最多，占到全国卡路里摄入的很大一部分。[21] 1750年，英国人平均每天通过糖类摄取72卡路里的热量；到了1909—1913年，这个数字变成了395卡路里。[22] 英国人约有12%～15%的热量消耗由糖类提供。[23] 西敏司的结论是，这种必要的奢侈品为工业革命提供了卡路里盈余。糖类增强了人们的“活力”和“盎格鲁–撒克逊人的耐力”，这是“俄罗斯人所缺乏的”。人体能够把糖类完全氧化，而“没有任何残留物”。[24] 生产成本的降低和自由贸易压低了糖的价格：到1888年，糖在德国和美国的价格几乎是英国的两倍。[25] 它是“最便宜的燃料食品，花一先令购买的糖能产生11 000卡路里的热量，比花同样的钱购买面包所能获得的热量更多。”[26]

正如贾森·穆尔所言，如果廉价食品是资本主义发展不可或缺的一部分，那么糖——具有轻微精神振奋作用的“廉价燃料食品”——对于理解1600年以后的饮食、能源、殖民主义、人工化和经济学历史至关重要。[27] 本章将探讨糖类这一诱人却棘手的物质的特性：它提供了廉价的卡路里和短暂的愉悦，却在食物链条的两端造成了灾难性后果——从惨遭蹂躏的殖民地景观一直到代谢紊乱的英国
75 消费者。通过这样的叙述，旨在进一步深化西敏司的见解，将糖的循环置于资本主义的热力学史之内，并同时关注世界生态和人体的历史。

甘蔗系统

沃勒斯坦①的追随者（Wallersteinian）和资本世②（Capitalocene）的世界体系理论，将甘蔗视为一个横贯大洲的、从中心到边缘的、由资本主义权力关系形成的关键核心。[28] 在近代早期，葡萄牙、西班牙、法国和英国的殖民体系构建了一个将欧洲与加勒比海和南美洲部分地区连接起来的制糖业。对于英国而言，巴巴多斯就是一个特别有利可图的地方：到1650年，糖成为这个岛屿最重要的出口产品。[29] 牙买加从1664年开始被英国殖民，到1805年，它已成为世界上最大的糖出口国。[30] 因此欧洲，尤其是英国的消费模式和技术，对塑造大西洋世界广大地区的经济和生态起着决定性的作用。[31] 这一系统比许多政治经济学原理更早，并且与其相矛盾。甘蔗系统牢固地根植于重商主义的土壤之中，依靠庞大的奴隶人口来榨取价值。不过，它预示了“大星球哲学”的许多方面。例如，农业和工业部门的解体将成为英国经济发展的典型特征；甘蔗种植园的建立是不考虑当地生态的。亚当·斯密承认，糖业的利润“总体上远远高于”其他形式的种植业。[32] 马克思和埃里克·威廉姆斯（Eric Williams）都注意到了这一点，而后者认为正是“三角贸易”为正在工业化的英国的整个生产体系提供了养分。[33] 糖的贸易刺激了英国的制造业（包括碾磨技术、航运、枪支制造等）以及港口（如利物浦、布里斯托尔和伦敦）的发展。[34]

重商主义体系在18世纪后期因跨大西洋冲突、气候变化、自由贸易思想和废奴运动等多重压力而逐渐瓦解。政治经济学家对这一建立在非自由劳动和非自由市场基础上的体系进行了抨击。李嘉图强烈

① 译者注：沃勒斯坦全名为Immanuel Maurice Wallerstein，美国的著名历史学家，社会学家，国际政治经济学家，新马克思主义的重要代表人物，世界体系理论的主要创始人。当今西方学术界，把资本主义的历史作为一个世界体系的历史来研究，已经形成一个国际性学派。沃勒斯坦就是该学派的核心人物。

② 译者注：相比于人类世而言，资本世更强调资本对地球造成的影响。

要求不要给予食糖生产商任何保护："我们应该可以自由地从任何地方进口食糖。"[35] 废奴主义威廉·福克斯（William Fox）曾说过，每吃掉一磅来自西印度群岛的糖，就相当于消耗两盎司的人肉。[36] 1846年8月18日，对殖民地的经济保护终于被废除。[37] 殖民地种植园被抛弃，转而采用基本上不受保护的以大型市场为基础的新体系。人们认为工人
76 阶级消费者所需的廉价食品比殖民生产者的既得利益更重要。[38] 英国于1874年完全废除糖税。[39] 约翰·布莱特（John Bright）所言的"自由的早餐桌"正在成为现实。[40]

然而，自由贸易并没有摧毁加勒比海的制糖工业。凭借移民契约劳工的付出，1865年加勒比殖民地生产的糖比1835年多得多。[41] 甘蔗生产开始在全球范围内蓬勃发展，尤其是在大英帝国的其他地方，如印度、纳塔尔、斐济、毛里求斯和昆士兰等。1930年，世界上约五分之一的糖仍由大英帝国生产。[42] 更重要的是，甘蔗的种植业扩展到了古巴、夏威夷和爪哇。海地制糖业在革命后的崩溃直接刺激了古巴的崛起，到19世纪20年代，古巴已成为世界上最大的制糖国：机器、奴隶和制糖的专业技术从海地转至古巴。[43] 1862年，糖占古巴全部农业生产的58%，缔造了一个单一的、以出口为导向的经济体，奴隶制度在1886年之前的古巴仍然合法存在。[44] 这个行业也在被称为"东方古巴"的爪哇迅速发展，1904年世界上20%以上的蔗糖都是在爪哇生产的。[45]

到了这个时期，生物学的创新对糖业的发展至关重要。在五种已知的糖料作物中，最重要的就是甘蔗（Saccharum officinarum）。[46] 这个物种可以在茎内合成和储存蔗糖，而这种能力，几乎可以肯定，就是由人类所培育的，因为野生蔗属植物汁液中的蔗糖含量极少。[47] 研究糖的历史学家诺埃尔·迪尔（Noel Deerr）观察到："我们从未发现过野生状态下的甘蔗。"[48] 最常见的甘蔗品种是克里奥尔甘蔗（Creole cane）。直到18世纪后期，人们在塔希提岛发现了另一个新品种——奥塔希特（Otaheite），也称为波旁（Bourbon）。[49] 奥塔希特是第一种所

谓的突出品种甘蔗（noble cane），是一种高产、早熟的种间杂交品种，融合了野生甘蔗的耐寒性和已驯化甘蔗多汁的特性，它很快就传遍了加勒比海地区。[50] 然而，克里奥尔和奥塔希特的甘蔗却是雄性不育的。直到人们在巴巴多斯和爪哇发现了其他能结出可存活的种子的甘蔗品种，这才彻底改变了甘蔗产业。[51] 人们在19世纪晚期进行了大量实验，以生产新型、强健、高产和抗病的甘蔗作物。1893年，毛里求斯建起了一个试验站，而东爪哇试验站（POJ）则成立于1887年。后者拥有庞大的图书馆、计算机和取样技术，使得爪哇成为全球甘蔗育种创新的先锋。[52] 扦插蔗糖的国际流通链不断增长，为了避免病原体意外传播，人们还建立了检疫制度。[53]

随之而来的“新品种与改良的商业品种万花筒般的演进”与土豆形成了对比。比如，到20世纪60年代，大多数土豆的商业化品种（如爱德华国王土豆）已经有30多年的历史了。[54] 人们已经弄清了 77
简化的、单一栽培甘蔗生态环境中所引发的甘蔗病害。[55] 后突出品种（postnoble）的时代正在来临。代号为POJ2878的甘蔗种或是最重要的高产杂交品种，它于1926年首次商业化种植，到1928年已经占爪哇甘蔗作物的三分之二。[56] 反马尔萨斯主义的农业生物学家奥斯温·威尔科克斯（Oswin Willcox）认为，POJ2878是迄今为止爪哇所有种植品种中“生命力最旺盛”的。[57] POJ3016和POJ3067都是POJ2878的后代，在1960年占爪哇甘蔗种植面积的85%以上。[58] 甘蔗成为一种“工业化植物”，它的任务就是最大限度地生产碳水化合物。[59] 在这个过程培育出的品种，“会在新几内亚废弃的土著花园中因丛林竞争而迅速消失，证明了它们无法野生存活很长时间”。[60] 到1950年，全球多达85%的甘蔗收成来自实验站开发的改良植株。[61]

从一开始，甘蔗种植园就表现出精细的时间组织、严格的劳动纪律和集成的加工流程等特点。[62] 甘蔗需要12到18个月才能成熟，然后继续长出新鲜的茎，这被人们称为子茎作物。[63] 甘蔗的产量会逐年下降，但它不需要太多的养护，劳动力成本也较低。[64] 甘蔗要在被砍伐后48小时内进行压榨，否则就会干枯变质。[65] 收割和加工甘蔗是十分艰苦的工作，机械化发展比较缓慢，很多甘蔗至今仍然是由手工收割的。糖的生产对环境要求很高，往往造成森林过度砍伐和土壤侵蚀。[66] 产糖地区通常是单一作物种植，可耕地的大部分用于种植甘蔗，毛里求斯有近90%的耕地种植甘蔗。[67] 巴巴多斯成为一座“工厂岛”，森林被砍伐殆尽，最终变为一个巨大的棉花种植园——在生产一种殖民地产品的资源被耗尽后，又被用来制造另一种产品。[68]

加工过程中，甘蔗先要被榨成汁，澄清后再加热成结晶体。从17世纪开始，三辊磨机就被用于制糖。起初这种方法效率低下，而且很危险。[69] 甘蔗汁是一种黄色的、有点浑浊的液体，含有甘蔗纤维、蜡、树胶、沙子、黏土、色料和胚乳的碎片，因此需要澄清或“净化”的步骤，以获得清淡、透明的液体。[70] 19世纪中期常用的方法是添加石灰，然后用碳酸中和多余的石灰，这一过程被称为碳酸化。[71] 在澄清、过滤之后，甘蔗汁要在锅中被煮沸。这个步骤最早使用的是坩埚，1813年之后又改用最新发明的真空锅。[72] 真空锅提高了可结晶糖的比例，且若以“多效”串联方式链接多个锅，则蒸汽可在后续锅中重复利用，从
78 而大幅降低燃料成本。[73] 最后，糖的晶体将会从岩浆般的糖蜜中分离出来。[74] 让糖蜜在物质冷却时析出的旧技术在20世纪早期被离心机所取代。离心机的速度更快，可以产生更干燥、更易于运输的物质。[75]

制糖业的规模不断扩大后，逐渐演变为“一项巨大的化学实验”，需要定期的监测、控制、抽样和校准。[76] 从1870年开始的20年间，古巴的年均糖产量从每家工厂600吨左右上升到约2 000吨。[77] 蒸汽动力也慢慢取代了风力、水力和畜力。到20世纪初，古巴的糖生产完全实现了农业工业化，其机械化压榨工厂的规模在全世界首屈一指。[78] 利用偏光仪来测量溶解的澄清糖液的偏光度，成为通用的质量控制、标准化和分级方法。[79] 这项技术也导致了制糖生产中操作者视觉差异的问题，不过可以通过引入补正的方法来减少这种误差。[80] 像大型屠宰场一样，机械化的工厂使废料（如糖蜜）的回收更加有利可图，并

能与其他工业流程更紧密地结合在一起。碾碎的甘蔗渣通常再经挤压，以提取剩余的汁液，然后充当锅炉的燃料：古巴的制糖业通过这种方法基本上实现了（能源的）自给自足。[81] 制糖废料也会被用作墙板、纸张、地膜、家禽垫料和生物塑料的原料。人们建议利用糖的热力学特性，专门为生产木质纤维素而种植甘蔗，甘蔗工厂也因此被视为“生物质脱水工厂”。[82] 最后，蔗糖衍生物的化学特性还刺激了蔗糖化学工业的发展，例如生产乙醇、黄原胶和藻酸等产品。[83]

在此之后，原糖还要被运往欧洲或美国精炼。碾磨和精炼之所以在空间上相分离，有多种原因：在潮湿的热带条件下，提炼糖更困难，而欧洲的劳动力和燃料更充足。[84] 这种制度也符合重商主义的优先考量，因为关税、精炼和再出口为欧洲经济创造了利润。[85] 糖比小麦或冷冻肉更黏稠，所以多年来一直用麻袋运输，但有时会因渗水而受潮。[86] 潮湿会刺激细菌或霉菌的生长，因此需要彻底干燥、通风的储存设施，密闭的仓库和消毒的包装材料。[87] 从20世纪30年代开始，散装运输取代了袋装运输。[88]

从理论上讲，糖的精炼比压榨要简单一些。在卸货、取样和储
存后，原糖经过洗涤、脱色、过滤、真空下煮沸，再次进行离心和析
出。[89] 糖的精炼一度使用血液来进行脱色的工序，后来改用动物活性 79
炭。[90] 动物活性炭可以反复使用20到25次。当其活性最终耗尽时，通常会被卖给油漆或肥料制造商。[91] 克莱德炼糖厂每年使用约5 000吨动物活性炭，其中约有1 500吨需要定期更换，因为其复杂的网孔会被碳粉渗透和堵塞。[92] 为了生产动物活性炭，动物骨头的贸易延伸到巴西、阿根廷和土耳其，甚至包括“从昔日的战场上的军营里挖出来的人骨”。[93] 现如今糖的脱色主要使用离子交换树脂或颗粒活性炭。

英国的炼糖工业可以追溯到1544年，历史上主要集中在四个港口：伦敦、布里斯托尔、利物浦和格拉斯哥。靠近格拉斯哥的格林诺克（Greenock）被称为“苏格兰的糖城”。[94] 制糖厂是一个很庞大的建筑结构，因此有着较高的火灾风险。由于高额的资本投入，火灾导

致破产的事件屡见不鲜。1782年，伦敦制糖商成立了凤凰公司（the Phoenix Company），开创了针对大型工业风险的新保险方法。[95] 制糖厂就像煤气厂和化工厂一样，成为工业化风险版图的一部分，特别是原糖和精制糖之间微小的价格差异，鼓励了制糖业向大规模工厂集中。[96] 哈奇森曾列出了1859年至1895年间格林诺克精炼厂发生的16起火灾。[97] 芬泽尔公司在布里斯托尔的大型炼糖厂于1865年发生了一次锅炉爆炸，造成了工人的严重烧伤，“工人的皮肉几乎是被撕成碎片，挂在身上”。[98] 即使是糖粉也可能非常危险：1917年，纽约的一家糖厂发生爆炸，据信是由于七楼的粉碎机械爆炸，导致12人死亡。[99]

1859年，亨利·泰特（Henry Tate）在利物浦创立了自己的制糖公司，并于1872年在洛夫巷建立了一家精炼厂。[100] 当时的利物浦的街道上常见出售“精炼糖浆”的手推车，成为城市一景。[101] 泰特签订了生产方糖［方糖于1843年由雅库布·克里斯托夫·拉德（Jakub Kryštof Rad）发明］的合同，并在伦敦建造了一家精炼厂来生产方糖。[102] 著名利物浦炼糖公司的杰弗里·法里（Geoffrey Fairrie）在1925年自豪地说道：“带包装的小立方体代表了现代炼糖艺术的巅峰。”[103] 与此同时，艾布拉姆·莱尔（Abram Lyle）则依靠黄金糖浆（一种有甜味的转化蔗糖）赚得盆满钵满。[104] 1921年，泰特和莱尔联手，将他们在方糖和糖浆领域的专长结合，成立了英国糖业巨头“泰特与莱尔”（Tate & Lyle），该公司1949年的口号“非国有的泰特”（Tate not State）表现出其自由放任的政治立场。[105] 其当年的营销形象“方块先生”（Mr. Cube）出现在各种卡通画和糖包上，甚至还做成了玩具，用以抨击工党将炼糖行业国有化的计划。[106] 泰特和莱尔在锡尔弗敦（Silvertown）泰晤士河畔的巨型炼糖厂和1957年在利物浦摄政路上建设的粗犷现代主义风格的原糖仓库（见图3.2），再加上在1976年开发出蔗糖素，都体现了其在英国制糖业的主导地位。

80

图3.2　泰特和莱尔的原糖筒仓，利物浦，1957年

图片来源：英国历史档案馆。

甜菜

1823年，化学家让-安托万·沙普塔尔（Jean-Antoine Chaptal）观察到，许多植物中的糖的化学成分“完全相同”而且无法区分。[107]在人们开发的所有的非甘蔗糖来源中，甜菜根被证明是迄今为止最成功的。1747年，安德烈亚斯·马格拉夫（Andreas Marggraf）首先证明了甜菜和蔗糖在化学成分上的一致性。马格拉夫的学生弗朗兹·卡尔·阿查德（Franz Karl Achard）于1799年成功地提取出甜菜汁，并于1801年在中欧西里西亚（Silesia）的库内尔（Cuner）建立了首个生产工厂，他还找到了含糖量最高的白西里西亚甜菜。[108]这些实验恰逢大西洋经济的崩溃，更注定了法国人引种甘蔗的尝试走向失败。在引种失败之后，研究者将研究对象转向其他含糖作物，包括胡萝卜、苹果和栗子等，尤其是葡萄，但最终失败了。最初，甜菜并不是最显而易见的选择，但它与甘蔗相似的结晶性和化学性质最终令其成为最
81 有前景的本土糖料作物。[109] 拿破仑于1811年开设了6个实验性的甜菜站，并下令种植3.2万公顷的甜菜，4年后法国已有大约100家工厂。[110]

战争结束后，尽管甜菜产业的发展有所放缓，但在1826年法国甜菜关税的推动下，相关项目得以继续推进。[111] 园艺学家菲利普–安德烈·德·维尔莫兰（Philippe-Andre de Vilmorin）通过研究甜菜的形态开始了选育工作。[112] 1843年，他的儿子路易斯（Louis）接手了这个项目，开发了一种结合品系选择和后代测试的技术，后来被称为“维尔莫兰隔离原理”（Vilmorin Isolation Principle），并以此在1850年至1862年间显著提高了甜菜的含糖量。[113] 尽管利比希①（Liebig）对商业化的甜菜生产不屑一顾，但德国的甜菜制糖业仍然蓬勃发展，在马格德堡、汉诺威和布雷斯劳一带尤甚。[114] 1859年，马格德堡附近的马蒂亚斯·拉贝特（Matthias Rabbethge）和尤利乌斯·吉塞克（Julius Giesecke）开始培育一种非常成功的新型甜菜品种，即克莱万兹雷本（Klein-Wanzleben），它源自白西里西亚甜菜。德国一举成为世界上最大的甜菜种子生产国。1918年，世界上69%的甜菜种子来自德国。甜菜种子的培育基本上是按照维尔莫兰的方法进行的，和赫里福德牛或红快富小麦的培育一样烦琐（见图3.3），耗时数年。在这个过程中，人们有可能培育出其他中间代，也尝试过许多排列组合；但是从“母系”培育出来的超级精英甜菜从未用于商业售卖，而稍微次等的“精英甜菜”则被用于培育成商业化的甜菜种子。[115] 这是一个通过评估后代质量进行大规模选育的过程，每年都会选择新的母系甜菜再重新开始。[116] 特别优良的甜菜根茎被拍成照片，于是理想型甜菜形态的永久性档案就这样保存下来了。这样的一本“特殊谱系育种相册”，留

① 译者注：德国化学教育家，有机化学的创立者，被称为“肥料工业之父”。

82

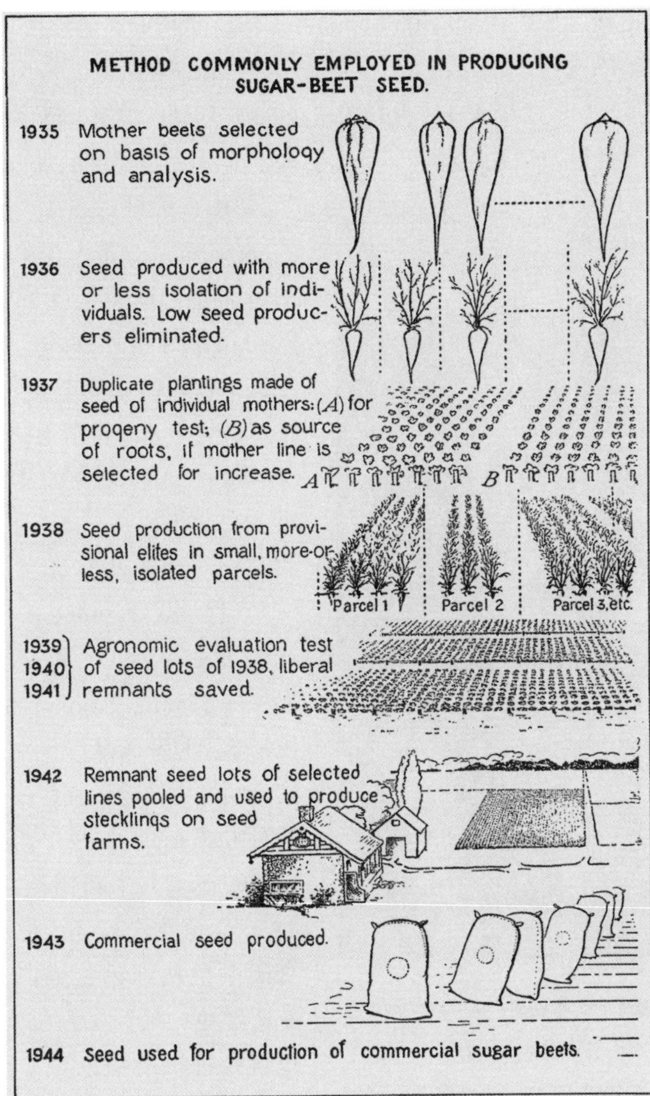

图3.3 甜菜种子生产的各个阶段。可以看到该过程的漫长和复杂

From George Coons, "Improvement of the Sugar Beet," *Yearbook of Agriculture* (Washington, DC: US Department of Agriculture, 1936). Reproduced by kind permission of the United States Department of Agriculture.

待将来比较之用，而同时甜菜则被置于偏振光镜的精确聚焦之下。[117] 在所有被筛选过的甜菜品种中，只有大约0.5%被保留下来用于繁殖母系甜菜。[118] 经过筛选过后得到的“如同阿多尼斯[①]（Adonis）般的甜菜”还要经过两道化学检查。[119] 化学家、世界语学家查尔斯·巴多夫（Charles Bardorf）直言不讳地说道：“人们珍视纯种的甜菜，就像运动员珍视他们的纯种狗和马匹一样。”[120] 在维尔莫兰、拉贝特和吉塞克

83 的努力下，甜菜转变成一个高效的化学能量储存库。到1920年，所有的甜菜品种都可追溯至维尔莫兰的布兰奇阿美留尔甜菜（Blanche Amelioré）或克莱万兹雷本甜菜。[121] 19世纪初，每根甜菜根的糖产量为2%～2.5%；一个世纪后，14%～18%的产糖量已经十分常见，甚至20%～22%的产量也不罕见。[122] 植物学家将甜菜从一年生植物转变为两年生植物，并修改了“其播种和繁衍的习性”。[123] 这无异于“创造了一个新物种”（见图3.4）。[124] 植物学家还“把甜菜本身的颜色从红色变成白色，再变回红色，最后又恢复为白色，也就是现在的颜色”。[125] 种植甜菜堪称科学农业的典范：“在这方面，甜菜种植者在一个世纪

图3.4　激进的生物创新：糖用甜菜和普通甜菜

From J. W. Robertson-Scott, *Sugar Beet: Some Facts and Some Illusions* (London: Horace Cox, 1911).

---

① 译者注：希腊神话中的植物之神。

内取得的成就，远远超过小麦种植者数百年来的进步。”[126] 甜菜成为植物育种成功的典范，也是进化实践中的研究案例。[127] 在《突变理论》（*Mutation Theory*）一书中，雨果·德·弗里斯（Hugo de Vries）盛赞甜菜是“人工选择方法的最佳例证”。[128]

甜菜很容易被整合到轮作系统中，它在欧洲引领了“四田制复 84
垦体系”的兴起。[129] 甜菜是一种集约化作物，需要大量的肥料和劳动力投入，往往需要外来劳动力。它刺激了经济发展、资本投入和交通基础设施的建设，并体现了“文明和经济发展的高级形态集中在温带地区，而非热带地区”。[130] 甜菜通过铁路、空中输送、卡车或水路运往中央工厂，或存放在筒仓中以备后续使用（相比蔗糖，生甜菜更耐储存）。糖用甜菜是一种早熟的资本密集型的农业产业，生产集中、材料投入庞大、产出可靠且能分销到遥远的市场。约翰·罗素爵士认为，甜菜催生了新形式的农村企业。[131] 机器收割从20世纪40年代开始大规模地出现，促进了更多的生物性变革。遗传学家开发出在形态上更适合新农业[132] 技术的甜菜根：它们较矮小、圆锥外形不明显而更接近球形，突出的尖端也越来越少。甜菜糖的提取过程与甘蔗类似，但有一个主要区别，那就是在清洗和切片后，通过扩散法来提取汁液：甜菜被放入50摄氏度左右的水中，糖分通过渗透作用扩散到水中。[133] 扩散容器通常被摆成圆形或半圆形的组列，[134]“淡黄色或灰色”的汁液会经过提纯、蒸发和结晶。[135] 整个过程将会消耗大量的煤、石灰和水。[136] 人们通过实验室分析进行“化学控制”，用图表和黑板向工人传达信息，并持续进行采样。[137] 从扩散容器中排出的废渣和甜菜顶、叶子一起作为牛饲料出售，甜菜制糖业就这样进一步融入农业经济。[138]

甜菜糖业在欧洲的保护主义政策特别是补贴制度（bounty systems）下蓬勃发展。到1899年，世界上三分之二的糖来自甜菜。[139] 世界制糖业经济此时由两种不同的农业—工业经济综合体组成：一种是热带自由主义，一种是温带保护主义。虽然甜菜也在中国和印度销售，但在19世纪后期并未形成一个真正一体化的全球市场。[140] 德国国家社会主义者将甜菜视为一个典型的自给自足的产业。[141] 然而，英国的自由贸易政策并不区分甜菜和甘蔗，英国从1874年到1901年间免税进口了世界上最便宜的糖。1900年，英国有46.4%的食糖进口来自德国和奥匈帝国，其中大部分来自德国。[142] 食糖价格暴跌使个人消费者以及不断发展的果酱、饼干和糖果等行业受益。相反，廉价的糖（通常是精制糖）也会导致英国的种植园主和本国的炼糖厂陷入财务
85 危机。

国际糖业经济的政策是存在争议的。科布登①主义者（Cobdenites）认为其他国家的经济政策与英国无关。对本国制糖业进行补贴是一种“有害的魔咒”，只要能摆脱这个魔咒的影响，就能使特定的英国产业获得巨大优势。[143] 纯粹的自由贸易者则主张，在没有市场干预的情况下，让行业自行繁荣和消亡是不成问题的。当他们被国会制糖业特别委员会问及如果炼糖商破产该怎么办时，罗伯特·吉芬（Robert Giffen）竟直言他们应另谋职业。[144] 与此同时，约瑟夫·张伯伦（Joseph Chamberlain）和前城市金融家、咖啡种植园主亨利·德·沃姆斯（Henry de Worms）则领导着贸易保护主义者和反补贴制度游说团体。[145] 张伯伦认为，英国炼糖业的崩溃以及被果酱制造业所取代的情景象征着一种无序、失控的经济。[146] 工人们因此在炼糖中心发起抗议，并在利物浦成立了工人的反补贴制度协会②。[147] 1902年的布鲁塞尔公约废除了糖的补贴制度，导致糖价略有上涨，并引发了糖果制造商和果酱生产商的抱怨。于1904年成立的自由糖业联盟（The Free Sugar League）夸张地声称废除糖补贴制度后已导致两万名工人失业。但直到第一次世界大战摧

① 译者注：科布登，英国政治家，英国自由贸易政策的主要推动者。

② 译者注：反补贴制度协会是反对欧洲国家对自己国家生产和出口糖进行补贴的行为。

毁了中欧甜菜田之前，英国的糖市场的生态基本没有变化。[148] 因此，糖补贴制度的废除只是20世纪初国际甘蔗产业复兴的众多原因之一。[149]

在英国种植甜菜的想法似乎最早是在18世纪90年代由苏格兰改良者提出的。他们认为甜菜是一个实现糖自给自足的机会，可以摆脱加勒比海甘蔗种植者的控制。[150] 然而，随着政治经济学和“大星球哲学”的兴起，这些项目被视为“小岛思维”的错误典型。李嘉图用比较优势理论嘲讽了在英国种植甜菜的想法，认为这会使得国家需要征收几乎和国内生产成本相等的进口关税。[151] 英国第一位公共分析家埃德温·兰克斯特（Edwin Lankester）的《供人类食用的蔬菜物质》（*Vegetable Substances Used for the Food of Man*）一书，虽然全书笔调温和平淡，却以一篇激昂的长篇大论抨击了甜菜产业的“罪恶”。[152]《家常话》（*Household Words*）也嘲讽道，法国的甜菜生产体现了“人性的顽劣”。[153]

如此这般的嘲讽并没有阻止三个埃塞克斯贵格会教徒于1832年在切尔姆斯福德（Chelmsford）附近的乌尔廷（Ulting）创立英国第一家甜菜工厂，他们拒绝使用奴隶工来制糖。后来这家工厂和他们于1836年在旺兹沃思（Wandsworth）建设的另一个项目一样，由于财务原因均告失败。[154] 英国甜菜糖协会成立于1836年。[155] 19世纪50年 86
代初，爱尔兰开始尝试种植甜菜，不过没有成功。[156] 然而，越来越多的人已经开始支持甜菜。评论家们意识到原先的关于甜菜和气候的观点有误，转而将甜菜种植作为一种改善乡村进步的技术来推广。1870年，财政大臣罗伯特·洛（Robert Lowe）就十分热衷于将甜菜糖引入爱尔兰南部。[157] 1871年，罗伯特·坎贝尔（Robert Campbell）在伯克郡的巴斯科特公园庄园成功地对甜菜进行蒸馏。[158] 1868年，詹姆斯·邓肯（James Duncan）在萨福克郡的拉文纳姆（Lavenham）建立了一家甜菜工厂。两年后的一份报告称，该厂生产的糖“与欧洲糖厂的水平相当”，但实际上其每季的产量从未超过8 000吨。1900年该厂倒闭。[159] 有评论家们将其归咎于土壤土质较差、甜菜线虫的病害以及甜菜的清洗过于烦琐等因素。[160]

英国甜菜产业的真正发展始于20世纪政治经济学的转向。英国国家甜菜委员会（The National Sugar Beet Council）成立于1910年，由登比勋爵（Lord Denbigh）担任主席；它与纯粹的李嘉图主义者相对立，并大张旗鼓地推动由政府来支持甜菜产业。登比抨击了政府支持甜菜产业将会破坏自由贸易的观点，敦促劳合·乔治（Lloyd George）"采用斯图尔特·穆勒（Stuart Mill）提出的常识原则，在不违反自由贸易原则的情况下去扶持一个新兴产业"。[161] 种植甜菜能够创造就业机会，刺激农村发展，并减少对海外食糖的依赖。1915年，英国甜菜协会（The British Sugar Beet Society）成立。英格兰东部新建立的甜菜工厂都取得了不同程度的成功，如1910年建立的马尔登工厂（Maldon）、1912年的坎特利工厂（Cantley）和同年的凯尔汉姆工厂（Kelham）等。到1930年，英格兰共有17家制糖工厂，苏格兰也有1家。[162] 1925年英国食糖（补贴）法案进一步刺激了制糖行业，虽然该法案旨在缓解农村失业问题，而非支持直接农业。[163] 甜菜的种子则一般依靠进口。[164] 英格兰和威尔士的甜菜种植面积从1924年的2.2万亩增加到1934年的39.6万亩，在20世纪30年代的其他时期则稳定在35万亩以下。[165] 到1935年，英国糖消费量中的27.6%是由本国生产的。[166]

这些工厂成为农村产业化的节点。1927年，位于林肯郡附近的巴德尼（Bardney）工厂正式开张。甜菜通过公路或铁路运送到混凝土储存仓，然后通过管道输送到工厂，在那里，工人会把甜菜进行清洗、称重并切割成V字形的小块（长约4～6英寸），以便最大限度地将细胞暴露在扩散池的水中。[167] 工人会用一个旋转锉刀对样本甜菜纵向切片，然后测量糖含量。[168] 有人建议，那些受伤的士兵或者四处找活干的粮食收割工，只要带上他们的野炊装备和便携帐篷，就可以去甜菜工厂找到就业机会。[169] 到1929年，甜菜产业共雇用了109 201名工人，另有近25 000名临时工。[170] 甜菜生产还带动了煤炭和石灰石等相关产业，并产生了大量的动物饲料。[171] 维恩（Venn）指出，甜菜已经“充分证明了其价值”，而牛津大学的农村经济学教授詹姆斯·沃森（James Watson）则观察到，甜菜业挽救了许多诺福克的农民，使他们“免于破产”。[172] 成立于1924年11月的英国乙醇燃料协会（British Power Alcohol Association）提倡使用甜菜作为燃料，坚持认为能源自给自足比依赖海外石油更为安全。[173] 某些战后的甜菜厂甚至配备了非常时尚的、有未来感的控制室（见图3.5）。

古典自由主义者对这样的政策感到十分困惑。1935年，《曼彻斯

87

图3.5 太空时代感的甜菜工厂，彼得伯勒

From Home-Grown Sugar: *The Rise and Development of an Industry* (London: British Sugar Corp., 1961). Reproduced by kind permission of British Sugar.

特卫报》（*Manchester Guardian*）认为，花钱在国内生产一些在海外生产成本更低的东西，简直不可理喻。[174] 根据该报的计算，就算每天给每个工人发10先令，让他们待在家里什么也不做，纳税人每年仍可节省300万英镑。[175] 在回顾补贴政策发布的第一个十年时，布里奇斯（Bridges）和迪克西（Dixey）认为结果“令人感到失望”，并认为
88 “甜菜田的植株密度”远低于欧洲大陆的水平。由于白糖是“世界范围内的标准化产品”，英国农民也无法生产出更优质的产品。一些农民指出，“他们并不喜欢‘甜菜带来的麻烦和困扰’”。[176] 其他地方的农民则对面甜菜产业显得“淡漠”“倦怠”，且“满足于旧有模式”。[177] 尽管如此，那些坚持到最后的制糖公司还是于1936年联合组成了英国糖业公司（the British Sugar Corporation）。[178]

糖果、果酱和饼干

无论糖的来源如何，它以多种形式渗透进了英国人的饮食之中（见图3.6）。糖中和了含咖啡因饮料的苦味，促进了啤酒酿造和生产，英国的新兴食品——如果酱、果冻、早餐麦片、糖果、软饮和饼干等——都大量使用了糖。糖成为那些便携的、不易变质的、带包装的高热量零食不可或缺的组成部分，为了满足人们的口腹之欲而不断优化、改进。[179] 到了20世纪，糖的消费比例越来越高，糖不仅服务于日常家用，而且逐渐成为“工业原料”。糖的多种物理特性（作为质地改良剂、防霉剂、酸度调节剂、乳化剂等）在其中起着决定性作用。正是通过这些并无新意的食品加工手段，糖的无阶级性和普及化才真正深入人心。

廉价的糖使英国的糖果行业蓬勃发展。亨利·威特莱（Henry Weatherley）注意到了1875年硬质糖果消费量的“巨大增长”，便在伦敦举办的世界博览会上展示了他的果干清洗机。[180] 1889年，约

89

图3.6　糖在英国人的饮食中随处可见：果酱、甜茶、蛋糕和饼干

From *Home-Grown Sugar: The Rise and Development of an Industry*（London: British Sugar Corp., 1961）. Reproduced by kind permission of British Sugar.

有20万人从事糖果制造业及相关行业。[181] 1900年，《钱伯斯杂志》（*Chambers's Journal*）指出："几乎每个国家都在大量消费英国的糖果。"[182] 1931年，英国的糖果贸易额达到每年5 000万英镑。[183] 糖的煮制常常在"狭小、密闭、阴暗，通常在地下"的场所进行，很像伦敦的面包房，但机械化很快改变了这个行业。[184] 到20世纪，糖果的生产已经彻底工业化，手工制作的糖果则变成小规模、精英化的东西。[185] 1929年尼德勒（Needler's）公司在赫尔（Hull）建立的糖果厂就雇用了1 500名工人。[186] 工人们把糖煮沸后，再用各种设备生产成品糖果，包括浇注板、滴管机、太妃糖包装机、果冻模具和气动锭剂机等。[187]

最初单纯由糖煮制而成的糖果，现在还加入了明胶、奶粉、面粉、脂肪、坚果、酸类、盐类、色素、香精、润滑脂和油脂等成
90 分。[188] 糖果制造商也会使用葡萄糖，这种做法在19世纪早期由康斯坦丁·基尔霍夫（Konstantin Kirchoff，一名住在俄罗斯的德国化学家）开创，并于1939年从美国引进到英国。[189] 随着煤焦油染料被广泛地用于糖果，食物的颜色变得更加明亮，人工调味剂也改变了糖果的味觉特征：例如，杏仁的合成油就来自煤焦油产品甲苯。[190] 威特莱认为人造水果香精是"化学艺术的卓越成就"，"与自然所产的水果相比，味道的细腻度非常相似"。[191] 同样的化学原料被转化成无数的产品，甘油——一种用于生产硝化甘油、炸药和药的化学品——也被用来保持廉价厚片蛋糕中的水分。[192] 糖果和塑料一样，是第二次工业技术革命的产物。1901年吉百利公司（Cadbury）在任命了一位首席化学家，而牛奶巧克力①（Dairy Milk）就是糖果"研发"过程的产物。[193]

在19世纪，某些基本形式的熬糖配方已经固定下来：例如，大麦糖从19世纪30年代开始成为一个独立存在的品类。[194] 糖的传统药用功能也延续下来，如止咳糖，它是由煮沸的糖、酸、茴香和薄荷组成。[195] 机械化和多样化的原料结合产生了一连串不断变化的新型糖

① 译者注：吉百利公司生产的一款著名的巧克力糖。

果，它们口味鲜明，令人兴奋，带有奇特、怪诞的设计以及鲜艳的颜色。[196] 1909年，卫理公会的禁酒主义者查尔斯·梅纳德（Charles Maynard）发明了酒心糖，而其中并不含任何酒精。[197] 罗恩特里（Rowntree）糖果公司首次在1881年推出果汁软糖（fruit pastilles），1893年推出果胶软糖（fruit gums），1939年又推出了宝路薄荷糖（polo mints）。[198] 到20世纪后期，英国的孩子们可以在糖果行业所生产的大量产品中任意挑选，糖果行业也堪称“一个纯粹英国的现象”（an entirely British phenomenon）。[199]

维多利亚时代的伦敦糖果店陈列着各种令人垂涎欲滴的糖果，从“白兰地球”（brandy balls）到“波拿巴的肋骨”（Bonaparte's ribs）应有尽有。[200] 到1939年，英国拥有25万家糖果商店，糖果成为一个重要的行业。[201] 这一现象尽管引起了一些道貌岸然的观察者的担忧，但糖果店在视觉上的确很吸引人，而糖果也的确让生活充满了乐趣。[202] 罗阿尔德·达尔①（Roald Dahl）回忆起自己的童年时代时说，当地的兰达夫（Llandaff）糖果店之于他，“就像酒吧之于醉汉，或者教堂之于主教”：“没有它，就没有什么活下去的意义。”尽管达尔描绘了老板普拉切特夫人（Mrs. Pratchett）用手从罐子里掏糖果的肮脏形象，但实际上，随着卫生设备（如包装纸、钳子和纸袋）的普及，糖果店的卫生条件已逐渐改善。[203] 到了1900年，英国已经引入了像售货亭和自动售货机这样的甜食配送技术。1921年，谢菲尔德的前医疗官员H. 史克菲尔德博士（Dr. H. Scurfield）注意到“随时都要舔食糖果的恶习已经非常普遍”。[204] 曼彻斯特的学校医务官在1936年的报告中抱怨说，孩子们通常把零花钱浪费在“糖果、冰激凌和漫画”上。[205]

英国的果酱和饼干行业也经历了快速发展。19世纪后期，格拉德 91
斯通（Gladstone）呼吁把本土水果与进口糖结合起来，果酱因此成为

① 译者注：著名的儿童文学作家，《查理与巧克力工厂》一书的作者。

“一项伟大的新兴产业”。[206] 布莱克威尔公司①（Crosse and Blackwell）于1889年宣称“英国的果酱制造商现在就是整个世界的果酱制造商”。[207] 1900年之前，德国大部分的果酱都依赖从英国进口。[208] 规模化生产的果酱通常比家庭自制的果酱含糖量更高。[209] 例如在商业醋栗酱中，每使用63到90磅的水果就要加入70磅的蔗糖。[210] 如凯勒、罗伯逊和巴克斯特（Keiller、Robertson、Baxters）等一批香橙果酱公司在1874年糖税废除后迅速崛起。[211] 进口糖和国产低筋小麦的结合则推动了饼干产业的蓬勃发展。[212] 到了19世纪60年代末，亨帕饼干公司（Huntley and Palmers）共生产了100多种饼干，如姜味坚果饼干和消化饼干等。[213] 皮克弗朗斯饼干品牌则开创了一些经久不衰的美味产品，如在1861年应运而生的加里波第饼干（Garibaldis）和1912年左右出现的卡仕达奶油饼干（Custard Creams）。[214] 随着出口贸易的发展和海外工厂的建立，英国国内饼干消费迅速增长。例如，无论在驾车旅途还是在缺乏餐饮设施的火车上，饼干对旅行者来说都是很方便的食物。亨帕饼干公司为从帕丁顿来的头等舱乘客免费提供饼干，让人们注意到其公司在雷丁生产的得意之作。据亨利·斯坦利（Henry Stanley）称，他在中非探险时“靠吃雷丁产的饼干就能过活”。[215] 到1939年，英国每年能生产30万吨饼干。[216] 大规模机械化生产正如火如荼地展开（见图3.7）。人们逐渐习惯在两餐之间吃饼干，即通过所谓上午茶或下午茶的方式，“这种糖和淀粉含量高得可怕的油腻组合，悄悄嵌入了午餐和晚餐之间”。也正因如此，英国或许不无冤枉地成为以饼干和甜食闻名的国家。[217]

糖在英国人的饮食中随处可见。从1847年起，酿酒师在酿造啤酒时可以合法地用糖代替麦芽；从1865年起，可以添加固体葡萄糖；从1880年起则可以添加任何糖类物质。[218] 早餐麦片，最初被作为健康食品销售，也很快成为糖的载体。最初麦片中是否加糖是由消费者

---

① 译者注：克罗斯和布莱克威尔，一家英国食品公司。

92

图3.7　大规模生产的泽西奶油(Jersey Creams)的品控程序

From Peek, Frean & Co., *1857–1957: A Hundred Years of Biscuit Making* (London, 1957).

自行决定的，后来的麦片制作工艺就直接在产品中加入了糖。糖霜麦片（Frosted Flakes）从1954年就开始登上英国超市的货架。[219] 不断发展的冰激凌生意也将糖输入更多消费者的体内。汽水和姜汁啤酒等软饮料中添加了大量的糖以及酸、调味剂和碳酸气体。[220] 商业苏打水也变得更加廉价且种类繁多。1812年，罗伯特·萨瑟里（Robert Southey）推出了“一种介于苏打水和姜汁啤酒之间的甘露”，称为“波普”（pop），因其软木塞开启时发出的声音而得名。[221] 罗伯特·巴尔（Robert Barr）于1901年推出了一种苏格兰软饮Iron Brew（即后来的Iron-bru）；Vimto牌饮料则是由约翰·乔尔·尼科尔斯（John Joel Nichols）于1908年发明的；Tizer牌饮料在1924年诞生。这类饮料有的类似于传统的英格兰中部和北部的草药啤酒。[222] 可口可乐在英国的常规销售始于1910年左右；1935年，可口可乐公司在英国的首家灌装厂在奇斯威克（Chiswick）开业。[223] 在美国产品的推动下，英国的苏打水消费量逐渐成为欧洲之最：某些饮料一瓶内就可能含有“超过100卡路里的能量”。[224] 与此同时，水果和蔬菜的品种改良也在不断提高其蔗糖含量；到超市消费的人通常会选择最甜的品种。[225]

93 巧克力

可可是一种源于拉丁美洲的热带作物，如今在西非和东南亚也广泛种植。可可豆在收获之后会被放在“回潮”箱中发酵，上面用香蕉或芭蕉叶覆盖。[226] 经过这个过程后，淀粉变成可溶性的麦芽糊精和糖；部分糖进一步转化为酒精，随后自行发酵。[227] 发酵完成后，可可豆会被清洗、干燥和装袋（见图3.8），并运往欧洲目的地进行加工。[228] 烘焙可以增强可可豆的香气，还有助于除去其外壳，使淀粉颗粒糊化，让其口味变得更温和，也更容易研磨。[229] 经烘焙后的可可豆粒被磨碎，冷却后形成脆脆的饼块。随着压榨和碱化技术的发展，在可可的

图3.8　在特立尼达岛上把可可豆装袋用于运输

From R. Whymper, *Cocoa and Chocolate: Their Chemistry and Manufacture* (London: J. & A. Churchill, 1912).

脂肪含量不断降低的同时，风味也得到了改善，巧克力因此变得更加可口。经过压榨之后，饼块被磨成可可香精，用于生产液态或固体巧克力。[230]

在1850年后，香甜的、奶香浓郁的欧式固体巧克力开始风靡。鲁道夫·莲（Rodolphe Lindt）率先发明了一种搅拌机，能慢悠悠又神神秘秘地对混合物进行“按摩”，以制造出完美且顺滑的充气巧克力，并可以把黄油重新添加进去。这台名为Melangeurs的搅拌机还能将可可与牛奶和糖等调味品混合。1876年，丹尼尔·彼得（Daniel Peter）在瑞士首次生产出牛奶巧克力，这其实是乳制品工业的一种副产品，
采用炼乳和奶粉制作而成。[231] 英国法律没有对巧克力中的含糖量进 94
行限制。齐普勒（Zipperer）认为巧克力中的糖占到混合物的一半以上。[232] 极高的含糖量反映了英国人的口味偏好，“这就是为什么大多数国家一直认为英国巧克力过于甜腻的原因。”[233] 至少在19世纪20年代

就已出现的英国巧克力棒，并不算一个成功的产品：甜的巧克力因缺乏足量的可可脂而难以成型，而苦味的巧克力又少有市场。[234] 从19世纪中叶开始，可可脂的使用和混合研磨技术的改进终于使得人们能够生产出美味的巧克力棒。随着巧克力变得更加柔软，它开始被添加到蛋糕和饼干中。不过，巧克力涂层饼干（如企鹅和Yo-Yos等种类）则属于后来新技术时代的产物。[235]

英国的公司逐渐成为巧克力制造业的世界领军者。弗赖伊（Fry's）巧克力公司创立于1761年；约瑟夫·斯托尔斯·弗赖伊（Joseph Storrs Fry）于1795年接管了这家位于布里斯托的公司，并引进了更大的烘焙机和瓦特蒸汽机。[236] 弗赖伊在1847年开发了可以直接食用的巧克力棒，并在1873年推出了巧克力复活节彩蛋。[237] 成立于1824年的吉百利公司是牛奶巧克力制造的鼻祖，它把可可粉从伯恩维尔（Bourneville）运到奈顿（Knighton）的炼乳厂，将糖和炼乳混合，然后打成碎屑送回工厂制作巧克力。[238] 1891年，吉百利公司开发出了夹心巧克力，并申获了巧克力饼干的专利。[239] 吉百利推出了一系列经典产品，包括1905年的牛奶巧克力、1915年的奶盘（Milk Tray）、1920年的雪花牛奶巧克力（Flake）、1923年的奶油彩蛋（Crème Eggs）和1938年的玫瑰巧克力（Roses Chocolates）。[240] 巧克力深深地融入人们的情感经济，它和层出不穷的节日仪式（如复活节和情人节等）、礼物馈赠、浪漫场景、庆祝活动以及人们的童年时光密不可分。[241] 巧克力渐渐成为一种批量生产、品牌化和广告宣传密集的商品：从1870年到1897年，全球的可可豆进口量增长了9倍。[242] 到了1914年，吉百利公司的产品中有40%销往海外，特别是在茶叶、饼干和巧克力广受欢迎的英国侨民社区。[243] 1886年7月，第一台分售巧克力的自动售货机出现在大厦街车站（Mansion Street Station）。次年，自动糖果售卖机（automatic sweetmeat boxes）已经在英格兰和威尔士的铁路网上随处可见，甚至延伸到了彭布罗克、弗内斯和马恩岛等地。[244]

与此同时，劳工问题也重新成为社会关注的焦点。吉百利的伯恩维尔工厂的设计旨在促进管理层和员工之间的合作。吉百利认为权力应该相互流通，形成自我指导和有意识的合作，而不是“盲目的服从”（unreasoning obedience）。吉百利的工人不会被罚款，但他们的表现会被记录在卡片上，他们积极或懒惰的行为都会被可视化地监控、记录下来。吉百利的每个部门都设有建议箱，用于持续收集建议与评
论，每个人的建议都会得到公司的重视。[245] 例如，吉百利的牛奶巧克 95
力棒就是根据一项建议而分割成便于食用的尺寸。[246] 公司给工人提供自动饮水机和牙科检查，以维持工人的健康。而工人们想去看看这世界的愿望，也能通过公司提供的前往里尔、菲利和托基等地的夏季短途旅行来满足。[247] 爱德华·吉百利（Edward Cadbury）还与亨利·福特（Henry Ford）、尼科洛·马基雅维利（Niccolò Machiavelli）等名人一起出现在摩根·威策尔的《管理学中的50个重要人物》（*Fifty Key Figures in Management*）一书中。[248]

虽然英国国内的工人待遇不错，但可可的生产条件仍然是一个严峻的问题。吉百利公司从不同的热带地区（特立尼达、格林纳达、厄瓜多尔、委内瑞拉、巴西、锡兰和加纳等）采购可可豆，但在20世纪初，该公司55%的可可豆供应来自圣多美和普林西比，这两个小岛离西非海岸不远，由葡萄牙所统治。[249] 葡萄牙当局曾允许从非洲大陆引入奴隶工，并承诺在工作七年后给予其自由，但这实际上形成了一种合同劳工制度。许多新闻媒体开始质疑这两个小岛上恶劣的工作条件。[250] 亨利·内文森（Henry Nevinson）在报告中描述了一个遍布镣铐、人骨和腐烂尸体的地方，并称世界上有20%的巧克力都是由奴隶生产的。他总结道：“英国的可可和巧克力制造商间接地雇用着岛上三分之一的奴隶。”[251] 巧克力制造商并不想切断甜味与奴隶制之间的联系。

吉百利的做法显得极其虚伪。它一方面促进英国的工人福利，另一方面从西非的不为人知的奴隶制中获利。1901年，吉百利公司开始意识到这些岛屿的劳工状况，却采取了温和的劝说政策，同时

将民众的愤怒引向比利时在刚果的暴行①。[252] 最后，《伦敦标准报》因为质疑吉百利公司的反奴隶制承诺而遭到了吉百利的诽谤起诉。在1908年的判决中，法庭裁定吉百利胜诉，但赔偿金只有一个法寻（farthing）②，而且吉百利还必须支付诉讼费。[253] 1909年3月，吉百利公司终止了从该群岛购买可可豆的计划，而将生产基地迁至英国黄金海岸殖民地（今加纳），后者迅速成为世界领先的可可豆生产地。[254] 不过，非洲可可生产商的劳动条件至今仍然是国际社会关注的问题。

能量

这些新型食物——巧克力棒、果酱三明治、加糖的茶——提供了即刻而短暂的能量爆发，填补了劳工阶层的“卡路里缺口”（calorie
96 gap）。[255] 糖是加速时代的真正食品，它能迅速被身体吸收。[256] 美国食品经济学家C. 休斯顿·古迪斯（C. Houston Goudiss）称糖为“快速增强力量的来源”和“大自然通过食物激活人体的最佳方式”。[257] 19世纪后期，糖在工人中间流行。托马斯·奥利弗（Thomas Oliver）指出，诺森伯兰郡的煤矿工人食用大量的糖，他也极力推荐将糖广泛地应用于工人阶级的饮食之中。[258] 糖也成为军粮的重要组成部分。第一次世界大战的记者爱德华·斯洛森（Edward Slosson）写道：“历史上没有一场战争像现在这样依靠糖而非酒精。”[259] 糖也受到运动员、自行车手、徒步旅行者、登山家和探险家的青睐；巧克力为北极探险家和飞行员提供了能量。[260] 在1876年和1877年几乎横渡英吉利海峡的弗雷德

① 译者注：即比属刚果，在1908年至1960年刚果是比利时的殖民地，刚果的奴隶遭受暴力和经济剥削。

② 译者注：英国过去的货币，现已不用，相当于四分之一便士。

里克·卡维尔（Frederick Cavill）认为巧克力是“他用于挑战耐力极限所需要的最精华、最持久的食物”。[261] 1982年和英国特遣部队一起开赴马岛的，还有三百万根玛氏巧克力棒（Mars Bars）。[262]

生理学分析证实了这种直观的感觉。肖沃（Chauveau）和考夫曼（Kaufmann）的研究表明，肌肉在活动期间消耗的糖比休息时多四倍。[263] 安吉洛·莫索（Angelo Mosso）在1893年的测力计实验中发现，糖可以抵抗“肌肉变性”（muscular deterioration）①，使疲劳的肌肉恢复活力。[264] 化学家沃恩·哈利（Vaughan Harley）进行了类似的实验，证明糖对减轻疲劳有积极作用。他在监测了9小时的体力劳动后发现，当在正常饮食中加入250克糖，左手手指的劳动量会增加22.032%，右手手指则增加了35.858%，显著延长了劳动时间，增加了潜在的劳动量。这一结果说明，工人在下午生产率普遍较低的情况有望得到改善。[265] 他总结道，在饮食中添加大量的糖是有价值的：糖“不应再被视为仅仅是一种调味品，而应被视为一种最实用的食品”。[266] 不过，并非所有的科学家都持此观点。[267]

这些实验表明，人体可以迅速代谢并完全将糖氧化，因此糖“特别适合剧烈体力消耗的人，因为它可以消除疲劳的肌肉，迅速消除疲劳感”。[268] 这意味着“没有哪种食物能像糖那样轻易地转化为身体的实际能量”。[269] 与其他碳水化合物相比，甘蔗糖能更快地达到人类呼吸熵②的峰值。[270] 按逻辑上来说，糖才是所谓的“生命的支柱”（the staff of life），或者如古迪斯所言：糖是“对抗疲劳这场持久战中的重要力量”。[271] 在一个意识到热力学的社会，疲惫和熵的确令人感到困扰；因此把人体嵌入到工业化的糖业系统中去的做法，变成了一个非常有吸引力的选项（见图3.9）。有医生认为，糖“作为一种维持热量 98

① 译者注：一种肌营养不良的症状。

② 译者注：又称气体交换率，指生物体在同一时间内，释放二氧化碳与吸收氧气的体积之比。

97

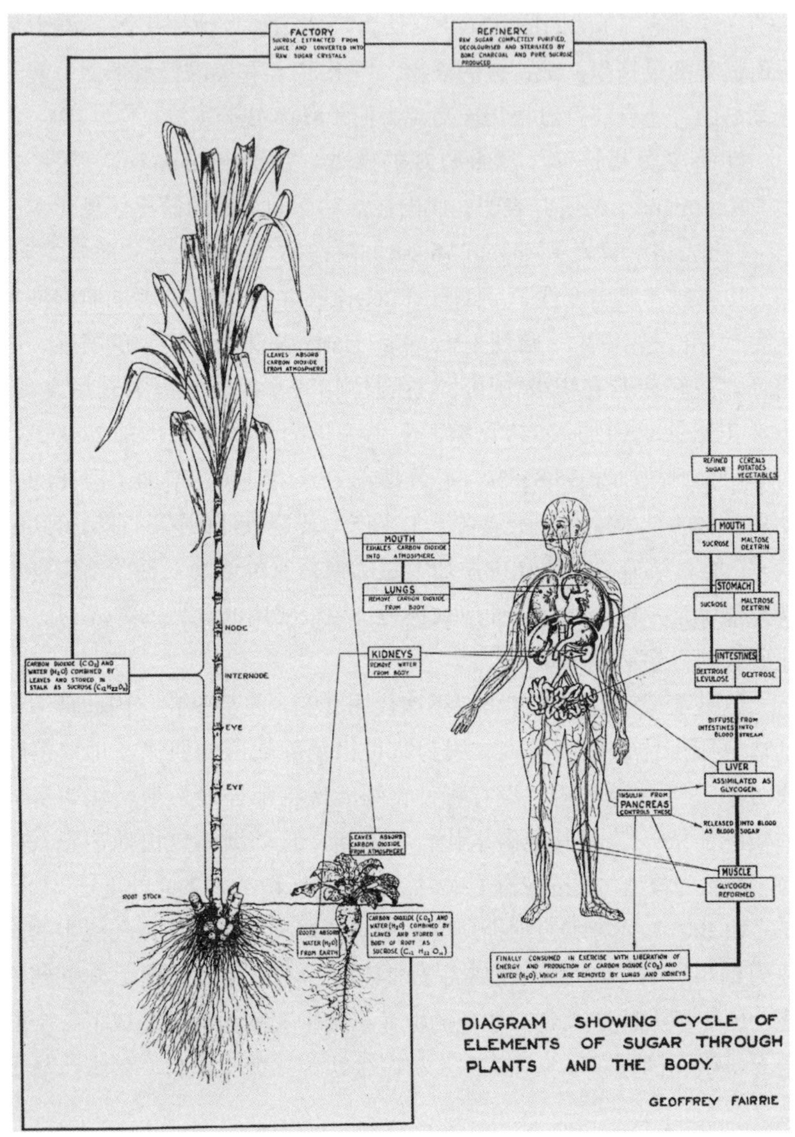

图3.9　糖的循环：该系统通过工厂和精炼厂把糖从甜菜或甘蔗输送到人的胃、肠、肝和胰腺中

From Geoffrey Fairrie, *Sugar* (Liverpool: Fairrie, 1925).

和能量的特别有价值的食物”，比以往任何时代都更为重要。[272] 最近的研究表明，糖是所有作物中收获指数（harvest index）①最高的。[273] 甘蔗和玉米一样使用C4光合途径（或称为哈斯二氏途径Hatch-Slack），能够更高效地利用二氧化碳和水，并在更大的光强范围内运作，从而比一般光合途径为C3的物种产生更高的光合速率。[274] 查尔斯·菲尔丁（Charles Fielding）认为，一英亩甜菜为人类提供的食物热量是一英亩草地的20倍，他甚至设想“重新组织人类的消化器官，将糖作为唯一的食物摄入”。如果英国人能够“完全依靠糖”生存，那么他们只需要目前耕地和放牧面积的六分之一就够了。[275] 这的确是一个很可观的“生命数量（quantity of life）”。这意味着糖提供了将阳光转化为生命活力的最快、最廉价而且最高效的方式。[276] 这是一种生物加速的技术。

这一热力学现象标志着一种历史的反转。在近代早期，糖经常因龋齿、扰乱体液平衡和引起糖尿病而遭到诟病。[277] 到了19世纪，很多人反而认为糖对生理有益。弗洛伦斯·南丁格尔（Florence Nightingale）认为它是“最有营养的物质之一”，并惊人地宣称糖才是“纯粹的碳”。[278] 约翰·福瑟吉尔（John Fothergill）推荐以埃弗顿太妃糖（Everton toffee）来代替鱼肝油，用于治疗患有淋巴结核的儿童。[279] 内科医生罗伯特·哈奇森（Robert Hutchison）力荐橄榄球队员在中场休息时饮用“加了大量葡萄糖的”黑咖啡来代替柠檬。[280] 糖既是可口的，也是令人兴奋的。“还有什么比奶油太妃糖更有益健康的呢？”一位医生如是说。儿童的体内“迸发着能量”，而糖则是他们最好的燃料。[281] 实验表明，在学校为男孩的饮食添加糖分可以增强他们的运动能力；而像《查理和巧克力工厂》这样的儿童文学也随处可见闪闪发光、诱人心醉的糖果。[282] 赫伯特·斯宾塞（Herbert Spencer）认为“全

---

① 译者注：收获指数指作物收获时经济产量与生物产量之比，反映了作物同化产物在籽粒和营养器官上的分配比例。

世界的”孩子们都会喜爱糖果，并认为“糖在生命过程中起着重要作用”。[283] 威廉·贝弗里奇（William Beveridge）认为糖“非常适合儿童”，且“几乎无可替代”。[284]

我们还可以注意到糖和另一种古老的殖民地植物——烟草之间的密切联系。无数孩子在吃真正的香烟前咀嚼着逼真的甜香烟棒（而前者通常也经过加糖处理），而吃这些东西会让儿童将来更容易成为烟民。[285] 烟草生产中的“烤烟革新”（flue-curing revolution）也使烟
99 叶的含糖量高出20%。[286] 糖果、巧克力和烟草——这些都是具有一定成瘾作用的物质——经常会在同一家商店有售，正如《甜食商》（*Confectioner*）和《烟草商》（*Tobacconist*）等期刊的名字所表明的那样。2004年《公共卫生烟草修正案》第38条对甜烟的销售进行了限制。[287]

糖果业有助于把儿童变成消费者。保罗·吉百利（Paul Cadbury）在1934年的食品法部门委员会上透露：“我希望看到孩子们养成对巧克力的喜爱，等他们长大了有钱了以后，会为我个人带来收益。”[288] 有一本吉百利糖果店的管理手册就说得很精辟：“今天的儿童就是明天的顾客。儿童是一项长期的投资。”[289] 研究表明，甜食尤其能引起消费者的怀旧反应，因此未来的怀旧情感是有可能被巧妙地培养出来的。[290] 甜品店设计手册建议，要确保商店的窗户足够低，以便让孩子们能看到成堆的洋娃娃和令人垂涎的甘草糖果堆（见图3.10）。诱惑性景观是至关重要的，而糖果店的系统正提供了这种诱惑，它们像春笋一样在英国郊区遍地冒尖。C. J. 罗伯逊在反思20世纪30年代尚未定型的国际化糖业时指出，人们“认为他们必须拥有”的东西比他们实际需要的东西更重要。他轻描淡写地总结道：“这一做法之所以百试不爽，其实是由于一个众所周知的心理学事实：养成一个习惯比改掉一个习惯
100 要容易得多。”[291] 西敏司总结道：“整个人类的饮食，正在逐渐被重新改造。”[292] 糖业将英国与加勒比、巴西、爪哇和毛里求斯的“商品前沿”，以及中欧和东欧的集约型农业区紧密相连。蔗糖的流动提供了一条廉

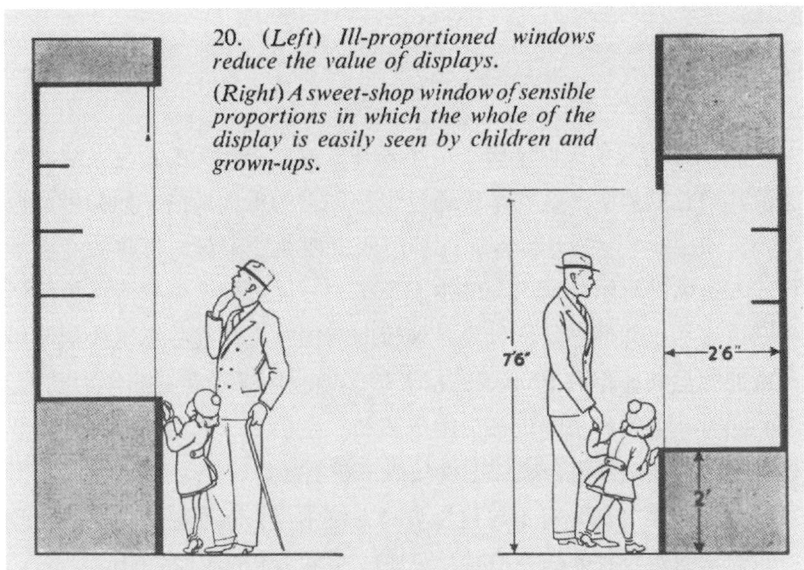

图3.10　糖果店的橱窗设计，旨在将儿童与糖果在视觉上建立联系

From Sweet-Shop Success: A Handbook for the Sweet Retailer (London: Cadbury/Pitman, 1949).

价、高效的纯能量流——工业化的完美燃料、典型的慰藉食品，也是代谢紊乱的隐蔽推手，更是“成瘾药物经济”（psychotropic economy）的入门药物。[293] 作为一种廉价的奢侈品，糖成为工人阶级饮食中必不可少的一部分，它能让人快速品尝到美味，短暂地补充能量，促进内啡肽的分泌。糖类产品愈发围绕着20世纪70年代提出的“餍足点”①（bliss point）的概念而进行设计。[294] 糖的崛起提醒人们，人类的味觉可以逐渐习惯，甚至上瘾于英国农民乔里安·詹克斯（Jorian Jenks，也是一位法西斯主义者）所描述的“几乎完全人造的食物”。[295]

① 译者注：经济学名词，表示在一组消费品组合当中，消费者最为偏好的一点，即在这一点以外的任何一点的效用都不好于这一点的效用。

我们在前三章探讨了肉类、小麦和糖这三个伟大的食品系统的创造及其增长的势头。这些系统通过生物创新的重大举措，如赫里福德肉牛、侯爵小麦、POJ2878甘蔗和白西里西亚甜菜等，将政治经济学和“大星球的哲学”植入全球生态系统中。庞大的全球物流系统使运输变得流畅，并使食品从世界各地流向英国本土。这些系统最初使用有机能源运转，但到1900年，越来越多地改用煤炭和石油作为动力。与此同时，动物和植物也被分解成脂肪、蛋白质、麸皮、胚芽、皮肤和骨骼，并被重新组合成加工食品或工业制品。

本书的其余部分将不再讨论食物系统本身，转而探讨其监管与政治问题、消费与身体的关系以及对地球生态系统的深远影响。

第四章 101

风 险

自由贸易的内涵不该包括疾病的传播。

——约翰·加姆吉，《肉之问》（1877年）

从前，当一个人坐下来享受他的周日晚餐的时候，最多只需考虑烤猪排或鸡肉是否火候合适、调味得当。现在，他还必须担心食物是否潜藏着商家刻意的算计、人为的失误以及素未谋面的生产者否有足够的责任感——这些风险都是与个人利益最大化的愿望背道而驰的。

——威廉·朗古德，《餐盘中的有害物》（1960年）

1863年7月，在汉堡举行的第一届国际兽医大会上，兽医约翰·加姆吉被问及英国如何处理患病牲畜的肉类，他的回答只有简单两个字："吃掉。"[1] 加姆吉对不计后果的国际牲畜贸易自由化表示愤怒。就在两年后，一场毁灭性的牛瘟席卷了英国，导致多达40万头牛死亡或被屠宰，恰好印证了他的忧虑。加姆吉认为，牛瘟是由两种因素引起的：一是某种特定的，但在医学上尚未确定的病原体；一是自由的国际牲畜贸易。对加姆吉来说，国家治理、食物供应和疾病理论是一体的。

在肉类、小麦和糖这三大食品体系全球化的过程中，"纯粹的自由贸易国家”的形象逐渐形成，成为英国的政治想象和经济发展的核心现象。[2] 1905年，经济学家沃尔特·莱顿（Walter Layton）认为，英国在没有任何刻意指导或操纵的情况下，养活了一个4 000万人口的非农业国家，这在历史上是绝无仅有的。[3] 然而，认为英国的食品供应在没有“刻意指导或操纵”的情况下发挥功能却是大错特错的。全球食品系统产生了意想不到的后果，带来了新的风险和隐忧；而这就需
102 要政府干预以及建立信任。食物成为乌尔里克·贝克（Ulrich Beck）所说的“风险社会”（risk society）中不可回避的一个维度。[4] 对于一个旨在通过发展风险管理技术来协调自由贸易和公共卫生目标的国家来说，食品系统是一个至关重要的监管领域。[5] 然而，早在贝克提出这一观点之前，大规模的食品风险早已出现。[6]

随着运输距离的增加，食品经历了更高程度的加工和重新组合，发生了实质性的变化。食品逐渐被包装、化学处理（脱水、添加防腐剂）或进行罐装。威廉·萨维奇（William Savage）认为罐头就是“现代文明的一个显著特征”。[7] 罐头食品最早出现在19世纪早期，首先在美国发展出大规模生产。到1935年英国的人均年罐头消费已超过5磅，大部分为进口。[8] 罐装技术为那些容易腐烂的水果和蔬菜的种植者提供了进入世界市场的途径，又使得城镇和社区的建设打破了各类生产的狭隘界限。[9] 城市化与新的粮食体系是相辅相成的。通过对食物的物理性质和储存环境的“操纵”，不仅能成功防止食物腐烂，而且使食品“或多或少地延长保存的时间”。不过，它们也生成了新的潜在风险因素。[10] 一本1920年的食品行业手册指出：“人们聚集在大城市，必然意味着食物需要长途运输，而现今的生活习惯要求全年都能开放市场。”[11]

最具影响力的创新是环境控制技术。机械制冷技术并不均衡地渗透到食品行业中（如水果、鱼类、乳制品、巧克力）。从理论上说，制冷技术可以平衡供需关系：“就像谷仓之于谷物的意义，冷藏技术之于肉类也是如此。”[12] 人们现在可以吃到很遥远的地方所种植的新

鲜食物，这再也不是痴心妄想。[13] 有了能将温度保持在略高于华氏54度（约摄氏7.2度）的轮船，香蕉也能实现进口。[14] 运输梨子和苹果则分别需要保持在华氏29度（约为摄氏−1.67度）以及华氏32～33度（摄氏0～0.5度）。[15] 到了20世纪，人们对湿度和大气化学影响的实验性理解，预示着在控制气调贮藏技术①的发展。英国对于贮藏苹果的开创性研究表明，5摄氏度的温度，再加上10%～15%的二氧化碳以及10%氧气所形成的可控环境，可以延长苹果的商业储藏时间并减缓黄变。[16] 这种对微小气候的细致控制——斯洛特迪克（Sloterdijk）称之为“实打实的大气技术”，源于低温研究站和气象学家的构想。[17] 1929年，E. W. 沙纳汉（E. W. Shanahan）得出结论，冷藏技术除了改善饮食之外，还刺激了地域生产分工和“跨半球的运输”（inter-hemisphere transportation），从而将城市化的英美中心与南半球的庄园联系在了一起。[18]

正是这些系统，使得世界上工业化程度最高的地区得以从地球上 103
其他地区吸收大量的食物。不过，运输距离、加工和控制环境也改变了食品安全的参数。食品系统规模之大、形态之复杂，决定了对食品的检查通常不可能是面面俱到的。牲畜的聚集和农作物的单一栽培形成了新的不稳定因素，比如能跨越物种的人畜共患疾病或大规模易感性的植物锈病等。同时，生产者和消费者之间的距离变远，也会引发认知和信任的问题。然而在食品系统的许多松散的环节之间还存在着很大的漏洞，这就意味着，食品灾难的发生将会是缓慢而隐蔽的。[19] 本章将探讨五个缓慢出现的例子：掺假、动物疫病、通过牛奶传播的结核病、有病害的肉类和食品中毒。考察围绕这些问题而爆发的政治经济与公共卫生之间的紧张关系问题，并阐述人们为缓解这些问题而开发的一系列风险管理技术：化验分析、检查、大规模扑杀、通报、

① 译者注：气调技术是指在低温贮藏的基础上，通过人为改变环境气体成分来达到肉、果蔬等贮藏物保鲜贮藏目的的技术。

细菌学专业知识、巴氏消毒法、港口监管、食品卫生与公共卫生制度等。

掺假、化验分析和监管

掺假行为由来已久。不过，由于食品链变长、通过商店购买的食品数量增加、快速的城市化和有限的监管等因素的结合，导致1800年后掺假事件的发生率不断上升。除了肉类，大多数食品都可能被掺假。特别是由于牛奶原料的复杂多变，很难建立起一套明确的标准，所以牛奶的掺假问题尤其严重。[20] 明矾（硫酸铝钾）是面包中最常见的一种掺假物：它能使面包变白，延缓变质，但也会引起消化系统的不适。茶叶可能会经过人工着色，其碎末甚至可能混入沙子、淀粉或其他碎屑。[21] 掺假会扭曲食品的口感：在喝了加入菊苣的咖啡后，消费者会怀疑他们喝到的是不是真正的咖啡。[22] 掺假的行为受到以阿瑟·哈索尔（Arthur Hassall）为代表的改革派的抨击，他指出蓄意欺骗公众将会危害公共卫生、财政运行，并败坏道德。[23] 根据哈索尔的估计，掺假行为使公共财政损失了数百万英镑，这“完全是人为”的，是“无所作为和松懈状态下”的产物。他因此得出结论：有必要由国家来对掺假行为进行监管。[24] 然而，有些古典自由主义者却认为
104 国家不应进行监管。约翰·布赖特（John Bright）就认为掺假是贸易中合法的内容：毕竟如果公众喜欢掺假的咖啡，就应该允许他们继续喝掺假的咖啡。[25] 赫伯特·斯宾塞（Herbert Spencer）则担心监管变成一种常态化的国家行为。他认为这种情况类似于“奴隶制的国家”，“在这样的国家中，‘社区有一半的人们都在忙着确保另一半人履行其职责’”。[26] 于是，掺假问题在贸易自由和社会保护之间形成了深刻的张力。

商业食品所大量使用的着色剂、包装和容器带来了新的化学方面

的危险。1848年6月，威廉·科恩菲尔德（William Cornfield）在北安普顿的公共晚宴上吃下一份果味牛奶冻后死亡，这个奶冻被故意（用铜砷酸盐）染成了翠绿色。而奶冻的制造商和供应商后来都被判处过失杀人罪。[27] 1858年，一名布拉德福德的糖果商打算用石膏掺假薄荷糖，却误加了砷，导致21人死亡。1900年，受污染的含砷的糖引发了臭名昭著的“曼彻斯特啤酒流行病”（Manchester beer epidemic），造成至少70人死亡，可能还有6 000多人受其影响。[28] 1924年，有人发现伯明翰的小贩们把黄蜡碱（一种用来使鱼饵更有吸引力的染料）涂抹在还没熟透的橙子表面。[29] 铅、锑、锌等有毒金属通过那些本来无害的器物，如储物容器、水壶、包装纸或棒棒糖模具等进入食物链。正因如此，职业健康立法开始明确要求将食品与有害物质彻底分离开来。[30]

各种各样的乱象（掺假、着色、添加防腐剂、污染等）掀起了一场化验分析以及规范食品物质成分的运动。遗憾的是，1860年出台的首个反掺假法案却过于宽松，没有起到实际作用。1875年的《食品和药品销售法案》强制要求进行食品化验分析，但对食品纯净度的定义并不明确。[31] 随着时间的推移，英国的政府监管范围逐渐扩大：1899年对1875年的法案进行了修订，纳入了增味剂、调味品和发酵粉等条款。[32] 1925年的《公共卫生条例（食物中的防腐剂等）》禁止使用金属色素和六种黄色染料，虽然“其中一些在商业上已经过时”。[33] 包括几大乳制品公司在内的整个食品行业，通常会雇用化学家来监督自己的标准。他们有充分的理由认为，考虑到食品在物质上的复杂性和公众口味的持续转变，建立一个食品标准是很复杂的工程。其实国家的监管与企业的反监管之间的直接对立常常是被过分夸大的。[34]

1875年出台的法案形成了一套公共化验师和取样官的系统，通
常依靠当地的公共健康或卫生委员会来运作。大多数早期的化验师都 105
是卫生部门的医务人员，而不是专业化学家。1900年以后，新的化验师就必须提供具备化学、医疗学和显微镜学知识的书面证明。[35] 1930年代伯明翰的化验团队由三名合格的助理、一名办事员和一名实验室

助理组成，其中大多数人拥有理学学士学位。[36] 公共化验员协会（the Society of Public Analysts，成立于1874年）为该系统提供了机构的支持，其主要任务包括建立掺假和食品的标准、审议相关立法、培养法律工作中的化验人才、讨论化验技术以及与萨默塞特宫的政府化学家（他们专对国库负责）辩论。[37] 因此，化验师这一体系呈现为一个民间的机构，而非政府的机构。掺假被正式定义为：故意添加有害或虚假的原料、缺少重要成分或进行仿制。这个定义以及检测杂质含量的技术性描述一起被传达给地方官员。到1894年，共有99名公共化验师监督着237个英格兰和威尔士地区，其中有49人专门负责某个地区，22人负责4个以上的地区。[38]

食品检查员、警务人员和取样员负责获取食品样本。样本再被平均分配给检查员、供应商和公共化验师，这一做法沿用至今。[39] 例如，一条样品香肠应该切成三等份。[40] 样品被贴上标签，装瓶，并用蜡密封好。如果采样人员和化验人员之间的距离超过两英里，样品就可以用邮寄的方式运送，而采样人员通常用小冰盒来保持样品新鲜。[41] 取样者应打印有一本“附有不干胶以及编号的标签”的笔记本，并保持每日记录。[42] 化验设备不断更新迭代，显微镜也得到了各种技术的加持，比如索氏萃取器和显微光谱仪等。[43] 不过也存在一些粗糙的做法。艾伦·图尔纳（Alan Turner）回忆说，当他在20世纪40年代为诺丁汉的公共化验员比尔·泰勒（Bill Taylor）工作时，“常常收到写在普莱尔斯牌香烟空盒里的指令。”[44]

化验的主要目的是监管，而非惩戒。利弗瑟格（Liverseege）认为，一般来说是没有必要诉诸法律的：一封严厉的警告信“通常足以避免昂贵的诉讼”。尽管如此，许多案件最终还是上了法庭，并判处适度的罚款或监禁。法定牛奶标准为8.5%脂肪和3%非脂肪固体物质，只要有了这种标准，诉讼就能变得更容易，尽管实际情况从来不是一锤定音。掺假率很快随之下降：1879年有13.8%的样品检出掺假；而到了1930年，这一比例降到4.8%。[45] 到1900年，有毒性的糖果几乎绝迹：苯胺染料正在取代有毒的矿物色素。[46] 然而，这种近乎辉格式的叙述（Whiggish narrative）①掩盖了地区性的显著差异和地方上的混乱局面。1894年，一个专门调查掺假问题的委员会发现，5名化验人 106
员（彭赞斯、哈特尔普尔、科尔切斯特、蒂弗顿、纽伯里）没有进行过任何化验工作。[47] 经过精确计算的“技术性稀释”正在取代粗放的掺假。有人认为，由于商贩愈加精明的销售策略、食物不断添加的成分，化验检测工作的难度也随之增加。[48] 掺假问题是和另一个更棘手的问题交织在一起的：那就是随着食物在成分上变得越来越复杂和多样，如何评估其多种化学成分的独立和综合影响？化验人员的工作要扩展到包括农业分析、毒理学、环境科学和消费者安全等领域。[49] 化验员们耐心地记录了一些奇怪的“异物”事件：比如面包里有昆虫、馅饼里有铁丝，还有像“圣诞布丁里有混凝土”这样令人费解的情况。[50] 英国至今仍然受到食品丑闻的冲击，比如贴有假冒标签的印度香米和爱德华国王土豆，以及2013年的马肉事件等。[51]

食品的检查对化验系统来说至关重要。1855年的《消灭传染病法》和1875年的《公共卫生法》赋予卫生官员和传染病检查员相当广泛的权力，可以在“所有合理的时机”里检查食品，这意味着他们可以揪出那些患病的、不健康的或不卫生的样本。[52] 食品检查已成为英国公共卫生机构中不可或缺的一部分。食品生产的系统也经常被设计成可以通过检查孔、检查口和观察窗方便检查的样式。[53] 食品进口量的增加使得河岸检查变得至关重要。作为港口卫生管理局的伦敦城市公司（London’s City Corporation）雇用了三名食品检查员和一名码头仓库检查员。南华克和斯特普尼也同样雇用了两种检查员。[54] 20世纪早期，赫尔地区的食品检查是由詹姆斯·麦克费尔（James McPhail）负责的，他和其他四名助手会对牛、肉、鱼、水果和零售商店进行检查。[55] 布拉德福德甚至雇用了一名检查员来专门检查炸鱼薯条店：1915

① 译者注：指严格地按现代观念来评价和解释历史的错误史论。

年，他们一共对炸鱼薯条店进行了756次检查。[56] 地方政府对市场和屠宰场日益增强的控制，使得检查更加行之有效。格拉斯哥市政府在1845年接管了其牛市和屠宰场；伦敦市则于1848年接管了本市的屠宰场。[57]

不过，消费者对食品远距离运输和食品加工的焦虑仍然存在。食品标签是一个潜在的补救措施，并随着食品包装的普及逐渐发展起来。格兰特·艾伦（Grant Allen）认为标签是“文明生活”的标志，但哈索尔（Hassall）则担心，若标签字体过小或者位置模糊则反而可能会混淆消费者的判断。[58] 相关立法试图杜绝这种做法。1899年的《食品与药品销售法》规定，脱脂牛奶的瓶子应该用清晰的大号字体
107 标明“机器脱脂牛奶”或“脱脂牛奶”。[59] 1934年，食品成分和描述部门委员会讨论了“不合理和误导性”的广告声明和标签，因为这些声明和标签会使公众“被欺骗并产生偏见”。[60] 在1961年，多丽丝·格兰特（Doris Grant）不依不饶地要求对所有加工食品贴上“清晰和更完整的标签”，以便消费者能够“确切地知道自己正在购买的是什么”。[61] 然而，文字和数字标签与其所指示的物质之间的关系从未完全透明。相反，标签成了一种认识论工具，生产者以标签来展现其对道德—营养理想的忠诚，消费者则通过它进行明智的选择和自我管理，国家监管则集中在两者之间的区域。监管逐渐以更为自由的方式运作：消费者将被劝导采取某些所谓健康的行为，但他们本可以不必如此。人们对特定食物的体验，越来越难以与其背后的信息基础设施相区分。这些信息使得食品得以被市场化、被监管、被美化、被人们所阅读。[62]

动物疫病、寄生虫与自由贸易

1842年，英国放宽了旨在保护英国免受动物流行病侵害的活牛进

口限制，这是又一个重要的全球经济策略。事实上，非法动物进口早已引发了口蹄疫（1839年）和牛胸膜肺炎（1841年）的传播，[63] 不过，若与1865年的牛瘟疫情相比，这些疫情又显得微不足道了。1865年的牛瘟疫情导致约290 527头动物死亡或被扑杀，而非官方估计数字高达400 000头。[64] 这一瘟疫对英国的畜牧业造成了极大的破坏，并引发了有关经济实践和疾病传播的激烈辩论。

这场牛瘟流行病始于1865年5月29日在赫尔港靠岸的"托宁"号轮船。船上装载着来自爱沙尼亚的雷韦尔港（Revel）的牛羊，并被迅速分销至曼彻斯特和伦敦，[65] 部分牲畜感染了牛瘟病毒。当年6月，一名兽医到伊斯灵顿的一家奶牛场里为生病的奶牛做了检查，[66] 不过经他诊断，患有牛瘟的奶牛还是被卖掉了。牛瘟病毒迅速地传播，7月底就传到了阿伯丁，8月9日就传到了爱丁堡。[67] 到1865年11月，除了英格兰的四个郡得以幸免外，牛瘟已经传遍了英格兰以及苏格兰一半以上的地区。[68] 当局迅速动用了1848年羊痘流行病后制定的法规：港口当局拥有检查权，可以用斧头扑杀染病的动物。[69] 检查员可以合法进入牛舍和农场，禁止运输或贩售染病的牲口。[70] 1865年9月22日，一项政府命令重新启用了将动物尸体掩埋在地下8米的措施，并用生石灰或其他消毒剂覆盖。1866年1月20日起，填埋深度又增加到9.6米。[71] 1866年2月20日的《牛病预防法》只允许外国动物通过指定的 108
港口入境，并禁止进入内陆。牲畜必须在入境后10天内在港口屠宰。为防控疫情传播，来自欧洲某些地区的牲畜进口在特定时期内被完全禁止。[72] 所有感染牲口都必须彻底扑杀。

在这些规定之下，还潜藏着许多地方性的差异。一些岛屿通常抱有"闭关锁岛"的心态。在北威尔士，海洋和山脉被认为是抵御病毒的天然屏障，唯一的薄弱点就是康威桥和兰韦斯特桥；但这些地方很容易由政府官员的设岗保护，同时铁路车厢的卫生状况也需要密切的监测。[73] 在缺乏中央政府干预的情况下，"阿伯丁郡检疫制度"（Aberdeenshire System）以其有效性而闻名，它既有专设检查员，也有对被屠宰牲口的所有者的赔偿。[74] 农民们质疑包括检查员在内的侵入者，因为他们也有可能传播疾病——这倒非常合理；紧急扑杀可能很难实施，因为人们会威胁斧头手，阻挠扑杀行动。在伦敦，最初的掩埋政策导致下水道出现问题，因此尸体被送往狗岛（Isle of Dogs）处理成肥料。不过这种做法最终还被放弃了，因为人们担心连肥料也会变得有感染性。[75]

这一危机也促进了医疗手段的革新。据报道，住在埃尔斯米尔（Ellesmere）附近的利纳尔（Lineal）的贾维斯先生（Mr. Jarvis）就曾在地下畜栏里为牲畜接生：如果是牲口感染，就会就地掩埋。[76] 加姆吉则建议把染疫的牲口圈在温暖通风、有隔离效果的畜栏里，同时辅以燕麦粥和各种药物治疗。[77] 时下流行的顺势疗法技术和疫苗接种都没能起效，洋葱项链、电、熏蒸和蒸气浴等治疗手段也一一失败。[78] 总是有人怀疑这场瘟疫是超自然原因作祟，因而呼吁举行长达数日的祈祷、忏悔或禁食仪式。在约克郡的丹比，如果有牲口染疫，村尼会举办一种仪式：将九根新的别针、九根新的缝衣针和九根新的钉子刺入公牛的心脏，随后将心脏焚烧，并在午夜时分诵读赞美诗。当牛的心脏“开始萎缩和变黑”时，人们听到悲叹声、踱步声，最后还伴随着漫长的哀嚎。[79]

由于实施了防疫管理技术，加上动物流行病的缓慢消退，最终这场瘟疫在1866年消散，最后一例病例报告于1867年9月。[80] 然而，检查工作并非总能有效。“人们发现对进口牲畜的口岸检查就像一个网眼很大的筛子。”[81] 1872年，一批染有牛瘟的牛群即将在赫尔登岸时被装进一艘驳船，并拖到海上沉没销毁。然而，这些胀满气体的动物尸体迫使船只重新浮出了水面；其中一些还漂到了汉伯河的岸边。[82] 就
109 连驶往格里姆斯比的拖船都报告了这个难闻的气味。[83] 在1877年的另一次牛瘟疫情中，人们扑杀了1 099头畜物，其中绝大部分仅是为了防患于未然。[84] 牛瘟还蔓延到印度、菲律宾和非洲等地。[85] 直到20世纪30年代，英国的牛瘟才被根绝。[86] 到今天为止，牛瘟是人类成功根除

的唯一一种动物流行病。

1865年10月，詹姆斯·凯·沙特尔沃思（James Kay Shuttleworth）承认，这场牛瘟对“我们所珍视的个人自由和自治制度”带来了挑战。[87] 许多自由主义者坚持其立场。比如格拉德斯通（Gladstone）就认为政府保险计划会破坏私人保险，并造成浪费和欺诈。[88] 在1866年《牛病法案》二读时，米尔（Mill）建议贵族们才应该“主动承担疫情给全国各地带来的不便和损失”。[89]《经济学人》认为，英国不是一个“中央集权或独裁统治的地方，而是一个地方自治和自由的国度”，在英国是不可能采取集中控制的方式的。反对福柯的全景敞视主义（Antipanopticism）①的论调盛行，监视“英格兰的所有道路”是不可能的，也不是自由的。在这种理念中，贸易和传染、自由支配和风险相互依存。实际上，贸易本身就是一种“文明的传染”。[90] 解决方案应从医学上提出，而不是从经济学中寻找。与查德威克（Chadwick）的“卫生理念”一样，自由主义的解决方案中包含着不干预贸易的原则。[91] 1866年，议会讨论对柴郡农民的补偿方案比讨论当下的霍乱疫情所用的时间还要多。[92]《泰晤士报》指出：“我们想要保留两个几乎不相容的优势——对牛开放进口自由贸易的同时还要免受外国的牛病感染。”[93]

也有人认为，防止疾病传播比贸易自由原则更重要。市场的力量正在消灭英国本土的牛群，这激起了人们的一种条件反射般的保护措施，即波兰尼（Polanyi）所说的“双重运动”（double movement）②。[94]

---

① 译者注：福柯引用边沁的“圆形监狱”建筑学基本原理并以之为核心理念而形成的一种规训方案和规训意象，其立场在于为封建君主统治服务，以压制人性自由为要义。

② 译者注：指主要是统治者、商人、经济学家的一方强调，人们必须依据“自我调节的市场”的理念，透过圈地建厂、围田造屋，急促地改造社会，才能够达至安定繁荣的乌托邦；主要是占人口绝大多数的工人农民的另一方则需要直面这激进的社会改造工程所带来的影响，包括生态灾难、两极分化、文化衰败、流离失所，从而激发社会的自我保护运动。

加姆吉认为，“对自由贸易原则的不当运用”已经“打开了疾病在欧洲大陆和这个国家之间传播的渠道”。[95] 他同时也感到，在传播传染病方面，蒸汽动力比战争更有效。[96] 在敦促建立国家保险计划的同时，他还建议将机械制冷作为一种技术解决方案，防止牲畜跨国流通。不过，他也分享了自由主义者对隔离的反对意见，把防疫封锁线和控制牲畜的运动描述为“扭曲的体系下产生的罪恶的症状”。[97]《泰晤士报》也对此表示赞同：“如果流动起来的不是牛群，而是屠夫，那么所有的困难都将迎刃而解。”[98]

疾病理论和政策制定不是两个独立的变量。当牛瘟暴发时，有很多人认为这种疾病是自然发生的。约翰·帕金（John Parkin）医生认为，牛瘟与同期的土豆枯萎病、根瘤蚜和霍乱等现象一样，都是由
110 大气中的毒物引起的。[99] 然而，随着对牛瘟的调查研究的深入，毒气论受到质疑。[100] 1865年，威廉·巴德（William Budd）认为牛瘟是由“一种特定的物质的病原体”引起的。[101] 与人类疾病相比，动物疾病的原始细菌理论更容易被接受，尤其是因为它有最简单的解决方案——扑杀——而其在道德上是可行的。动物流行病的自然发生理论很快就消失了：“在澳大利亚自然生成口蹄疫的可能性，就像在勃朗峰峰顶上自然出现袋鼠的可能性一样小。”[102] 然而，环境的因素仍然至关重要。约翰·佩特森（John Paterson）在《阿伯丁日报》（*Aberdeen Journal*）上撰文，抨击了“人工饲养动物的方式”和“背离自然法则”的做法，包括圈养动物、限制它们运动以及强迫它们吃下“劣质的油饼混合物”等。[103]

通过检疫、限制流动以及最终采用冷藏技术，英国成功战胜了牛瘟。然而，这种模式并不是普适的。例如，1877年的科罗拉多甲虫虫害问题并没有导致对美国的土豆贸易的重大限制，尽管当时土豆秆进口被禁止，并通过立法要求人们一旦发现这种糟糕的虫害就必须通报警方。[104] 英国首次发现科罗拉多甲虫群是在1901年的肯特郡，但随即就被消灭了。[105]

曾在19世纪中期德国各州暴发的旋毛虫病则是一个更引人注目的案例。1865年，海德斯莱本（Hedersleben）暴发的疫情导致101人死亡，症状包括胃肠道紊乱和痉挛等。该病是通过食用生猪肉传播的，而在德国部分地区生食猪肉很常见。[106] 在19世纪60年代之前，这种寄生虫是“解剖室里的稀客”，但这些疾病的暴发使人们对其产生了深刻的认识。[107] 在人们吃下这些被感染的肉以后，蠕虫就得以从那“雪花纹理的棺材”中逃脱出来，不断生长并繁殖：随后幼虫孵化，钻穿人的肌肉，形成囊肿。[108] 该疾病的严重程度取决于摄入的旋毛虫的数量。猪通过所谓的丛林循环（sylvatic cycle），也就是吃下老鼠或坏掉的猪肉而感染这种疾病，然后通过“家畜循环”进入人类食物链。[109]

尽管英国人更偏爱烹饪熟食，但旋毛虫病的报道从19世纪中叶也开始浮出水面。伦敦医院在1835—1836年间报告了2起病例，伍尔弗汉普顿于1850年报告了1例。[110] 1879年，在埃塞克斯郡的塞克斯特，52人在吃了街头摊位上“可能来自外国”的香肠后，出现了腹泻、呕吐、视觉重影和肚子疼等症状。[111] 威廉·科克伦（William Cochran）宣称民众没有必要惊慌失措，但应该“保持警惕”。[112] 实际上，只要正确地烹饪就可以杀灭寄生虫，英国人所谓的“外国香肠”增强了他们仇外的偏见。这下，在德国的英国旅行者“绝对连一根香肠都不敢碰”了。[113] 还有很多人将责任归咎于从美国进口的猪
肉。1879年，一名“外国的权威人士”表示，进口到德国北部的美 111
国火腿中有10%～20%已经被“猪肉绦虫感染”，因而对食品安全构成威胁。[114] 大多数欧洲国家的反应是禁止美国猪肉进口。比如德国在1880年禁止进口美国香肠，并于1883年将禁令扩展到所有猪肉制品，引发了一场“猪肉战争”。[115] 随着美国检疫制度的改进，以及制度化的猪肉囊虫检查的确立，再加上强有力的欧洲检疫制度，1891年德国对美国猪肉的禁运令被解除。德国在1879年后开始限制丹麦猪肉的进口；于是丹麦转而开拓英国市场，德国则走向猪肉自给自

足。相比之下，英国是拒绝实施贸易限制的，并认为消费者应该对自己负责。就连暂时性的政府进口限制也未曾实施。当地的政府委员会仅仅建议人们把香肠给“炸熟一点”就好。[116] 作为美国最大的猪肉进口国，英国由此表达出了它对自由贸易的承诺。美国社会改革家艾伯特·莱芬韦尔（Albert Leffingwell）注意到英国人对猪肉旋毛虫病“漠不关心的态度”，因为超过80%的美国培根和火腿都销往了英国。[117]

零星的旋毛虫病的流行一直持续到20世纪。1941年，伍尔弗汉普顿及其周边地区至少有500人感染该病，其中许多是习惯生食猪肉香肠的女性。香肠均匀铺在面包上，就是一顿便携的美味午餐。[118] 英国人的烹饪习惯确保了旋毛虫病不会成为一个重大的公共健康威胁，但执行更严格的卫生措施无疑发挥了积极作用。然而，英国并没有一个统一协调的监管措施来控制旋毛虫病：市场在很大程度上被允许自由地运行；至于那些通过牛奶传播的疾病，则有截然不同的处理方式。

牛奶与结核病

尽管与美国和欧洲大陆相比，英国的液态奶消费量仍然相对较低，但它是最具卫生隐患的食品之一。它为各种微生物提供了“全面的细菌饮食”，从乳酸杆菌（制作黄油和奶酪所必需）到链球菌、葡萄球菌和大肠杆菌等。[119] 一位细菌学家观察到：“如果要好好计算（牛奶中的微生物）的话，牛奶和污水没什么差别。”[120] 细菌能从多种渠道进入牛奶，从牛的乳头到飞蝇，都是污染源。城市里的牛棚臭气熏天、粪便四溅，成为卫生问题的焦点。运奶车的路线和伤寒以及猩红热的传播路线暴发高度重合，这引起了人们的猜测（见图4.1）。1881年，欧内斯特·哈特（Ernest Hart）列出了73起与牛奶有关的疾病流

112

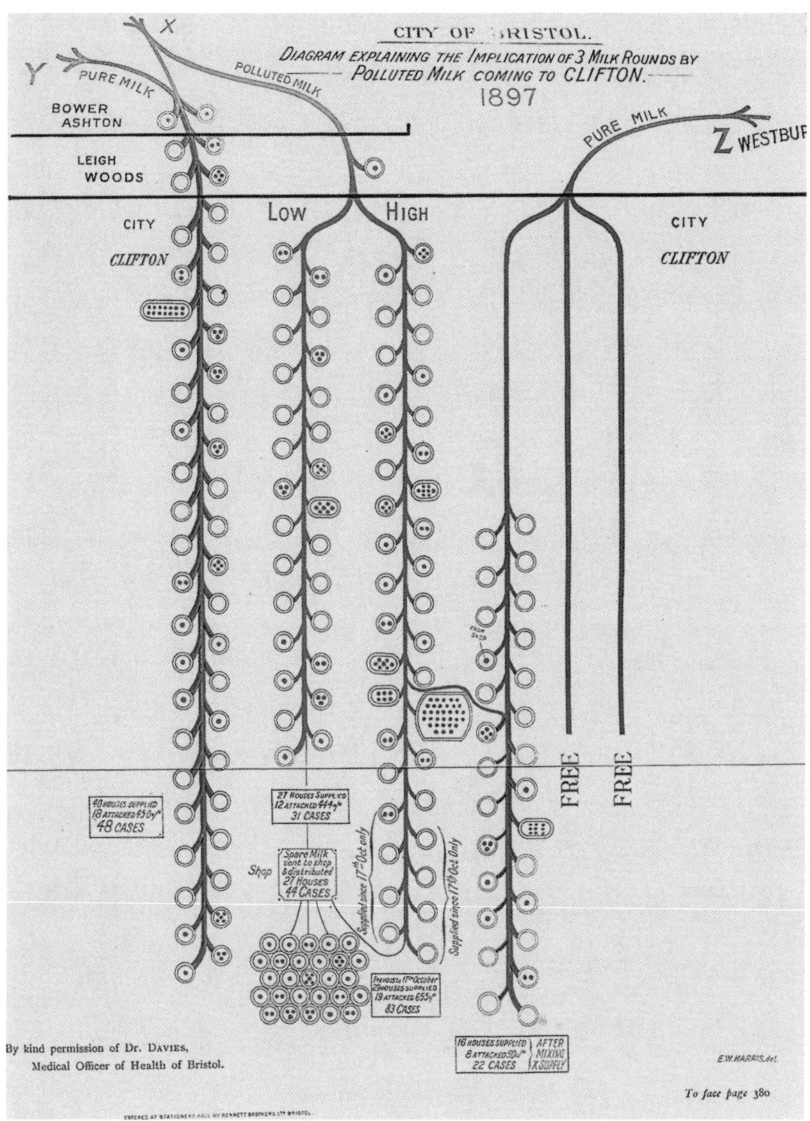

图4.1 通过检查特定的送奶路线追踪的布里斯托尔(Bristol)的伤寒疫情,1897年

From Harold Swithinbank and George Newman, *Bacteriology of Milk* (London: John Murray, 1903).

113 行，其中就有50例伤寒症。他指出牛奶与疾病的关系“显然已被证实”。[121] 正如迈克尔·泰勒（Michael Taylor）在1870年所指出的：人们的研究重心从空气传播向液体传播转移，在流行病学上具有重要意义。[122]

在1857年彭里斯暴发“流行斑疹伤寒”后，泰勒发布一份报告提出乳源性发热假说，其中结合了瘴毒和发酵病两种学说。[123] 此后，这类流行病的报道和相应的病原学推测不断增多。受感染的水经常通过“泄露、溢出、老鼠洞或渗流”的方式从破旧的污水池或破裂的化粪池进入了牛奶供应系统，或通过受感染的农场工人与鲜奶直接接触。[124] 1936年，受污染的物质通过伯恩茅斯和普尔（Poole）的一条小溪进入牛奶中，造成718例伤寒病例，其中70人死亡。[125] 差不多是在同一时期，猩红热也开始和牛奶相关联。比如1892年格拉斯哥暴发的猩红热共造成254例病例，其中11人死亡。[126] 有一种理论认为，猩红热可以直接由牛传播给人类——也就是所谓的亨登症（Hendon disease），因此猩红热问题变得更加复杂。不过这个理论最终还是被推翻了，因为人们有了另外的理论——牛身上的细菌是通过牛奶传给了挤奶工。[127] 公共卫生官还需应对由牛奶传播的扁桃腺炎、白喉、小儿麻痹症和痢疾，这促使他们越来越多地介入对农场、手推车和牛奶铺的管理。在布莱顿，阿瑟·纽索姆（Arthur Newsholme）处理了多起发生于20世纪初伤寒流行，其暴发源头都能追踪到特定的农场。[128] 1905年，他向农民分发了一份通告，要求他们依法提供客户名单，他也因此经常遭到农民的抵制。[129] 卫生官员还运用各种策略来扩大他们的监管范围，比如溯源、公告、消毒等。

这些问题围绕着牛奶传播的结核病而具体化。结核病是维多利亚时代英国最重要的公共卫生问题之一，在19世纪70年代，每年约有5万人死于结核病。[130] 它也是“动物界中最普遍、最隐蔽的疾病”，在牛群中尤为严重。[131] 在19世纪晚期和20世纪早期，约有20%～40%

的国家的牛群感染了结核病（见 114
图4.2）。[132] 这一高感染率通常被归咎于奶牛生活条件的改变，它们“变得过于人工化、过于文明”，它们的体质因“近亲繁殖、人工饲养和增肥、过度控制、过早和过度繁殖”而受到极大影响。[133] 挤奶工似乎没有意识到，过度拥挤、肮脏的牛舍正是微生物繁殖的理想环境。[134] 1907年，霍夫的一名医生在“柜台上敞口的牛奶锅边”发现了一名患有肺结核的奶牛场老板半满的痰盂。[135]

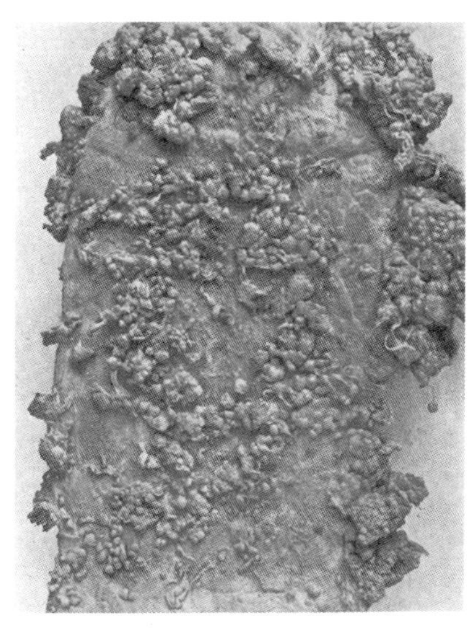

图4.2　严重感染结核病的牛尸体

From Harold Swithinbank and George Newman, *Bacteriology of Milk* (London: John Murray, 1903).

结核病是可以在物种之间传播的——这一日益增长的共识使人们的担忧愈发强烈。1865年，让-安托万·维尔曼（Jean-Antoine Villemin）发现，当兔子接种了来自人或牛的结核杆菌后，就会染上结核病。[136] 1868年，让-巴蒂斯特·奥古斯特·肖沃（Jean-Baptiste Auguste Chauveau）证明了结核病可以通过摄食传播。[137] 结核病可以从动物传染给人类的理论最早出现在1876年英国的医学刊物上。[138] 然而在1901年，罗伯特·科克（Robert Koch）却宣布牛和人的结核病是不同的，人牛之间交叉感染的情况极为罕见。那些对政府干
预不满的农民的尤其赞赏这种说法。[139] 然而，科克的理论很快又被约 115
翰·麦克法德扬（John MacFadyean）和内森·罗（Nathan Raw）等许多科学家所推翻。他们认为即使牛和人类的结核病在形态上有所不同，但二者间的相互感染并不罕见。[140] 科克的观点越来越被边缘化：1911年，皇家结核病委员会的最终报告明确宣布，牛的结核病的确

能够感染人体，人们总算清楚地认识到含结核杆菌的牛奶会对公众健康构成严重威胁。研究表明，结核杆菌在黄油中可存活120天，在奶酪中也能存活35天。[141] 于是，各城市当局开始对牛奶供应进行结核杆菌检测。1907年，伯明翰的卫生医官约翰·罗伯逊（John Robertson）检测了180例混合牛奶样本，结果在13.33%的样本中检测到了结核杆菌。[142]

如今，由牛结核分枝杆菌（Mycobacterium bovis）引起的牛结核病每年在英国造成约2 000人死亡，主要以肠系膜结核的形式出现。[143] 这种非肺结核病变在儿童中尤为明显，其死亡率下降速度远慢于成年人。这样，通过喝牛奶传播的结核病就成为一个重大的儿科健康风险。[144] 腹部结核病变主要由牛芽孢杆菌引起，发病率最高的年龄是2岁，因为2岁的幼儿正大量饮用牛奶。[145] 也有人指出英国人感染牛结核病的概率比世界上其他地方更高。[146]

为对抗结核病牛奶的威胁，英国建立了一套监管体系。根据《1866年和1875年公共卫生法》和《1875年食品与药品销售法》的规定，检查员有权进入私人的场所并获取牛奶样本。例如1908年伦敦市议会就对伦敦所有的牛棚进行了五次检查。[147] 从1890年起，城市的检查员有权在其正式管辖区域以外追踪牛奶的来源，一些大都市的检查员从19世纪70年代就已经采取了这种做法。[148] 农业和渔业委员会于1913年发布了一项命令，要求通报牛结核病例（伴有消瘦、乳房结核病或其他慢性乳房疾病等），并对此类畜物的屠宰进行了规定。[149] 1925年，英国卫生部将牛奶检查工作集中管理，由两名检查员监督地方政府的活动。《1926年牛奶与牛奶场法令》要求所有地方卫生当局对辖区内的乳制品进行登记，并强制执行清洁条例。[150] 然而事实证明，要在农村地区建立有效的检查体系困难重重，联合乳业公司的董事长更轻蔑地将其视为一场闹剧。[151]

在1865—1867年牛瘟流行期间，人们发现可以用测量体温的方法来发现已经感染的牛，而结核菌素的运用则能保证那些外表健康的

牛得到更及时、更准确的诊断。[152] 结核菌素（Tuberculin）是一种经过 116
灭菌的结核物质，最初由科克公司作为一种潜在的疫苗而被开发。在感染结核病的动物体内注射结核素，会造成体温升高；如果逐渐上升并随后缓慢下降，则表示呈阳性反应。[153] 英国预防医学研究所从1895年开始提供结核菌素，每三剂售价一先令。[154] 虽然结核病的测试需要一定的技能，而且远非百分之百可靠，但它仍然推动了结核病根除计划的实施。从1923年开始就有一些“经过结核菌素测试”的牛奶在市面上销售，但直到1937年，英国市场上此类奶牛仅占约3%。[155] 与此同时，丹麦利用结核菌素诊断将菌群分为结核菌群和非结核菌群的“班氏法”（the Bang method），抢在英国之前实现了结核病的根除。[156] 20世纪30年代初，丹麦宣布其南部的两个岛屿、西兰岛的大部分地区以及近60%的日德兰半岛都已彻底摆脱了结核病的困扰。[157]

岛屿又一次占据了地理上的优势。根西岛地对其进口畜物立即进行屠宰的政策，使得该岛的结核病早在1920年就已经被根除。当时岛上的卫生医疗官员夸口说岛上的居民喝的是“不含结核菌”的牛奶。[158] 在英国本土根除结核病的进展是很缓慢的，但这并不难理解。1899年颁布的《曼彻斯特一般权力法案》附有允许实验室对样品进行测试的“牛奶条款”（Milk Clauses）。如果实验室发现了结核物质，卫生部门的医务人员就会追踪其源头，派兽医将对牛进行检查，采集样本，对患有结核病的牛进行鉴定、隔离或扑杀。[159] 使用结核菌素可以将呈阳性的畜物隔离出来；即使是健康的牲口也可以重新检测，以确保其能够在结核病感染初期就得到诊断。幼年畜物应与成年畜物隔离，并在三个月内重复测试两次。[160] 这种“曼彻斯特方法”传到了其他地方，如克罗伊登、谢菲尔德和桑德兰等地。伯明翰的罗伯逊（Robertson）于1908年开始采用这一技术；而仅两年后，曼彻斯特方法已经在当地的13个畜群得到应用。[161]“公认的无结核菌的牛奶供应”已经逐渐成为现实，但需求主要集中在富裕的社区。[162]

然而，人类通过牛奶感染结核病的比率下降，其最重要的因素既非细菌学的发展，也非结核菌素的应用，而是巴氏消毒法。1898年，首席医疗官理查德·索恩（Richard Thorne）断然宣称，英国“几乎是世界上唯一一个习惯喝生牛奶的文明国家”。[163] 灭菌技术早在18世纪就发展起来了，但随着细菌理论的发展和人们对杀菌温度（thermal death points）的理解使得杀菌技术更加普及，并产生了更精确的巴氏杀菌技术。该技术有限时间利用140～175华氏度（60～80度摄氏）的温度对牛奶进行短时间加热，仅杀灭生长状态下的细菌，同时
117 保留牛奶的天然风味。后来还出现了两种互相竞争的杀菌技术：一种是“低温维持法”（hold system），将牛奶维持在145～160华氏度（63～70摄氏度）30分钟；另一种是“高温瞬时法”（HTST），将牛奶加热至162华氏度（72摄氏度）15秒。[164] 后者受限于瓶子冷却速度太过缓慢，直到1945年才终于获得了胜利。[165] 巴氏杀菌法需要大量的资本投入，因此通常情况下只有像联合乳品公司和速递乳品公司（Express Dairies）这样的大公司才能率先使用这一技术，以延长保质期。[166]

1923年，约翰·德拉蒙德（John Drummond）指出，巴氏灭菌法就像罐装和冷藏一样，是“我们的文明建立起来的人工条件，尤其是在大城镇和工业区”。他对加热牛奶可能带来的深远影响表示担忧。[167] 有人抨击巴氏杀菌法破坏了牛奶的活性成分和维生素C的含量，或视其为一种国家控制的手段。[168] 一些实验表明，孩子们喝生牛奶更容易长胖。[169] 农民则抱怨生产成本太高：一位乡村议员甚至指责巴氏灭菌法是龋齿的罪魁祸首。[170] 更有甚者，还有人否认牛结核病，乃至细菌的存在。[171] 刘易斯·芒福德（Lewis Mumford）认为，巴氏灭菌法体现了机械化生活的典型特征。[172] 更有说服力的观点来自雷丁的国家乳业研究所所长R. 斯滕豪斯·威廉斯（R. Stenhouse Williams）：巴氏灭菌法通过杀灭细菌而可能使所谓卫生乳业失去了意义。[173]

然而，这些反对声在新兴的医学共识面前都瓦解了：强制进行巴氏杀菌就是保证无病原体牛奶供应的最简单的办法。[174] 关于维生素的

争论也被证伪：牛奶并不是维生素C的主要来源。[175] 正如伯纳德·迈尔斯（Bernard Myers）在1938年指出的，总有一天，拒绝承认巴氏杀菌法会被视为一种“刑事犯罪”。[176] 到1936年，伦敦95%的牛奶以及格拉斯哥和曼彻斯特80%至90%的牛奶都是经过巴氏消毒的。[177] 杀菌牛奶在米德兰兹郡、兰开夏郡和约克郡都保持着长期的、有时甚至是巨大的需求。[178] 二战加速了巴氏灭菌法的普及进程，在英格兰和威尔士，未经巴氏杀菌的牛奶仍然是合法的，但受到严格监管，而在苏格兰则完全禁止销售生牛奶。[179] 如今在英国，未经巴氏杀菌的生牛奶的消费量几乎为零。

与此同时，细菌学分析的发展、乡村卫生的逐步改善以及结核菌素检测的普及显著降低了牛结核病的发病率及其向人群传播的风险。农业部在全英各地建立了细菌咨询服务机构，为生产商提供建议并检查样品。[180] 结核菌素测试显示，牛结核病正在消亡。从1950年开始的全国性根除牛结核病计划，到1960年已经基本完成，只残留下
一点感染病例。[181] 结核菌素检测呈阳性的数量从1930年的20%左右下 118
降到1963年前9个月的0.07%左右。1962年只有10头受感染的牛被扑杀。[182] 然而，这种疾病至今仍在英国肆虐。染病的獾会将病菌传染给牛群，尤其是当它们的排泄地点与牧场交叠时，传播风险更高。[183]

肉制品

屠宰场长期以来一直与欺诈行为联系在一起。比如“充气”肉（使肉块膨胀以增加其表面积）或“抛光”肉（涂抹油脂以产生虚假的光泽）。[184]“挂羊头卖狗肉”则是另一个问题。驴肉被伪装成鹿肉，狗肉被伪装成羊肉，羔羊幼胎被伪装成兔子，当然这些说法就像在牛奶里发现了羊脑的故事一样，有一定的虚构成分。[185] 一些屠户出售牲口幼崽，或称为“流产”的小牛（slink）。在1861年的奥尔德门市场

上，有人就发现了一个“至少比自然妊娠期晚一个月”的流产牛胎已被宰杀，准备出售。[186] 柏林的兽医教授罗伯特·奥斯特塔格（Robert Ostertag）嘲笑道：“只有英国的美食家才会像罗马人那样，把畜物胎儿当作珍馐美味。”[187]

然而，slink这个词使用非常广泛，特别是在英格兰西北部，指的是那些无法出售的劣质肉，比如1895年8月在布莱克本查获的“黑乎乎又黏糊糊”的肉。[188] 在1870年的利物浦，屠户罗伯特·伯查尔（Robert Birchall）因存有“软烂、水肿和松弛”的肉而被罚款十英镑，检察官劳合（Lloyd）谴责他是“一个卖劣质肉的屠夫”。[189] 1892年，普雷斯顿成为“英格兰北部处理劣质肉类的中转站”。[190] 在这些年里，人们的担忧从牛瘟毒气转向屠宰场，因为屠宰场可能是病原体进入食物链的关键点，问题可能来自患病的肉类或在屠宰和储存过程中产生的污染。患有结核病的奶牛通常就在屠宰场被扑杀。从1861年7月到1862年7月，爱丁堡有1 075头患病牛肉进入了食物链（其中791头出售给人类食用，其余的被拿来喂猪）。[191] 从经济角度考虑，农民很难有别的选择。英国民间有句俗话：“最好的医生乃是屠刀。”[192] 黄昏时分的屠宰和销售设备为那些奸猾的屠户提供了便利：肉类市场经常在周六晚上打开迷人的昏黄煤气灯，然后在灯下出售病死畜肉。[193] 在阿伯丁，病死的畜肉被加工后从城外运回，用木轴推车运送，悄无声息，无人察觉。[194] 屠户们还经常剥掉病死畜物的胸膜或结核腺体，以蒙骗那些
119 掉以轻心的检查人员。[195]

大量病死的畜肉通过一个不断扩大、界限模糊的肉制品制造商网络进入了食物链，变成了香肠、肉馅饼和罐装肉。许多这类食品仍在屠宰场内生产，这就为交叉污染提供了各种机会。香肠不过是一种圆柱形的容器，用来填充任何可用的碎肉，从公牛肉、马肉到严重病变的肉，应有尽有。托马斯·卡莱尔（Thomas Carlyle）的讽刺作品中有一个叫鲍伯斯·希金斯（Bobus Higgins）的人物，他就是一个“最狡猾、最可耻的臭名昭著的香肠制造商”，他会用“灰胡椒香料”

来掩盖劣质肉类的味道。[196] 根据哈克尼的卫生检查员威廉·刘易斯（William Lewis）的回忆，他有一次在切开一个香肠制造商的肉时，竟然刺破了一个脓肿。[197] 在1891年的克拉肯韦尔，教区委员会的卫生检查员调查了一家屠户的店铺，查获了21块腐烂的碎肉，还有“4对已经腐臭的肺”。[198] 难怪香肠有时被戏称为“一张肠衣包一切”（skin and mystery）。[199] 更加不透明的是馅饼，它就好比用酥皮做成的“棺材”，人们害怕里面是否包裹着猫肉或人肉。[200] 1889年，就有一位格拉斯哥的城市官员简单地总结道：“有些肉的颜色与胆汁无异”。[201]

开发有效的监管技术十分复杂。屠夫经常抵制检查员进入屠宰场，勒令不卫生的屠宰场停业也很困难。约瑟夫·加姆吉（Joseph Gamgee，即约翰·加姆吉的兄弟）对1857年伦敦市场的肉类检验效果不佳而表示遗憾，他把纽盖特市场描述为一个充斥着“肮脏、欺诈和视而不见”的场所。[202] 到20世纪初，作为最糟糕的肉类检查系统之一的英国肉类系统在欧洲臭名昭著。英国这个所谓的“卫生摇篮”如此缺乏“规范的肉类检验”，让奥斯特塔格（Ostertag）感到十分讶异。[203] 尽管如此，英国立法还是扩大了检查、进入特定场所和查封不合格货物的权力，许多地方当局也通过了自己的立法，获得了在其法定边界以外的场所进行检查的权力。[204] 检查员查获了大量的劣质肉：比如1880年，仅伦敦市就没收了273吨不合格的肉类。[205] 这些肉通过粉碎机、干燥机和加工机、消化器和苦味酸等方法进行了销毁，[206] 最后生产出了像化肥这样的可用于销售的商品。市场的重建也为检查提供了便利。1924年《公共卫生条例（肉类）》规定，必须对屠宰情况进行通报，畜物尸体必须保存数小时以便必要时进行检查，并允许卫生部部长授权地方当局把通过检查的尸体打上标记。[207] 政府还制定了一些可以直接宣布销毁畜物尸体的条件清单，并留给检查员一定的自由裁量权。[208]

1849年，伦敦市任命了一名特别的肉类检查员查尔斯·费希尔（Charles Fisher），以及一名活牛检查员罗伯特·舒勒（Robert Shouler）。[209] 到19世纪80年代中期，肉类检查已成为伦敦当地公共卫

120 生行动的常规组成部分。[210] 其他各地的机构设置则各不相同。利物浦卫生委员会负责监督肉类检查，设有四名肉类和畜物检查员，另根据《动物疾病法案》设六名检查员，其中鱼类和食品检查员由四名鱼商担任，再加上两名常规的食品和牛奶检查员。1908年检查员们一共对屠宰场进行了7 129次检查，对肉铺进行了66 884次检查，查缉了1 565具畜体，其中超过一半是羊。在理想情况下，畜物在屠宰前、屠宰中和屠宰后都要接受检查。[211] 检查员应熟悉健康和不健康肉类的区别，并了解疑似死亡的迹象。检查员也会密切关注腺体，特别是系膜腺体，因为它们是结核病损发生的位置；他们还要观察包括肺部在内的各种器官，以便检测是否出现胸膜剥离。委员会建议检查员要随身携带便携显微镜和笔记本。[212] 检查员应该保持详细的记录并在检查过程中做好笔记；汉密尔顿的检查员可以在描绘腺体位置的图表中用红色标记疾病所在位置（见图4.3）。[213]

早期的肉类检查员来自普通的社会阶层：他们可能是砌砖工、电车售票员、奶酪商或煤气工。[214] 1875年的《公共卫生法》规定，卫生检查员应该具备“一些”动物解剖学和肉类外观方面的知识，这可能是一种有意模糊的描述。[215] 1896年，卫生学会设立了肉类和食品检验课程，并从1899年开始实施单独的肉类检查员考试。[216] 尽管该课程仍然并非强制，但到1931年，检查员通常都持有证书。[217] 伦敦、各郡和各大行政区还任命了217名兽医检查员，不过这种职位通常是兼职。[218] 1884年，爱丁堡的托马斯·沃利（Thomas Walley）成为首位专门负责检查屠宰场的兽医。爱丁堡屠宰场建成于1910年，其特色是拥有良好的实验室，提供照明、冷热水、燃气、显微镜、用于细菌学研究的油浸装置和培养微生物的设备。[219]

尽管电话和汽车使检验工作变得更加便利，但由于交通网络的密度很高，再加上成千上万个小型屠宰场的长期存在，就决定了英国国内的肉类检查很难面面俱到。乡村的检查员经常缺乏助手，并且路途遥远，而交通工具的选择有限。[220] 肉类系统存在着许多灰色地带，带

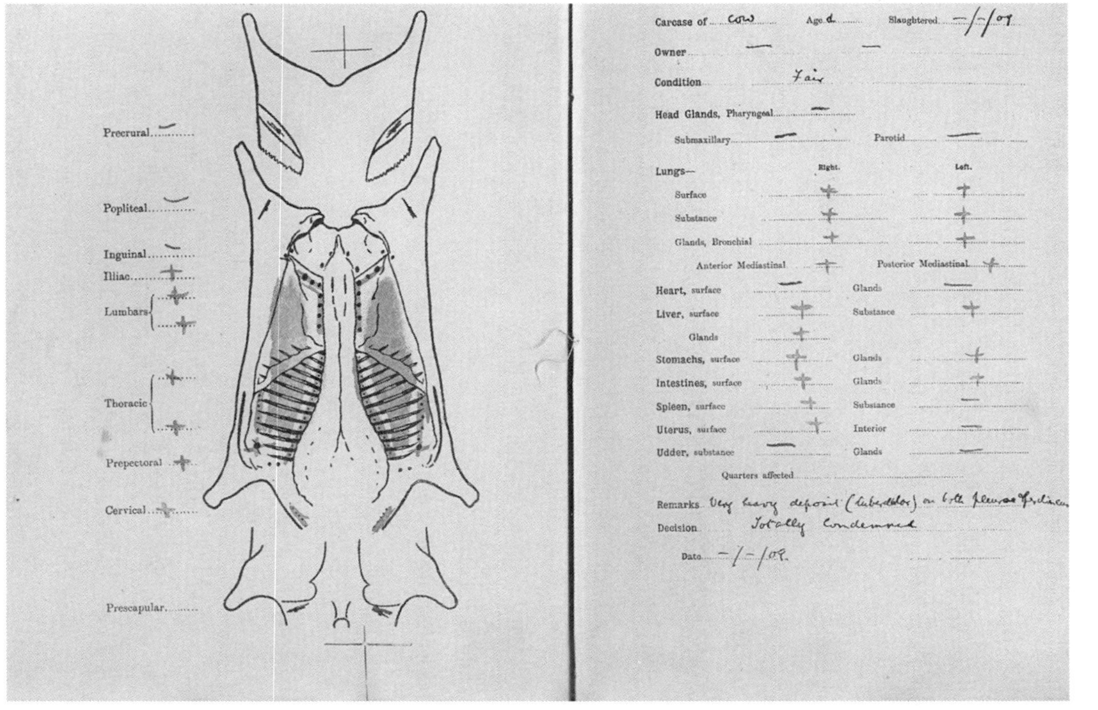

图4.3　肉类检验记录,汉密尔顿。请注意肺部区域的阴影部分标示着受到结核病感染的区域。该畜体被宣布弃置

From Gerald Leighton and Loudon Douglas, *The Meat Industry and Meat Inspection*, 5 vols. (London: Educational Book Co., 1910), vol. 3.

121

病的肉会在这里面消失不见。屠宰工和屠夫们有时会阻碍检查，把房门锁住、用大型犬看门、使用化名或者使用劣质肉以次充好。[221] 1904年，伯明翰的一名屠夫用刀刺伤了检查员，致其生命垂危。[222] 布洛耶（Bloye）抱怨道，有很多检查的本质是“马虎和随意的”：懒惰、腐
122 败和渎职的检查和长期不讲卫生的做法是司空见惯的。[223] 实际上，直到疯牛病危机暴发时，英国的消费者才开始要求兽医对屠宰进行疾病防控。[224]

随着肉类进口的不断增加，港口就成了抵御肉类传播疾病的“第一道防线”。[225] 在牛瘟疫情发生之后，英国建立了一个可以定期检查的港口系统，对畜物进行检验和屠宰，并将检查工作集中在可控区域。然而，从活体进口到冷冻进口的转变带来了新的问题。3万头羊或羔羊的冷冻肉可能会一次性运达，而这就难以对其彻底检查。[226] 冷冻肉如果经过去骨或装箱，通常会冻成整块的块状物体，几乎不可能充分检查。[227] 更糟糕的是，“箱子和桶里装的宰杀好的畜物各部位的混合物，它们都经历了不同程度的保存处理”。[228] 至于对冷库的检查，也因缺乏系统性而饱受诟病。[229]

英国政府根据1872年的《公共卫生法》设立了独立的港口卫生当局。地方政府委员会又在1892年、1898年和1906年发布命令，使公共卫生法案的部分条款适用于伦敦和曼彻斯特的港口。[230] 到1904年，伦敦港口的工作人员包括1名卫生医疗官［赫伯特·威廉斯（Herbert Williams）］和10名卫生检查员。[231] 1905年，他们查获了大批的可疑食品，其中包括3 517块牛肉四分体、1 463块整块牛肉、524箱兔肉、5箱的肉罐头、1 121罐散装肉罐头以及1 666 860个鸡蛋。[232] 大量不合格的肉堆积成山，甚至造成物流拥堵。1902年9月6日，检查员们在尼瓦鲁号船上查获了18 399具胴体、31 381块羊肉以及2 229条牛腿。在检查员斯帕达奇尼（Spadaccini）的监督下，这些病变的肉被倾入海中销毁。[233] 这种机制可以阻止切块的烂肉流入黑心香肠制造商的手中。[234] 根据1907年《公共卫生（食品条例）法案》，盒装的肉应该分

块包装以便观察。随着肉类包装技术的改进，牛肾、舌头、牛裙肉和其他内脏通常会分开冷冻；肾脏则应摆放在可供检查的分层当中，每层大约保持一到两块器官的厚度。[235] 深度的检查则需要借助仪器：用凿槽钻穿冻肉就可以触及腺体。[236] 1926年和1934年的《商品标记法》使进口产品的标记和识别变得越来越完善，而1938年的进口食品法明文规定，没有健康证书的肉类产品不得进入英国。[237]

检验标准的国际化一定程度上缓解了人们的担忧。相比于英国杂
乱无章的屠宰场，大型海外屠宰场或养猪工厂更易于接受检查。在旋
毛虫病的恐慌爆发和辛克莱的《屠场》（*The Jungle*）出版之后，美国
的检验标准也有所提高。1923年，乔治・帕特南（George Putnam）① 向 123
他的读者保证，所有的肉都要经过四次检查：一次是在屠宰前，另外
三次是在屠宰后："在颈部腺体、内脏和对切的胴体上检查"。[238] 加拿大
在1907年制定了肉类出口的联邦标准。[239] 1908年丹麦法律规定，所有出
口的肉类必须在公共屠宰场生产，并接受政府检查。[240] 从1906年开始，
所有从丹麦出口到英国的培根都要先在埃斯比约（Esbjerg）接受检查，
并加盖两个印章：一个是写着"I.Kl., *Danmark, statskcontrol*"的字样的
蓝色椭圆形印章，表明其无病的状态；另一个红色的Lur Brand印章，
标有"Danmark"字样和数字编号，用来表明原产地的屠宰场（见图
4.4）。[241] 后来这一品牌成为信任的象征，它保证了培根的质量、品质一
致性和原产地，成为最大限度地减轻食物焦虑和感知风险的工具。从
1908年起，除了盐腌和烟熏外，丹麦宣布其生产的所有培根都不用任
何添加剂作防腐处理。[242] 1911年2月，澳大利亚联邦政府任命专门人员
检查所有出口肉类，进口肉类则必须带有联邦批准的印章。[243] 新西兰农 124
业部对所有出口肉类的屠宰场进行监管，肉类则由政府检查员在兽医
的控制下保证质量，而驻伦敦的农产品专员和兽医官员则要检查所有
的货物。[244] 到1921年，新西兰共有32名屠宰场检查员和86名肉类加工

① 译者注：美国著名的作家、出版商。

图4.4　在丹麦的猪胴体上盖章。章上的数字是屠宰该猪的屠宰场的编号

From Ravnholt, *Danish Co-Operative Movement* (Copenhagen: Det Danske Selskab, 1950).

厂检查员。[245] 当时，新西兰的羊肉在市场上经常被当作通过政府检查的纯正羊肉进行销售和展示。[246] 检疫和营销之间的界限开始变得模糊：两者对于形成出口导向型经济和可预测的消费都是必不可少的。阿根廷的牛在被屠宰前要进行两次检查，在屠宰后再进行一次检查：由300名兽医和300名助理负责检查屠宰后准备出口的牛肉。[247]

由此可知，肉类检验的效果是毋庸置疑的。于是一个跨洲的肉类检疫网便势如破竹地发展起来："各国都在一定程度上认可了彼此的肉类检查，这的确令人惊叹。"[248] 海外的肉类，特别是丹麦培根和新西兰羊肉以质量和原料的可靠而闻名。虽然英国国内的屠宰场建设和肉类检查并没能完全消除患病畜肉和腐坏肉类的非法贸易，但它显然起到了抑制作用。屠户和检查员之间的关系通常是合作而不是对抗。

奥尔德姆的卫生医疗官员詹姆斯·威尔金森（James Wilkinson）注意到，如果有屠户发现了患病畜物的尸体，他们一般会与检查员取得联系。[249] 农村地区可能缺乏长期固定的检查，但地方性的、个人化的联系可能同样能发挥检查的作用。莱顿认为，在农村地区实施严格的检查在事实上可能不太必要。[250]

新出现的食源性病原菌

一本1936年的肉类检验教科书上写道：“兽医学表明，大量以前被判定为有危害的肉类实际上是无害的。”[251] 随着牛结核病的消退和巴氏灭菌法的普及，人们感觉到食品风险降低了，不过又有其他问题浮现出来。1962年，格雷厄姆·威尔逊爵士（Sir Graham Wilson）在英国皇家学会关于食物中毒的研讨会开始时，提请人们注意过去20年来“食物中毒发病率大幅增加”。[252] 威尔逊并不是第一个明确表达这种立场的人。1899年，密歇根大学的卫生学教授维克托·沃恩（Victor Vaughan）认为，“食物中毒事件的实际数量有所增加”是显而易见的。[253] 实际上，食物中毒这个词从19世纪80年代开始就频繁出现了。[254]

在19世纪后期，食物中毒通常从酶的角度来理解，作为摄入腐败 125
物质的结果。这种理解在蓬勃发展的腐毒碱理论中被确定下来，一直延续到20世纪。[255] 腐毒碱（Ptomaines）是特定的“由分解动物物质而产生的生物碱”，比如胶碱（collodine，来自腐烂的马肉或鲭鱼）或腐胺（putrescine，来自人类尸体）。[256] 这个理论后来又被细菌学推翻。1888年，古斯塔夫·盖特纳（Gustav Gärtner）在弗兰肯豪森的一次肉类食物中毒事件中成功地分离出肠炎芽孢杆菌。这种感染的临床特征类似于轻度的伤寒。[257] 在20世纪初，许多细菌被归类为沙门氏菌属：其中伤寒杆菌（Salmonella typhi）是最严重的一种。[258] 到目前为止，人们已经发现了2 600多种沙门氏菌类型。1945年后，英格兰和威尔士的沙门氏菌感染发病率急剧上升：1941年仅有120例，但到1973年已超过5 000例。[259]

考虑到沙门氏菌主要寄生于动物的肠道，人们又重新开始关注屠宰场的卫生状况。过度拥挤的运输系统和畜栏使得沙门氏菌更有可能通过受感染的粪便进行传播。[260] 由于受沙门氏菌感染的动物不会有明显的病变，因此检查动物和追踪沙门氏菌的流行需要进行细菌学分析。肉类检验进一步依赖实验室：粪便、呕吐物和可疑食品在实验室里进行乳化或直接接种在琼脂培养基上；如果出现了细菌聚落，则对细菌进行培养。对于可疑的屠宰场或食品制造企业，检测者还会用下水道拭子检查其排水管道和沟渠。[261] 1946年成立的公共卫生实验室服务使人们能够进行更系统的分析。细菌学的方法也发现了细菌携带者在食物中毒事件中的关键角色。[262]

沙门氏菌从密集的畜牧业地区（最初以牛为主，后来鸡逐渐成为重要宿主）向外传播。新的血清型沙门氏菌和感染潮通过合成奶油以及脱水蛋粉、冷冻蛋、液态蛋等新型加工产品传播开来。[263] 不断发展的厨房设备——开罐器、切肉机、剁碎机和切肉刀——为交叉污染提供了更多可能。[264] 这些新的物质环境为微生物的进化创造了新的环境，萨维奇认为，沙门氏菌处于一种“进化阶段”，表现为适应多个生态位的能力以及“高度的宿主专性”，使病原体能够在各种动物宿主中繁衍。[265] 他指出乙型副伤寒沙门菌实际上是“一种侵入性人类寄生虫，能引起长期持续感染，却很少出现胃肠道症状”。[266] 其他出现的食源性病原体包括魏氏梭菌（Clostridium welchii），现在被称为产气荚膜梭菌（Clostridium perfringens）（于1892年发现）和大肠杆菌（Escherichia coli）（于1885年发现，1918年之前都被称为Bacterium coli communis）。[267] 葡萄球菌在食物中毒中的作用早在1914年就已为人
126 所知。[268] 这种食源性流行病遵循着一种常见的模式：虽然大多数摄入病原体的人没有症状，但受影响的总人数“极为庞大且分布广泛”。[269] 肉毒杆菌是最致命的食源性病原体，1922年首次在英国暴发。当时在苏格兰的马里湖（Loch Maree）有8人因吃了罐装鸭肉三明治而死

亡。[270] J. B. S.霍尔丹（J. B. S. Haldane）认为肉毒杆菌是地球上最具毒性的物质，他指出，大概仅需要60磅肉毒杆菌就足以毁灭全人类。[271]

1949年至1960年间，在有记录的英国食物中毒事件中，有73%是由肉类引起的。[272] 1880年，波特兰公爵在维尔贝克修道院庄园宴会上供应的牛肉火腿三明治导致4人死亡，于是肉类食物中毒事件很快臭名昭著。人们认为这些肉“没有熟透”，从而产生了腐败的条件。[273] 未制熟的肉制品，尤其是馅饼和香肠是许多食物中毒事件的“主凶”。有一本手册警告说，肉表面的微生物最终会“结结实实地被塞进馅饼里面”。[274] 又比如在1908年的贝德福德，29人因食用未煮熟的猪肉派而染病。[275] 果冻、肉冻和肉汁的分段冷却也为微生物生长提供了理想条件。[276] 威廉·萨维奇列出了51起由罐装食品中的病原体引起的食物中毒事件，其中大部分由沙门氏菌引起，主要是来自南美的肉类。检测罐头的方法如同检测人类的胸腔一样，需要进行许多“触诊、叩诊和听诊”。检查员要检查罐头的连接处和缝隙是否有漏洞，还要检查标签是否完整。不过，萨维奇得出的结论是：罐装食品对公众的威胁并不大。[277]

其他食物中毒威胁包括贝类、冰激凌、鸡肉、合成奶油和鸡蛋。1891年，当时还没当上国王的乔治五世在都柏林吃了牡蛎后染上了伤寒。随之而来的是一场大规模的“牡蛎恐慌”，人们对英国牡蛎养殖场的卫生状况进行了详尽的调查。[278] 1902年，温彻斯特、朴次茅斯和南安普敦爆发了由牡蛎传播的伤寒症，导致了温彻斯特的主教在市长的宴会上染疾去世。[279] 此类事件使得英国食用贝类的人数急剧下降。[280] 从1941年开始，英国进口的蛋粉又带来了许多新的沙门氏菌，导致了多起食物中毒事件；1968年7月，利物浦网球俱乐部的一批冷冻鸡腿则引发了肠胃道疾病的肆虐。[281]

英国人饮食习惯的改变，特别是随着人们更多地在餐馆、自助餐厅和快餐店就餐，食物中毒的可能性亦随之增加。[282] 一项1920年针对伯明翰酒店、咖啡馆和餐厅厨房的研究（包括早期的A—B—C评级系统）表明，相比外面的餐厅，家庭厨房中的清洗显然能把餐具洗得更干净。[283] 一名评论员抱怨说，公共饮食空间的那些“华而不实的表面装饰”掩盖了食物准备间里的那些潮湿的、沾满食物残渣的厨具和各种设备。[284] 食品处理人员“挖鼻孔、咬指甲、抽烟、吸鼻烟、不用手帕”的习惯会将细菌转移到手上。抚摸宠物和不注意浴室卫生也是同理（见图4.5）。[285] 打喷嚏时应尽量忍住（见图4.6）；微生物会通过毛巾、厕所、门把手、餐具和钞票等人们难以意识到的渠道在身体之间传播。解决的方案包括使用杀菌皂、泡沫给皂器、抽水马桶，安装金属门把手，使用食物夹以及对伤口进行包扎处理等。于是食物被神经过敏般地包裹在塑料包装里，锁在透明玻璃展示柜中，看起来十分诱人。（见图4.7）。[286] 这些技术可以说是“一种细菌战的战术”，但它们进一步巩固了英国人与食物之间在视觉上而非触觉上的关系。[287]

127

图4.5　食物处理的理想方式和错误示范

From A. Christie and M. Christie, *Food Hygiene and Food Hazards for All Who Handle Food* (London: Faber & Faber, 1971).

128

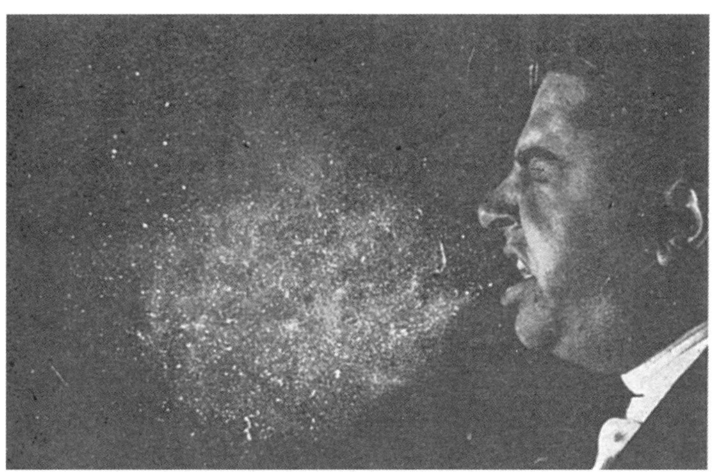

图4.6 食物如何受到细菌传播；不加抑制地打喷嚏的危险

From Elliott Dewberry, *Food Poisoning, Food-Borne Infection and Intoxication: Nature, History, and Causation, Measures for Prevention and Control*, 4th ed. (London: Leonard Hill, 1959).

图4.7 卫生的设备。用塑料包装单份食品

From Ministry of Health, *Clean Catering: A Handbook on Premises, Equipment and Practices for the Promotion of Hygiene in Food Establishments* (London: HM Stationery Office, 1963).

虽然机械式冰箱号称能实现大气控制，但它们并不总是可靠。根据某头部冷冻食品制造商的估计，直到1968年全英还在使用4.5万台
129 已经过时的冷冻食品柜。[288] 在操作上存在的问题还包括过度频繁地开合冰柜门、超载和电气故障等。[289] 还有更严重问题，那就是把预制好的、已经冷掉的食物重新加热。又比如每天要保证冰箱的库存新鲜，就得把不需要的食物腾出来丢掉，这一点相当重要。[290] 1960年的食品卫生条例规定，肉、鱼、肉汁和仿制奶油必须保持在145华氏度（约63摄氏度）以上或50华氏度（约10摄氏度）以下。[291]

这一切的结果就是，商业性的厨房逐渐被重新配置为一个“卫生场景”，一个“真正的生产工厂”。[292] 1955年的《食品药品法》规定政
130 府有权吊销不卫生的餐饮经营者从业资格。[293] 1960年的法规规定，准备食品的空间应该有良好的照明和通风，并有清洁的水供应；接触食物的物品应保持清洁完好；更普遍地使用一次性杯子和餐具；餐厅要像监狱一样精心区隔，大量配备水槽、不锈钢表面、瓷砖和排气扇，还要一丝不苟地消毒并定期检查；厨房必须通风良好，设置向外打开的自动关闭门（配有金属脚踢板），尽量减少蚊蝇飞入。[294] 对食物进行包装和遮盖的做法很快普及开来，因为裸露在外的食物会产生食品安全风险（见图4.8）。防鼠的建造结构、盛

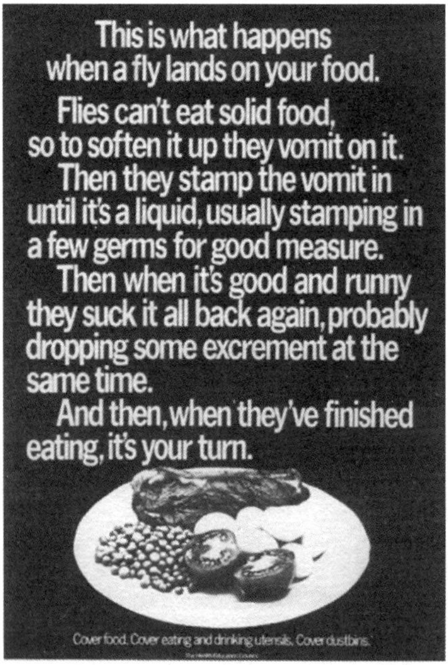

图4.8　食品卫生海报，把苍蝇令人作呕的习惯展示给读者

From Ronald Kinton and Victor Ceserani, *Theory of Catering*, 4th ed. (London: E. Arnold, 1984).

装食物的容器、捕鼠器、杀虫剂，再加上坚持定期清理食物碎屑，这些都能有效阻止虫鼠传播疾病。人们用滴滴涕（DDT）①或“六六六”杀虫剂（Gammexane）杀灭苍蝇，用氯丹（chlordane）或狄氏剂粉末（dieldrin powders）消灭蟑螂，尽管人们已经认识到害虫的抗药性在不断迅速进化。[295] 被E. O. 威尔逊（E. O. Wilson）称为“昆虫学的越战”的现象已经蔓延到了餐厅的领域。[296] 在厨房工作的人员穿上了常见的标准化的卫生制服：橡胶手套、发网、围裙和使用蓝色的创可贴。

我们还可以追溯玛莎百货（Marks and Spencer）的历史，该公司于1948年成立了食品技术部。到了20世纪50年代中期，所有在玛莎百货的食堂和餐厅工作的员工都接受了卫生培训，大量使用不锈钢和玻璃设备，提倡管理人员在厨房巡逻并找出蚊蝇滋生的地方。[297] 员工的咽喉、手指、头发和鼻孔的清洁状况都受到严格的管制。[298] 玛莎公司禁止在食品区抽烟和养狗，其对滴滴涕的开创性实地研究也取得了值得庆贺的成果。[299] 1964年，阿伯丁暴发了一场由受到感染的腌牛肉引起的伤寒病。玛莎百货迅速作出反应，把当地商店的生菜、黄瓜、奶油蛋糕和猪肉馅饼等食品下架并销毁，然后向所有经理和餐厅员工发布了卫生指南。[300] 一篇报纸文章曾赞叹道，玛莎百货的员工卫生间甚至备有“护手霜、爽身粉、除臭剂、指甲刷和柔软的一次性纸巾”。[301]

在整个英国，“健康与安全”这只挑剔的手伸向了食堂和油腻的勺子，将饮食环境和餐饮服务商拉入了风险分析的时代。在这个时代，食物链的每个阶段的风险都被识别着、监控着。[302] 理想的方法都不是惩戒性的，只是涉及习惯上的微妙的、甚至表面的变化，而非强制性地向人们植入卫生的概念：“有时候在耳边的一句提醒，要比踹他的屁股有用得多。”[303] 这样的卫生、清洁的纪律和质量控制标准不仅在英国实施，也在其全球化的食物链中建立和执行起来。在新自由主

① 译者注：一种杀虫剂。

义时代，强制执行这些标准的往往是超市商家，而不是国家政府。[304]如果风险是发达工业社会不可避免的一个方面，那么人们在面临无处不在的新食源性疾病、猝不及防的疾病流行的时候所产生的焦虑和无奈，就是风险社会的一个典型表现；而食品系统也是人们体会风险现象、把风险现象概念化最突出的方式之一。[305]

131 在牛瘟大流行和卫生与安全制度兴起之间的一个世纪里，英国食品系统经历了一系列无序的风险监管技术演变。关键的策略——如检查、通报、追踪、分析、取样、卫生措施等，是在愈加广泛的英国公共卫生机构内发展起来的；从19世纪60年代开始，它们作为对自由贸易进行审慎批评的一个组成部分开始为人所知。然而监管的策略也被嵌入食品系统的技术形态中，特别是诸如冷藏和巴氏消毒法，还有屠宰场、仓库和餐厅的设计，用玻璃纸包装食品和使用食物夹等小型技术的应用等。对食品系统的监管还涉及建设、改造、技术创新、检查和分析等内容。

人类从来也没能成功打造出一个完全自我调节和人为调控的食物系统。以牛奶传播的结核病和牛瘟被消灭了，但食物中毒的发病率又上升了；食物掺假手段变得更加高明；食品标签涉及的范围、媒介和表述话语不断扩大，变得丰富，营养信息也随之产生；然后又有了生态信息（ecological information），它见证了“食品足迹”（food footprint）标签的兴起，这些标签展示了英国人和他们的食物之间的空间关系。[306]只依靠消毒剂和卫生规定是无法杜绝餐厅和食堂里那些人为的失误的。英国最严重的一起食物中毒事件发生在1996年的兰开夏郡，21名老年人因感染大肠杆菌O157：H7而去世，另有496人病重，此次事件被归结于肉类产品处理不当。[307]美国细菌学家埃德温·乔丹（Edwin Jordan）总结道，随着人们越来越依赖他人获取食物，“贪婪、无知和粗心造成的危害”也会不断地扩大。[308]1997年英国的《清洁畜牧政策》（*Clean Livestock Policy*）认识到了肮脏的外套、头发、屠宰场工人、灰尘和刀具对“暴露的肌肉表面”造成的持续性污染的问题,《政策》根据可见的污垢水平对畜物进行分级，并拒绝接受那些被污垢和粪便覆盖着的畜物。[309]

然而，食物系统的崩溃并非完全由人为失误造成。食物系统是一种不断演变的空间，病原体可以在其中产生、繁殖和传播。食品风险是一个不断变化的目标：它永远不能消除，而只能被加以管理。单核细胞增生李斯特菌（Listeria monocytogenes）就是一个很好的例子，这种微生物引起了李斯特菌感染，其通过食物传播的特征在20世纪70年代被人们所知。与沙门氏菌不同，单核细胞增生李斯特菌喜欢低温环境，这意味着食物的冷藏期间“基本上成了该物种的选择性富集期”。[310] 畜物饲养和屠宰场实践的转变，反而为大肠杆菌O157：H7和牛海绵状脑病（bovine spongiform encephalopathy）的出现创造了可能。正如汉娜·兰德克尔（Hannah Landecker）所言，食品正在成为一种暴露形式，一种人类势必只能融入其中的统合的环境。[311]

第五章 132

暴　力

问题在于如何消灭这些人。

——约翰·米切尔，《爱尔兰的最后征服（但愿如此）》（1861年）

越彻底的战争，对自由主义的遏制也就越彻底。

——约翰·博伊德·奥尔，《食品与人民》（1943年）

饥荒是权力最凶残面貌的真实写照。

——贾南·慕克吉，《饥饿的孟加拉：战争、饥荒和帝国的终结》（2015年）

美国农业部长厄尔·巴茨（Earl Butz）曾在1974年宣称，“食物就是一种武器”。[1] 他认为，粮食的力量可以制衡利用石油作为武器的石油输出国组织（OPEC）。然而，将粮食系统用于地缘战略和经济目的古已有之。在漫长的19世纪，英国将其粮食系统作为慢性暴力（slow violence）的工具，造成了大规模的营养摄入不足、土地荒芜和饥荒的多种“消耗性灾变”，产生了非常持久的甚至是代际的影响。[2] 在19世纪的爱尔兰和印度，当饥荒沿着脆弱的“商品前沿”暴发时，经济的重组和再发展优先于拯救人命。[3] 当经济自由主义的架构想要强行植入并不情愿作出改变的农耕社会时，饥荒就成了它的工具。

在第一次世界大战中，经济封锁的策略取得了巨大的成效，这使得德国人长期对饥荒心怀恐惧，为希特勒的种族灭绝的构想埋下了种子。[4] 卡尔·施密特（Carl Schmitt）在1942年指出，“英国人的性情”包括一种信念，即“死于饥饿是一种不流血的死亡——甚至是更高级的人性和精致的人道主义的一种证明”。然而，欧洲
133 大陆的其他国家却认识到这就是一种“残酷的屠杀”。[5] 谁控制了全球食物系统，谁就能根据地缘政治需要来截留或拨配食物，这种能力为巴茨所提到的“1945年后美国化的世界食物系统”埋下了伏笔。

本章按时间顺序展开，重点讲述四个事件：爱尔兰大饥荒、印度大饥荒和两次世界大战。

爱尔兰的死亡政治与营养转型

中世纪到近代早期的欧洲饱受周期性饥荒之苦，而英国是最早摆脱这一困境的地区之一。一体化的市场、和平的国内环境、逐渐发展的交通运输以及不同谷物的非对称价格模式使得英格兰在1650年后逐渐摆脱了饥荒的威胁。[6] 不过，这种境况并不稳定。在拿破仑战争期间，法国大陆体系试图封锁英国市场，阻止英国向欧洲国家出售殖民地产品。[7] 贸易封锁和粮食歉收导致了极端的价格飙升、粮食产量降低和死亡率上升，人们也开始试行合作碾磨制。[8]

由面包引起的暴乱从特鲁罗（Truro）蔓延到了贝里克（Berwick）。[9] 1812年，政府派民兵镇压中部和北部的抗议活动。[10] 1816年斯帕菲尔德的骚乱（Spa Fields Riots）几乎就是针对面包师和屠户发动的袭击。[11] 马尔萨斯担心镇压暴民可能演变成“无休止的屠杀”，而利物浦勋爵则担心饥饿可能引发“一场法国式的革命”。[12] 1800年5月15日，乔治三世躲过了两次暗杀，几名暴徒因此被送上断头台。[13]

这是一个市场化与传统保护性制度并存的时期，二者的关系时而紧张，时而和谐，随着市场的不断拓展，它在空间上的定位变得越来越难以确定和攻击；随着市场规范化，当局也越来越难以容忍这些暴乱。[14] 政治经济学是在粮食危机的肥沃土壤中萌芽的。埃德蒙·伯克和亚当·斯密认为，政府监管破坏了市场活动，造成稀缺；而健谈善辩的福克斯及其党人在整个18世纪90年代都在宣扬其自由贸易的口号。[15] 李嘉图的租金和价格理论正是在饥荒时期形成的。[16] 原本发达的伦敦市政玉米供应系统逐渐被废弃。[17] 1795年，政府的粮食采购计划中止，而另设立了一项赏金以鼓励进口。[18] 不过，政府还是暗中说服了东印度公司向英国出售谷物和大米。[19] 各大城市都建起了施粥所，在《济贫法》和慈善机构的配合下顺畅地向穷人提供食物。[20]

英国通过利用美国和波罗的海（包括法国）的资源、发展运输船 134
队、扩大国内生产，在经济封锁中幸存下来：总体来说，英国的军队的食品供应比法国更为充足。[21] 然而，拿破仑战争的结束并没有立即带来太多的喘息机会，因为1809年的火山爆发和1815年的坦博拉火山爆发（Tambora eruptions）释放在平流层的火山灰尘幕，加上战后贸易萧条，又共同催生了欧洲的生存危机。1817年，北威尔士大部分地区发生饥荒，流民和移民大量增加，并且从1816年到1819年间还在流行斑疹伤寒。不过1817年春季之后，物价暴跌，因此饥荒从未成为一种普遍的现象。[22] 在经济困难时期，饥饿使工人容易变得虚弱、易受到病菌的感染。正如詹姆斯·弗农（James Vernon）所指出的那样，摆脱饥饿的过程是漫长的，而且不同阶级和性别对于饥饿的经历也是不均衡的。[23]

至少在大不列颠的范围内，围绕食物和进步的主流话语变得越来越具有辉格党派色彩，甚至倒向了丰饶主义。正如福格尔（Fogel）所言，这种观点自有其合理性。[24] 食品供应真正得到改善，是和营养进步的政治文化叙事交织在一起的，这也体现在人们对“饥饿的四十年代”（Hungry Forties）[①]的回顾性构建之中：英国人通过蒸汽动力、外包和政治经济学的精明运用，摆脱了“饥饿的四十年代”。[25] 吉芬于1883年评论道：“整个大英帝国的工人阶级每隔一段时间就要经历一次饥荒，而这不过就是五十年前的实际发生过的状况。”[26]

不过，爱尔兰的经历又让这种乐观的叙述变得复杂。爱尔兰在1800—1801年、1816—1817年、1822年和1831年遭遇了粮食短缺。[27] 然而，爱尔兰和不列颠本土的食品系统存在实质性差异。在爱尔兰，黄油和牛肉是为英国市场生产的，而西部和南部由于土地细分严重，且往往处于边缘地带，因此主要种植的作物是土豆。到了1845年，也就是大饥荒开始的那一年，土豆覆盖了爱尔兰约210万英亩的土地，年产量约为620万吨，相当于每个男人、女人和孩子每天要吃掉约4.6磅的土豆。[28] 产量高、质量差的兰普尔（Lumper）土豆在西南部特别常见。[29] 在18世纪，政治经济学家常常将土豆与人口增长、廉价食物和国家财富紧密联系在一起。[30] 阿瑟·杨（Arthur Young）、亚当·斯密和约翰·辛克莱都认为土豆有益健康；大卫·戴维斯（David Davies）则称土豆是“一种极好的根茎作物”。[31] 1797年，威廉·巴肯（William Buchan）认为，土豆使“人们减少了对面包和动物食物的依赖”，因此更能抵御饥饿。他总结道：“只要有土豆吃，就没有人会饿死。”[32] 当土豆与牛奶、黄油或培根一起被食用时，它们就能提供富含热量、营
135 养均衡的饮食，尽管味道有些单调。[33] 1840年《贫民法》委员会（Poor-Law Commissioners）的第六次年度报告得出结论，土豆饮食“在有户外锻炼的情况下，总体来说是健康、有营养的。”[34]

这种饮食与不列颠本土日益以谷物和肉类为主的饮食形成了明显对比。在每单位土地上，土豆所产生的卡路里比小麦多得多。马尔萨斯将其归咎于人口过剩和低工资。[35] 因为土豆很容易种植，科贝特

① 译者按：19世纪40年代在英国被称作饥饿的40年代，这段时期英国经济下滑、政治动荡、工人阶级苦不堪言。

抨击它是“邋遢、肮脏、悲惨和奴役人的食物”。[36] 土豆是一种自给自足的作物，是尚未经历营养转型的不发达地区的食物。英格兰缺少像帕蒙蒂埃（Parmentier）①这样狂热的土豆爱好者。尽管史密斯称赞土豆的“营养品质”，但他认为，土豆在储存和保存方面的问题意味着它可能永远不会成为任何“大国”的“主要蔬菜食品”。[37] 从物质属性上说，土豆是站在小麦的对立面的：土豆的体积大，运输成本高，容易腐烂，作为储备粮食不太可靠；而且种植土豆不需要太多土地，容易导致人口过剩。[38] 这种无法跨越空间和时间的局限，意味着土豆无法产生交换价值。[39] 约翰·惠特利（John Wheatley）呼吁要“彻底废除”土豆种植体系。[40] 英国出现土豆化的萌芽引起了人们的担忧。查尔斯·特雷维廉（Charles Trevelyan）担心萨默塞特郡（Somerset）和德文郡（Devon）“正在迅速成为土豆种植区”，可能会面临自给农业、人口过剩以及与食品市场脱节等问题的冲击。[41] 1843年，理查德·科布登（Richard Cobden）向下议院宣布，吃土豆会“让身体不再健康舒适”，放弃了“道德进步的希望”。[42] 由于各种可能的民族和经济的落后状态都可以通过土豆折射出来，因此它成为爱尔兰落后的象征。作家卡莱尔就嘲笑了那些“食用植物根茎”的爱尔兰人。[43] 1849年，克拉伦登（Clarendon）称爱尔兰人为“人形的土豆”。[44]

饥荒放大了对土豆经济的批判，应对饥荒的政策则显示了英国政治经济日益增长的、也许是战略上的土豆恐惧症。从1845到1846年秋冬市场的谨慎调整开始，英国的政策经历了几个相互重叠的阶段。皮尔（Peel）②于1845年末成立了粮食救济部，分发政府购买的“印第安玉米”（Indian corn），不过如果烹饪不当，其很难被消化（图5.1）。[45] 到1846年初，用于分发粮食的沿海救济站已经建立起来。克里斯蒂娜·基尼利（Christine Kinealy）认为，这些粮食是为了使

① 译者注：帕蒙蒂埃是一名法国军医，他曾在法国大力推广种植土豆。
② 译者注：皮尔，时任英国首相。

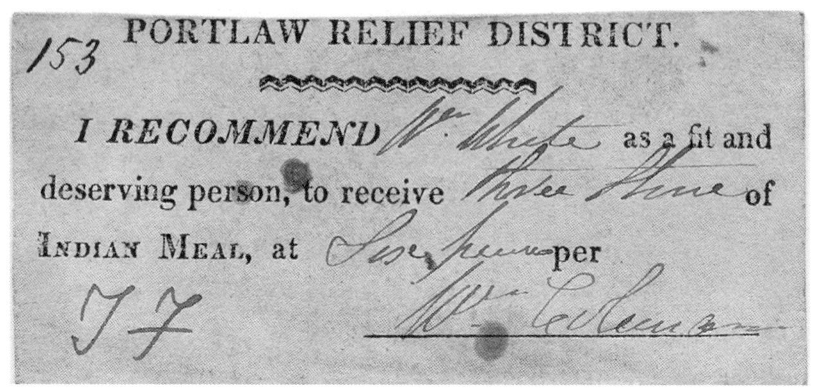
PORTLAW RELIEF DISTRICT.

I RECOMMEND as a fit and deserving person, to receive of INDIAN MEAL, at per

图5.1　1846年爱尔兰饥荒期间在波特洛（Portlaw）救济区发放的印度餐（玉米）券。可以看到发放的对象被称为“合适且值得的人”

本图片经爱尔兰国家博物馆许可转载。

爱尔兰能够登上科布登所说的“文化阶梯”——从土豆到“小麦、面包和肉”的“饮食改良”。[46] 这些救济站只有在没有明显市场活动的情况下才能运作：政府永远不可与私人交易商竞争，这一原则被严格地执行了下来，甚至有报道称有人在救济站附近活活饿死，只是因为救济站不能向他们出售食物。[47] 1846年3月，英国政府成立了工程委员会来监督公共工程项目，赤贫的人群通过这些项目以工代赈，其中的工作就包含用蒸汽船向爱尔兰沿海城镇分发银币。[48] 福斯特为此哀叹说，救济工作不过是延长了饥饿，导致的不过是另一种“缓慢的死亡”罢了。[49] 这种做法到1847年初终于无以为继，于是又引入慈善厨房和定量供应卡的制度，一直持续到1847年10月。[50] 1847年的夏天，整个慈善厨房的网络每天要为300万人提供稀汤。当这一系统被废止后，灾民就只能依靠爱尔兰《济贫法》的施舍过活，爱尔兰当局则不得不向他们发放救济金。[51] 在罗斯康芒（Roscommon）的卡斯尔雷（Castlerea）的济贫院，垂死的人被送到大楼边缘的一个房间里：等这些人死去之后，他们的尸体就会被推下滑梯，丢进坑里，然后立即撒上石灰。[52]

随着饥饿感的加深，绝望的人们的味觉变得麻木，开始食用兽尸、荨麻、青蛙和野草。不断上升的驱逐率导致许多家庭变得无家可归，只能居住在沼泽和沟渠里。[53] 在克利尔角（Cape Clear），体力不支的工人们几乎只能手脚并用地爬上山丘。[54] 这样的人群聚集和流散，加上不完善的卫生措施，助长了痢疾、斑疹伤寒、肺结核和复发性热病的传播。一名目击者报告说，孩子们看起来像“衰老的老妇人”，“眼睛看起来像死人一般”。[55] 坏血病和干眼症等由于营养不良导致的疾病暴发性增长。[56] 尽管饿死的人数远远少于病死的人数，但这一惨状仍然载入了史册。[57] 牧师理查德·韦布（Richard Webb）从他的教区收到一份报告，称有些没能埋葬的尸体竟先被野狗所啃食。他心痛地写信给《南方记者报》的编辑问道：“我们到底还是不是生活在联合王国呢？”[58] 附带铰链的棺材可以让尸体的下葬速度变得更快，而对死者 137
的尊重也被一块薄胶合板粗鄙地掩盖。[59]

这些状况为经济的改革带来了机会。密尔（Mill）在1848年撰写了他的《政治经济学原理》（*Principles of Political Economy*），重申政府的干预应该限制在“最窄的范围内”，这句话在《经济学人》上经常被反复强调，它抨击了“为人民包办一切事情的体制”。[60] 正如大卫·纳利（David Nally）所言，爱尔兰有时被描绘成处于一种“过渡”的状态之中，而伦敦则清晰地表达出了一种原始发展主义（protodevelopmentalist）的议程。[61] 爱尔兰济贫法的构想者乔治·尼科尔斯（George Nicholls）在1836年指出，爱尔兰需要一个“过渡”，但不幸的是，这个过渡将会是“充满困难和痛苦”的。[62] 牧师G. 斯托达特（G. Stoddart）称爱尔兰“需要发展它的工业”。[63] 1846年的《经济学人》就曾哀叹过爱尔兰“极不发达”的工业资源。[64] 土豆愈发被人们斥为爱尔兰不发达的症结。土豆和谷物是相互排斥的：“（在爱尔兰）几乎看不到面包，也不知道烤箱是什么。”[65] 自给自足的土豆经济势必被消灭：人们必须确保“更高级的耕种方式”。[66] 土豆是一种错误的廉价食品：它完全脱离了现金经济，因为土豆的存在，维持生命只需要有土地，而不需要劳动。[67] 斯托达特认为，创造现金经济将产生对“更好的食物”的消费。“纯小麦面包”，偶尔再吃点肉——尽管这种说法不免有些背离了“政治经济学的抽象原则”（abstract principles of political economy）。[68]《基督教观察家》（*The Christian Observer*）则希望，通过刺激人们“更自由地运用粮食”，饥荒就可能“增强人们的身体状况”，催化出更好的习惯、社会进步和繁荣的连锁反应。[69]

这些论点认为，粮食是劳动力、资本和市场的前提和生成者，而“奸诈的土豆”则与以上诸种因素毫不相关。[70] 1842年英国济贫院的一份报告指出，种植小麦是一种典型的“勤劳的技术”，它包括土壤耕作、种植、收获和销售（以谷物或草制品的形式出售，如草帽）等环节。[71] 在饥荒期间，一些济贫院仍强制人们用磨盘碾磨玉米，进一步巩固了粮食和劳动力之间的联系。[72] 特雷维廉认为，种植谷物是需要资本的，它创造了一个“行业”；而反观“闲散、野蛮的土豆系统”，二者形成了鲜明的对比。[73] 谷物需要“聪明才智和劳动”，它让生产者“与其他阶级形成健康的依赖关系”，这就与导致社会原子化的土豆截然不同。[74] 种植土豆的土地造成了“怡然自足的懒惰”和封闭化，把农民变成了“一个格格不入的族群”。[75] 1845年10月，《利兹时报》（*Leeds Times*）断言：“只种植土豆，会让人们变得无所事事、奴颜婢膝。”之后，他们便敦促废除《谷物法》，以使英国免受因过于依赖土
138 豆而造成的不利影响。[76] 爱尔兰必须“摆脱对土豆的依赖”。[77] 特雷维廉把爱尔兰的小户人家比作与世隔绝的南太平洋海岛民，认为他们与商业交往脱节。[78] 谷物能够进入谷仓储存、流通，而土豆则不具备这些特征：土豆很难储存后转化为流动资产。[79] 在一些地区，它们成为一种蒸发资本或所谓“流通媒介”，其微小的活动半径被土豆地、人类和猪群的局部地理环境所限定着。[80] 贾斯珀·罗杰斯（Jasper Rogers）称“土豆已经成为农业社会的劳动货币”。[81] 然而，《泰晤士报》希望爱尔兰人的肉食消费能够增加：“当凯尔特人不再吃土豆后，就只能

多吃肉了。”[82] 克拉伦登则担心1847年土豆增收可能会阻碍爱尔兰人摆脱土豆的进程。[83] 1850年，荷兰生理学家雅各布·莫勒朔特（Jacob Moleschott）反思了爱尔兰人的“迟缓的土豆血脉”，认为它催生了一种“无力的绝望”（powerless despair）。[84]

这些讨论都紧紧围绕着一个目的，那就是要把爱尔兰改造成英国农业腹地。随着爱尔兰成为英国食品的主要供应地区，密集的农业人口和大规模的农业生产之间的紧张关系日益显现。减少人口的愿望早在饥荒之前就存在：惠特利将他的1824年移民计划描述为一种“无痛楚的死亡”的技术，热情洋溢地设想着是否可能将400万爱尔兰人迁往加拿大安置，然后建立一个伟大的小麦生产殖民地。这样，爱尔兰可以为英国的制造中心提供“谷物和牲畜”，而“小木屋与土豆园的系统”就会随之瓦解。[85] 纳索·西尼尔（Nassau Senior）回忆起他在1862年与一位名叫G博士的人对话。这位G博士断言：“这一切越早结束，爱尔兰就能越早成为一个人口相对较少的畜牧业国家，而畜牧业国家不需要那么多人。这对所有阶层都有好处。”[86] 两年后，麦卡洛克（McCulloch）表示，虽然爱尔兰“非常适合变成畜牧业国家”，但其人口“仍然远远超过了”实现这一目标所需的人口。[87] 正如马克思所反映的那样，饥荒并没有平等地影响所有阶级，只是牺牲了“可怜的穷人们”。[88] 难怪米切尔（Mitchel）尖刻地抨击英国的“对灭绝的狂欢”。[89] 人口减少、流离失所、经济发展、营养转型和畜牧业的扩大是互为前提的。就算爱尔兰不像澳大利亚那样是一片无主之地，它也可以通过饥荒和法律的结合来从某种程度上使其变成无主之地，从而得到发展——在历史上这是作为一个并不明确的概念被提出的。[90] 爱尔兰是一个“为未来繁荣的基础作好准备的可怖深坑”，它被“切成碎片，扔进了神奇的炼丹炉里”。[91] 爱尔兰真的变成了资本主义投资的“广阔的新领域”。[92] 牛群将取代人类，就像高地清洗（Highland Clearances） 139
期间牲畜取代佃户一样，现在又把所谓的“多余人口”（通常用来描述那些缺乏稳定工作的人）从一个原本以土豆为中心的、饥荒多发的地区清除出去。[93] 土豆的饥荒也波及了苏格兰高地，造成人口进一步减少。史密斯曾轻描淡写地用“不必要的人口”来形容从苏格兰农场搬走的佃户。[94] 西尼尔在回应G博士的时候，指出了人群和畜群的关联，他以冷眼旁观着苏格兰北部的“黑色的牛羊”取代人类。[95] 移民、驱逐，还有农用小屋以及住宅房屋的拆除，这些都加速了人口清理的过程，人们被“扫地出门”（swept out of life），在沟渠、废墟和沼泽中徘徊，然后消失了。[96] 马克思回应并重新阐述了西尼尔的观点，将人们的流离失所与恐怖主义相联系，将暴力与反暴力相联系：“被牛羊赶出家园的爱尔兰人，在大洋的彼岸改头换面，以芬尼亚人的身份出现。”[97] 克拉伦登（Clarendon）认为爱尔兰西部地区的人口长期过剩，他甚至向罗素坦言，有必要将康诺特的40万人“清理干净”。[98] 人口的消失可能意味着迁移，也可能意味着死亡：只不过种种修辞模糊了其中的区别。[99]

按照皮尔的说法，人口因自然的原因大规模地死去是一种完美的方式，可以将“痛苦的折磨转化为未来的生活改善和安全感的来源”。[100]《经济学人》对此进行了警句式的描述，常被爱尔兰民族主义者所引用的奥康奈尔（19世纪前期爱尔兰民族主义运动的主要代表）的一个说法，却被《经济学人》颠倒了过来：“爱尔兰的需要就是英格兰的机会。”①[101] 这是一个“将土豆文化转变为谷物文化”的机会。[102] 这并不是一种恶意的冷漠；英国政府将其视为“一个如果被忽视或滥用则可能永远不会再出现的机会”，英国政府可以强制性地引导爱尔兰走向去土豆化、人口减少和市场化的未来，减少“非生产性的生活和冗余的劳动力”。[103] 饥荒实际上成了一件必然的事。土地经纪人威廉·特伦奇（William Trench）注意到饥荒是如何释放资本的：他轻描

---

① 译者注：爱尔兰的需要就是英格兰的机会，原文为Ireland’s necessity is England’s opportunity；而奥康奈尔的原话是England’s difficulty is Ireland’s opportunity，意为英格兰的困难就是爱尔兰的机会。

淡写地补充道："饥荒缓解了劳动力市场的过剩。"[104] 这种表述在1851年的爱尔兰人口普查中很明显，它将"人口的突然减少"与饥荒后的繁荣以及"(爱尔兰的)资源的发展"的直接现象相并列。[105] 贾南·慕克吉（Janam Mukherjee）曾说过，饥荒会使许多人变得"丑陋、可怕、肮脏"，因此这些人完全可以被牺牲掉。[106] 他认为，这种毫无人性的能力也许"与掌权者自身的心理有关"。[107] 这种看法长期阴魂不散。到1887年，还有一位阿尔斯特亚①的麻布制造商抱怨说："除非把人口减少到300万，否则我们永远不会有什么好下场。"[108]

爱尔兰变成了马克思所称的"英格兰的农业区"，负责生产"玉米、羊毛、牛、产业工人和部队新兵"。[109] 爱尔兰的牛群数量在饥荒期间不断增加，到了19世纪80年代，蒙斯特北部、康诺特东部和莱因斯特北部都出现了饲养和育肥区域。[110] 20世纪30年代，爱尔兰的牛跟 140
人的比例为135 ∶ 100，比欧洲其他任何地方都要高得多。[111] 1920年，沙纳汉（Shanahan）指出爱尔兰"人口不再过剩"，其土地"现在可以用于生产最适合的东西，即可食用的畜禽"。[112] 换句话说，爱尔兰并不是"最适宜人类"的地方。然而，在生产英国食物的驱使下，爱尔兰当地的牛种被消灭或被改良成了英格兰的品种。到1859年，"古老的爱尔兰牛的品种"几乎绝迹，被新的品种所取代。[113] 短角牛和英国弗里西亚牛取代了本土的牛，除了凯里牛（Kerry，本身是一种濒危品种）以外，到1970年为止，爱尔兰本地牛种"几乎消失殆尽"。[114]

印度

与欧洲一样，南亚在古代和中世纪时期也经常发生饥荒：据估计，南亚每五十年就会发生一次饥荒。[115] 然而，在英国的统治下，印

① 译者注：阿尔斯特亚，爱尔兰北部地区的旧称。

度饥荒的数量和强度明显增加。1770年的孟加拉大饥荒就预示着未来的灾难——19世纪的印度至少经历了20次大饥荒。[116] 早期的饥荒通常是由干旱、洪水或战争引起的，但后来的这些饥荒和印度经济的重新配置同步发生，因为新的出口主力（小麦、黄麻、棉花、茶叶等）被纳入了全球市场。[117] 这种变化完全符合政治经济学，密尔认为，印度"生产性资源"的"早期开发"正需要迅速扩大农业出口。[118] 印度进行转型的影响被异常气候放大，而英国对印度的饥荒政策与19世纪中叶其对爱尔兰的政策几乎没什么不同。迈克·戴维斯（Mike Davis）估计，1876—1878年以及1896—1902年的印度饥荒造成的死亡人数在1 220万至2 930万之间。[119]

1876至1878年，由于雨季没有按时来临，饥荒袭击了印度南部大片地区（马德拉斯、迈索尔、孟买等地）。[120] 殖民当局拒绝干涉贸易，尽管他们鼓励流通价格信息，延长火车线路，并降低了某些地区的过路费。[121] 李顿（Lytton）①命令，"绝对不干涉私人商业企业的运作，这必须作为我们目前的饥荒政策的基础"。设置救济营地是最基本的饥荒管理办法，而且要设置严格的劳动测试。[122] 尽管表面的目的是救济，但这些营地有明显的纪律功能，与维多利亚时代的济贫院相似：它们打击的是懒散和游手好闲的人。[123] 孟买政府根据外貌、劳动和工资进行测试，那些拥有珠宝和高级衣物等有形资产的人自然不在招募范围。[124] 饥民们会受雇从事砸碎石、修道路等各种各样的工作。[125]
141 1876年，在马德拉斯的贝拉里区（Bellary District），孟加拉军官奥尔德姆形容一条挤满劳工的道路会让人想起"战场，两侧散布着尸体、垂死者和刚刚病倒的人"。[126]

1877年，负责政府救济的理查德·坦普尔（Richard Temple）在1874年孟加拉饥荒期间因过于慷慨而受到批评，被指示要厉行节约。他只好把马德拉斯和孟买的劳工口粮减少到每天一磅大米——至于这

① 译者注：李顿时任印度总督。

种饮食能否维持生命，则是“一个见仁见智的问题”，并认为“这种做法值得一试”。[127] 把生存水平压缩到最低，这种对饮食需求的种族化的深层认知昭然若揭。这一“实验”遭到了英国医学界媒体的谴责。[128] 马德拉斯卫生专员罗伯特·科尼什（Robert Cornish）认为，含氮（蛋白质）不足两百克的饮食是不够维持人体健康的。[129] 他还驳斥了南亚人体型较小则需要的食物更少的说法。[130] 坦普尔坚持认为，南亚人在饮食中只需要维持一份氮和七份碳的比例，而英国人的摄入比例则是一比三，南亚人排出的氮也比欧洲人更少。[131] 罗伯特·克里斯蒂森（Robert Christison）写道，“吃谷物的印度人”已经在习惯上远离了那些更“富含能量的食物”。[132] 这就是蛋白质种族主义：如果蛋白质意味着权力，那么有权力的人才会对蛋白质有需求，并且能得到更多蛋白质。因此，英国的饥荒政策是建立在不可避免的、带有历史成因的代谢差异上的。这就解释了一个食肉国家是如何掌控其以谷物为食的殖民地的。虽然（非种族化的）人体的代谢确实具有一定的差异，但如果参考不断发展的西方饮食标准，这些饥荒中的饮食所能提供的卡路里和蛋白质显然更少。[133] 当然，工资太低的南亚劳工有时也会抱怨这种近乎忍饥挨饿的饮食条件。[134] 具有讽刺意味的是，这些假定的代谢差异后来被社会科学家拉达卡迈勒·慕克吉（Radhakamal mukkerjee）创造性地加以利用，他认为南亚人在生理上能够高效利用能量，而且非常适合为全球农业转型提供动力。[135]

科尼什记录了救济营的恶劣条件、传染病和死亡率。[136] 古德伯（Cuddapah，印度地名）的执行收税员 F. J. 普赖斯（F. J. Price），发现当地的老年人“几乎无一例外地……变得干瘪、松弛、面容憔悴”。[137] 当地人更不需要蛋白质的观点，与普遍的发展主义的饮食假设相悖。比如《时代》（*The Era*）杂志认为：“大米就像爱尔兰的土豆一样，可能会成为人民的祸害而非福祉。”[138] 然而坦普尔却依然不为所动。情况变得更加糟糕：不断有贩卖儿童、人相食和野狗吞食人尸的报道出现。[139] 142

英国的自由主义者普遍认为饥荒是进步的必然结果。《经济学人》称印度人习惯了经济的“停滞不前”。[140] 将南亚的殖民地纳入英国经济体系刺激了人口增长，也带来了新的不稳定：“这种进步也蕴含着一个停滞不前的社会中的未知危险。”[141] 人口过剩和产能不足是显而易见的问题，这塑造了东方主义-马尔萨斯主义的解释，比如李顿声称印度人口的增长速度超过了其粮食供应的增长速度。[142] 这样的断言在历史记录中是站不住脚的。历史记录表明，在印度统一之前，南亚沿海地区曾产生了大量的农业盈余，人们也并不排斥对饥荒采取预防性措施，并且古典政治经济学家还忽视了南亚农村经济的多样性。[143] 推动移民前往巴巴多斯、牙买加、缅甸和锡兰的计划也大多以失败告终。[144] 以人种差异为由进行维持性口粮的配给，使得所谓过剩人口的死亡变得合法。《饥荒法》的起草者查尔斯·埃利奥特爵士（Sir Charles Elliott）总结道：“对抗饥荒的运动，若如战争般有条不紊地推进，难免要付出沉重的伤亡代价。”[145]

南亚地区市场化虽然并不均衡，但毕竟已经融入了世界经济。拆除了本地的粮仓和灌溉系统之后，人们变得更容易遭受饥荒和干旱的威胁。[146] 虽然铁路被称为高效市场形成的先决条件，然而它通常却只是将作物从贫困饥荒地区运走而已，因为商业作物的生产商能在其他地方获得更大的利润。[147] 印度的小麦出口额从1870年的32 924英镑增加到1898—1999年的6 479 792英镑，1891—1995年期间，印度约17%的小麦用于出口。[148] 虽然有一些群体无疑是从中获利的，但另一些人则可能认为，相比于任由跨国贸易周期摆布，与市场隔绝是更加安全的做法。如果再考虑可能负债、有限的信贷渠道以及严苛的贷款条件等因素，这些问题就变得更加复杂了。[149]

这些生态、基础设施和财政的问题在很大程度上被殖民政府所忽视，殖民当局坚持最低限度干预的政策。虽然1880年的饥荒委员会承认国家有责任防止饥荒，但它同时也强调不应干预贸易，拒绝设立粮仓，并警告不要过度同情饥民。该委员会还将工业欠发达归咎于印度自身，完全忽略了殖民工程导致印度去工业化的事实。尼赫鲁后来认为，殖民工程使印度“逐步农村化”。[150] 尽管如此，《饥荒法》确实建立起了地方组织体系，将地区分成若干救济圈，以便督察员每周巡访村庄并安排救济措施。[151] 143

然而，这与英国方面的回应并不完全一致。如同科尼什和坦普尔的辩论所表明的那样，马德拉斯行政当局的手段通常会比孟买的干预更多，显得更乐善好施。[152] 许多英国评论员抨击政府的冷漠态度。威廉·迪格比（William Digby）认为，未来的历史学家会发现，这一代南亚人所经历的“习惯性的饥荒”是19世纪大英帝国留下的最严酷的遗留问题。[153] 印度的饥荒引发了人们对英国政治经济学和其他世界经济概念的批评，尤其是达达拜·瑙罗吉（Dadabhai Naoroji）提出的“财富流失”的观点。他沉重地宣告“英国已经夺走了印度的资本”，并敦促在印度实施经济保护政策，他还引用了密尔的理论作为支撑。他抱怨这笔流失的资本数额远远超过了英国为1878年饥荒提供的70万英镑救济款项。[154] 饥荒的原因不是人口过剩，而是资本短缺。

1896年和1897年，印度接连发生了更严重的饥荒，大片地区从8月中旬到11月中旬都没有降雨。[155] 稻米作为主要的粮食作物严重歉收。[156] 紧接着是1898—1900年的大灾难，波及面积达18.9万平方英里，英属印度和某些印度土邦约2 800万人受到影响。根据迪格比的估计，饥荒所导致的死亡人数约为325万。[157] 据报道称，1900年有近600万人只能住在救济营里（见图5.2）。[158] 报道中充斥着干旱和饥荒的各种典型意象（以及图像；见图5.3）：扭曲的尸体、干燥的土地、干涸的井、骨瘦如柴的躯体和丑陋的秃鹫等。[159] 1899年，孟加拉暴发了第六次霍乱大流行。政府气象学家约翰·埃利奥特爵士（Sir John Elliot）认为，1899年的干旱程度和强度超过了过去两百年中的任何一

图5.2　救济工作，印度，约于1899年拍摄

From J. Scott, *In Famine Land: Observations and Experiences in India during the Great Drought of 1899–1900* (New York: Harper & Bros., 1904).

144

图5.3　忍受饥饿

From J. Scott, *In Famine Land: Observations and Experiences in India during the Great Drought of 1899–1900* (New York: Harper & Bros., 1904).

次。[160] 然而，干旱和饥荒之间没有直接的、确定的联系。[161] 殖民主义的拥护者将这种情况与长期以来形成的“软弱”、宿命论、缺乏资源、“没有能力规划未来”的对当地人的刻板印象联系在一起，而批评者则指责资本市场将气候因素变成了人类的灾难。[162] 铁路未能将粮食分配到粮食匮乏的地区，原因之一就是这些地区缺乏购买力。不过，铁路倒是高效地将鼠疫传播到了印度各地。[163] 许多地区的交通状况仍然很差，雨水常常阻塞道路，再加上人畜牵引的车辆短缺，使得私营企业的介入几乎无法实现。[164]

如果仔细查阅1898年和1901年饥荒委员会的报告，就会发现英国饥荒政策中的矛盾态度。前者承认，为受灾者家中提供的无偿援助有助于救济工作的成功，而后者则担心慈善行为变得过于“有吸引力”，导致“许多道德败坏”。[165] 1898年的报告则担忧人们可
能会习惯“一个庞大的无偿救济系统”。[166] 报告反复地强调交通不 145
便，饥荒也因此被重新解释为技术落后所造成的意外后果。[167] 对于这个饥荒难题的理解，又一次完全脱离了其所处的殖民主义的语境，而变成了一个脱离背景且抽象的模型，该模型将饥荒视为“欠发达”造成的问题。吉芬客观地指出：“只有对印度农业进行一场革命，大力发展出口制造业，才能解决我们不得不面对的病态的状况。”[168]

在对20世纪尼日利亚饥荒的经典研究中，迈克尔·沃茨（Michael Watts）展示了非资本主义生产关系的瓦解是如何引发“对生存安全的新威胁”的，尤其是在当地购买力尚未形成的情况下，就创造出了粮食市场的情形。[169] 这些见解同样适用于英国殖民时期的饥荒。当时的饥荒涉及市场技术的引入，而却没有同步重塑当地从灾害中恢复的能力，导致农民经济既缺乏粮食储备，也缺乏使粮食流动的货币渠道。对基础设施和市场的强调，显然预示着20世纪的发展方向。[170] 正如霍布森所指出的那样，英国政府的主要关切在于自身的粮食安全，它要确保饥荒能像粮食生产一样，也能有效地外包给边缘地区，给那些最

弱小、政治上最受排斥的殖民地居民。[171]

亚历克斯·德瓦尔（Alex de Waal）有言："导致饥荒的关键环节始终是政治。"[172] 爱尔兰和印度的饥荒就是政治事件。在这些事件中，作为核心地区的英格兰对凯尔特边缘地区和南亚地区的粮食权力表现得淋漓尽致。不可否认，英国之所以能够"免于饥荒"（escape from hunger），与它殖民地上的那些劳动营、消瘦的民众、乱葬岗和火葬堆是分不开的。到了1900年，食品权和殖民权已经密不可分。在第二次布尔战争（1899—1902）期间，英国人摧毁了农场和牲畜，迫使难民进入类似的救济营，制造了人为饥荒的可能性。某些情况下，差异化的粮食配给甚至会引发饥荒。[173] 与此同时，帝国的铁路却在为英军源源不断地提供肉罐头。[174]

食品安全

在南非植物学家约翰·比尤斯（John Bews）看来，"拥有作物的权力意味着拥有世界的权力"。地缘战略和经济实力依赖于对粮食的控制。[175] 到1900年，英国控制作物的权力已经非常强大。不过正如弗莱彻（Fletcher）和基普林（Kipling）明确指出的那样，它同时也是脆
146 弱的：

> 你的面包和饼干、糖果和肉骨，都乘着我们的大轮船，每天远道而来。若有人横拦竖挡，你只得忍饥挨饿！[176]

英国对全球食品体系"严重且日益增长的依赖"是其权力的源泉，也是其最大的弱点。[177] 英国的粮食供应依赖于全球粮食系统的不断运转，而全球粮食系统可能因罢工和天气恶劣等原因中断。更棘手的是军事和地缘战略方面的问题，这些问题让"大星球的哲学"备

受质疑。1895年,《标准报》(*The Standard*)援引政治经济学家约翰·麦卡洛克(John McCulloch)的观点，过度依赖洲际粮食流而不是本地储备，可能会让英国“处于可以想象得到的最危险的境地”。[178] 北极探险家、保守党议员贝德福德·皮姆船长(Captain Bedford Pim)认为，英国应该用铁钩把殖民地“绑”在“母国”的身上。他怒斥道:“英国的自由贸易有‘三个F’，那就是虚假(falsehood)、谬误(fallacy)和失败(failure)”。他接着说道:“科布登和布赖特的关于自由贸易的每一个预言都被证明是错谬的。”[179] 1897年4月6日，支持帝国优先权的保守党人亨利·西顿-卡尔(Henry Seton-Karr)提出了一项议会提案，认为政府有必要关注英国对外国粮食的依赖，获得一致通过。他指出，自拿破仑时代以来，英国本土仅剩下三周的粮食储备，这种自给自足能力的崩溃令人震惊。他也对战时保险费率表示担忧，认为明智的做法是未雨绸缪、在战前确保粮食供应，而不是在战时匆忙购买粮食后，再来“对整个社会征收重税”。[180]

会议提出了新的粮食安全基础设施。罗伯特·马斯顿(Robert Marston)敦促在所有拥有谷物市场的城镇建立粮库，并称赞马耳他的“巨大的谷物筒仓”，足以负担连续两三年的小麦歉收。[181] 他强调，“谷物的储备”就像蓄水池一样，对国家安全来说至关重要。[182] 他建议建造具有堡垒功能的粮仓，配备防爆屋顶、加固堤坝和护城河(见图5.4)。[183] 托马斯·里德(Thomas Read)将英国农业比作一个“巨大的筛子”，而面包却被筛了出去。[184] 斯图尔特·默里船长(Captain Stewart Murray)提倡饮食谷物化，又把科布登主义称为“一个慢慢吸取英国民族生命之血的吸血鬼”。他主张储存一种基本的口粮，或者称之为“围城口粮”，主要由面包、土豆、燕麦和大麦组成，以平息战时可能发生的动荡。[185] 1913年，阿瑟·柯南·道尔(Arthur Conan Doyle)更建议修建一条海峡隧道，以便获取欧洲大陆和地中海的粮食供应。[186]

147

图5.4　一份巨大的防御性粮仓计划，用于在战时储存和保护小麦

From R. B. Marston, *War, Famine and Our Food Supply* (London: Sampson Low, Marston, 1897).

皇家战时食品和原材料供应委员会（1903—1905）调查了所有可 148
能受到战争影响的原材料，认为小麦和面粉“是不列颠群岛上迄今为止最重要的消费品”。[187] 人们也提出了许多新保护主义的方案，从充满二氧化碳气体的密闭粮仓到进口关税等，不一而足。[188] 然而委员会却还是摒弃了这些政策，他们认为英国的商船运输量、全球煤炭站网络以及多样化的航运线路意味着英国是不可能被封锁或陷入饥荒的。[189] 不过委员会的确还是提出了一项国家赔偿计划，用以弥补战时不可避免的海上损失。[190] 正如阿夫纳·奥弗尔（Avner Offer）所言，英国实际上是通过海军资金来补贴食品的，以支持其“大西洋导向”，并强化了一种“经济学家”的信念，也就是英美贸易联盟将会在整个战争期间支撑着英国。[191]“大星球的哲学”最终取得了胜利。

战后贸易委员会食品部部长弗兰克·科勒（Frank Coller）称这份报告是“我们的统治者关于战时食品和原材料问题的圣经和教科书”。[192] 尽管批评的声音变得越来越普遍，但报告仍坚持着一项诞生于19世纪40年代的政策：整个世界将在战时与和平时期养活英国人。人们却担心冷藏船、运牛船和石油船不适合运输小麦，以及战时价格不可预测。[193] 科勒认为这份报告是“一份自鸣得意的文件”，它误解了已经发生变化的国际形势。[194] 1909年1月，弗雷德里克·博尔顿爵士（Sir Frederick Bolton）敦促阿斯奎思采取战时食品应急计划。[195] 飞艇和轰炸机的威胁加剧了这些担忧，而罢工则显出英国对机械化交通运输系统的依赖。不过，政府致力于打造的却不是粮仓，而是无畏舰（Dreadnought）和自由贸易。1914年，美国农业委员会（Board of Agriculture）主席卢卡斯勋爵（Lord Lucas）重申了里卡多–科布登（Ricardo-Cobden）的范式：“既然可以随心所欲地进口粮食，为什么还要费心自己种植呢？”[196]

在德国，食品进口也随着工业化的推进而增加，但官方对此态度显然更加严肃。1891年，德国首相卡普里维（Caprivi）在帝国议会上表示，“在未来的战争中，保障军队和国家的粮食供应可能会发挥决定性的作用”，他的应对之策是提高粮食的自给率。[197] 德国政府更致力于农业集约化、保护主义政策，以及通过增加猪肉、黑麦、甜菜和土豆的生产，使得德国在营养的自给方面，比容易受到“巨大封锁”威胁的英国，更加有自立的底气。[198] 即便如此，在1914年，德国仍有大约三分之一的食品供应依赖进口，海防是其战争计划中不可或缺的一
149 部分。[199] 在1912年的泛德意志联盟年会上，海军上将冯·布雷辛·阿德米拉尔（Admiral von Breusing）提出，在任何战争中“切断英国的粮食供应必须成为德国的首要目标之一”。[200] 第一次世界大战不仅是军事机器的较量，也是粮食系统的冲突。

第一次世界大战

第一次世界大战期间，英国的食品政策经历了自19世纪中期以来的最大转变。通过价格控制、政府采购和配给制度，国家扩大了对国民饮食习惯的控制。到1915年春天，自由党政府开始购买小麦、肉类和糖，并开始在船运和价格方面采取措施。[201] 英国的食品部（Ministry of Food）成立于1916年，负责组织“超大规模”的粮食购买、分配和销售。[202] 在朗达勋爵（Lord Rhondda，1917年6月至1918年7月）的领导下，食品部加强了对食品系统的掌控力度。该部有8 000多名工作人员，精心策划、建立了全国范围内的食品控制委员会和分区食品专员体系。[203] 这个系统网络为国家粮食政策的大规模重整提供了制度基础，其政策特点是实用主义的，且只是暂时不同于以往的经济运行规范，绝非意识形态上的根本转变。朗达勋爵在1917年表示，在这种特殊情况之下，必须“暂停经济规律的自由运行”。他将英国比作一个病人，因为患有“一种急性但严重的疾病”而需要药物，但是这种药物“在正常的健康条件下将会非常有害”。[204] 到1918年，94%的英国食品在某种程度上受到监管，只有那些不重要的食物（如香蕉、葡

萄酒和蜂蜜等）不在监管范围。[205]

英国通过购买小麦储备以及利用美国不断提高的产量，可以迅速确保其跨大西洋的小麦供应。[206] 1916年10月，食品部的“谷物司”（即小麦委员会）成立。面包以补贴而非配给的方式来供应，但面包的形状却受到严格的监管。[207] 国家接管了面粉厂，规定了面包的重量和形状，禁止销售松饼、松脆饼和茶饼，并禁止淀粉工业使用谷物。[208] 小麦制成面粉的出粉率①在战前的正常时期约为70%，到1918年4月，这一比例变成了91.9%。[209] 英国人的面包中加入了燕麦、大麦、豆类和土豆等。小麦委员会估计，这些政策在1917年至1918年期间为英国节省了大约1 000万袋小麦。[210] 只有持有医疗证明的人仍可购买白面包，因此对白面包的需求就像禁酒时期对人们对圣餐葡萄酒的需求一样旺盛。[211] 生理学家欧内斯特·斯塔林（Ernest Starling）承认，战时制作出来的面包可谓是“味同嚼蜡”。[212] 瓦尔特·哈德温 150
（Walter Hadwen）抱怨说，一场“腹泻传染病”让成千上万人出现了“急性胃肠紊乱”；但罗伯特·哈奇森（Robert Hutchison）则认为这种说法似是而非，因为受到影响的多为结肠敏感或有牙齿问题的人群。[213]

英国政府迅速行动起来，确保美国的熏肉和阿根廷冷藏肉的进口。[214] 1915年4月，冷藏商船已经配有火炮。[215] 英国贸易委员会还在全球寻找潜在的其他肉类来源地，包括南非、尼日利亚、马尔维纳斯群岛（福克兰群岛）等。[216] 从1917年9月起，英国政府确定了肉类的最高售价，并派出政府采购员在各地市场收购，而所有的零售肉类经销商、拍卖商和牛肉经销商都需要获得许可。[217] 随着肉类利用率的提高，饲料供应量下降了六分之一到七分之一。[218] 人们只好把牲畜的内脏磨

① 译者注：出粉率指在碾磨过程中提取的面粉量占小麦籽粒的百分比，是决定面粉类型和蛋白质含量的主要因素。出粉率越高，麸皮和胚芽含量越高，面粉相对较粗，口感更硬；出粉率越低，面粉越精细，口感更好。

成碎块再喂给肉畜当作饲料，真无异于一场“人与动物的较量”。[219] 油料饲料的进口也快速下降。1918年，饲料正式受到管制。[220] 由于养牛并不是一种高效的食品生产方式，肉类产量就必然不断下降。[221] 然而，对于大多数人来说，一场“无肉之战”是不可想象的。根据1917年皇家学会委员会的结论，有人提出了一个解决方式，那就是加快培育所谓的“犊牛肉”，这是一种在战前就已经出现的思路。[222] 根据伍德的估计，这种畜种仅需三个月的肥育时间就足够了；这意味着它们将在“比传统标准的脂肪含量更少的状况下”就被屠宰，同时对用于劳作、育种的畜物以及奶牛给予优先保护。[223] 这样做的结果便是可供食用的畜种大量减少。战争期间，羊的数量下降了约10%，猪的数量下降了约27%，而牛的平均屠宰重量下降了约14%。[224] 马肉的消费量上升，政府还鼓励饲养肉兔。[225] 与此同时，牛奶产量下降了大约25%，而炼乳进口量从1913年的49 000吨增加到了1918年的128 000吨。[226] 食用人造黄油“几乎成了全民的习惯”。[227] 斯坦福大学食品研究所所长阿隆佐·泰勒（Alonzo Taylor）总结道：“在战争时期，人们的饮食变得更加简单，更偏向素食，也更加粗糙。”[228] 不过即便如此，英国士兵的肉类配给仍远超其他欧洲国家。[229]

由于战争切断了中欧对英国的甜菜供应，英国糖业委员会开始从更远的地方进口糖，如古巴、爪哇以及大英帝国的其他殖民地。糖的代谢特性使它成为必不可少的物质，食品（战时）委员会建议每人每周摄入8盎司糖。[230] 然而，英国还是不允许民众在吃糖这件事上放纵胃口。糕点师们只能减少糖的用量。1918年1月，罗伯特·格雷夫斯（Robert Graves）结婚时，他妻子的家人攒了一个月的糖和黄油，才能做一个三层的结婚蛋糕，而且蛋糕的糖霜还是用石膏代替的。[231] 1917年，政府预留了1万吨糖用于制作果酱，每个家庭成员可分配6磅，这也导致大量水果被浪费。[232] 尽管食品部在英格兰南部建立了水果加工站的网点，但直到1919年，《泰晤士报》的读者仍在担心一场“果酱饥荒”即将来临。[233]

英国政府开始有意识地促进国内农业的发展。郡农业执行委员会 151
获得了检查土地、提供建议和接管农场的权力。[234] 1917年的《谷物生产法》（Corn Production Act）确立了最低工资标准和保价制度，这就让战争中的英国农民相对有利可图。[235] 1918年，英国的耕地面积达到1 236万英亩，是1886年至1942年间的最高峰，这种国内供应增长的情形在欧洲的交战国中是绝无仅有的。[236] 分配制继续繁荣发展，高尔夫球场、花园和草坪被用于种植作物，土豆在白金汉宫的花坛中茁壮成长。[237] 土豆成为一种“首要的蔬菜”，产量大增，英国政府还成立了一个土豆调控委员会（Potato Control Committee）来监督土豆较少的地区。[238] 历史上的英国人对土豆短缺的恐惧完全是环境造成的。1917年土豆短缺时，曼彻斯特、纽卡斯尔和格拉斯哥都大量出现了坏血病患者。[239] 政府呼吁节约，分发了印有诸如《34种不把土豆当蔬菜来吃的办法》之类的传单，其中包含巧克力土豆蛋糕和土豆面包的诱人食谱，还有名为《如何节约和为何节约》的传单，鼓励人们捡拾麦穗和收集橡果。[240] 节约的负担明确地落在了家庭主妇的身上。[241]《泰晤士报》宣称：“哪怕是浪费一丁点面包屑，都应该被视为不忠的行为。”[242] 节约的运动在地方上也蓬勃发展：1917年，朴次茅斯的面包消费量减少了25%。[243] 在格拉斯哥，灯火通明的有轨电车车厢通过扬声器播送提倡节约的消息。[244] 1917年，乔治三世发布了一份更新版的《皇家宣言》，主张减少面包消费。这份宣言不仅在教堂里宣读，也通过邮局和报纸刊登出来。亚瑟·雅普（Arthur Yapp）的国家安全联盟（League of National Safety）的成员承诺厉行节约，杜绝浪费。[245] 国家回收委员会对废弃食品进行了收集再利用，比如将果核和坚果壳变成制造防毒面具所需的炭。[246]

然而，英国公众并没有普遍顺从这样的号召。1917年，在金斯林进行的一项调查显示，在4 727户家庭中，只有54.6%的家庭表示愿意节约开支，原因从“不想少吃糕点”到“对政府态度暧昧的猜疑”，等等。[247] 不少人因为自己的浪费行为而受到惩罚，比如用面包喂狗和鸟。[248] 格兰敦的一个炉匠因为把薯片扔进火中而被罚款10英镑。[249] 从1917年4月起，英国政府开始禁止囤积粮食的行为。1918年2月，政府通过了一项针对囤积粮食（或“意外剩余”，accidental surplus）的特赦法案，鼓励自愿上缴粮食，截至2月7日，政府共收回了200磅囤
152 积的粮食。[250]

在爱尔兰，战争的压力和复活节起义导致食物供应减少，民族主义者指责英国人强迫他们忍饥挨饿。[251] 由于粮食外运以及粮食价格高企，坎布里亚还爆发了粮食骚乱。[252] 1917年12月，谢菲尔德经历了“有史以来最长的等候食品的排队”，妇女们威胁说，要是买不到茶叶和糖，她们就会洗劫商店。[253] 这些问题都在加速实行食糖定量配给的进程。1917年末，英国开始实行普遍的配给计划；到1918年7月，全国性的配给制就已经建立起来，涵盖了许多食品，最主要的是肉类、糖和黄油。[254] 每个顾客都与一家零售商绑定，该零售商会按照登记人数提供精确的食物数量。配给制度大致上是基于科学计算的。依据1917年的报告建议，成年男性每天要摄入3 300卡路里，而成年女性则需要2 400卡路里。[255] 基本的配给（糖、黄油/人造黄油、茶、果酱、培根和肉）提供了1 680卡路里的能量，其余部分由面包和土豆等食品组成。[256] 这一配额经过了“精心调整”，目的是满足所有需求（包括素食者、儿童、从事繁重劳动的工人）。[257] 英国始终没有对面包配给限量，这与欧洲其他地方几乎完全不同。官方的食品控制历史记载表明，这种做法是为了使卡路里的储备更加灵活，也在一定程度上符合个体化的差异，但修正主义者认为，没有对面包进行配给定额，主要是担心发生社会暴动，尤其是俄国革命期间，其直接的导火索正是食品系统的崩溃。[258]

配给制触动着古典自由主义的敏感神经：第一任粮食配给官德文波特勋爵（Lord Devonport）就很不喜欢“那些票据、官员，还有其巨额开支”以及它的“非英国式的特点”。[259] 设计、印刷和分发配给券耗费了三个月的时间，伤残人员配给部门还要对无数的豁免申请进行

审查。[260] 不同的机构往往具有不同的逻辑——贸易委员会的经济自由主义、食品部的大国家主义，以及皇家学会对生理逻辑的观点，且难以达成一致。[261] 总的来说，良好的组织和意识形态的淡化处理有助于缓和潜在的摩擦。人们普遍认为配给制度对富人和穷人一视同仁，尽管像鲑鱼这样的奢侈品不受配给的限制。[262] 这种合作性的氛围得益于消费者委员的培育，这是一家汇集了来自妇女机构、工会和合作运动的代表的咨询机构。[263] 托尼（Tawney）得出了一个合理的结论："这是建立起了一种完全不教条的集体主义。"[264]

劳合·乔治总结说："粮食问题最终决定了这场战争的命运。"[265]
人们普遍认为英国的战争政策是成功的，是一次让自由暂时屈从于平
等的实践。[266] 战争通过让人们认识到"经济相互依存"和"世界价格、 153
世界需求和世界供应"的"大星球"的概念，使得全球化变得切实可感。[267] 英国食品的价格受到了保护，哄抬的物价得到了限制，整体热量摄入仅下降了约2.5%～3%。[268] 事实上，斯普里格斯（Spriggs）认为每天摄入3 000卡路里的标准可能过于慷慨："有很多人认为2 500卡路里甚至更少就足够了。"[269] 像科勒这样的官方历史学者都是强调战时的生活水平应该得到维持，甚至还要有所提高。[270] 到1917年底，许多地方政府都为哺乳期母亲和幼儿制定了营养计划。[271] 这种营养转型的逆转反而很可能降低了肠道疾病和龋齿的发病率。莱恩（Lane）声称，由于丹麦面包富含纤维有利于肠胃消化，因此食用丹麦面包的人们的死亡率也最低。[272] 温特（Winter）的结论很有道理：平民的预期寿命被提高了。[273] 然而，呼吸道结核病的发病率在1913年至1918年间增加了25%，而营养不良很可能是诱发结核病的一个原因。乔治·纽曼（George Newman）曾于1921年承认这一点，不过他自己后来又否认了两者之间的联系。[274]

这样的成功还需要军事化的粮食供应链。从战争一开始，德国的战略家们就把注意力集中在英国海上补给线上。1914年10月20日，德国的U型潜艇首次击沉一艘英国蒸汽船。1915年2月4日，德国宣

布英国水域为战区。[275] 无限制潜艇战始于1917年2月1日，三个月内，近200万吨的商船被摧毁。[276] 在战役开始的前一天，格罗伯（Gröber）宣称："英国对抗饥饿的战争……催生了无限制潜艇战。"[277] 商船配备了防御的技术，用于掩盖自身的产烟装置、火炮、深水炸弹、伪装火炮和用于捕捉和切断水雷锚链的防水雷器。[278] 许多舰艇用炫目的涂装伪装，使用条纹、条痕、斑点和棋盘的图形，使敌人难以判断航线，并扰乱敌方鱼雷舰艇的瞄准。[279] 在英国的海域，到处都是参与扫雷行动的游艇、单桅帆船、桨式蒸汽船和摩托艇。[280] 摩托艇编队配备了水听器，这是一种相对不太可靠的声呐前压电装置，用于探测水下的声音。[281] 1917年夏天，飞机和飞艇已开始搜索并甚至轰炸U型潜艇。[282] 1917年6月，英国海军开始实施常规化护航。[283] 到1917年末，随着护航系统不断取得成功，U型潜艇的数量终于有所下降（见图5.5）。[284]

154

图5.5　由飞艇保护的舰队。1917年期间，飞艇驻扎在英国东海岸

From John Jellicoe, *The Crisis of the Naval War* (New York: G. H. Doran, 1921).

德国威廉时代的潜艇战如同拿破仑的大陆封锁政策一样遭到了挫败。

与此同时，英国却利用其后勤力量切断了德国的粮食供应。从战争一开始，向德国运送粮食的德国商船和中立国船只就遭到了拦截和扣押。[285] 英国对全球煤炭和食品的控制甚至能迫使不愿合作的商人为其供应物资。[286] 英国还拥有跨大西洋的情报网络，监控着货物的流动和德国日益恶化的经济状况。[287] 最近有一项研究指出，“英国领导者的意图就是让德国人挨饿”，进而摧毁士气。[288] 丘吉尔在其著作《世界危机》中对这点直言不讳。[289] 法国当时还否决了英国提出的用飞机投放燃烧装置焚烧德国农作物的计划。[290]

1914年，由保罗·埃尔茨巴赫（Paul Eltzbacher）领导的委员会得出结论：德国每年需要567.5亿卡路里和160.5万吨蛋白质。德国应接受生活水平的转变，禁止出口，扩大耕作，并种植更多根茎作物和替代食品。[291] 虽然英国实施了“饥饿计划”，但如果谨慎应对的话，德国仍是“不可战胜的”，这是德国在战争期间持续散播的宣传信息。[292] 事实证明，埃尔茨巴赫过于乐观了。到1916年冬季，所有德国食品都实行了定量配给，小麦出粉率达到97%。[293] 德国配给制度的管理事实上已经举步维艰，主要原因是德国的国内生产商数量远多于英国。雪上加霜的是，德国政府又犯下了严重的决策失误，例如在1915年进行大规模屠杀猪的行动；[294] 到1915年10月，柏林又发生了粮食暴乱。[295]
1916年夏末过后，德国的粮食状况进一步恶化，尤其是对于那些接 155
触不到地下市场的人来说尤为更甚。燃料、食物和饲料短缺，物价上涨和排队买粮变得司空见惯，德国逐渐进入臭名昭著的“芜菁之冬”（Kohlrübenwinter）。[296]

到1916—1917年以及1917—1918年的冬天，某些德国成年人每天摄入的热量已经不足1 000卡路里，造成严重的营养不良。[297] 一位曾“体态丰腴”波恩大学的教授在1916年11月至1917年5月期间，体重从76.5公斤锐减到57公斤。[298] 尤其短缺的是油脂的供应，这对一个热爱黄油的民族来说是个残酷的打击：“德国目前所有的麻烦，或者说几乎所有的麻烦，都始于油脂的问题，又止于油脂的问题”。[299] 人们开始从老鼠、仓鼠、乌鸦、蟑螂、毛发和旧皮靴中榨取油脂。[300] 食品分配系统崩溃了。一种“麻木的冷漠和精神上的萎靡”笼罩着饥饿的人们。[301] 尽管战争期间德国人的糖尿病发病率下降，退化性动脉疾病的发病率也在战后立即下降，但战争期间肺结核和营养不良的发病率上升。[302] 流感大流行向虚弱、饥饿的人口发起袭击。人们的生育率下降，学龄儿童无精打采，弃婴、犯罪、罢工和公共秩序混乱等现象层出不穷。[303] 儿童和老年人受到的打击最大。一项慕尼黑的研究表明，1917年的儿童平均身高比1913年矮了2～3厘米。[304] 紧接着，德国社会的凝聚力开始瓦解，做中间商生意的犹太人开始遭到谴责。[305] 德国在签订了《布列斯特-立陶夫斯克条约》（the Treaty of Brest-Litovsk，1918年3月3日）后从乌克兰获得了粮食，但供应情况令人失望，没能阻止饥荒的蔓延。1918年11月10日，德国首相给外交事务大臣保罗·冯·欣策（Paul von Hintze）发去电报，恳请他向停战委员会发无线电报，提请注意德国濒临饥荒。[306] 据估计，1914年至1918年间，德国平民伤亡人数在30万至80万之间，其中大多数人死于营养不良，而饥荒在战后很长一段时间内仍在持续。[307] 奥匈帝国因封锁而失去了约46.7万平民，其影响蔓延至崩溃中的奥斯曼帝国，甚至波及波斯。[308] 援助给德国的粮食一直被英国利用封锁手段扣留，用以迫使德国向布鲁塞尔协议妥协。直到1919年3月15日德国签署条约后，粮食的扣留才被解除。[309]

乔治·萧伯纳（George Bernard Shaw）曾总结道：这是一场“可怕的挨饿比赛”。[310] 不过，英国食品系统的物流力量和灵活性，即其掌握“生命线”的能力，使得其在这场斗争中呈现压倒性态势。英国利用其跨大西洋的网络，逐步减少了德国的粮食供应，导致超过100万
156 人丧生。

英美两国随后就开始救济被他们推向饥饿边缘的民众，这使人们清楚地认识到粮食权力的双面性：它既可以是截留粮食的铁闸，也可

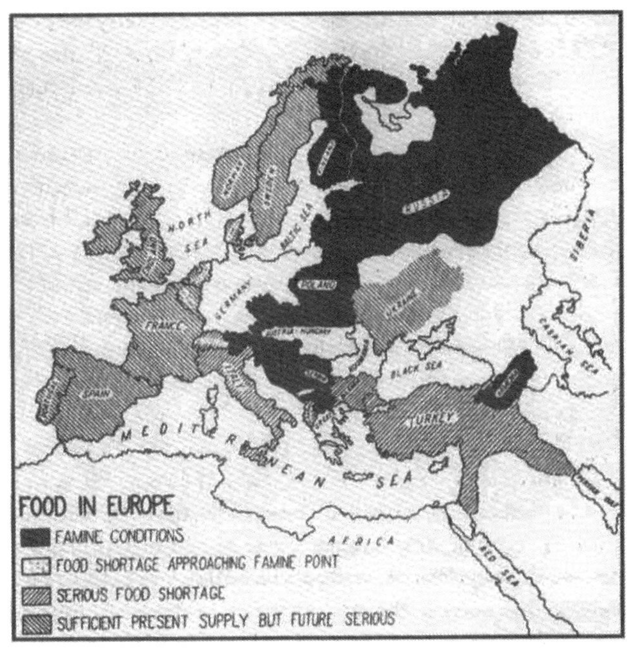

图5.6　第一次世界大战后欧洲的饥荒状况

From Raymond Pearl, *The Nation's Food: A Statistical Study of a Physiological and Social Problem* (Philadelphia: W. B. Saunders, 1920).

以是施以回春的妙手。[311] 这种后勤的力量使英国在战后成为国际人道主义的推动者（如在1921—1922年的俄罗斯大饥荒期间提供援助）和普遍人权的捍卫者，尤其反对那些直接可见的暴力（比如反对亚美尼亚种族灭绝行动）。[312]

两次世界大战间的英国

停战后，德国“濒临饥饿”，陷入了革命的波澜，食品的短缺引发了罢工和骚乱。[313] 从停战到和平条约签订期间，欧洲共收到了 240

多万吨食品，其中美国承担了救济费用的最大份额。[314] 在英国，饮食状况并没有立即恢复正常，战后的持续罢工使政府依赖于战时的控制机构。人们焦急地等待着政府结束食品管制。《杂货商公报》抱怨道：
157 “我们绝不愿意接受长期的控制，贸易也是如此。”[315] 随着控制机构的逐渐废除，到1921年，英国基本恢复了战前的正常状态。小麦出粉率逐渐下降：“好吃的白面包回来了，这是和平带来的福祉之一。”[316] 联合政府于 1921年废除了《谷物生产法》，英国农民又重新面临市场力量的冲击。[317] 此举被称为对英国农业的“巨大背叛”，但也意味着自由贸易的迅速重建。[318] 两次世界大战之间，欧洲各国都转向了保护主义和国家控制，英国自然也没能成为例外，比如政府对甜菜进行补贴以及成立牛奶营销委员会等。

由于受到了饥荒的创伤，德国在1918年后实施了一场“增产作战”（Erzeugungsschlacht）。凯恩斯预测，和平协议将导致德国为民众提供“面包和工作”的任务变得十分困难。[319] 对希特勒来说，英国的封锁是一种犹太式的策略，永远不应该再出现，他的论点无疑具有马尔萨斯主义色彩。[320] 极端的反犹太主义、“偏执的民族主义”以及粮食短缺相互助长。[321] 战时大规模屠宰猪只的举措则被重新解读为一
158 种犹太人的阴谋。[322] 从此，整个欧洲朝着自给自足的方向前进，意大利也在1925年开始了“粮食之战”（Battle for Grain），引种了纳扎雷诺·斯特兰佩利（Nazareno Strampelli）选育和杂交的新型小麦。[323] 对于希特勒来说，向东扩张领土将确保德国免受第一次世界大战的命运，并维持其农业基础。[324] 与英国的资本主义的“大星球的哲学”相对应的“法西斯哲学”由此诞生：这是一种截然不同的粮食生产学，它将空间、种族和资源视为紧密重合的而不是全球分散的体系。生存空间可以扩张，但总是有边界的：地球上其他地区既是其“外部”，也是其仇敌。[325] 希特勒认为，“一个健康的民族，总会试图从自己的领土和土地上满足自己的需要”。[326] 法西斯主义者批判自由民主国家的低劣的食品，而把全麦面包和高生育率以及优越的文明联系起来。[327]

在英国，“大星球的哲学”仍然占主导地位。除了价格控制和工业补贴以外，几乎不太实行监管；对于尝试减少其对国际贸易依赖或扭转营养转型趋势的努力更是寥寥无几。这一政策还延伸到食品之外的其他原材料领域，例如，加拿大不仅是英国小麦的重要供应国，也是其铝和镍的主要来源国之一。[328] 阿斯特（Astor）和罗恩特里（Rowntree）的《农业困境》（*Agricultural Dilemma*，1935年）一书指出：“无论是福还是祸，英国都必须继续依赖海外小麦供应。”[329] 英国用于种植谷物的土地面积很快下降到战前水平，而城市化以及住房、机场、水库、道路和高尔夫球场的建设进一步侵占了原本可用作农田的土地。[330] 尼维尔·张伯伦（Neville Chamberlain）于1938年在凯特林的演讲中指出，追求粮食的自给自足将会毁掉英国的经济，而海军和商船队将保护英国免遭饥饿。[331] 到1938年，英国有88%的小麦来自进口，进口黄油和奶酪分别占总量的96%和76%，而蛋和肉类约有一半来自进口。[332] 战前，德国经济景气研究所（Institut für Konjunkturforschung）列出了各国的“自给自足程度”，用100分代表完全自给自足：数字从匈牙利的121分到德国的83分、比利时的51分和挪威的43分不等。英国的得分是25，这说明英国仍然依靠洲际的贸易流通，而不是储备。尽管英国自己计算得出的数据略有不同，但结果清楚地表明，其特殊的经济路线在1939年之前基本没有变化。[333]

然而，英国人对粮食安全的担忧依然挥之不去。1929年，查尔斯·菲尔丁爵士（Sir Charles Fielding）提出一项计划，包括增加600万英亩土地用于小麦种植，并建设培根工厂、家禽中心和甜菜制糖厂。[334] 1930年的《科学》杂志指出，由于加拿大小麦基础设施遭到破坏，可能会在事实上切断其对英国的供应。[335] 社会主义者和隐蔽的法
西斯主义者热情高涨地推崇粮食的自给自足。林明顿子爵发出警告 159
说，未来的战时饥荒将导致英国乡村游荡着“挨饿、生病和绝望的人群”，“他们会因为有野草和死老鼠可吃而感到高兴，人们会像蝗虫一样杀戮并吞噬沿途的任何活物”。他敦促英国政府恢复本地磨坊

和粮食储存，培养自力更生的能力。[336] 在《我，詹姆斯·布伦特》（*I, James Blunt*）一书中，H. V. 莫顿（H. V. Morton）描绘了纳粹接管英国的反乌托邦景象，英国遭到极大的羞辱，被强制去工业化，“变成像丹麦一样的奶牛场”。[337]

随着国际形势恶化，以及人们对轰炸行动可能造成破坏的担忧不断加剧，英国人的焦虑情绪也进一步加深。意大利于1936年入侵阿比西尼亚之后，帝国防务委员会（Committee of Imperial Defence）成立了粮食供应小组委员会。1936年12月，政府设立了食品（国防计划）部，制定控制计划，并敦促采取类似一战期间的粮食定量配给制度。[338] 英国政府于1938年4月开始购入小麦。[339] 到1939年8月，分区和地方组织成立，同时向根据疏散计划将要离开伦敦和大城镇的400万人提供应急用品，并印制和分发配给券。[340]

第二次世界大战

1939年9月8日，英国第二次成立食品部，并从1940年1月开始实行定量配给。[341] 某些商品只能由粮食部采购，而且“对几乎所有商品实行价格控制”。[342] 来自美国的供应至关重要，小麦的控制再次成为优先事项。港口地区的粮食委员会负责向面粉厂提供进口小麦。20世纪40年代中期，每人每天可购买的面包数量减少到四个。[343] 政府严禁对面包进行切片和包装。[344] 英国最初试图将小麦出粉率保持在73%～76%，但由于运输的损耗而未能实现；于是，英国政府从1942年4月起强制要求“国家小麦面包”要达到85%的提取率。[345] 这种转变加剧了战前人们关于白面包和全麦面包的消化率和营养价值的争论，引发了“激烈、尖锐与刻薄”的大讨论。[346] 不过，营养化学的进步使得钙和维生素B_1可以人工合成，这有望为人们提供增强营养的白面包以及大量用作饲料的磨粉副产品。1940年7月18日，食品部议会秘书罗伯特·布思比（Robert Boothby）在下议院表示，面包中将添加合成的维生素B_1。[347] 这种面包马上得到了莫兰（Moran）和德拉蒙德（Drummond）的赞许，称其为“革命性的进步”。[348] 另一些人则不同意，他们认为先提取营养物质，再用合成维生素替代是“无奈之举”，且有人质疑天然维生素和人造维生素的营养是否等效。[349]

英国政府恢复了“耕地政策”，在1939年至1945年间，耕地面 160
积增加了66%，大多数主要作物的产量都有所增加。[350] 到1943年，英国一共有150万块小块菜地。[351] 土豆又一次“成为战争食品”，产量增加了87%，营销手段包括使用“土豆皮特”①和投放“土豆计划”广告等。[352] 食品部曾经展出过用土豆制作的75种不同的蛋糕和馅饼。[353] 在战争期间，英国农民对全国卡路里供给的贡献比从33%上升到44%。[354] 这一成果得益于通过报纸、海报、巡回车辆、讲座和展览开展的一系列节俭宣传活动。[355] 拖拉机和合成肥料的使用量不断增加，小麦育种实验继续进行，合成食品也在探索之中。

1940年1月，政府实行集中屠宰并接管了屠宰场，1942年，屠宰场的数量从16 000个减少到了779个。[356] 接管屠宰场可以更有效地回收如内脏和血液等副产品，用于制作肥料、灭火器的泡沫，甚至是蚊式轰炸机的层压板材。[357] 在20世纪40年代，英国回收利用了超过300万吨的厨余垃圾。[358] 许多创新技术进一步节约了运输的空间，比如去骨肉、板条箱、干蛋粉，以及“套叠式”畜物胴体（即将畜物的腿切下并塞进其腹腔内），[359] 与传统的畜物胴体相比，这种方法占用的空间减少了约60%。[360] “肥腻且含硼砂的”、不受待见的非丹麦式的美国培根大量涌入了英国市场。[361]

战时的条件催生了多样化的饮食。马肉的消费量增加，食品部鼓励生产兔肉。[362] “制作巨大的马肝酱和凉拌马舌对我来说已经见怪不

---

① 译者注：土豆皮特（Potato Pete）是英国政府制作的一个卡通形象，用来鼓励人们食用土豆。

怪，”模特兼美食作家西奥多拉·菲茨吉本（Theodora Fitzgibbon）回忆道，“有时就连乌鸦肉做的馅饼也会被风卷残云般地吃光。”[363] 战争也成了飞行员兼工程师乔治·德·莫迪特（Georges de Mauduit）开发各种英国美食资源的契机，他向读者推荐了腌制樱草、烤鹬鸟肉、菊花汤、榆树皮、蒲公英咖啡和荨麻啤酒的烹饪方法。[364] 这种充满活力的新中世纪风格带来了一种冒险的感觉。金属和燃料的短缺刺激了技术的创新：如用耐热的干草箱来代替慢炖砂锅，利用瓦楞铁皮制作的烹饪火坑等。[365] 至于那些更激进的计划，如食用宠物或野草［理查德·布兰森（Richard Branson）的曾祖父就如此提倡］，则未能获得民众的支持。[366]

牛奶控制手段则包括价格调控、禁止将牛奶用于奢侈目的和加工
161 产品的生产，以及优先保证儿童的牛奶消费等。[367] 1943年，英国出台一项法令，对故意滥用或不合理地囤积牛奶瓶的行为进行处罚，于是仅在一年内，在城市的垃圾箱里就出现了250万个牛奶瓶。[368] 牛奶容器回收公司成立于1920年，其工作被纳入国家防御体系，铝制牛奶瓶盖被征用于制造弹药。信息部声称，每月都有7 500万个可作为“战争基本材料”的瓶盖被浪费掉。[369] 英国甜菜的种植面积从 1939年前的35万亩增加到1943年的41.2万亩，战俘被雇用在甜菜田里劳作。[370] 糖则根据食品价值而有差异性地流向特定的食品行业：炼乳行业获得了75%的配额，而饮料和矿泉水行业仅有40%。[371] 1940年英国各地建立了社区果酱生产贮存中心，到1941年，5 168个乡村中心共贮存了2 271 522 磅水果用于生产果酱。[372]

配给制度采取统一分配的方式，消费者需要在零售商处登记；而面包、土豆和食堂/饭店的餐食则可以自由获取。[373] 战争爆发前，英国已经印制了五千万份配给券，并妥善保存于全国各地。[374] 对于邮局来说，分拣和投递配给券是一项重大的后勤任务。建立全国性的登记制度有助于逐渐实现人口的集中监控。[375] 定量配给也是高度差异化的，“一个理想化的消费者从不搬家、度假、生孩子；他既非素食主义者，

也非穆斯林，既不是河口海员，也不是采集啤酒花的人；没有养蜂，没有家禽，也没有在坐牢；最重要的是，他的年龄不低于两岁、五岁、六岁或十八岁”。[376] 但是，不具备生产力或种族不受欢迎的民众的食物权并没有被剥夺。1940年至1943年担任粮食大臣的伍尔顿勋爵（Lord Woolton）指出，这种基本的权利平等是“正确和公正的”，“有利于提高国民的士气”。[377] 奥尔写道：“在现代历史上，这是第一次出现一个基于人民营养需求的食品计划。”[378] 尽管英国的黑市规模可观，但还是比欧洲其他地方的要小。[379]

成立于1940年5月的科学食品委员会（The Scientific Food Committee）提出了一个理想型的无须配给制的由面包、脂肪、土豆、燕麦片、牛奶和蔬菜组成的2 000卡路里的“基础饮食”；而人体所需其余热量则由“补充性食物”获取。[380] 据估计，英国所提供的战时饮食的卡路里要略低于战前的饮食，但从未低于2 800卡路里的平均水平，更远高于欧洲大陆的水平。[381] 二战初期，妇女和儿童的血红蛋白水平下降，缺乏维生素C，儿童生长迟滞，结核病和食物中毒的发病率上升。[382] 不过，这些问题有可能通过减少对脂肪和糖的消耗以及增加对纤维和牛奶的摄入而得到弥补。[383] 在一些工业地区，牛奶的消费量在1935年到1943年间增加了两倍，虽然这个数字在一些所谓的居民区仍是下降的。[384] 人们普遍认为英国最终还是在膳食配给上做到了平等 162
公正。[385] 英国对两岁以下儿童免费提供黑加仑糖浆，又从1942年4月起免费提供瓶装的美国甜橙汁，五岁以下儿童和孕妇则享受补贴牛奶。[386] 战争初期，心脏病的死亡率明显下降，尽管后来从1942年开始又有所上升。[387] 1946年，首席医务官报告称，英国的战时“重要统计数据[①]非常不错”，罗蒂（Rorty）和诺曼（Norman）的《明天的食物》（*Tomorrow's Food*，1947年）一书中还包括了一章名为“轰炸带来的好处”的内容。[388] 人们甚至开始担心配给制结束后可能出现糖类过剩

① 译者注：重要统计数据即指与出生、死亡、婚姻、健康和疾病有关的统计数据。

问题。[389]

丘吉尔仍然致力于“大星球式”的思考。1941年12月，他写信给罗斯福，强调“我们喂饱英伦三岛的能力”至关重要。[390] 由于国家对进口的持续依赖，1914年到1918年间的英国海军不得不继续创新技术，船只都被实施消磁以应对德国沿航道放置的水雷。[391] 潜艇的肆虐、造船和修船速度减缓，以及全球战争导致的物流运输的复杂性迅速影响了进口的水平。1941年3月的《租借法案》（Lend-Lease Act）扩大了进口范围，同时增加了英国对美国航运和金融的依赖。[392] 英国的解码分析最终截获了德国潜艇的通信，而英国飞机摧毁了德国的船队。港口因集中了许多工厂、粮仓、炼油厂和冷库，而成为空袭的理想目标。1941年，布里斯托尔的一座存放着8 500吨小麦的粮仓被炸毁，即使过了两个月，火焰仍然还能从滚烫的堆积物中喷发出来，并弥漫着酸臭的味道。[393] 英国的粮食储备被尽可能地从敌机轰炸范围内的港口和城市转移出去。英国的合成硝酸盐工业部分地转移到加拿大，同时在纽卡斯尔附近的普拉德霍（Prudhoe）建立了一个以假乱真的硫酸铵工厂，因为人们担心纳粹会轰炸比林厄姆（Billingham），而此地正是合成氨和汽油的重镇。[394] 食品部还向国民发放宣传单，提供保护食物免受毒气攻击的建议，并任命卫生检查员担任防毒官员，教人们利用密封容器、包装纸、罐头和冰箱等措施来防止毒气的污染。[395] 货车运输或露天存放的食物应该用防水布盖好，而抢救物品的技术手段可以让坏掉的罐头和被消防水龙带浸泡的干粮重新得到利用。[396] 人们热衷于回收利用的工作：“如果牛或猪被机枪打死，它们仍然可作为食物，因此浪费可降至最低。”[397]

为了应对空袭，还出现了新的粮食供给技术：带有供餐系统的避
163 难所、移动餐车和紧急供餐中心等。普利茅斯和谢菲尔德的餐饮站备有炖菜、烤肉和布丁；[398] 在轰炸过后，还常常会分发加了糖的热茶。[399] 食品储备是自由派的眼中钉，如今它又一次出现了。从1939年6月开始，伦敦地区建立了四个装有100万人份罐头食品的储备点。到1941

年12月，在英国各地约500个仓库中积累了价值83.3万英镑的食物，有人居住的沿海岛屿也储备了一定数量的食品。[400] 罐头和脱水食品的超耐久性使这种囤积变得可行。用“密封罐中的惰性气体”包裹的牛奶粉可“在常温下保存至少18个月”。[401] 还有超过500万罐食品被储存在一个紧急食品供应中心，伍尔顿称其为“影子储粮”。[402] 即使在紧急情况下，英国供餐系统也能保证继续开放。[403] 1943年初，英国南部和东部的数百个公共馅饼中心每周能向务农人口售出约100万份馅饼。[404] 该系统同时也为战后可能的核战争期间的紧急供食计划提供了蓝本。[405]

1945年之后，粮食的状况恶化。由于内陆地区的需求增加，于是从1946年7月21日到1948年7月24日期间，英国不得不实施面包配给制。[406] 记录显示，1945年初至1947年初，英国人的体重有所下降。[407] 1947年，英国人对土豆的消费量飙升至每人每年284磅。[408] 政府尝试推广食用鲸鱼肉和烟鳟鱼肉，但民众并不买账。1950年，在泰恩河畔的某个码头上就有4 000吨的鲸鱼肉滞销无人购买。[409] 保守 164
派对此非常愤怒。奥利弗·利特尔顿（Oliver Lyttelton）声称，面包的定量配给会催生出一群“倒卖票券的黄牛和粮仓的蛀虫”，他们就是所谓的“社会主义乐园”的先锋。[410] 解除配给的进程也并非一帆风顺。在1949年政府解除糖果配给时，人们对糖果的热情渴望可想而知，以至于到1953年不得不又重新实行了配给制度。[411] 同年的《面粉法令》允许用任何出粉率的面粉生产面包。而1956年的科恩报告（Cohen Report）认为，如果出粉率低于80%，就应该再进一步增强面包的营养。[412] 工业化饮食的反对者对此感到震惊。牛津大学的营养学家休·辛克莱（Hugh Sinclair）认为，这份报告是一个“意义重大的公共卫生事件，以至于未来的历史学家会把那个日期（1956年9月30日）之前的时代描述为‘BC’即‘科恩之前’（Before Cohen），而把随之而来的衰落称为‘AD’即‘解禁之后’（After Decontrol）”。[413] 面包作为营养转型中的精制碳水化合物的载体，它的地位又一次被确立下来，并且得到了足够的重视。

虽然这些匮乏在英国造成了深远的影响，但与其他国家相比，这些代价却显得微不足道。二战期间，至少有2 000 万人死于
165 饥饿、营养不良和相关的疾病。在德国，从1934年的“增产作战”（Evzeugungsschlacht）开始，粮食就成了种族灭绝的武器，不受欢迎的种族会被饿死在集中营，占领区的食物被没收，德国还制定了掠夺东欧和俄罗斯大片领土上粮食的计划。[414] 这里所说的杀戮残忍而露骨，与19世纪在爱尔兰发生的事件存在一些相似之处：那就是有些“不该存在的人群”将被“应该存在的作物和牲畜”所取代，而这令人非常不安。戈林的评论可谓一针见血：在德国的食品系统并未崩溃的情况下，“德国人对食物的需求却要优先于其他所有民族”。[415]

英国同样利用其食品系统造成了毁灭性的效果。1941年4月德国入侵希腊后，英国对其进行长达近一年的封锁，大大加剧了饥荒的程度，大约有5%的希腊人死于战时饥荒。[416] 盟军的封锁也使1944—1945年的荷兰饥荒雪上加霜。[417] 在英国本土建立起来的细致的食品控制系统并未应用到其殖民地。1943年至1946年的孟加拉大饥荒导致约300万人死亡，这是由日本入侵缅甸、对加尔各答实施轰炸、一场严重的飓风以及极其错误的殖民政策所共同引发的。其中最为臭名昭著的就是“否认计划”[①]，该计划内容包括强行征用和囤积粮食，以防止其落入日军手中，并坚决拒绝考虑进口足够数量的粮食来遏制饥荒。[418] 丘吉尔称这种情况为“手头拮据”（feel [ing] the pinch），故意让孟加拉挨饿，以维持其他地方的物流运作。[419] 这是一个经过食品系统的计算而制定的政策。与米切尔一样，甘地将饥荒归咎于殖民政府。正如慕克吉所言，随之而来的社会崩溃“提供了一个严峻的生物政治基础，在此基础上，最恶毒的公共意识形态恣意泛滥”。如果不

---

① 译者注：denial scheme，即英国当局在国际上公然否认“饥荒的存在”，拒绝宣布孟加拉和印度处于饥荒状态。

了解饥荒带来的缓慢暴力是如何彻底残害民众的，那么也就无法理解1946年8月在加尔各答爆发的宗教流血冲突事件①。[420] 大英帝国的其他殖民地——毛里求斯、尼日利亚北部和坦噶尼喀也经历了饥荒。[421] 到了1946—1947年，欧洲的农田遭受了严重破坏，干旱蔓延到澳大利亚、阿根廷、南非和加勒比地区的部分地区。[422] 1939年至1945年间，全球食品供应减少了12%。[423] 1942年10月15日（乐施会成立的那一年），坎特伯雷大主教威廉·坦普尔（William Temple）宣布，默许人类同胞“慢性挨饿”是“不可容忍的”。[424] 1943年10月，《泰晤士报》宣称：“食物将是1944年的主要的全球性问题。”[425]

英国食品体系的历史，既是结构性暴力的历史，也是一部管理有
序的物质丰饶的历史。英国不断增强的新陈代谢为工业革命提供了动 166
力，但如影随形的却是爱尔兰、印度和中欧对饥荒和挨饿的恐惧。在爱尔兰和印度，食物系统成为一种用于规训和经济转型的工具，它把疫病和干旱转化为大规模的饥荒。相反，在20世纪的全球冲突中，英国人抛弃了经济自由主义，取而代之的是对食品进行果断的国家调控、全球资源的调动以及无情的封锁政策。这些例子展示了英国食品系统的灵活性，其力量来源于在生态和地缘战略危机期间的应变能力，而无须考虑其他地区的人民因此付出了怎样的代价。正如福柯所说的，如果国家权力“在人的生命的层面上行使”，那么食品系统最终将成为这一权力的最强大、最普遍的工具。[426]

① 译者注：该事件又称1946年加尔各答大屠杀。

第六章 167

新陈代谢

父亲仍是家庭饮食的核心。

——克劳福德和布罗德利，《人民的食物》（1938年）

糖罐、茶壶和白面包代表了“穷人的早餐桌”，而这三样东西就像特拉法加广场上那些慵懒而昏昏欲睡的狮子雕像一样，成了英国生活的象征。

——J. 埃德加·撒克逊，《英国和温带地区适宜的食物》（1949年）

新陈代谢概念的提出是19世纪生物学最伟大的成就之一。比德（Bidder）和施密特（Schmidt）经过详尽的动物实验之后，于1852年发表了他们关于呼吸和排泄的开创性研究。克劳德·伯纳德（Claude Bernard）在1857年发现了糖原的生物合成，表明人体会主动分解和重新合成摄入的物质。[1] 到20世纪初，“中间代谢”（intermediary metabolism）的概念已经通过实验室实验得到了充分的阐述（见图6.1）。[2] 到1937年，科学家已经明确了解无氧碳水化合物代谢和柠檬酸循环的现象。[3]“中间代谢”描述了多种机体内部生化连锁的反应及其过程，通过这些反应和过程，生物体将食物分解成更小的元素，并将

168 

图6.1　用于计算人体新陈代谢的呼吸量热计

From J. J. R. Macleod, *Physiology and Biochemistry in Modern Medicine* (St. Louis: C. V. Mosby, 1922).

它们重新组合起来，以执行维持生命所必需的每一个过程：从细胞和组织的更新到体温的保持，从血液循环到肌肉活动。身体就像一台热能机器，食物提供能量，而细胞则是能量转换的“化学仪器和车间”。[4]酶将淀粉分解成糖，再进一步分解这些糖，在此过程中释放能量。人体就是一个由数百万个分子和酶所驱动的生化引擎。[5]

到20世纪初，中间代谢被纳入总代谢（total metabolism）这一更广泛的框架内，以衡量人体与环境之间更广泛的化学交换。[6]人类的饮食正是汉娜·兰德克尔（Hannah Landecker）所说的“中间生物学”的一个关键方面，通过代谢过程使环境成为自我的一部分，一个巨大的商品链就这样被整合到人的身体之中。[7] 最近的学术研究把这个概念扩展到了能量循环和吸收等多个层面，涵盖城市、社会乃至整个星球。[8] 我将在最后一章回到全球的层面来讨论。不过，本章和下一章会更侧重于社会和个人层面的新陈代谢，探讨营养的分布及其生物和热力学效应是如何构成权力关系和社会差异的。英国的“社会新陈代谢”是由不同代谢所组成的马赛克，按照阶级、性别、种族、年龄和地理的等级进行组织：特定的权力和营养的结合形成了历史上的“不均衡的身体”（uneven bodies）。由于男性吃得比女性更多，也会摄入 169
更多的蛋白质；殖民地的居民则通常被假定为对卡路里和蛋白质需求较低的人群；婴儿、儿童和老年人有着不同的代谢规律；农村人口的饮食有时则与城市人口不太相同。这种身体上的不均衡的发展，从根本上说是一个营养的过程。[9] 营养的过程也可从经验和现象学的层面来看。正如阿兰·科尔班（Alain Corbin）提醒我们的那样，社会差异的产生是带有深刻的身体性（somatic）的。非平衡的代谢造成了热力学以及身体体验上的差异和裂痕，虽然这种区别是微妙而沉默的，但有着根本上的不同：从身体上说，它既可以表现为疲乏和疼痛，也可以表现为饱足和舒适。[10] 生活水平变化的体验，往往是通过食物系统和社会关系来传递与表现的，而此二者倾向于不平等地分配食物。

生活水平

专家学者们设计了许多办法来衡量生活水平这一难以捉摸的现象，其中包括了公共服务、财富、自由、健康、死亡率、预期寿命以及获得商品的能力等等。[11] 若要对特定历史节点上的某个社会的生活水平进行评估，都必须审慎地将幸福感、繁荣、自由和身体健康等问题进行综合考虑。而饮食则可以将所有的变量联系在一起：任何关于生活水平提高的论证，都涉及对历史上的卡路里摄入水平这个问题的探讨，而这个探讨却相当复杂。

在当时的人看来，肉类、小麦和糖的消费增长是进步的指标。[12] 1894年，《蓓尔美尔公报》（*Pall Mall Gazette*）宣称，在英国人的食品支出中，肉和糖所占的比例高于欧洲的其他地方，这意味着英国人获得了更多的“有效营养物质”。[13] 这种对饮食改善模糊和笼统的认识反映在英国史学当中。英国人普遍认为，无论采用何种衡量标准，他们的生活水平在1875年之后开始明显提高，正如他们对19世纪初期的生活水平普遍抱有“相对悲观的共识”（relatively pessimistic consensus）一样。[14] 1900年以后，英国成年人的平均预期寿命和特定年龄的儿童的身高和体重都有所增加。[15] 托马斯·麦基翁（Thomas McKeown）提出了一个著名的观点，即经济进步刺激下的饮食改善是生活水平提高的根本原因，它提高了人们对疾病的抵抗力，人们不再容易患上因为缺乏某种营养所造成的疾病。[16] 不过，麦基翁的论点也遭到了严厉的批判。他提出的人口增长最初是由于死亡率下降，而非生育率上升的观点，就被里格利（Wrigley）和斯科菲尔德
170 （Schofield）的研究推翻了。[17] 麦基翁显然低估了卫生基础设施的作用，而且他过度依赖结核病的数据。[18] 正如伍兹（Woods）和欣德（Hinde）所得出的结论：“仅是改善中等程度的营养不良并不会带来死亡率的显著变化。”[19]

我们如何评估饮食在改变生活水平中的作用呢？梅里尔·贝内特（Merrill Bennett）指出，每当人们试图对历史中的热量消耗水平进行估算时，总会有一团“充满不确定性的迷雾”（nimbus of uncertainty）笼罩其上。[20] 20世纪以前的数据极其匮乏，这意味着——如果用马西莫·利维-巴奇（Massimo Livi-Bacci）的话来说，企图去评估这些数据就像在“探测一个被淹没的、基本上未知的世界”。[21] 不同的统计方法可能会产生不同的甚至相互矛盾的热量摄入的估算。除了由于数据缺乏导致的问题外，计算得出的平均数往往容易掩盖年龄、性

别、阶级和地区之间显著差异。历史上食物浪费的程度更是几乎无法估量。人体的消化本身就如此复杂和特殊，也许永远不可能得出“一个绝对准确的热量计算公式”。[22] 最后，热量摄入水平还必须始终与历史上不断变化的体型和人体活动水平相关。因此，对所有历史上（包括当代）热量摄入量的估算结果都只能作为近似值，而非精确数据。[23]

如布罗代尔（Braudel）、奇波拉（Cipolla）和福格尔（Fogel）等研究者认为近代早期欧洲的饮食热量严重不足。然而马尔德罗（Muldrow）却不这么认为。他的研究有力地论证了农业生产力每天必然要摄入2 000卡路里以上。[24] 马尔德罗甚至认为，如果把啤酒和不需购买就能获得的食物考虑进去，人均日摄入量可能达到4 000卡路里。不过到了18世纪晚期，人口的压力又导致了热量摄入下降。[25] 这一时期的热量估算表明，英格兰北部的人均摄入热量水平在2 000卡路里以上，而南部则在2 000卡路里以下。[26] 福格尔、弗拉德（Floud）和哈里斯（Harris）估计19世纪中期的人均摄入量约为2 362卡路里，不过其他人的计算结果则要高得多。[27] 19世纪后期的热量估算也大致相同，甚至出现更大的估算范围。盖泽利（Gazeley）和纽厄尔（Newell）最近得出的结论是，当时人均日摄入热量为2 400卡路里，成人每日摄入热量则为3 000卡路里。[28] 调查显示，到20世纪30年代，英国人均每日热量摄入略有增加，大约为2 500卡路里，甚至接近3 000卡路里。[29] 1925年，美国国家医学研究所的奥斯汀·希尔（Austin Hill）对埃塞克斯（Essex）农村地区的饮食进行了调查，计算出“每人每天”平均摄入2 871卡路里，其中约350卡路里来自自家种植的农产品。[30] 次年，佩顿（Paton）和芬德雷（Findlay）发现农村饮食的热量通常比城市要高。[31] 1945年后的估算也落在相近的范围内。卡尔–桑德斯（Carr-Saunders）、琼斯（Jones）和莫泽（Moser）在1958年发表的统计调查显示，当时英国家庭的人均膳食热量为2 641卡路里，而《经济学人》在1965年声称该数字已经达到3 300卡路里。[32] 后面这个估算 171

可能是把人均供应与实际人均消费混淆在了一起：发达国家的人均每日热量摄入量稳定在2 000至2 300卡路里之间。[33] 总的来说，如果审慎地使用这些数据，并且考虑到性别的差异，特别是如果再考虑到逐渐减少的体力劳动，以及日益封闭、受大气调节的生活方式给人体所带来的代谢影响，那么英国人的热量摄入大致从1850年开始逐渐增加，这种说法是站得住脚的。

通常来说，以劳动男性为标准设计的标准饮食也稍微有助于卡路里摄入水平的提高。莫勒朔特（Moleschott）在1859年提出的第一个公认的饮食标准为大约3 160卡路里；19世纪60年代史密斯（Smith）提出的英国人的饮食标准为3 000卡路里。[34] 1933年，英国医学协会委员会（British Medical Association Committee）推荐最低饮食摄入量为3 400卡路里，其中包括50克一级蛋白质（即含有八种人体所需氨基酸），并制定了维生素和矿物质的摄入标准。而英国卫生部（Ministry of Health）则建议每天摄入3 000卡路里，其中包含37克一级蛋白质。1934年2月，这两个部门开会商议并制定了男性、女性和儿童每日所需热量的浮动折算法。[35] 所有这些建议都是按性别划分的：从事繁重工作的男性需要3 400 ～ 4 000卡路里，而家庭主妇只需要2 600 ～ 2 800卡路里。[36]

由于人类充满个性特点，活动水平也存在差异，这样的规范标准争议不断。“在谈论标准饮食时，”医生弗雷德里克·帕维承认，“不能过分夸大其价值。”[37] 但如果对这些卡路里的质量进行评估，我们得出的结论可能更有说服力。在20世纪，碳水化合物、脂肪和蛋白质之间的平衡发生了变化。1900年，碳水化合物占穷人饮食的67%，占富人饮食的55%；到1980年，这两个数字分别变成了45%和42%。[38] 虽然脂肪摄入量的增加往往与某些健康问题有关，但在19世纪的许多饮食中，脂肪的缺乏是一个主要问题。饮食多样化和对维生素的理解也对英国饮食产生了不均衡的影响。[39] 虽然现代加工的食物越来越多，又出现了反式脂肪，带来了健康隐患，但这并不代表英国人的饮食在维多利亚时代中期达到顶峰后又持续下降的观点就能成立。[40]

人类身高是饮食改善的另一个指标。一个人的身高是由遗传潜力和生长过程中获得的营养共同决定的，身高也可以用来衡量“营养匮乏”的程度。[41] 产前、婴儿时期、幼儿时期和青少年时期的环境对身高的影响尤甚。[42] 因此，营养状况的改善，尤其是孕妇营养的改善，能够反映在人类体型的变大上。有研究表明，工业革命初期，人类的 172
身高明显下降，这与悲观论者的观点一致。但在1860年之后，人类的身高稳步增长，尽管这最初的增长只不过是让平均身高恢复到15到18世纪的水平。[43] 营养并不是影响健康的唯一环境因素，控制影响生长的疾病以及改善住房和供水显然也很重要。[44] 但是，在过去的一个世纪里，英国人的平均身高却增长明显，这就证明了母亲的营养水平缓慢而不均匀地提高了。

由于20世纪孕妇营养状况的改善，人类的身高和体重的急剧增加，这被称为“技术生理演变”（technophysio evolution）。[45] 这为英国饮食历史的进步观提供了最具说服力的证据，它表明，无论是从宏观还是微观上看，营养素的摄入量已经增加到足以维持一个自催化的过程。通过这个过程，人类后代的体型变得更大，并可代谢更多的能量，使人们能够更长时间地从事工作。大量研究表明，身高与劳动生产率呈正相关。[46] 这就可以解释过去200年来人均收入增长了20%到30%的原因。英国通过营养转型，积累了更高水平的“生理资本”，再加上化石燃料的力量，便足以维持经济的腾飞。[47]

盖泽利和纽厄尔得出的结论是，进入20世纪以后，大多数家庭的饮食已经能够提供足够的能量来维持其持续劳动，尽管有“极少部分”人摄入的卡路里不足以支撑“持续的体力劳动”。[48] 这里的含义很清楚：笼统的“英国新陈代谢”是不存在的。相反，英国存在着多种新陈代谢，大致因年龄、阶级和性别差异而有所不同。本章其余部分将探讨这种“改善中的不平等”现象。

社会的新陈代谢

随着一个人在英国社会阶层中地位的提升，肉类、牛奶、黄油、奶酪、鸡蛋、水果和蔬菜的消费量也随之增加：上层社会的人们常常下馆子或参加晚宴。相反，如果一个人的社会地位下降，那么他从面包、土豆、糖、人造黄油和炼乳中摄取的卡路里的占比就会增加。《英国医学杂志》于1915年指出，“现在最贫困的阶层的饮食基本由白面包、人造黄油、糖和茶构成”。[49] 这些食品被打上了强烈的阶级烙印，甚至影响了人们对其味道的感知。例如，人造黄油的口感与其作为“穷人食品”的形象密不可分。[50] 而工人阶级的饮食则通常以周
173 为周期，每到周日，肉类消费量就会激增。[51] 正如奥尔所指出的那样，阶级差异是可以从动物蛋白质消费水平推断出来的。[52] 牛津郡的一个家庭表示，尽管他们“每两周就要喝掉一罐炼乳”，但他们已经有七年没有喝鲜牛奶了。[53] 与此相反，克劳福德（Crawford）和布罗德利（Broadley）的书中提到的上层精英人士却完全不会消费炼乳。[54]

德拉蒙德（Drummond）于1940年指出，面包真正成了“贫困者的食物”，这一点也很快被发展经济学家和营养转型理论家所认可。[55] 这种面包主要是指批量生产的白面包，添加了人造黄油、果酱或糖。[56] 为了购买肉类，人们要经常做出牺牲，一些中产阶级的观察家会感到这种行为“并不理智”，尤其考虑到廉价肉制品的质量不佳。[57] 罗恩特里曾经形容一个埃塞克斯的家庭吃的肉多么地“筋肉塞牙，令人沮丧”。[58] 这样的评论却忽略了肉的味道所带来的愉悦，以及食肉在心理层面的意义。星期天晚餐有一种特殊的社会和心理象征意义，它并不符合经济理性考量。[59] 如果一家人连星期天的晚餐都支付不起的话，贫穷就将变得痛苦而直白。[60] 糖之所以受欢迎，主要是因为它又便宜又美味。20世纪初，米德尔斯堡的一个三口之家每周消耗4磅糖，相当于

"满满十杯的糖"。[61] 茶叶的消费量则从1851年的人均1.9磅上升到1911年的人均6.5磅。[62] 茶是真正的工人阶级饮品："社会地位越低，茶就越呈现垄断的态势。工人阶级的早餐如果没有'浓茶'，那就根本不算早餐"。[63] 纽曼认为"每天喝10到20杯茶太多了"。[64] 尽管大量饮茶可以与酗酒相比，但茶的杀菌作用至少还可能有助于防止胃部感染。[65]

在这种情况下，预制食品是很受人们欢迎的，特别是在城市地区。有限的烹饪条件和较长的工作时间使得炸鱼薯条在工业工人阶级中特别受欢迎。[66] 它那令人垂涎欲滴的香味——特别是在撒上盐、淋上醋的时候——它就马上和单调的面包配果酱或"令人厌倦的培根和布丁"形成了鲜明的对比。[67] 毫无疑问，炸鱼薯条是英国最伟大的烹饪创新之一（见图6.2）。它是极好的廉价蛋白质的来源，而且牙齿不好甚至没有牙齿的人都可以享用。[68] 难怪炸鱼薯条店成了"贫民区的餐厅"。[69] 据估计，在20世纪30年代的兰开夏郡，有60%的土豆被做成薯条食用。[70] 正如乔治·奥威尔所言，在这种情况下，工人自然会拒绝所谓"乏味的健康食品"，而去选择那些"有点'滋味'的东西"。[71] 1918年后，大规模休闲零食产业开始蓬勃发展。史密斯脆片公司（Smiths Crisps，1920年成立）董事长赫伯特·摩根（Herbert Morgan）自豪地宣称："在每座村庄、小镇，每个码头、海滩和每个路边咖啡馆都能找到我们的产品。"[72] 英国咸味零食信息局宣称，薯片是"无可争议的英国文化的组成部分"。[73] 像薯片、炸薯条、巧克力和糖果这样的食物，虽然它们既不健康也不精致，但却美味可口、味道浓郁，而且还会令人感到快乐，至今仍是如此。

然而，这种饮食并没有把蔬菜和水果排除在外。伊丽莎白·罗伯茨（Elizabeth Roberts）就研究过巴罗（Barrow）和兰开斯特（Lancaster）的人们是如何食用各种各样的蔬菜的。[74] 然而，这一个案研究必须和更系统的研究对比，这些研究表明贫困人口摄入的蔬菜比所谓的上层人士要少。[75] 同样，大黄消费量的增加、苹果落果的收集以及英国北部醋栗展的繁荣，这些事实都无法掩盖 1870年左右以前

174 图6.2 享用鱼和薯条的乐趣。黑斯廷斯，20世纪70年代

工人阶级水果消费水平低下的事实。[76] 不过，冷藏运输技术和特制的催熟室的发明，使得香蕉的消费量从1900年的250万串增加到1937年的2 000万串。[77]

有些读者可能会觉得这种饮食太过单调乏味，显然许多当时的人也有同感。机械师约翰·埃文斯（John Evans）在失业以后，发现自己买不起全麦面包，而白面包又令人厌烦："一看到面包我就觉得恶心……如果想换换口味，就把黄油换成猪油；等吃厌了猪油，如果果酱还有剩的话，又只好换回果酱了。"[78] 1909年利物浦的一份关于零工的报告指出，食物通常是"令人提不起兴趣"的，而且他们也很少与
175 朋友和邻居一起吃饭。[79] 不过，也还是有人对他们的饮食表达了强烈的依恋：在多丽丝·格兰特（Doris Grant）①的通信中，她描述了一中

① 译者注：英国营养学家和食品作家。

年男子，他“靠吃许多糕点、白面包、炸鱼和薯条为生”，“而且他礼貌地表示‘宁死也不会改变’这种饮食”。[80]

阶级会以其他方式塑造饮食的体验。长期以来，餐桌礼仪一直是社会区别的明显标志。从中产阶级的角度来看，工人阶级的口味是粗俗的。尤尔（Ure）说，曼彻斯特的工人早已“习惯了烟草和杜松子酒的辛辣口感”。[81] 乔治·霍利约克（George Holyoake）将穷人的胃描述为“国家的垃圾桶”：“他们注定要吞下市场上所有掺假的食品。”[82] 这种基于生理体验的阶级偏见深植于一个认知，那便是工人阶级的口味变得麻木了，处于不同社会地位的人群有其各自的新陈代谢和口味。[83] 在这些观察中，有很多是上层社会对下层社会居高临下的观察，但正是这种俯视的态度揭示了不断发展的身体差异和感知差异。[84]

因此，膳食生活水平的提高是不平等的，而经济上的不平等转化为新陈代谢上的不平等。到20世纪30年代，实验表明，高质量的蛋白质、维生素和矿物质的缺乏与肺部和胃肠道疾病的易感性增加以及全身的虚弱有关。[85] 奥尔雄辩地指出：“随着收入的增加，疾病和死亡率会下降，儿童会成长得更快，成人身材会更高，总体的健康和体质也会有所改善。”[86] 如果我们承认这一事实，就可以试着将对身体机能的生物学理解，与由社会塑造出的满足感、饱足感和愉悦感的观念结合起来，从而确定出一条贫困线。一般认为，如果一个三孩家庭每周的收入低于20先令，那么从理论上说这便是一个贫困的家庭。[87] 这个标准一般认为是由查尔斯·布思（Charles Booth）在19世纪70年代的伦敦学校董事会上首次提出。[88]

那些生活在贫困线以下的人往往依赖非正规的市场经济，他们吃的是餐馆的“厨余边角料”，从肉店得到一些“下脚料杂碎”，或是收集鱼头鱼尾等。[89] 还有小部分食物是别人的施舍或是赊来的。[90] 许多人通过外出觅食维持生计——采摘黑莓，捞鳗鱼，采集蚶子、温克鱼、贻贝和螃蟹，捕捉兔子或鸽子以及养猪，获得那些较无人问津的公共资源。[91] 从沿海的盐沼中可以采集到海参，在海滩上还可以采集到海藻。[92] 还有其他拾取食物的方法，比如收集扔给鸟类的发霉面包，或者在富裕人家的垃圾箱里掏取残羹剩菜。[93] 有些行为甚至已经越过了犯罪的临界点。最绝望的人甚至被迫采取直接盗窃的办法，比如从铁路货场偷取粮食。[94]

176 与此同时，这些营养缺乏现象逐渐通过实验室科学的新概念框架被人们所理解。“蛋白质”一词是由荷兰化学家赫拉尔杜斯·米尔德在1838年首创，用以指代“最重要”的物质，即生命所必需的含氮物质。[95] 1843年，李比希（Liebig）提出含氮（plastic）食物可以转化为血液，而不含氮（respiratory）的食物则不能。[96] 不过，在接下来的几十年里，大量的实验表明，所有的食物都能产生热量并参与组织的形成，于是这种蛋白质理论就被推翻了。[97] 科学家在鹅和鸭身上做实验，得出了“确凿的证据”，证明碳水化合物可以转化为脂肪。[98] 然而，蛋白质关键的作用仍然是生化理论的核心。[99]

包括爱德华·弗兰克兰（Edward Frankland）、弗雷德里克·帕维（Frederick Pavy）和爱德华·史密斯（Edward Smith）在内的许多科学家都计算出人体的热力学效率约为20% ～ 33%。[100] 每种食物的卡路里值都被确定下来，比如每克鱼肝油9 107卡路里，每克卷心菜则为434卡路里。[101] 在19世纪80年代，马克斯·鲁布纳（Max Rubner）提出了“等热定律”（law of isodynamic equivalence），根据该定律，蛋白质、脂肪和碳水化合物可以按其卡路里值成比例地相互替代。[102] 正是在这些时期，全世界都开始广泛地把人类自身也类比为一种动力机器。[103] 尽管这种类比由来已久，但人体还是有其特殊性的。活体会燃烧其燃料，但同时也会在细胞层面进行分解和再合成。生物体具有自我更新、自我修复，以及神经调节、动态化的特性，使其在代谢上与非生物引擎截然不同。

这种代谢—热力学框架使得人们可以更精确地量化饮食。多萝西·林赛（Dorothy Lindsay）发现，在格拉斯哥的一些“完全可以称为穷人”的人群的饮食热量从未达到3 000卡路里。[104] 从事特定活动所消耗的卡路里水平也被明确计算出来。1917年，英国皇家学会的

食品（战争）委员会计算出：一个裁缝每天需要2 750卡路里，石匠
需要4 850卡路里，伐木工人则需要5 500卡路里。他们还对肌肉效率
水平在不同时间段的变化进行了计算，结果显示餐后的生产率明显上
升。[105] 这种新的能源效率的知识体系很快得到了较为广泛的应用。英
国人通常使用三种比较参照系。第一是欧洲。詹姆斯·琼斯（James
Jeans）对劳动力产出的研究显示了英国人的劳动生产率遥遥领先，而
意大利经济学家弗朗西斯科·尼蒂（Francesco Nitti）则认为这是英国
人偏爱口味浓郁、多肉的饮食习惯造成的。[106] 尼蒂不过是在重复一种
既定的说法，即英国人强大的原因是他们比其他欧洲人吃更多的肉。[107]
1841年，参与修建巴黎—鲁昂铁路线的英国工人的表现就是很好的例
子。当他们的表现优于法国工人时，生理学家将英国工人大量食用牛 177
肉视为原因；而当法国工人也开始吃更多肉以后，他们的表现果然得
到了改善。[108] 1895年，德国经济学家格尔哈特·冯·舒尔采-盖弗尼
茨（Gerhart von Schulze-Gävernitz）提到“英国（棉花产业的）工人的
营养状况特别好”，他们以肉类和小麦为食，而他们的德国邻居们则
主要吃土豆。[109] 第二个参照系的框架是种族—殖民主义。若与南亚劳
工比较，就能看出英国的优越性。加尔各答的生理学教授、高蛋白质
摄入倡导者D. 麦凯（D. McCay）少校认为，孟加拉人的饮食导致印度
劳工“没有持久力、无法守时、缺乏精力和规律性”。尽管孟加拉矿
工的工作条件更轻松，但每人每年的煤炭产量仅为英国矿工的四分之
一。[110] 不过，麦凯倒是对富含蛋白质的锡克教饮食大加赞赏，麦卡里森
（McCarrison）也持相同观点。[111] 另一些人则强调是气候和种族因素导
致了殖民地新陈代谢的紊乱。[112] 值得注意的是，这种所谓的代谢差异本
质上是历史的产物，并且英国在印度的统治方式就包括有计划地维持
这种差异，殖民权力是通过强迫殖民地的人口处于饮食劣势来表达的，
而这种劣势本身又可以被用作推动印度向英国饮食模式发展的借口。[113]
第三个参照则是美国。与美国工人进行比较，通常会暴露出英国饮食
的劣势。阿特沃特（Atwater）认为，“美国工人比他的欧洲兄弟拥有

更强大的体魄和更多的食物热量”。[114] 从事中等体力劳动的美国男性每天应摄入3 500卡路里，这一需求与他们的实际摄入量基本一致。[115] 到1900年，美国人的热量消费水平就明显超过了英国。[116]

第三个参照系进一步强调了英美饮食的统治地位，因为英国和美国都拥有大量廉价的肉类、小麦和糖：“英格兰和美国是两个最大的肉食国家；这或许是因为它们是最富裕也最勤劳的两个国家。”[117] 有人把饮食与政治扯上关联。维尔纳·松巴特（Werner Sombart）指出：“所有的社会主义乌托邦都在烤牛肉和苹果派上化为乌有。”[118] 沙纳汉（Shanahan）指出了一个以肉类力量为基础的等级制度，从俄罗斯到德国再到英国，然后是英国的殖民地和美国。这些国家的排列顺序按照其国民的“神经活力和驱动力”依次递进。[119] 肉类、小麦和蔗糖为地球上两个最强大的经济体提供了动力，这一观点与一些学者的观点不谋而合，这些学者认为经济腾飞与英美的饮食模式存在密切联系。罗伯特·福格尔（Robert Fogel）认为，卡路里摄入量的增加，以及更好的服装和住所，使得投入于工作的热量更多了。这种“热力学对经济增长的贡献”约占英国自1790年以来经济增长的30%。[120]

178 于是我们便面临着一个矛盾现象。尽管当时的人们嘲笑英国工人阶级的饮食过于贫乏和不健康，但它相对而言也算是富有营养的，并显然在英国经济起飞和持续增长中发挥了重要作用。之所以存在这样明显的矛盾认知，也是有若干原因的。有一些对英国工人的饮食的批评显然被阶级偏见所扭曲。虽然这种饮食单调，但一般而言都是充足够吃的。另外，这类研究还忽视了大量没有工作报酬且营养不良的劳动力，那就是妇女。[121]

不同性别的新陈代谢

扬·德弗里斯（Jan de Vries）认为，如果不考虑与工业革命相辅相成的“勤劳革命”（industrious revolution），即家庭对商品的积极渴望和消费，就无法真正理解工业革命。当生肉和蔬菜变成了美味可口、滋养身体的一餐，这种转变就产生了一种“Z商品”（Z-commodity）。[122] 在这一过程中，商品的价值可增可减：食物可以是诱人的，也可以是难以下咽的；食物残渣可以丢掉，也可以回收再利用。如果单纯关注食物的生产或消费，就会忽略家庭——它也是社会代谢循环的延伸：正是在厨房这个空间里，各种商品变成了用于人体代谢的餐食。此外，到19世纪晚期，负责在厨房做饭的重担几乎全部落在了女性身上。

一旦家庭的收入超过贫困线，家庭往往不再将妻子当作外出赚钱的劳动力，而让她从事家务劳动，将精力集中在创造舒适、健康和营养的“Z商品”上。[123] 19世纪晚期曾有过一种思潮，他们密切关注母亲的角色，将其视作撬动一个帝国的支点，而这就与前述的现象吻合。[124] 家庭聚餐成为家族力量的代谢和情感来源，是“家庭生活的圣事，是维系家族的手段之一”。[125] 人们开始担心工人阶级的妇女是否掌握了烹饪知识。比如1897年利物浦自愿救济协会委员会进行了一次家庭访问，发现工人阶级的妇女“并没有什么正确的烹饪知识”。[126] 纽曼认为，公共卫生教育的一个关键方面就是培训烹饪技能。[127] 1870年，英国的小学正式引入烹饪课程，并在1878年成为女孩们的必修课。[128] 烹饪的信息以及家庭生活的相关内容会通过期刊［如1922年首次在英国出版的《好家政》（*Good Housekeeping*）］、BBC的广播、烹饪课程（见图6.3）、展览、营销技巧以及“女童军”或“全国食品经济联盟”等机构传递给未来的家庭主妇们，形成了一个庞大的体系。家庭主妇们就是在这个体系中被传授知识、被质询，还常常因为膳食不够丰富而备受指责。[129]

创建一个有效的新陈代谢设施，离不开一个独立的空间和技术环境——厨房。在整个19世纪，工人阶级的厨房往往兼具多种用途：比

179

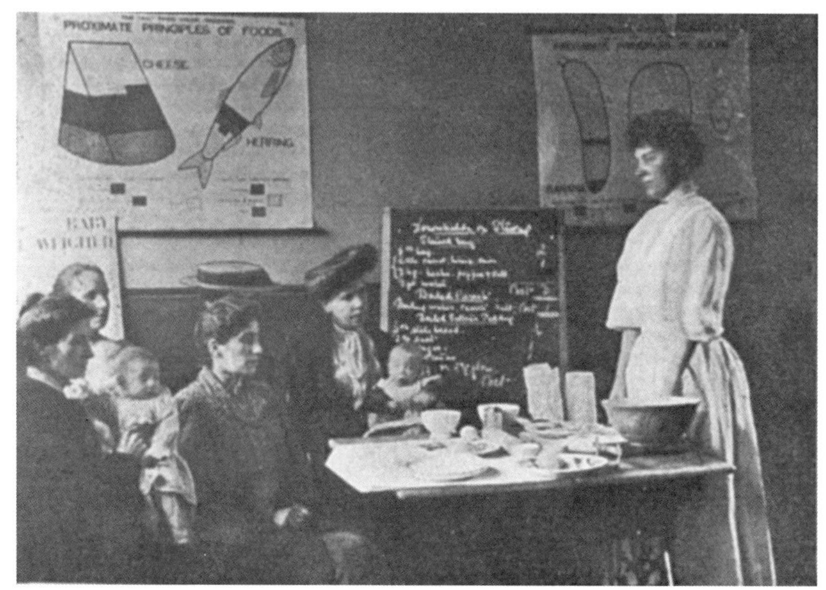

图6.3　伦敦郡议会的烹饪课，1907年。可以看到课程只针对母亲。另外图中还有食品成分和价格说明

如洗衣、起居和睡眠。通过法律和建筑的手段，这些五花八门的活动慢慢实现了空间上的分隔，不过至今仍然会常常见到英国人在厨房洗衣服。[130]样板房项目通常设有独立的厨房空间。[131]然而，这种变化是逐渐发生的，一个独立的空间并不意味着它只有一种用途：根据1938年的一份报告，伦敦在过去十年建造的住宅区中，仍有84%的住宅使用了“在起居室里做饭这个糟糕的老办法”。[132]

从19世纪开始，在明火之上安装加热板的封闭式炉灶在很大程度上取代了开放式的炉灶。[133]到了19世纪60年代，厨房设备一般还会包括烤箱。[134]这些厨房设备使得烹饪方式更加多样化，再加上家用炉火和煤气灯，它们把家庭的新陈代谢与巨大的矿物能源系统联系起来。曼彻斯特的烟雾污染通常在用餐时间达到高峰，特别在周日的午

餐时间。[135] 没有家庭供暖功 180
能的煤气灶（见图6.4）从1828年已经开始出现，但直到19世纪90年代自动贩卖机技术开始发展，再加上请女性来示范做推销之后，燃气灶才开始广泛被人们所接受。[136] 第一台大规模生产的煤气灶是煤气灯和焦炭公司（the Gas Light and Coke Company）的Horseferry牌灶具，1892年全英约有六七千台该灶具投入使用。[137] 煤气在照明、取暖和烹饪等方面的广泛使用，不仅降低了生活的成本，而且逐渐淘汰了过去几十年中五花八门的烹饪方式和燃料。[138] 到1901年，大约三分之一的英国家庭拥有燃气灶（有的是租来的）；1947年，这一比例达到四分之三。[139] 20世纪20年代，郊区半独立式住宅建设的
迅速发展推动了电灶的普及。[140] 这样的新技术往往不会受到所有人的 181
欢迎。在杰里米·西布鲁克（Jeremy Seabrook）的自传《底层人民》（*The Unprivileged*）中，他回忆起他的祖父坚信煤气炉会污染食物，为此，他的祖母只好每次在他下班回家前，把用煤气灶做好的晚餐移到明火灶上，这一“仪式”一直持续到他祖父去世。[141]

图6.4 塞满了肉食的煤气灶

From Thomas Newbigging and W. T. Fewtrell, *King's Treatise on the Science and Practice of the Manufacture and Distribution of Coal* Gas, 3 vols. (London: W. B. King, 1882), vol. 3.

然而，许多工人阶级的人们直到20世纪末仍在使用陈旧、破损和低效的明火炉灶（事实上，现在仍有很多人这样做），使用预付费的电表可能会导致时间过于紧迫而没能把食物煮熟。赖斯（Rice）的

《工人阶级的妻子》（*Working-Class Wives*, 1939年）描述了几个使用明火做饭的女性。埃塞克斯郡的C夫人因为没有炉子，而使用一个明火灶来做饭。[142] 明火炉灶在20世纪20年代英格兰北部的大多数家庭中普遍地存在，至少到20世纪70年代，在苏格兰某些地区还在使用明火烹饪。[143] 在诸种限制下，人们越来越倾向于购买预制食品。

维多利亚时代的烹饪书在描述厨房设备时最喜欢用繁复的词语来故弄玄虚，比如大菱鲆壶、煎蛋卷锅、插肉针、四加仑铁炖锅、鸡蛋篮、肉豆蔻磨碎器、肉汁滤网等。[144] 这样的清单完全不能代表大多数19世纪和20世纪初厨师所能使用的设备。爱德华·史密斯指出，工人阶级家庭“非常缺乏炊具”，而里夫斯（Reeves）则观察到，“一个水壶、一个煎锅和两个烧得焦黑的平底锅，往往就是全套烹饪的器材”。[145] 这一困境因清洁技术有限而雪上加霜。罗伯特·罗伯茨（Robert Roberts）认为，煎锅就是最普遍的英国厨房用具。[146] 报告显示英国人还会用剪刀切土豆或者用铁桶来烹饪。[147] 罗恩特里发现有些家庭在一张连盘子都没有的桌子上用餐。不过和那些在床上吃饭的人相比，这似乎还是很奢侈的。[148] 从19世纪后期开始，妇女们用上了廉价、批量生产的炊具，她们终于可以更高效地烹饪并提供食物。

另一个显著问题是缺乏食物的储藏空间，食物“经常上顿接下顿地摆在桌上”。[149] 一份对1905年至1908年的科尔切斯特（Colchester）的调查显示，在2 669间住所中，没有配备食品柜的占92.8%。[150] 这就解释了为什么穷人经常只购买少量食物（虽然这样做并不经济）。在单间的住所中，人们与食物共处一室，食物很快就会变干、变质或被虫鼠吃掉。有的家庭开动了脑筋，将抽屉柜、洗衣机和橘子箱等空间变成橱柜来放置食品。[151] 萨维奇指出，良好的食物储存技术和防潮工艺一样重要。[152] 于是通风的茶水间、储藏室和橱柜开始出现在住宅模型图中。[153] 更小的储存技术，如罐子、箱子和盒子等开始在市场上销售。在温暖的夏季，尤其像牛奶这样的易腐败的食品往往很快变质。有些方法可以临时用来延缓牛奶变质：比如用纱布盖住奶瓶、用橡皮筋固定瓶口的纸封、将瓶子放在冷水里、煮沸消毒或使用特殊的瓶口等。[154] 不过许多人还是觉得吃炼乳更实惠。同时，家用冰箱的普及速度相当缓慢，到1938年，大约每两百人中才有一人拥有家用冰箱。[155]

尝试用合作化或女权主义来替代个人主义的家庭厨房的方案均告失败。[156] 1874年，《建筑新闻》（*Building News*）刊登了一份私人公寓的社区设计方案，提出只用社区中的一个公共厨房为大家提供食物。[157] 十年后，沃尔夫（Wolff）尝试为英国的劳动人口开发公共厨房，让家庭摆脱购买和准备食物的困难，还能减少烟雾的排放。[158] 然而，根深蒂固的自由个人主义观念和家庭自治思想使得这些计划举步维艰。[159] 英国也没能成功构建食物的配送系统。伦敦配送厨房有限公司（London Distributing Kitchens Limited）在 1901年提出通过电动车配送豪华餐食的计划也以失败告终。[160] 公共厨房仍然会让人怀疑是克鲁泡特金主义者的构想，它只会出现在像H. G. 韦尔斯（Wells）的《现代乌托邦》（*A Modern Utopia*）这样的书中，因为乌托邦主义者认为私人厨房代表着荒谬和倒退。[161]

与此同时，英国男性和厨房之间的距离越来越远，甚至到了格格不入的地步。在查尔斯（Charles）和克尔（Kerr）的《妇女、食物和家庭》（*Women, Food and Families*, 1988年）一书中，倒霉的丈夫们常常发现要把冷冻豌豆煮熟几乎是一项不可能完成的任务。[162] 然而，男性获取的食物却比女性多得多。膳食手册和相关研究一再建议，女性通常只需要男性摄入热量的80% ～ 90%。[163] 这一比例有时被简单地视为理所当然，有人也通过引用男女的体积、体表面积，以及劳动强度的差异来进行论证。不过在劳动强度方面，他们通常忽视了女性在从事家务劳动时的体力付出。在今天，尽管女性的脂肪分布和荷尔蒙可能造成的影响会被考虑进去作为变量，但人们仍然在引用类似的数字和观点。[164] 在细胞层面上，女性的新陈代谢被认为较慢，能量消耗“不那么剧烈”。[165] 相比之下，在男性身体当中，相较于“建设性/植物性”的代谢，“破坏性/动物性”的代谢占主导地位。[166] 实验证据表明，从十岁开始男性的新陈代谢水平就比女性更高。[167] 在英国社会的整体代谢体系中，更多的能量流向男性、流经男性、从男性流出，科学研究将这种不平衡的代谢情况视为自然的、正常的。

与此同时，国际联盟制定了一份所谓的通用膳食，将人均每日基本摄入量定为2 400卡路里，并根据肌肉运动情况进行适当浮动。[168] 然而，科学家们通常只研究男性的饮食习惯，并简单地附加对女性的计算，而且这往往是出于他们自己的偏见。然而研究却反复表明，女性的饮食比人们想象中的更差，特别是在下层社会中。工厂女工通
183 常被描述为营养不良、面容憔悴的模样。[169] 托马斯·奥利弗（Thomas Oliver）认为，东区女针线工的饮食实际上是“一种‘饥饿饮食’，因为它只含有200克碳和9克氮”，而女铅工的饮食同样糟糕。[170] 他计算出男性每天的摄入热量为3 321卡路里，而女性只有1 870卡路里。[171] 1932年，卫生部的两项研究显示妇女营养不良的情况十分严重，却轻描淡写地将此归咎于缺乏合理的饮食知识。[172] 1936年，威多森（Widdowson）和麦坎斯（McCance）研究63名19岁到62岁之间的女性后发现，她们的平均热量摄入量只有不到男性的70%。三分之一的受访女性每天摄入的热量低于2 000卡路里。[173] 这样的证据表明，如果仅依赖工资水平和当地物价的情况来推定19世纪末妇女饮食得到了改善，则可能忽视了家庭内部存在的深层次的营养不平衡问题——特殊的“Z商品”的配置结构。[174]

肉类和男子气概之间的强大关联，造成了肉类消费中的代谢不平衡。威多森和麦坎斯的研究表明，女性摄入的蛋白质比男性少31%。[175] 在贫困家庭中，肉通常是给“一家之主”的男性吃的。例如莱斯特郡的一名妻子就认为，虽然她喜欢吃肉，但要把肉留给丈夫，因为“他必须得吃肉”。[176] 这种将地位高的人与地位高的食物联系在一起的逻辑，却得到了科学研究的支持。科学研究得出的结论是，男性比女性需要更多的蛋白质，尤其是来自肉类的蛋白质。[177] 正如艾伦·罗斯

（Ellen Ross）所雄辩的那样，这一现象只关乎地位高低，而非工作量的多少。[178] 女性通过给丈夫做饭来表达对丈夫的爱，这一普遍的观念也在文化上合理化了。她们是食物的提供者，而不是接受者。包围着女性的是一套精巧的（厨房）装置，目的就是要她们更完美地满足男性的饮食需求（见图6.5）。[179] 差异化的热量和蛋白质摄入是所谓“勤劳革命”的代谢核心。食物关系中包含了一种自我牺牲的元素：“她（母亲）决定给他（父亲）足够的食物，剩下来的就留给自己和孩子们。”[180] 爱德华·史密斯注意到，即使是一餐后剩下的肉，也是要留给男家主的，以便在工作时冷食或晚餐时重新加热食用。[181] 贝顿太太的《家政管理》一书就充满了一种资产阶级版本的牺牲感，为了表达这种牺牲，她用切碎的鹅肉和素牛肚来代替培根和白面包，可惜这种自我感动的表达并没有多少实际意义。[182]

因此，在女性的饮食中，碳水化合物通常比男性更丰富，蛋白质更少，经常只有面包、茶、人造黄油和糖。纽曼抱怨说，许多工人阶级的女孩直到中午才有东西吃，其他时间全靠喝茶维持。[183] 20世纪30年代在朗达市进行的研究发现，女学生的伙食导致了她们的身体比男学生更羸弱。[184] 在孩童们的回忆中，他们的母亲从不吃正餐，而是啃 184
面包代替。[185] 约瑟夫·威廉姆森在他的自传中回忆说，有两天他的母亲仅靠“一根在水沟里捡到的生胡萝卜和一点水”充饥。[186] 几乎可以肯定，女性比男性更容易挨饿。伯明翰的卫生保健医生指出，工人阶级的母亲们常常“忍饥挨饿”，将有限的食物分给其他家庭成员，而自己则“处于半饥饿状态”。[187] 压抑的烹饪环境更令女性的处境雪上加霜，女性经常为了监督多个孩子的饮食，而无法从容地进食和消化：“她（母亲）发现站着吃饭更舒服。”没什么热量摄入的饮食，再加上过度劳累，使女性的身体长期受到病痛的困扰：头痛、静脉曲张、贫血、便秘、消化不良和背痛等症状比比皆是。[188] 这些证据表明，生活水平的提高并没有完全缓解营养压力，因此学者们认为营养压力是新石器革命以来女性生活的一个特征。[189]

185

A kiss for a gas cook!

It's the exact temperature control that's the secret of cooking by gas. Light a burner and it gives full heat instantly; turn the *visible* flame up or down and the change of heat is immediate. The merest glimmer for a slow simmer, or a full flame for a fast boil—they're instantly possible with gas, while the oven heat is automatically controlled and you get perfect results every time.

GRATITUDE TO A GOOD COOK! Gratitude also to a good cooker! They cook better, are easier to clean and save their cost by saving gas. Mr. Therm's hire purchase terms are really easy!

Good-it's GAS!

The Gas Industry makes the best use of the Nation's coal

Issued by THE GAS COUNCIL

图6.5　煤—肉食—爱情。1955年燃气委员会的广告，以馅饼为媒介，明确表达了食物与爱情之间的两性交换

比较研究表明，19世纪晚期和20世纪早期的城市条件对年轻孕妇的营养状况尤其不利。[190] 赖斯记录了谢菲尔德（Sheffield）的37岁的H太太在怀孕期间“几乎完全靠面包和茶生活”。还好她还有一副不错的假牙。[191] 19世纪末的一名妇女莱顿夫人（Mrs. Layton）回忆说，她“在怀孕期间营养不足，因为缺乏营养和对身体的关注，几乎丧命”。[192] 帕顿总结道，实验表明，如果母亲营养不良，“婴儿在出生时就会处于较低的健康水平，很容易在时常遭受的困难中夭折”。[193] 现代人已经了解了孕产妇营养不良、胎儿宫内发育迟缓（尤其是在前三个月）、出生体重过轻等问题和日后患上代谢性疾病的风险之间存在着密切的因果关系。[194] 生命早期的关键阶段具有“可塑性和对环境的敏感性”的关键时刻，可能会影响人类的基因表达，从而影响身体处理食物的基本系统，这就是贫困人群会面临更大代谢风险的其中一个原因。[195] 这个假设认为食物会留下“印记”，而这标志着新陈代谢概念的深刻转变。[196] 最近的表观遗传学的发展也为这些论点提供了谨慎的支持。[197]

婴儿和儿童

在1907年出版的《婴幼儿生命保育》（*Preservation of Infant Life*）一书中，艾米莉亚·坎塔克（Emilia Kanthack）呼吁通过营养改良来对抗“种族恶化和种族退化”：“我们不仅要让婴儿活下来，还要让他们成为健康的小生命。”[198] 督学阿尔弗雷德·艾奇霍尔兹（Alfred 186
Eichholz）在身体退化跨部门委员会（Inter-Departmental Committee on Physical Deterioration）上指出，食物是导致身体退化问题的根源。[199] 人们从文化上担忧国家衰落之时，也正是婴儿死亡率居高不下之时。1876—1899年间，英国的总体死亡率从21.0‰降至17.4‰，但婴儿的死亡率却从146‰升至156‰。[200] 包括伯明翰、米德尔斯堡和谢菲尔德在内的一些城市，婴儿的死亡率甚至达到了200‰。[201] 1915年，休·阿什比（Hugh Ashby）观察到，在所有一岁前的婴儿死亡病例中，有20%是由腹泻引起的。[202]

在19世纪后期，腐败物常被认为是污染空气、渗入食物并传播婴儿腹泻的罪魁祸首。[203] 有些人将问题归咎于牛奶的质量不合格；[204] 另一些人则强调是气候异常的原因，尤其是世纪末时出现了几个异常炎热干燥的夏季。[205] 不过，被人们所忽略的关键因素却是家蝇。滨海绍森德（Southend-on-Sea）的卫生官员J. T. C. 纳什（J. T. C. Nash）在1902年注意到了这一点。[206] 研究表明，苍蝇多毛的腿和身体非常适合收集、输送和沉积细菌。它们会被腐烂的有机物和人类的食物所吸引，在食物上疯狂地吐出和排泄各种微生物。[207] 温暖的天气加速了苍蝇的生命周期和有机物的腐败速度，从而引发腹泻的暴发，而城市里大量的马匹和破旧的卫生设施又产生了大量的粪便，为苍蝇蛆虫的发育提供了条件。一项研究得出结论，苍蝇在温带地区的影响相当于蚊子在热带地区的影响。[208]

感染的传播源于家蝇的生存环境和工人阶级的厨房空间之间的交互，满是诱人的糖和炼乳的厨房则为苍蝇提供了暴露的着陆空间。阿瑟·纽索姆（Arthur Newsholme）愤怒地说，必须先把苍蝇“从半空的炼乳罐中挑出来”，然后才能把剩下的炼乳喂给婴儿。[209] 卫生报告满是描写食物上“布满苍蝇”的报道；[210] 而婴儿奶瓶上的苍蝇则是卫生报告的另一主题。[211] 由于热水供应有限，清洁奶瓶（尤其是老式的长管奶瓶）和奶嘴变得极为困难，而温暖的夏天、甜腻的液体、密集的人口、潮湿的粪堆、糟糕的卫生条件、有限的储存空间和人工喂养方式为腹泻感染提供了理想的条件。利物浦的一项研究表明，在3个月以下的婴儿中，使用人工食品和母乳混合喂养的婴儿的死亡率是仅以母乳喂养的婴儿的15倍。[212]

婴儿喂养过去是现在也仍然是围绕自然与人工之争而展开的最
187 关键的实践之一。亨利·蔡平（Henry Chapin）宣称：“从生理学的角度来看，人工喂养的婴儿可视为早产儿，除了母乳之外的任何东西对他的消化道来说都是陌生的。”[213] 母亲不应该“把自己的责任推卸给乳牛”。[214] 化学分析揭示了人奶和牛奶之间的显著差异，后者的蛋白质和钙含量要高得多，其凝块较重且很难消化，会导致消化不良和便秘，使得婴儿的大便“坚硬、糊状、略干燥、呈淡黄色、带有微弱的氨味”。[215] 牛奶最好通过稀释或更精确的方法进行“人乳化”的处理。亚瑟·梅格斯（Arthur Meigs）建议的配方为：10毫升奶油、5毫升牛奶、10毫升石灰水（以中和牛奶的酸性）、15毫升水和2.2 克奶糖。[216] 由于这些原料价格昂贵，“人乳化”的牛奶在英国从未流行起来。[217] 在英国，更普遍的是婴儿专用食品，它们通常以谷物为基础，因其高碳水、低脂肪的成分而经常受到批评。医生埃里克·普里查德（Eric Pritchard）抨击其为“在商业企业的祭坛上牺牲无辜者的献祭”，因为食用这种食物的婴儿“脑袋又大又方，表情愚钝，肚大腰圆，手掌像个铁锹，腿脚笨拙，整个人看起来活像一块果冻”。[218] 炼乳也很受英国民众的欢迎，但其高含糖量为人们所诟病。大量食用炼乳可能会导致坏血病，即使富裕的家庭也不例外。[219] 普里查德认为，糖会导致婴儿“肥胖、虚弱、呆滞、多汗且佝偻”。[220] 有些婴儿则是父母吃什么，他们就跟着吃什么，例如培根、土豆、腌菜和茶等。[221]

因此，在受到人工喂养的威胁后，母乳喂养作为一种典型的“天然”的实践，又获得了新的意义。1905年，麦克利里警告人们说，母性的功能“正在现代文明女性中萎缩”。[222] 这种退化导致了拉马克所说的“泌乳功能几乎消失”的情况。[223] 还有人担心在工厂就业会影响工人阶级妇女的“泌乳过程”。[224] 婴儿的生理和智力发展也受到了威胁。早在20世纪30年代，人们就已经形成了一种根深蒂固却又似是而非的观点：母乳喂养的婴儿比人工喂养的婴儿更聪明。[225]

然而，并没有确凿的证据表明英国的母乳喂养率很低。母乳喂养在英格兰的都市中似乎很普遍，而纽索姆也认为在工人阶级的母亲中，母乳喂养是很正常的事。[226] 20世纪前20年，伦敦近86%的婴儿完全由母乳喂养，只有7.6%的婴儿从出生起就采取人工喂养。在南安普顿和斯托克等城市里，母乳喂养的比例则会更低一些。[227] 据合理估计，在1910年前后，约有80%的工人阶级的母亲会采取母
188 乳喂养。[228] 还有一些评论家甚至担心母乳喂养过度的问题。一名医生在1904年指出，在“医院门诊病人”中，两岁的儿童仍在用母乳喂养的情况并不罕见。[229] 不过，母乳喂养率在整个20世纪确实下降了，而这一转变产生的不利影响也被不断改善的卫生条件所抵消。[230]

这一时期，英国的市政当局还借鉴纽约和巴黎的先驱实验，对婴儿和母亲的喂养进行了干预。1899年，英国第一个婴儿奶站在圣海伦斯建立。随后，利物浦（1901年）、巴特西（1902年）、布拉德福德（1903年）、伯恩利、格拉斯哥、邓迪和芬斯伯里（均为1904年）也相继建立了婴儿奶站。[231] 1904年的《身体退化报告》（Physical Deterioration Report）建议在每个城镇建立婴儿奶站。[232] 圣海伦斯的奶站提供用奶油、糖和盐进行稀释的人乳化的牛奶。[233] 这些奶瓶和“那些Tennent's牌啤酒的酒瓶”差不多，一提里面有九瓶，由家长们成批取回，并返还空瓶，有时也会由一些男孩骑自行车递送。[234] 若空瓶出现破损，则每瓶加收一便士的费用。[235] 在巴特西，牛奶由当地卫生官员麦克利里（McCleary）选定的一家农场根据合同供应，每天早上，牛奶会被装在密封的桶里送到议会的仓库，并随附质量保证书。牛奶经过滤和人乳化，并根据不同年龄的婴儿进行了改良。七个月大的婴儿喝到的就是完全没有经过人乳化调整的牛奶（见图6.6）。[236] 母亲们学会了如何将奶瓶放在热水中加热消毒。奶站服务规模最大的是利物浦。截至1909年底，利物浦已为约1.6万名婴儿提供了牛奶。[237] 奶站的倡导者们会夸口说，奶站喂养的婴儿死亡率要比传统方式喂养的更低，不过选择奶站的人们普遍关注的是牛奶的干净，而不是不愿母乳喂养。[238]

189

INFANTS MILK DEPOT, BATTERSEA.

A 24 hours' supply for a baby over 8 months old. Each bottle contains 7 ozs. of unmodified milk.

图6.6　巴特西婴儿奶站的牛奶瓶

From G. McCleary, *Infantile Mortality and Infants Milk Depôts* (London: P. S. King & Son, 1905).

然而，由于成本高昂和诸多不便，这一运动便很快陷入困境。[239] 伍尔维奇的奶站于1909年7月31日关闭。[240] 给婴儿称重这一做法发源于法国，却在英国经常因为一些迷信观念而遭到抵制。[241] 1913年，伦敦大学国王女子学院（King's College for Women）的卫生学讲师珍妮特·莲-克莱邦（Janet Lane-Claypon）认为，建立奶站不仅成本高，而且还会导致人们更倾向于采取人工喂养的方式。[242] 不过，这些奶站逐渐被更全面的母婴福利机构所取代，尤其是一战之后。[243]

1906年3月，首个婴幼儿福利中心在圣玛丽波恩诊所（St. Marylebone Dispensary）开业。[244] 1907年，婴儿健康协会（Infants' Health Society）开始提倡母乳喂养。[245] 在婴儿展览会上，主办方还会为母乳喂养的孩子分发奖品。[246] 卫生视察员和视察员则会宣讲婴儿喂养的相关信息。[247] 人们越来越认识到，健康不仅取决于婴儿自己的营养，而且“还特别依赖于他出生前母亲的营养状况”。[248] 到了20世纪30年代，卫生部咨询委员会指出孕妇和哺乳期妇女每天应饮用约两品脱牛奶，而儿童基本保障委员会（Children's Minimum Council）则建议母亲和儿童应该享受廉价的牛奶，并“作为一项社会政策”。[249] 人们开始了解饥饿饮食所带来的病理后果。对酒精和胎儿病理之间的因果关系（今天被理解为胎儿酒精谱系障碍）的阐释越来越精确。1899年威廉·沙利文（William Sullivan）的研究和1900年莫里斯·尼克卢（Maurice Nicloux）的研究表明，酒精会传递给胎儿并产生损害，甚至有毒性作用。[250] 阿什比对此也表示赞同。他认为，如果酒精进入胎儿体内，它“可能会损伤组织，阻碍细胞的发育”。[251]

20世纪初，婴儿死亡率出现了显著的下降，从1900—1910年每千名新生儿中约有128人死亡下降到1950年时的33人。[252] 城市卫生条件的改善是主要原因，但针对妇女及其婴儿的产前和产后护理新技术也带来了一定的饮食改善。彼得·麦金利（Peter McKinlay）于1928年得出结论，认为当时已经形成了一个“庞大的全国妇幼福利机构”，
190 覆盖婴儿生命的“产前、分娩和产后”阶段。[253] 从19世纪70年代开始，生育率明显下降，这确保了每个孩子得到更多的关注，对妇女的教育也发挥了重要作用。[254] 妇女结核病的死亡率可在一定程度上反映母亲的健康状况，它也从19世纪60年代到20世纪初期持续下降。[255] 我们可以谨慎地得出结论：到20世纪30年代，孕产妇和胎儿营养不良的情况正在减少。不过这必须同时考虑到城市地区长期存在的贫困状况，以及新型代谢紊乱和神经性厌食症正在缓慢出现。

人们普遍认为，在断奶后，牛奶仍应是孩子饮食的主要成分，然

后逐渐添加碳水化合物和动物蛋白。然而研究表明，工薪阶层的孩子很容易被富含碳水化合物的饮食所吸引。他们所吃的面包经常被切成厚片，再抹上果酱、黄油或人造黄油。[256] 1936年，乔利的医疗卫生官员安德森（Anderson）的一项研究显示，孩子们吃下的薯条远远多于家常煮土豆或肉类。[257] 这种不平衡的饮食通常严重缺乏脂肪和蛋白质。随着家庭规模的增加，人均蛋白质摄入量下降，而且还有证据表明失业率会影响儿童的身高。[258] 伦敦一所学校的医疗检查员R. J. 科利（R. J. Collie）认为，营养不良可能会使儿童出现“功能性智力缺陷”。[259] 淀粉质的饮食会导致大便过于厚实：“这些像男人的胳膊一样粗的粪便，我不知道它们是怎么从孩子的身体里排出来的。”[260] 这种饮食使得儿童很容易患上麻疹等疾病，而营养不良又会加重这些疾病的影响。[261] 儿童的营养不足还加剧了城市中普遍存在的佝偻病问题。[262] 1906年，威廉·罗伯逊（William Robertson）博士检查了806名利斯（Leith）的儿童，发现近七分之一的儿童患有佝偻病，近十二分之一的儿童患有脊柱弯曲症。[263] 1919年，梅兰比（Mellanby）证实脂溶性维生素D缺乏是导致佝偻病的根本原因。[264] 这种“营养学的新知识”使得对饮食缺陷的精确计算成为可能。1936年，麦戈尼格尔（M' Gonigle）和柯比（Kirby）发现，接受常规医疗检查的儿童中，有23.9%患有某种形式的营养不良。[265] 人们越来越担心“隐性的营养不良”正在破坏个体和社会的功能，不过在标准的衡量方面还是难以达成共识。[266] 这种代谢的缺陷使经济上的差异变成了生理上的差异：“穷人的孩子和上流社会的孩子在体格上的惊人差距，正是食物和环境的差异造成的。”[267]

面对大量的营养缺乏症，人们呼吁政府干预，以防儿童成长为“软弱无力的人”。[268] 学校的饮食便成为国家采取干预的一个潜在领域。[269] 费边主义者希望学校能够普遍实行供餐，而那些认为学校 191
供餐干涉了私人领域的观点，则遭到了费边主义者们的攻击。[270] 托马斯·麦克纳马拉（Thomas Macnamara）敦促“整个社会要承担对儿童身体状况的某些义务”。[271] 尽管保守党教育发言人威廉·安森（William Anson）等人抱怨不断，他们呼吁由慈善机构来支持学校供餐，但由纳税人支付的学校供餐还是逐渐扩展开来。[272] 1906年，《教育（供餐）法》[Education（Provision of Meals）Act] 允许地方政府将地方税增加每镑最多半便士的税率，为没有早餐的上学儿童提供免费膳食。至于哪些儿童能享受免费膳食的资格，则要通过贫困评定来确定。[273] 1914年和1921年的法案扩大了国家的权力，这意味着地方政府将不得不为贫困儿童提供膳食。此后享受学校供餐的儿童人数起伏不定：直到1944年，所有的地方政府都被强制要求提供学校餐食。根据弗农所得出的结论，地方政府所提供的是难看又难吃的肉食，以及煮得过烂的蔬菜，这显然都无助于拯救英国菜肴的坏名声。[274]

学校提供牛奶则是这一时期的另一个产物。1909年，伦敦郡议会开始向“特别需要或体弱”的儿童分发牛奶，一些学校还成立了牛奶俱乐部。[275] 1927年至1930年在苏格兰一项测试强烈表明，在饮食中添加牛奶可以改善各年龄段儿童的体重、身高和整体健康状况。[276] 尽管还是有些人对实验结果的统计可靠性持保留意见，但大多数人还是认为这些结果证实了牛奶能够切实改善儿童的健康状况。威廉斯认为，这些实验证明了在膳食中添加牛奶对儿童健康有着“奇妙的影响”。[277] 1929年是实施“牛奶进校园计划”（Milk in Schools Scheme）的第一年，约35万名学生每天购买三分之一品脱的牛奶，1933年这一数字达到100万。[278] 1930年的《牛奶法》将这一机制纳入了更广泛的国家牛奶供应体系中。到1939年3月31日，已有55.6%的儿童可以喝到免费或政府补贴的牛奶。[279]

这些计划使得学校的餐食供应变得更复杂，许多学校将牛奶作为餐食的替代品：到了1934—1935学年，在由地方教育机构提供的学校餐食中，牛奶单独供应的比例已达61.9%。[280] 各地区的供应量是不尽相同的。20世纪30年代末，每个儿童的平均饮用量从牛顿阿伯特（Newton Abbot）提出的每周1.31品脱到克鲁克（Crook）提出的每周

3品脱不等。不过，给儿童提供牛奶并不意味着他们一定会喝。[281] 此外，在殖民地和丹麦奶制品威胁英国奶农市场的时期，学校供奶计划显然成了促进牛奶销售的办法。牛奶行业把学校供奶变成人们根深蒂 192
固的观念，就像其他行业将糖和烟草的观念化一样，希望“孩子们从小就养成喝牛奶的习惯，并在以后的岁月里继续保持这种习惯”。[282] 所以，社会供给与国家对农业和工业的支持并不必然矛盾。

英国通过大规模进口牛肉、培根、面包、奶酪、糖和黄油，构建了其发展性饮食的蓝图，尽管这个蓝图并不美味，英国人的饮食还沦为了调侃的对象。第四章中探讨的监管机构以及母婴保健和学校供奶的兴起，使得英国的饮食在20世纪初变得更加安全，这无疑促进了身高和预期寿命的增长。这是经济史学家们普遍得出的结论。比如，罗伯特·艾伦（Robert Allen）总结道：西北欧因“大量消费白面包、肉类、乳制品和啤酒等昂贵而精细化的食品”而拥有“最高的生活水平”。他把西北欧的饮食与法国、意大利、印度、中国农民和工人的饮食进行对比，并指出这些国家的人民“一般以煮熟的谷物的准素食饮食为主，几乎不含任何动物蛋白”。[283]

然而，正如本章所示的，这些观察的结论忽视了这些营养物质在流通中的极度不对称的代谢途径。最糟糕的是，他们还忽视了男女两性之间真实的饮食差异，而这种差异使得产业工人比家庭主妇摄入更多的热量。这些观察更忽视了与膳食转变相关的、新的身体疾病的逐渐浮现，而这正是下一章所要详细论述的内容。

第七章 193

身　体

英国人的牙齿是世界上最差的。他们的牙齿状况简直难以形容。我们应该感到羞愧和屈辱，并下定决心，亡羊补牢。

——哈里·坎贝尔，《英国人的饮食怎么了？》（1936年）

在那些在医学技术和所谓生活水平取得空前进步的国家，我们正在见证人类身体的衰败——牙齿、动脉、肠和关节的衰退，规模前所未有。我相信这绝非虚言。

——沃尔特·耶洛斯，《沉疴遍地》（1979年）

1973年，外科医生丹尼斯·伯基特（Denis Burkitt）对饮食转型给身体带来的影响表达严重的担忧。阑尾炎、憩室炎、静脉曲张、深静脉血栓、痔疮、胆结石、冠心病、肥胖和疝气等疾病“在一个世纪前的西方世界还很罕见或不太常见……在野生动物中亦很少见或根本不存在”。伯基特将其归咎于脂肪和糖量摄入的不断增加，以及纤维摄入量的不断减少。他得出结论说，回归粗糙的饮食可能和戒烟一样对西方人的健康有好处。[1] 其他人的说法甚至比伯基特更直白。1980年，素食协会（Vegetarian Society）的医学研究官员艾伦·朗（Alan Long）将英国描述为一个由“便秘且牙齿全烂掉的胖子”组成的国家。[2]

当然，伯基特和朗都不是最早主张人类的进步会导致新型风险的人。[3] 然而，他们表达了一种新的焦虑：整个英国人口正因快速的、大
194 规模的饮食变化而面临威胁。这种担忧都集中在特定的器官和身体系统上（包括肠道、牙齿和血液），以及从阑尾炎到结直肠癌等突发的健康异常问题，这些问题似乎随着人类社会的繁荣而不断增加。虽然相关讨论变得越发夸张，但无疑有其直观的依据：由于盐、糖、饱和脂肪、麸质、精制碳水化合物和反式脂肪的摄入量不断增加，随之而来的便是龋齿、堵塞动脉、便秘和胰岛素抵抗。约翰·科普（John Cope）恼火地表示“文明人的消化器官，从嘴唇到肛门都在衰弱”。[4]

英国的全球粮食体系产生了两种新的地理格局。第一种更容易察觉，那就是重新配置的前沿景观——单一作物的北美草原、铁路和谷物仓库——它们为英国人的饮食提供了肉类、小麦和糖。第二种则是在消费者的身体系统中悄然形成的隐性地理变化。

进化与文明：作为主要病理现象的西方饮食

关于英国生活水平的争论往往集中在过去的两三百年间，涉及工资水平、预期寿命、人类身高和卡路里摄入量等变量。然而，伯基特提出的问题是将人类置于进化的时间尺度中来观察的。本书所讨论的食物系统应该被视为人类构建生态位的一种行为，产生了人类与其食物之间新的生态互动，而在许多情况下，人类的身体并没有进化到适合食用这些食物的程度。[5] 这种深刻的矛盾，使得所有声称饮食已经直接得到“改善”的说法变得没那么简单。进化生物学和人类学的发展创造出了另一种新视角，它能对饮食进行更严格的评估。英国人对卡路里或肉类消费进行计算的饮食方法不再被视为高明之举，而被指责为与早期更健康的饮食方式背道而驰。莱恩清晰地表达了一种进化的立场，认为“文明的生活方式存在着一些根本性的错误”。[6] 与之相应，

非西方人的饮食习惯也因此被不断美化。莱恩有意地将“土著人的简单生活”与“文明社会”的复杂生活进行对比，而与后者相伴的，正是一系列的“疾病状态”。[7]

因此，营养转型是非常矛盾的，它创造了一种推动进步的饮食，但也伴随着疾病的滋生。评论家们对英国饮食的方方面面都提出了批评。英国人的饮食过于精细化：“碾磨谷物的做法，就是文明人为了毁灭自己而发明的最糟糕的东西。”[8] 英国食物经过保存处理并追求耐久性，这反过来引发了人们对新鲜食物的强烈需求。[9] 我们应该注意到，195
英国食品制造商在腌菜、酱汁、调味品以及果酱、巧克力和饼干领域都取得了开创性的成就。[10] 这些食品高度浓缩，一般通过去除水分和纤维，将大量热量压缩在很小的体积之中，从而推动了零食文化的发展。这些食品的化学成分杂乱无章，含有大量为特定物理和味觉效果而设计的添加剂。这些“随意的食品混合物”包括油炸食品（结合了脂肪和蛋白质）和含有多种成分（乳清、麸质、味精等）的高度加工食品：“文明人……在饮食中引入了极为复杂的成分。”[11] 这些食物的分解和重组的过程带来了两个后果：一个是1887年首次发现的乳糜泻，另一个则是从20世纪初才被人们所了解的食物过敏现象。[12] 这种饮食口味浓重，尤其是含盐量高，导致人们“选择能满足他们味觉的食物，而不仅仅是填饱肚子的食物”。[13] 最后，对许多人来说，他们的食物变得过于丰富。“超加工”（Ultraprocessed）① 的现象或者催生这些代谢紊乱的因素，有时会被认为是一种全新的事物。[14] 然而很明显的是，至少在20世纪初，食物已变成麦卡里森所说的“‘死去’的燃料团块”（“dead” fuel mass）。[15]

因此饮食变化几乎可以与任何新出现的疾病或死亡率上升现象联系起来。20世纪50年代，一些书籍和作者曾认真地论证了糖和小儿

---

① 译者注：超加工指食品经过高度加工，含有大量添加剂、人工成分和低营养价值的成分。

麻痹症的关联。[16] 1937年，统计学家弗雷德里克·霍夫曼（Frederick Hoffmann）认为吃太多的“高能量食品”和“改良的物质”会导致癌症。[17] 在马恩岛和约克郡的部分地区，腌制食品（腌鱼和熏肉）则与癌症集中暴发有关。[18] 不过，白面粉和糖却是最常被指责的元凶。在《糖尿病》（*Diabetes*，1969年）一书中，克利夫（Cleave）和坎贝尔（Campbell）认为精制碳水化合物是所有食物中“与自然状态下的食物相比，变化最大”的食物。这种改变有三个方面：高度浓缩、去纤维以及去蛋白质。[19] 今天，学界普遍认为，精制碳水化合物会被人体迅速吸收，从而导致血糖和胰岛素水平急剧升高，引发胰岛素抵抗。糖的“迅猛之力”对人体来说无异于一种诅咒。[20]

人类学研究有选择地关注了那些基本不受饮食变化影响的人群，他们的结论支持了“西方疾病”与营养转型之间存在因果关系的观点，这与同时代的“殖民地营养不良”的观点截然不同。[21] 这里所强
196 调的，不是非西方世界的欠发达，而是西方世界的过度发展。普利姆夫妇宣称，尽管非西方人的生活明显更不卫生，而且暴露在“极端的寒冷和炎热的环境”中，但他们并没有患上“便秘、消化不良、胃溃疡和十二指肠溃疡、胆结石、阑尾炎、结肠炎、风湿病、癌症和糖尿病”。[22] 在《营养与身体退化》（*Nutrition and Physical Degeneration*，1938年）一书中，牙医韦斯顿·普赖斯（Weston Price）调查了尚未经历或正在经历营养转型的地区。他总结道，“依赖当地天然食品的与世隔绝的人群”几乎没有表现出虚弱和病症的迹象，但与全球市场建立商业联系后，这些群体开始接触西方食品，于是引发了一系列疾病。在外赫布里底群岛，“鱼类和燕麦制品加上少量大麦”的饮食结构使得人们仍然维持着不错的牙齿健康，但在“斯托诺韦的现代化地区”，蛋糕和果酱随处可见，“龋齿成为非常普遍的现象”。白面粉、糖和罐头食品令毛利人的健康状况急转直下。[23] 前现代饮食也开始受到推崇。哈里·坎贝尔（Harry Campbell）指出，农业社会之前的饮食中没有面包，也没有牛奶或精制糖。[24] 这些观点为当代“原

始人饮食法”（Paleo Diet）的兴起奠定了可能性，但这引发了糖业的强烈不满，其回应充满否认和争辩。[25]“当人类从古老的生活方式转变为西方的生活方式时，他们会经历腰围增加、胰岛素敏感性降低、血压升高以及一系列相关疾病。”[26] 这一论述是由斯塔凡·林德贝格（Staffan Lindeberg）在2010年提出的，但其实普莱斯、坎贝尔、莱恩，甚至拉佩都曾提出过这一观点，只不过他们在表达上略有不同而已。

这些矛盾还造成了混乱。1934年，《英国医学杂志》谴责了一连串“令人困惑”的饮食建议，因为这些建议削弱了人们对饮食专家的信任。[27] 生理学家爱德华·卡思卡特（Edward Cathcart）表示，要警惕这种不和谐的言论可能会引发“对食物的病态关注”。[28] 食物的物质多样性以及各种杂乱的建议让吃饭变成了一件有压力的事，导致“营养困惑”现象。人们的每一餐都在调和过去与现在、自然与人工之间的鸿沟。饮食问题催生了关于进步、自然、健康和身体存在的无休止的讨论，将“大星球的饮食”及其生态与各种神秘的、令人不安的人体变化联系起来。接下来，让我们将通过考察人的身体、牙齿到血液、脂肪和肠胃来了解这一切。

牙齿和下颌

阿瑟·基思（Arthur Keith）在1936年宣称：“现代人的牙齿状况有多么恶劣，这是众所周知的。”他对史前和古代英国人颅骨的研究表明，人类牙齿的形态发生了明显退化。[29] 1925年的一项研究表明，英国学龄儿童中大约13%的恒牙以及43%的乳牙患有龋齿，而1931年对伦敦学龄儿童健康状况的一项调查显示，88%至93%的学龄儿童“牙齿畸形或龋齿严重”。[30] 1908年的一篇文章指出，牙病变得非常普遍，以至于公众已经认为儿童龋齿是一种“正常情况”（见图7.1）。[31] 197

198

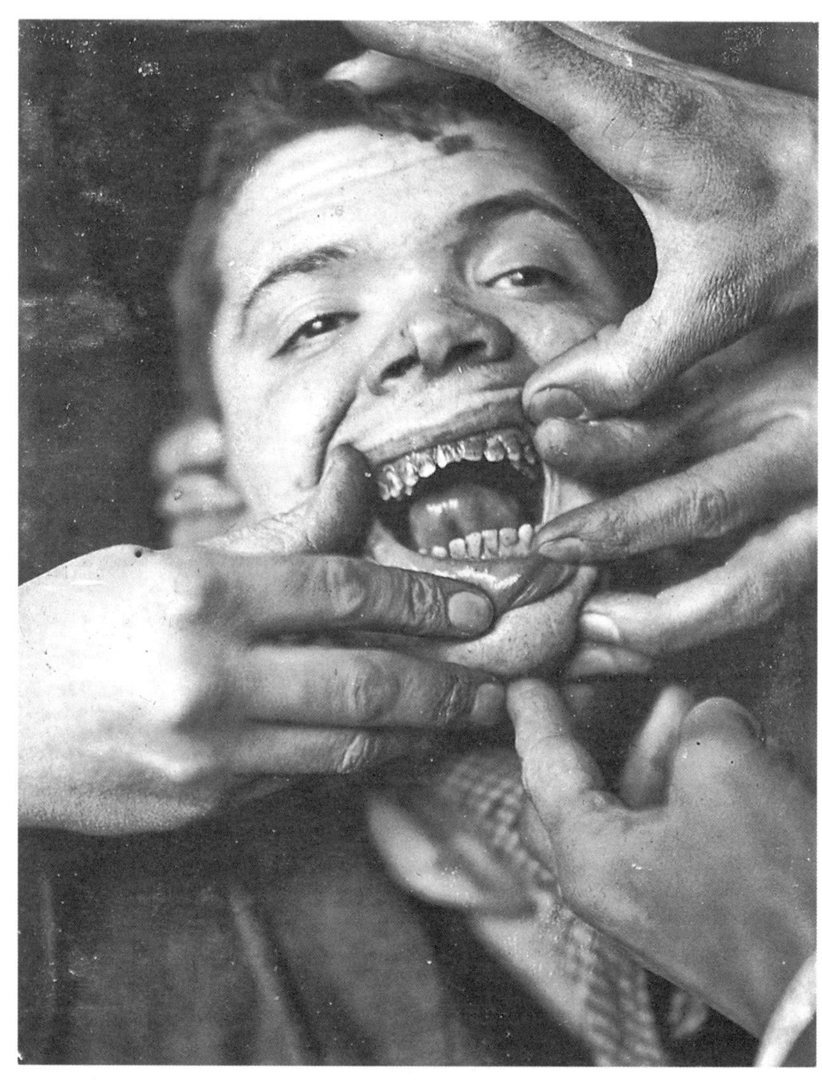

图7.1 一个满口烂牙的年轻男孩，伦敦弗里恩医院，1890/1910年

对骨骼的研究继续表明，随着定居农业的发展以及后来精制食品消费的增加，龋齿、牙周病和脓肿的发病率显著上升：19世纪的人类遗骸比17世纪的遗骸上的龋齿更多。[32] 龋齿能够直观地提醒人们，快速的饮食变化对身体造成了巨大的影响："几乎每天都能看到牙齿掉光的人，这是多么可悲的景象！"[33]

口腔疾病一度被认为是英国特有的问题。《多伦多环球报》(*Toronto Globe*)的编辑在1909年访问谢菲尔德时，描述了那里的人们有着"松弛的嘴唇，牙龈没有血色，只有零星几颗能用的牙齿"。[34] 帝国婴儿协会的医学主任F. 特鲁比·金（F. Truby King）认为，龋齿是"比癌症或肺结核病更严重的全国性危害"，当时的人也发现了牙病与许多其他疾病有关。[35] 而法国的儿童由于较少接触甜食店，牙齿状况会较好。[36] 曾在加拿大蒙特利尔执教的病理学家约翰·阿达米（John Adami）回到英国后发现，"（英国的）男男女女只要一咧嘴微笑，就能看到他们的一口烂牙——若与加拿大人相比则更堪称可怖"。[37] 哈佛大学口腔病理学家库尔特·托马（Kurt Thoma）断言，就算是所谓的"未开化的野蛮人"也会对西方城市居民的口腔感到"心生厌恶，不忍直视"。[38] 不过，只要是西方饮食习惯席卷之地，人们在牙齿状况上的差异就会迅速消失。在20世纪30年代，当特里斯坦-达库尼亚岛上出现白面包和糖后，当地人牙齿恶化的现象比比皆是。[39] 1894年发表在《自然》杂志上的一封读者来信提到，苏格兰北部群岛上的老一辈人的牙齿虽然经常磨损，但基本上没有龋齿；而年轻人普遍龋齿，许多十几岁的女孩"几乎已经没有牙齿"。[40] 作者将此归咎于茶和白面包：根据经验，营养的转变可能与牙齿的恶化有关（见图7.2）。普赖斯还观察到，一个人的"英国化"的程度越深，其假牙的数量也会越多。[41] 20世纪70年代中期的一项数据表明，苏格兰人口中有近50%的人牙齿已经掉光。[42]

关于龋齿发生率提升的原因，人们曾提出多种可能性：疫苗接种、食肉、生物学因素和通婚等。[43] 然而，多数专家将龋齿的发生归咎于饮食。有的观点认为关键在于膳食中缺乏必要的矿物质或维生素。[44] 最

199

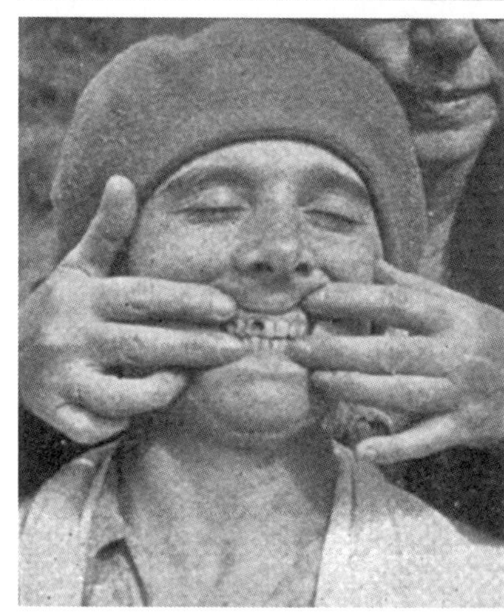

图7.2 海里斯岛上的人们的牙齿。这显示了营养转型的影响和“原始”饮食对健康更有益处的观念

From Weston Price, *Nutrition and Physical Degeneration: A Comparison of Primitive and Modern Diets and Their Effects* (New York: Paul B. Hoeber, 1939).

终，精制碳水化合物被锁定为导致龋齿的根本原因。口腔预防医学的先驱者詹姆斯·西姆·华莱士（James Sim Wallace）也是这场反对碳水化合物运动的领导者。他主张龋齿是由于“易于发酵且通常价格昂贵的碳水化合物在口腔中滞留”所致。在他看来，糖就是“被批量生产、用于破坏牙齿的纯化学产品”。[45] 华莱士曾尝试用猴子做实验来证明这一观点，却遭遇了一场火灾，导致猴子窒息死亡而没能完成实验。[46] 20世纪30年代初对美国学龄儿童进行的一项测试结果表明，糖与龋齿的确密切相关。[47] 20世纪40年代末和50年代初，这一联系通过一项极具争议的实验得到进一步验证。在瑞典隆德附近的维佩霍尔姆医院，研究者给智力残障的囚犯强制喂食特制的超黏太妃糖，并监测他们的牙齿龋坏情况与对照组的差异，结果证明了糖果的破坏作用。[48] 后来，这个化学假说从生态学角度得到了重新诠释。单糖和双糖为细菌的发酵提供了理想的环境：口腔中充满了致龋微生物，导致口腔微生物的生物多样性下降。可以说是糖和白面粉彻底改变了口腔的生态系统。[49]

许多糖果的絮状、黏稠形态专为令人愉悦的口腔溶解体验而设计，但这些特性也导致糖块容易“卡在牙齿之间的间隙以及尖齿咬合面上的凹坑和缝隙中，形成一些糖块的滞留地带”。[50] 华莱士抱怨说，橘子酱“在嘴里变得黏糊糊的”，因此妨碍唾液清洁牙齿。[51] 由于公众缺乏基本的牙科知识，又无力负担治疗费用，医疗官员也对此无可奈何。[52] 坎贝尔建议，最好的解决办法是向孩子们传授牙科知识，这样一来，“保持口腔清洁将会成为他们的一种信仰”。[53] 到了1912年，一份在什罗普郡学校散发的传单对“淀粉和含糖食物”的危害发出了严重警告。[54]

一些人认为，牙刷是为了解决人为制造的问题而提出的人为的解决方案：“刷我们的牙就像刷洗我们的胃一样，都是违背自然规律的做法。”[55] 不过，这种观点还是渐渐消散而去。循环刷牙法迅速成为正统的护牙方法。[56] 英国的家长们受到敦促，要让孩子养成每天使用牙刷的习惯，至少“在社会生活方式变得更简单、更原始、更健康之前都要刷牙”。[57] 学校对孩子们进行了规范的刷牙技巧训练（见图7.3）。

200

图7.3　学校的刷牙训练，约1920年

Credit: Wellcome Collection. CC BY.

如牙线、补牙材料和牙膏等牙齿护理用品在20世纪初变得更加普遍：1891年出现了第一个可折叠的牙膏管。刷牙和使用牙线的建议开始出
201 现在女性刊物中，成为指导女性维持良好形象的内容之一。[58] 牙刷刷毛材质也从猪鬃和丝线转为尼龙线。[59] 在牙膏中添加氟化物的做法始于1957年，又一次表明了人为干预才是解决人为产生的问题的唯一办法。尽管这种做法受到广泛批评，但人们的口腔健康状况的确开始改善。在英格兰和威尔士的成年人中，失去牙齿的人口比例从1968年的37%下降到1988年的20%。[60] 到了 20 世纪 80年代，乐观的情绪占据了上风，还有人断言“补牙可能会成为未来的罕见现象”。[61] 尽管英国人的牙齿健康状况在不断改善，但在2009年，约三分之一的成年人显示出一些龋齿的迹象，尤其在工人阶级中非常普遍。[62] 龋齿仍然是一个严重的儿科健康问题。[63] 另外，还有约百分之一的英国成年人从不

清洁自己的牙齿。[64]

饮食的转变也微妙地改变了下颌形态。无纤维的碳水化合物食物一般呈糊状，非常容易吞咽。科普（Cope）认为使用勺子进食是“软弱、愚蠢、敏感和退化的象征”，而建议不再使用勺子，或把它“留给残疾人和没有牙齿的老年人”。[65] 牙齿在进食中变得没那么重要了，没有了“繁重的任务”，英国人的下颌变得更小，牙齿也相应地变得更加拥挤。[66]“下颚的萎缩”也导致了牙齿咬合不正的问题。[67] 随着工业化饮食的普及，“天包地”“地包天”和阻生磨牙的情况变得更加常见。[68] 英国人的脸在变窄，舌头的位置和呼吸的方式也在改变。这也导致了一种“现代的、夹紧的、斧头般的脸型”（见图7.4），这种脸型常见于易患鼻炎的人群。[69] 在全球范围内经历了营养转型的人口中，都可以发现他们面部所发生的变化（比如脸部变窄、张口呼吸等）。[70]

202

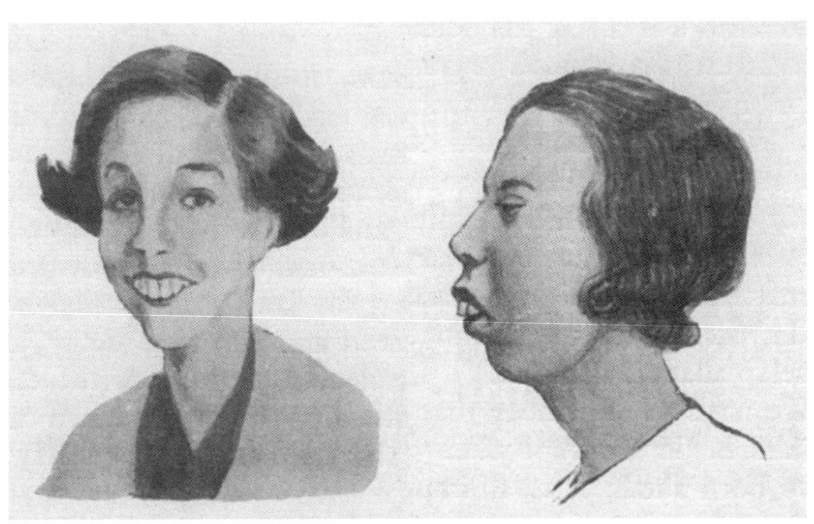

图7.4　英国人面部的危机。下颌变窄和咬合不正

From Harry Campbell, *What Is Wrong with British Diet? Being an Exposition of the Factors Responsible for the Undersized Jaws and Appalling Prevalence of Dental Disease among British Peoples* (London: William Heinemann, 1936).

随着食物的加工程度越来越高，食物质地变得越来越软，人类的牙齿大小、咬合力和脸部的尺寸都有所减小。[71]

胃与肠道

1825年，病理学家马修·贝利（Matthew Baillie）指出："英国最常见的病症莫过于胃功能的不健全。"[72] 胃病最常表现为消化不良。无畏医院（Dreadnought Hospital）的内科医生格思里·兰金（Guthrie Rankin）认为消化不良可能是全科医生遇到的最普遍的疾病。消化不良是一种慢性的、使人虚弱的病症，是"造成人们的一切痛苦中的一个因素"，而且还以许多亚型（包括急性的、非酸性的、酸性的、神经性的）出现。[73] 胃病会辐射全身，这是早已确立下来的观点。在《神经气质概论》（*A View of the Nervous Temperament*）一书中，特罗特（Trotter）将胃描述为连接身体和心灵的"共鸣中心"，"它甚至比大脑本身还要精巧"。[74] 福瑟吉尔认为托马斯·卡莱尔（Thomas Carlyle）的一些特别尖刻的文字可能正是在饱受消化问题困扰时写下的。[75]

引起消化不良的原因是多方面的。出生于德国的顺势疗法医生J.埃利斯·巴克（J. Ellis Barker）认为，"过度嗜糖的人通常会患有慢性消化不良"，他们肤色不佳、便秘且脾气暴躁。[76] 茶和防腐剂则被指责为胃部热损伤或功能紊乱的诱因。[77] 吃东西太快会导致食物被囫囵吞下，马克斯·艾因霍恩（Max Einhorn）称这种匆忙进食为"速食症"（tachyphagia）。[78] 日益久坐不动、处于高压状态且明显不自然的生活方式也对胃产生了不良的影响。[79] 罗素建议消化不良的患者不要边吃边看邮件和报纸，避免影响食欲。[80] 医生也敦促消化不良的患者不要吃糖，而多吃烤面包、肉、土豆、黄油和牛奶。[81] 食物应该被慢慢地、充分地咀嚼，格拉德斯通（Gladstone）和弗莱彻都认为每口食物都要咀嚼32次，每颗牙齿都要参与咀嚼。[82] 市场上开始推销各种助消化产品和滋补品，如植物炭、胃蛋白酶和铋等。[83] 环境疗法也被认为有助于改善治疗消化不良症状，例如“改善环境、充满活力和阳光的气候、愉快的社交活动、按摩和水疗”。[84] 新的胃部检查技术——如胃镜、胃肠摄影、镭射摄影等，能帮助医生观察到患者柔弱的身体内部的情形。[85] 随着外科手术的发展，医生得以采取胃肠造口术等更具侵入性的治疗方式，有望为患者带来“立竿见影、明显而彻底”的缓解效果。[86]

胃溃疡在16世纪时被认为是一种独特的病理现象，此后也得到了更广泛的关注。[87] 在20世纪20年代，每年有四五千人死于胃溃疡。[88]
虽然我们现在知道胃溃疡大多由幽门螺旋杆菌引起，但当时的人们在 203
注意到其他的身体变化的同时，普遍推测饮食是主要原因，例如将其归咎于食用甜食和白面包。[89] 克利夫（Cleave）坚持认为是去除蛋白质和纤维的精制碳水化合物（尤其是“电影观众”和“卡车司机”所爱吃的甜食）导致胃溃疡的激增。他还发现非西方人群中几乎不存在胃溃疡患者。[90] 治疗方法包括充分休息、清淡饮食以及像分胃切除术等外科干预措施。[91]

1921年，著名的肠胃病学家阿瑟·赫斯特（Arthur Hurst）将便秘定义为“排便后8小时内进食的残渣在40小时内没有排出体外的情况”。[92] 阿瑟反思的是人类饮食经历的深刻转变。詹姆斯·沃顿（James Whorton）则在他对便秘的权威研究中指出，在19世纪之前，便秘与懒散或晚睡等不规律的习惯有关。[93] 然而，到了1850年，慢性便秘的发病率明显上升。[94] 即使是规律的排便也可能掩盖深层的粪便迟滞问题：“如果乘客在候车，并看到一列火车进站，他并不确定他要乘坐的是这班列车，还是一趟已经晚点几个小时的列车。”[95] 凯洛格（Kellogg）很喜欢用这个交通的比喻，还用它来描述蜿蜒曲折的“消化地铁”上所遇到的各种各样的障碍。[96]

因此，一个在历史上前所未有的担忧出现了——便秘不仅可能致命，还会从肠道向外毒害全身，并从“远离肠道的部位”表现出来。[97]

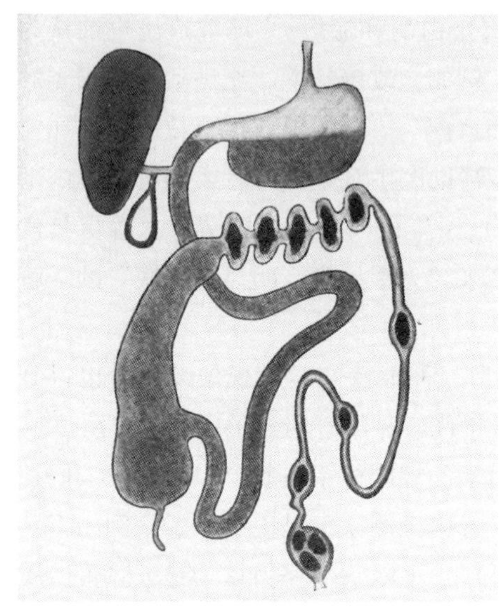

图7.5 受损的结肠

From J. H. Kellogg, *The Itinerary of a Breakfast* (New York: Funk & Wagnalls, 1923).

204 “下水道”的意象常常占主导地位。肠道是“主要的下水道”，任何潜在的阻塞都会影响整个身体。莱恩提醒人们：“全身上下迟早都会因排泄堵塞及其深远后果而受害。”[98] 弗雷德里克·霍尼布鲁克（Frederick Hornibrook）也发出警告：“我们把粪坑带在了身上。”而凯洛格将“文明人的结肠”比作“粪污的各各他”①（见图7.5）。[99] 长期便秘无异于生活在一个“粪坑”里，这种情况被莱恩定义为“慢性肠壅积”，他的一个助手尊他为“壅积之父”（the Father of Stasis）。[100] 这种疾病引起了人们的强烈关注。它能引发各种慢性病，堪称“疾病中的疾病”。[101]

莱恩表示，壅积会扭曲腹部的内部结构。对于体质较弱的人而言，重力会将臃肿的肠子向下拖拽，从而导致内脏下垂。[102] 而那些体质较强的人，则是通过形成扭结、“带状物或膜”来抵抗内脏下垂。这些结晶的“阻抗条带物”紧紧抓住肠道以对抗受到的重力。[103] 扭曲、超负荷的肠道变成了粪便滞留和“嵌顿式肠胃胀气”的死胡同。[104] 细菌大量繁殖，穿过肠道进入血液，“堵塞腺体，阻塞毛孔并阻碍血液循环，从而引发各种器官的充血和炎症”。[105] 1887年，法国医生夏尔·布沙尔（Charles Bouchard）提出了“自体中毒”

① 译者注：各各他即耶稣基督被钉死在十字架的地方。

（autointoxication）这一术语，从此慢性肠壅积就被称为自体中毒。[106] 对于莱恩来说，便秘的患者极易辨认：他们通常无精打采、秃顶和脸色蜡黄。伦纳德·威廉姆斯（Leonard Williams）描述了慢性便秘症患者的“蹒跚步态”，嘴巴“病态地张开”。[107] 在检视过便秘患者的肠胃 205
后，霍尼布鲁克总结道：“他们的消化系统就是个笑话，整个肠胃在一种绝望的瘫痪中发出咕噜咕噜的怪响，口气就像林堡奶酪一样恶臭，而他们对生活的总体态度则是充满悲观的哀叹。”霍尼布鲁克观察到便秘患者的“腹腔是半空的，内脏就像钓鱼者袋中的蚯蚓，在腹腔下方和骨盆里挤成一团”。[108] 莱恩对此的言辞更如同描述世界末日：“这就是文明世界的失败，是名副其实的潘多拉魔盒。”从布赖特氏病、眼疾到癌症和炮弹休克症——消化问题会衍生出各种各样的疾病。[109]

尽管莱恩的夸张表述并不能完全代表那个时代的普遍观点，却反映了人们对大规模饮食变化的真实焦虑。全球化带来了前所未有的食品流通与耐储性，而这些食物在人体内的壅积和腐败也同样史无前例。这一问题因饮水不足而愈加严重：“许多人每天只喝半品脱或三四分之一品脱的液体，这根本不足以软化粪便。”[110] 由于人们较少摄入粗纤维食物，憩室炎和阑尾炎的发病率不断攀升。盖伊医院的塞缪尔·哈伯森（Samuel Habershon）于1857年首次发表了关于憩室炎的报告。[111] 1929年，埃德蒙·斯普里格斯（Edmund Spriggs）指出，憩室炎在近代以前“一直被视为一种罕见疾病”，但现在却日益普遍。[112] 憩室炎导致的死亡人数从1931年的每年不到400人上升到1991年的1 500多人。[113] 戴维·巴克（David Barker）的开创性的研究揭示了早期的营养状况与后来的慢性病之间的关联。他发现阑尾炎的死亡率在1900年至1930年间达到了顶峰。[114] 更有评论家指出，这两种疾病的出现与非西方人口开始食用白面和糖密切相关。[115]

人类学家总是特别关注排便习惯。凯洛格指出：“野生动物、野蛮人、健康的婴儿，甚至任何一个傻瓜的排便频率往往都与他们的进食频率一致。”于是原始部落居民宽大而松弛的肠道就成为人类学的一个标志性主题。[116] 某些“非洲部落”的居民的日常粪便甚至长达15英寸，克利夫和坎贝尔对这种粪便的评价很高。[117] 相比之下，西方人的大便“几乎和陈旧的油灰一样，又硬又干”。[118] “习惯性便秘是上天对我们这个并不完美的文明的惩罚”。[119] 人们普遍抱怨西方的如厕方式不对。位置不当、寒冷、通风不良、空气污浊的厕所不利于人们轻松又规律地排便。[120] 抽水马桶的设计又迫使身体无法采取自然的蹲姿。[121] 端庄的女性都希望“最好不要被别人看见自己去上厕所”。[122] 孩子们则应该培养在固定的时间排便的习惯，最好是在早晨。[123] 甘特认为在上厕所的时候读书看报对身体有害，因为这会干扰排便，诱发痔疮；[124] 不过在《征服便秘》（*The Conquest of Constipation*）这本书中，沃尔什（Walsh）持更宽容的态度，他指出“在某些情况下，如厕时最好做些有助于放松精神压力的事，比如阅读。男性通常会发现抽烟非常有助于排便。”[125]

治疗便秘的方法层出不穷，包括运动，用肥皂润滑，束肠法，使用直肠扩张器，把空气、水和氧气（见图7.6）或二氧化碳注入肠道等，也有用铁球在肚子上滚动按摩的疗法。矿泉水治疗也被广泛应用，医生常常会向食道或肛门里灌进大量的矿泉水。哈罗盖特（Harrogate）也因为提供便秘疗法而被称为“结肠之罪的圣地”。[126] 对患者实施电疗则可以产生颇为“壮观”的效果。一个热衷于电疗法的医生曾透露：“我曾试过一次电疗，当时几乎来不及躲开①。”[127] 比较常规的疗法是使用软便剂（如液体石蜡）、泻药和通便药。[128] 成分包括秋水仙碱、甘草、桔梗、大黄、芦荟、番泻叶、泻盐和矿物盐，以及比彻姆丸（Beecham's pill）等。[129] 1941年，J. N. 莫里斯（J. N. Morris）研究了1 352名男性国民健康保险的工作人员，发现其中61%的人会经常通过服用非处方药来排毒。[130] 直到今天，人们还在广泛使用许多类似的产品，比如我的祖母艾达·杨（Ada Young）到了晚年的时候，

① 译者注：指患者因受到刺激而从肛门喷涌而出的粪便。

206

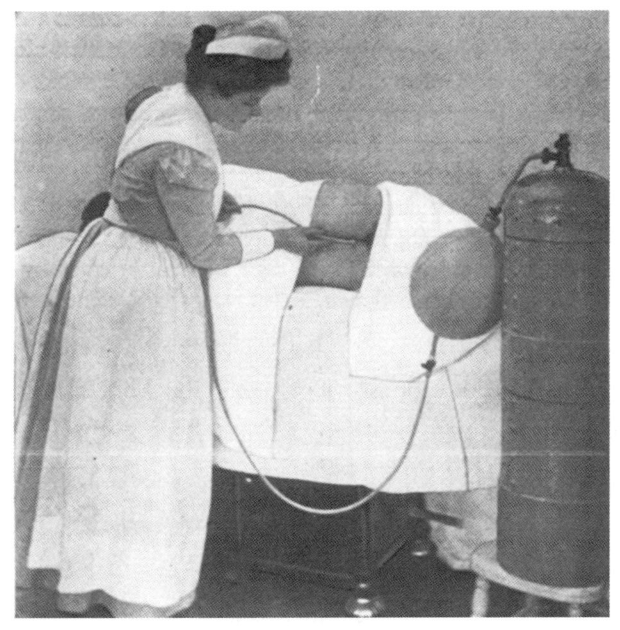

图7.6　肠道氧浴

From Samuel Gant, *Constipation and Intestinal Obstruction (Obstipation)* (London: W. B. Saunders, 1909).

每周二和周五都会服用两粒番泻叶药丸。[131] 这种做法实际上几乎让人形成依赖。[132] 英国食品专栏作家简·格里格森（Jane Grigson）曾提到，便秘的困扰“就像蘑菇云一样笼罩着一些家庭”。[133] 然而，最常见的，也是最简单的疗法就是饮食调节：多吃全麦面包、全麦谷物、酸奶和沙拉。[134] 有些人甚至担心这个“热衷于追求新潮流的社会”又在 207
推动一种非自然的、过高的膳食纤维摄入水平。[135]

新陈代谢的转型的确给身体内部的结构带来了紊乱，这些扭曲、痉挛和结块的肠道就是有力的证据。梅奇尼科夫（Metchnikoff）认为，从进化理论的角度看，结肠其实是一种退化的器官，而莱恩受其理论的影响很大。[136] 基思表示：“近年来有种观点越发流行——那就是对人类而言，整个肠道，从阑尾到直肠都已经变成一种不仅没用而且还很危险的结构。”[137] 1900年，查尔斯·曼塞尔·莫林（Charles Mansell Moullin）首次对病患实施了缩短肠道手术，不久之后，莱恩也开始给病患做全结肠切除手术。[138] 莱恩称：“结肠是可以直接切除而对人体没有任何损害的；而且在某些情况下切除结肠对人体有极大的好处。”[139] 不过1908年的数据显示，有24%的人在做完结肠切除术后离世，而莱恩则辩称，许多病人在术前已经严重残疾，或者因病情折磨而有了自杀的倾向。[140] 一个名叫F. P. 布雷姆纳（F. P. Bremner）的病患反映，在莱恩医生通过手术把他的回肠切开、接到直肠以后，他每天都能排便，食欲变得更好，神经症状也有所改善。[141] 不过，在接受莱恩治疗的一千多名病人中，大多数是女性。[142] 女性便秘问题无疑受到饮食习惯和时尚潮流的影响，同时也与当时关于“女性神经质”的系统观念密切相关，本章稍后将详细讨论。[143]

然而，结肠切除手术的风潮很快就消退了。赫斯特认为，肠道扭结和肠壅积之间存在联系的证据“并不确凿”，甚至凯洛格也承认“只有在极少数情况下”才有必要进行手术。[144] 也有医生调侃说：“如果莱恩的理论成立，那么回肠乙状结肠造口术的手术站早就该遍布全国了，而且还应该‘立等可做’，免费手术。”[145] 1923年，沃尔什指出慢性便秘“很少需要手术干预”，这种观点也彻底成为医学界的主流看法。[146] 不过，1933年的《柳叶刀》杂志还是将结肠切除手术称为“肠道自体中毒的克星”。[147] 结肠切除术仍然用于治疗肠癌、溃疡性结肠炎、肠出血、节段性回肠炎和肠梗阻。

萧伯纳（Shaw, George Bernard）所著的《医生的困境》（*The Doctor's Dilemma*）中的切尔特·沃波尔爵士（Sir Cutler Walpole）的原型几乎可以确定就是莱恩。切尔特是一位外科医生，以一种切除“核状囊”（nuciform sac）的手术而声名鹊起。“核状囊”是一个虚构的器官，里面充满“恶臭腐败的物质”。[148] 不过，我们却不能因为这一艺术形象而简单地将莱恩当成一个怪人，也不能轻易指责心智不清的莱恩残害了病患。事实证明，肠道疾病与精神疾病之间是长期存在密切联系的。莱恩认为，“慢性肠壅积效应中最严重的特征”就是对神经系统产生抑制作用。[149] 巴甫洛夫也描述过肠道中的“精神性 208
分泌现象”（psychic secretions），在消化生理学中被称为头相/头期反应（cephalicphase response）①，而梅契尼科夫则主张摄入乳酸杆菌来消除致病性肠道菌群的恶性影响。[150] 精神病学家托马斯·克劳斯顿（Thomas Clouston）认为，肠郁症（melancholy of the bowels）是精神疾病的前兆和伴随症状。[151] 1910年，医生J. F. 古德哈特（J. F. Goodhart）就讨论了“大脑中枢和腹部中枢之间容易发生的相互作用”。[152] 两年后，盖伊医院的弗朗西斯·布鲁克（Francis Brook）发现了神经衰弱患者独特的肠道菌群及食物性毒血症（alimentary toxaemia），而且推测二者之间存在直接的因果关系，进而建议神经衰弱的患者通过改变饮食来辅助治疗。粪便移植的疗法在1922年出现，随后市场上涌现了大量细菌补剂，其中不乏效果存疑的产品。[153] 巴克尔因此总结道：“当今的时代不仅是神经衰弱的时代，也是便秘的时代。”[154]

神经胃肠病学表明，胃的“炎症级联”效应（inflammatory cascade）②与抑郁症、自闭症和纤维肌痛等难以治愈（且史上罕见）的疾病有明确的联系。[155] 膳食结构的改变，尤其是纤维摄入量的减少，降低了肠道微生物群的多样性。[156] 到1972年，肠易激综合征（IBS）已经是一种很常见的临床诊断了。[157] 长期以来，人们一直苦于无法弄清肠道系统和心理系统之间存在的微妙的相互作用，而这也是当今人们对“脑肠轴”（gut-brain axis）③十分关注的原因。[158]

---

① 译者注：头期反应即身体各器官分泌激素并传递至大脑，如“望梅止渴”“画饼充饥”等凭借想象便可引起食欲和饱腹感的反应，都是由头期反应引起的。

② 译者注：炎症级联指一系列生物学过程，涉及多种细胞和分子，导致炎症反应。炎症级联通常是身体对感染或损伤的自然反应，但有时也可能导致过度反应和疾病。

③ 译者注：脑肠轴指大脑与肠道互相沟通的一条双向调节轴，主要由肠神经系统、神经免疫系统、中枢神经系统和下丘脑—垂体—肾上腺轴等构成。肠道菌群通过脑肠轴的作用机制对中枢神经系统产生影响，从而影响大脑的认知功能。

血液和心脏

在1900年的英国，糖尿病和心血管疾病还只是不值一提的疾病。然而到了2019年时，英国竟有约350万人患有糖尿病，约740万人患有心脏和循环系统疾病。[159] 糖尿病的发病率从19世纪40年代开始稳步上升。[160] 在胰岛素疗法于1922年问世之前，糖尿病的唯一治疗方法是饮食控制，医生通常会建议患者限制碳水化合物的摄入量，用其他的食物来代替面包。[161] 糖尿病通常与暴饮暴食有关。根据《家庭医生》（*The Family Physician*）的记录，男性比女性更易患糖尿病，且城市人口的发病率高于农村人口。[162] 1936年，人们正式区分了1型糖尿病（胰岛素缺乏型）和2型糖尿病（胰岛素抵抗型）的不同。[163] 年龄较大、体重较重的人需要逐渐增加的胰岛素来控制血糖，并最终会发展出各种严重的健康问题。从1975年到2005年，全球2型糖尿病的发病率增加了七倍。[164]

在20世纪初，过量的糖摄入与糖尿病之间的联系已经成为常
209 识。[165] 许多人因为担心糖尿病和体重的问题而对糖类心生恐惧。[166] 1969年，克利夫和坎贝尔认为，人体还没有进化到能适应食用精制碳水化合物的地步。与土豆的消化过程不同，将这种“浓缩糖”吸收到血液中是一个非常剧烈的过程。不论在什么地区，只要当地的人们大量摄入精制碳水化合物，就一定会出现胰岛素抵抗的病症。哈维洛克·查尔斯爵士（Sir Havelock Charles）指出，在印度建成第一座稻米加工厂后的十年内，糖尿病患者明显增加。在纳塔尔地区工作的印度劳工中，糖尿病发病率的上升被归因于大量食用蔗糖。[167] 消费者以各种调侃的口吻承认了他们对糖“上瘾”，表达对糖的热爱也变得司空见惯。一位1941年《北方辉格党人报》（*Northern Whig*）的专栏作家坦言：“我就是一个巧克力饼干的瘾君子。”而妇女协会盖洛普民意调查则将

糖列为在战争期间最令人怀念的食物。[168] 麦科勒姆（McCollum）最新版的《营养学新知》（*Newer Knowledge of Nutrition*）也讨论了对甜食“成瘾”的危险。[169] 1963年有人去信给《柳叶刀》杂志，称其原来每周要摄入两磅多的糖，而如今在戒断反应产生的“难受症状”中煎熬。他因此得出结论，自己是染上了真正的糖瘾。[170]《纯净、洁白且致命》（*Pure, White and Deadly*）一书的作者把“为什么应该禁止吃糖”（“Why Sugar Should Be Banned”）作为其第十六章的标题。[171] 更精确的实验室研究已经代替了这些关于吃糖成瘾的隐喻说法——医学研究表明，间歇性地过度摄入糖分会产生与成瘾性药物类似的神经化学效应，虽然这种效应程度较轻。[172] 医学分析发现，人体摄入糖后会产生如暴饮暴食、渴求、戒断和耐受等现象。[173] 糖不仅仅是一种食物，还是一种干扰身体信息通路的物质。

心脏疾病也曾出现在古代人群中。不过，对木乃伊和狩猎采集者的研究表明，尽管古代人口中存在一定程度的动脉粥样硬化的现象，但心脏病的发作并不常见。[174] 在18世纪的英国，人们似乎更加关注的是心血管健康。1768年，医生威廉·赫伯登（William Heberden）发现并命名了心绞痛，并用“窒息感和焦虑”来描述这种疾病。[175] 赫伯登所指的可能是一种发病率不断上升的疾病，与膳食纤维摄入的减少和食盐摄入的增加有关。[176] 19世纪末，物理学家威廉·奥斯勒爵士（Sir William Osler）认为心绞痛与焦虑紧张、过于“安逸和奢侈”，以及过于旺盛的食欲有关。[177] 他悲哀地总结道：“生命的诸多悲剧，大多都源于动脉问题。”[178] 针对心脏病的医疗方法则包括使用硝酸戊酯（1867年）和硝化甘油（1879年）两种。[179]

1872年《英国医学杂志》指出，1851年有5 746名英国男子死于心脏病，而1870年这一数字竟然上升至12 428人。[180] 1915年，克利福德·奥尔伯特（Clifford Allbutt）医生发现，“40岁就患上动脉硬化不再是罕见现象”，据其观察，40岁的动脉硬化患者的动脉壁比老年动脉硬化患者的更为柔软。[181] 40年后，阿诺特（Arnott）注意到心脏 210

病发病率的上升，不能简单地归因于人们寿命的延长和医疗认知水平的提高。[182] 到了20世纪70年代，心脏病已经成为一种“流行病”。[183] 心脏病不再是肥胖商人的专利。在伯恩利（Burnley）和斯肯索普（Scunthorpe）等地，人们罹患心脏病的比例最高，同时它们也是20世纪初婴儿死亡率较高的区域。这就证明了母体营养不良、由贫困造成的跨代的代谢惩罚，以及深刻而隐蔽的代谢暴力是长期存在的。[184] 心脏病也似乎更“青睐”男性。[185] 此外，心脏病的确切性质也在发生变化。从20世纪20年代到60年代的四十年间，风湿性心脏病和瓣膜性心脏病的发病率有所下降，而动脉粥样硬化、冠心病和不健康的血脂谱却变得更加普遍。[186] 由冠状动脉和动脉硬化性心脏病引起的心脏病死亡比例从1939年的22%上升到1960年的82%。[187]

到1915年，心脏病就被视为预期寿命延长的一个不可避免的熵增后果：在过去，人类在动脉还没衰竭之前就已去世，而现在人类的寿命却在不断延长。[188] 然而，人们很快认定饮食与心脏病的激增有关，至于哪些食物对动脉的影响最显著，以及食物如何影响动脉，医学界并没有达成一致的意见。比如，有人认为喝牛奶会使钙沉积在动脉壁上。[189] 但到了20世纪50年代，人们逐渐达成共识，即问题出在脂肪而非矿物质上。医生诺尔曼·乔利夫（Norman Jolliffe）在1959年注意到，在那些享受着饱和脂肪和氢化脂肪含量较高的“奢侈饮食”（luxury diet）的国家，其国民的冠状动脉疾病的发病率较高。根据诺尔曼的数据，英国人平均每天摄入的3 270卡路里中，有38.4%来自脂肪，饱和脂肪提供的卡路里占总卡路里的35%。[190] 氢化脂肪或反式脂肪是在20世纪早期被发明出来的，它们可以用来生产易于涂抹的人造黄油。[191] 反式脂肪酸在加工食品中比比皆是，但它们也很难被人体代谢：“在英国人不断摄入人造黄油的同时，他们的动脉状况也在不断恶化。”[192]

胆固醇假说变得深入人心。1913年尼古莱·阿尼奇科夫（Nikolai Anichkov）用实验证明，高胆固醇饮食的兔子，其动脉会结满脂肪斑块。胆固醇从20世纪30年代开始变得声名狼藉，被当成一种危险的脂肪。[193] 安塞尔·基斯（Ancel Keys）随即又进一步证明“饮食中脂肪的比例”与冠心病发病率和胆固醇水平之间存在密切关系。[194] 1955年，低密度脂蛋白与心脏病的关系得到证实，《英国医学杂志》发出警告称，胆固醇和动脉粥样硬化密切相关。[195] 在伊丽莎白·大卫（Elizabeth David）的倡导下，人们又开始重视包含西红柿、大蒜、鱼等食材的“地中海饮食”①，伊丽莎白的倡导进一步强化了这些警告，而且还形成了一个颇具说服力的假说，即饱和脂肪、合成脂肪和胆固醇等脂质会诱发心脏病。

由于人体的复杂性、饮食理论的混乱，以及食品行业的反对，这 211
种单一的因果假设很难站得住脚。在关于脂肪和心脏病的关系的讨论中，针锋相对的说法层出不穷，注定无法形成定论。[196] 持不同意见的科学家、医生和记者则会奉行另一种理论，即精制碳水化合物是主要诱因。比如，时常受到鸡蛋行业资助的尤德金（Yudkin）强调高糖摄入与冠状动脉疾病之间的联系。[197] 克利夫和坎贝尔则认为，人类食用脂肪的历史已有几千年，而只有在过量摄入脂肪的情况下才可能导致心脏病。[198] 另外，与此相辅相成的观点认为，不饱和脂肪对人体有保护作用。该观点借鉴了伊西多尔·斯纳珀博士（Dr. Isidore Snapper）在1941年的研究成果，他发现中国人动脉硬化水平较低的现象和他们大量摄入不饱和脂肪有关。[199] 这个观点得到了相关研究的支持。研究显示由于谷物饲养牲畜以及人造黄油②的普及，人类饮食中omega-6与omega-3脂肪酸（均属于不饱和脂肪酸）的比例大幅上升。[200] 实验表明，在带有丰富雪花纹理的家养畜物中，不饱和脂肪与饱和脂肪之

① 译者注：地中海饮食是一种以希腊、意大利等地中海沿岸国家的传统菜肴为主的饮食方式。该饮食法以植物性食物为主，例如全谷物、蔬菜、豆类、水果、坚果、果仁、香草和香料等。

② 译者注：人造黄油的所含油脂成分主要是不饱和脂肪，可以使血清胆固醇浓度降低，因而可防止动脉硬化。

间的平衡已经被打破，且严重倾向后者。[201]

脂肪

1968年《柳叶刀》报道："如今的青年和中年男性，可能比30年前的同龄、同身高的男性平均更重15磅左右。"[202] 1980年至1991年间，英国严重肥胖症的患病率翻了一番。[203] 国际肥胖症特别工作组主席菲利普·詹姆斯（Philip James）在2004年的报告中指出，"英国肥胖率的增长速度与世界上其他地方差不多，甚至要更快。"[204]

肥胖症的发展，也许是本书所谈到的饮食转型（dietary transition）对人体带来的最惊人的影响。纵观人类历史，肥胖通常十分罕见，它往往象征着权力和财富。进入19世纪后，这种观点仍然很普遍，不过穷人也慢慢不再担心自己会过于消瘦。爱德华·史密斯指出，有"许多人"表现出他们"渴望积累更多脂肪和肥肉"的愿望。[205] 不过与此同时，人们也开始担忧日益发展的肥胖问题。这一点在近代早期就已显现出来，当时的人们普遍认为肥胖是一种体液失调，只要远离城市或到干燥的地区生活，又或者通过食用苦味剂、芳香剂、醋或肥皂等方法就可以治疗肥胖症。[206] 1781年，威廉·卡伦（William Cullen）宣称："英国是世界上胖子最多的国家；英国胖子的人数是全世界其他国家的胖子数量的两倍。"[207] 1828年，英国国王的御用外科医生威廉·瓦德（William Wadd）曾描述了一个叫哈德斯菲尔德的男子在前往曼彻斯特时，因为体型过大而被马车车夫拒载，"除非他同意被当作木材，以每石（Stone）九便士的运费计算，如果他愿
212 意被'砍成两半'的话，还能便宜一点"。在挤进马车之后，这位先生显然却无法动弹了。[208] 1879年的一份美国报纸广告宣称，来伦敦旅游的游客应该作好心理准备，"迎接满大街的'胖人'"。[209] 1891年美国内科医生塞拉斯·威尔·米切尔（Silus Weir Mitchell）也重申了这

一点。[210]

“在所有影响人类的所有寄生问题中,”威廉·班廷(William Banting)在他的《论肥胖的信》(*Letter on Corpulence*)(1863年)中宣称:“没有什么比肥胖更令人痛苦。”班廷回忆了体育锻炼、到海边呼吸新鲜空气和土耳其浴等传统减肥方法未能奏效给他带来的挫败感。最后,他遵照医生威廉·哈维(William Harvey)的食谱,控制牛奶、黄油、土豆、糕点、啤酒、某些葡萄酒和大部分糖的摄入量。哈维医生在参加完克劳德·伯纳德在巴黎举办的关于肝功能的讲座后,认定摄入糖和淀粉会形成脂肪。正如本书第一章所示,这一知识被人们用来催肥畜物,如今也被用于抑制人类的肥胖。而班廷则通过这套饮食方案成功减重35磅。[211] 班廷的饮食方法很快风靡一时,还引发了关于体重和饮食的大讨论。在《布莱克伍德杂志》(*Blackwood's Magazine*)上,一篇尖刻的评论重新强调了肥胖的道德价值,作者声称:“很少有杀人犯的体重超过10英石①。”肥胖就象征着“内在的正直和美德”。[212] 医学界也对这种饮食方式的优劣展开了辩论。福瑟吉尔就认为,这种饮食提倡人们无限制地摄入蛋白质,可能会导致肾脏的负担过重。[213] 在《肥胖症》(*Corpulence*)(1884年)一书中,威廉·埃布施泰因(William Ebstein)把班廷的减肥主义描述为一种“挨饿疗法”(*starvation-cure*)。[214] 然而,由于班廷的饮食方法是限制碳水化合物的摄入,它也预示着阿特金斯饮食法(Atkins diets)和原始人饮食法(Paleo diets)的出现。实际上,原始人饮食法的开创者林德贝格(Lindeberg)早已指出班廷的饮食法“与史前人类的饮食有很多共同之处”。[215]

人们对肥胖的忧虑融入了一种更普遍的忧虑之中,那就是对人类及其主体性转型的担忧。退化论者把人类不断增加的体重与大规模的生物衰退联系起来:隆布罗索(Lombroso)提出了不同于《布莱克

① 译者注:10英石约为63千克。

伍德杂志》评论的观点，他认为那些天生犯罪者的平均体重是超过正常水平的。[216] 奇滕登（Chittenden）认为人类已经过度摄入蛋白质，而自然的食欲则被忽视，这导致人们“在进食方面越来越随心所欲”。[217] 纤细的身材能够直观地展现出一种自我克制的精神。[218] 霍夫曼则认为“当一个人群已经过度沉迷于堪称危险的饮食习惯之中时”，自律的精神也会随之涣散。[219] 富余的卡路里推动了工业革命和经济发展，但同时也带来了日益严重的身体和道德的困境。全民肥胖的问题说明人类自律的潜在局限，它戳破了人们对自己意志力的幻想：脂肪潜移默化地颠覆和破坏了人们的自主能力。一种新形式的代谢差异正在浮现：贫穷者被剥夺了自主性，他们仿佛被人饲养催肥的肉畜一样无助。[220]

213 这个过程与人们对身体形象日益增长的自我意识相伴随。从18世纪末到20世纪中叶，体重秤从一种少见的、公用的物品变成了一种随处可见的私人必需品。班廷还敦促那些“肥胖的读者要每周或每月”称一次体重。[221] 1870年，兰克斯特（Lankester）发现越来越多的人在使用带称重功能的椅子。[222] 霍尼布鲁克（Hornibrook）推荐人们保持自行监测体重的做法，即每周使用“小型的便携式称重器”称体重，还要不断地对饮食进行调整。[223] 不过，如果缺乏一个量化标准来评判身材是否出现了偏差，那么这些称重的习惯便没有意义。1846年，约翰·哈钦森（John Hutchinson）根据2 650名男性的体重记录进行了测算，他是最早绘制出身高体重关系图表，并制定出其规范标准的人之一。[224] 此刻便是当今时代人们“自我量化”（quantified self）的关键节点，人们开始把自己变成能产生稳定数据流的“计算对象”（computational objects）。[225] 1832年，阿道夫·凯特莱（Adolphe Quetelet）首次提出用体重除以身高的平方来计算正常体重的方法。1972年，基斯（Keys）将凯特莱指数（Quetelet index）更名为体重指数（BMI）。[226]

不断增加的体重对儿童和成人都构成了威胁。在40岁以后，随着体力下降和活动量的减少，中年发福的现象也悄悄地变得越来越常见。[227] 妻子又常常会过分溺爱她年渐老迈而又性格温顺的丈夫，顿顿将他喂得过饱。[228] 人们通常会细致地记录婴幼儿的体重。普里查德建议应该仔细地记下婴儿出生后每周的体重变化。[229] 1950年，伯明翰儿童医院开始设立一个专门的诊所来治疗超重的儿童。那些体重比预期高出50%的“极度超重的孩子”可能需要住院治疗。[230] 1978年的《柳叶刀》杂志感叹，肥胖的学龄儿童经常因超重而受到嘲笑：“这些痛苦可能会扭曲他们个性、教育经历和家庭关系。”[231]

依赖化石燃料、办公室工作和久坐不动的生活方式成为导致肥胖的罪魁祸首：“豪华汽车也带来了它的弊端，那就是使人们的肌肉无法得到足够的锻炼。”[232] 1961年，苏格兰王后的医生德里克·邓拉普爵士（Sir Derrick Dunlap）发现：“从事行政事务的人们几乎丧失了使用双腿的能力，他们迫切需要进行规律锻炼。”[233] 爱丁堡大学生理学家帕斯莫尔（Passmore）谈道：“很少有人意识到，我们智人（homo sapiens）已经演进成‘久坐人’（homo sedentarius）了。”[234] 生活在这种非常容易诱发肥胖的环境中，正是一种新出现的风险形式。这种风险比本书第四章中所研究的风险形式更为普遍和难以避免。哈里斯·所罗门（Harris Solomon）将这种环境称为“挑衅新陈代谢的堡垒”。[235] 随着人类越来越久地坐在办公桌前盯着屏幕，他们的食物变得更廉价、能量密度更高，昼夜的作息节律也逐渐被打乱。[236]

在20世纪，关于肥胖的理论越来越多地进入进化论、热力学和
遗传学的框架内进行阐述。虽然尼尔的“节俭基因型”理论已被大部 214
分人推翻，但进化生物学家却令人信服地指出，人类的新陈代谢是对能量匮乏的一种适应，一旦没有了能量摄入的限制，体重就很容易增加。[237] 从本质上看，人体就像一个热量银行。在人类历史的大部分时间里，人类能量收支一直处于负平衡的状态；而在今天，过多的热量和过少的膳食纤维意味着食物被吸收的速度往往超过肝脏和胰腺的处理速度，而多余的糖分就会转化为脂肪。[238] 对脂肪复杂的内分泌功能的研究表明，肥胖是由摄入过量精制碳水化合物引发的生化紊乱所

致，它会导致人体瘦素抵抗和胰岛素分泌过多等问题。[239] 关于肥胖症的诸多理论仍然十分复杂，甚至还有许多理论互相矛盾，主要是因为与调节食欲和体重相关的生理信号种类繁多。[240] 然而，营养转变——尤其是其中精制碳水化合物的普及——已经明显扰乱了人体激素的基础结构，以及调控食欲与脂肪储存的复杂信号通路。

英语国家的肥胖风险高于其他发达工业国家。社会经济因素也许是其中的一大原因。体重与精神压力水平呈正相关，而精神压力本身就是社会技术快速变革的结果，也是许多“西方国家的疾病”的致病因素之一。[241] 当人体在处于长期的精神压力之下，新陈代谢就会被扰乱，体内会释放皮质醇，刺激人们食用含糖食物。[242] 人们产生压力的主要社会原因是无助感和屈从感，而这类感受在不平等和崇尚个人主义的社会中通常显得更为强烈。[243] 有研究显示，自由市场经济会产生“更强烈的经济不安全感”，从而产生精神压力，导致皮质醇分泌增加。[244] 有人认为精神压力还会通过子宫传递，从而使婴儿面临着体重增加的风险。[245] 比起那些社会民主化程度更高的国家，英国和美国的企业更彻底地重塑了国民的营养格局。精神压力、不安全感和不平等，再加上廉价的加工食品、汽车、电视和电子设备，共同创造了一个前所未有的“肥胖环境”。这样的环境在社会贫困地区最为常见，从社会层面来看，其新陈代谢也是不平衡的。

1932年，欧内斯特·布尔默（Ernest Bulmer）提出：“如果国家的超重问题继续不受控制地发展，那么由退行性疾病和非细菌性疾病所导致的死亡将会降低人们的平均预期寿命。”[246] 希特泽伯格（Hitzenberger）、许林（Kylin）和韦格（Vague）分别在1921年、1923年和1956年指出腹部肥胖、糖尿病和高血压之间存在联系，韦
215 格还认为肥胖与动脉粥样硬化疾病之间存在关联。[247] 此外，肥胖也与结肠癌、子宫内膜癌、乳腺癌和各种形式的关节炎有关，并可能引发心理问题，如抑郁和自杀。[248] 1900年以前，英国保险公司会比较害怕那些瘦弱的申请人，现在则会更注意那些肥胖和患糖尿病的客户。[249]

风险通过英国分化的社会代谢再次得到折射。[250]

与之相应，市场上也出现了层出不穷的新疗法。体液理论仍有市场，尤其是利用醋的治疗方法经久不衰。[251] 市场不断推出各种形式的低碳水化合物的饮食。[252] 每天摄入800卡路里以下的“超低热量饮食”是在20世纪20年代发展起来的，与一般的限制热量的饮食相比，它能实现更快、更明显的短期减肥效果。[253] 此后，强调不同类型的热量的饮食法和仅强调热量总量的饮食法之间一直相互竞争。[254] 减肥药蓬勃发展，而许多药物的成分不过是柠檬酸和水罢了。[255] 有人指出这些所谓的减肥药是“完全不科学的，在许多情况下甚至对人体有害”。[256] 内分泌学家乔治·美利（George Murray）于1891年首创甲状腺提取物疗法，这一疗法引发了医学界的严重关切。[257] 1906年的一份报告显示，年龄在25岁至45岁之间的女性（通过注射甲状腺提取物）平均每周体重减重2.5至4磅，但年轻患者的效果则不甚理想。[258] 1954年发明的药物芬美曲秦（Preludin）有着良好的减肥效果，但其不良反应，如亚急性谵妄、中毒性精神病和有心理障碍的成年患者的成瘾问题等也广受关注。[259] 芬美曲秦也是一种兴奋剂，比如披头士乐队就靠它保持亢奋。当然体重超标的人还可以使用日益丰富的锻炼设备来减肥，如划船机、哑铃、高尔夫球棒、振动器、紫外线辐射器和电疗浴仪器等。[260] 由理查德·斯图亚特（Richard Stuart）开创的行为矫正技术则为成功减肥提供了更多的可能性。[261] 更极端的身体干预技术还在不断出现。19世纪末，美国开始实施腹部抽脂手术。不过克里斯蒂在1927年指出，这样的外科手术“在（英国的）外科医生中并不受欢迎”。[262] 到1960年，胃旁路手术已经完全可行。[263] 不过，这种手术在早期的不良反应还是很大的：“我们听说患者放屁的问题非常严重，以至于妻子不愿意与丈夫同床共枕，同事也无法和患者在同一个房间里工作。”[264] 到20世纪80年代，颌骨正畸接线技术（Orthodontic jaw wiring）问世。[265]

人们希望变瘦的愿望变成了一种普遍现象。然而，考虑到英国饮食变革中的性别化动态，围绕减肥的压力、紧张、代谢的诱因和欲求的体验并不是所有人都平等地经历着。性别不仅是一套权力体系，它还有身体—代谢方面的维度，同时涉及社会经济和话语方面的因素。[266]

216 神经性厌食症

神经性厌食症正是在这种全新的代谢风险的背景下出现的。只有在一个食物充足且消费行为受到性别逻辑影响的世界里、在一个女性过度吃喝被视为病态的社会中，厌食症才有其意义。女性比男性吃得更少，但摄入的精制碳水化合物比例较高，而蛋白质的摄入比例较低。两性生理的差异是很显著的，虽然它总是受到权力关系和文化结构的折射和调节。科学研究表明，女性身体处理脂肪的方式与男性不同，基因、激素和代谢的差异意味着女孩在青春期会积累更多的皮下脂肪，女性总体上会比男性产生更多的脂肪。观察证据表明，女性通常吃得较少，但体重却增加得更多，这似乎是有一定的科学依据的。[267] 于是，在厌食文化与女性的生理学特性相互作用下，进食对英国女性来说就变成了一种日益痛苦的体验。

人类的禁食行为有其悠久而复杂的历史。禁食曾经是现在仍然还是一些宗教仪式中的常见行为，而特殊的禁食往往与圣灵或恶魔附身有关，有时候人们被某些器官性疾病缠身时，也会采取禁食的方式。[268] 女性可以借由禁食来表达宗教虔诚或克己禁欲，并以此来对丧亲之痛和个人的痛苦遭遇作出回应。19世纪就有一些类似案例，比如萨拉·雅各布（Sarah Jacob），即所谓的“威尔士禁食女孩”（Welsh Fasting Girl）①，据说她受到了宗教文学的影响，最后于1869年饿死。[269] 也许宗教禁食有助于女性表达其社会地位未解的紧张关系，但通常来

① 译者注：出生于1857年的英国威尔士女孩萨拉·雅各布自称在10岁后因为一场大病失去食欲，能够在不吃任何食物的情况下无限期生存，象征着神迹的存在。

说，当时的禁食并不是为了控制体型。[270] 长久以来，体态丰盈一直是一种令人向往的女性特质，而这种观念在19世纪之后仍然持续：布里亚-萨瓦兰（Brillat-Savarin）就指出，身材消瘦对女性来说是一种“可怕的不幸”，1865年的《英国医学杂志》也提到希望能够制定出使“瘦骨嶙峋的年轻女士变胖”的法规。[271]

然而到了20世纪，把肥胖和美貌相对立的观念却逐渐成为主流。安妮特·凯勒曼（Annette Kellermann）将美貌与女性自我形象紧密相连，认为脂肪会破坏女性外貌的吸引力：“‘肥’（fat）就是一个又丑又短的词语。而‘结实’（stoutness）、‘丰满’（plumpness）、‘肉乎乎’（fleshiness）、‘肥胖’（obesity）和‘体态魁梧’（embonpoint）等词语只不过是委婉的说法罢了。它们都含有同样的意思，无论用三个字母还是十个字母拼写出来，都同样指的是不得体、病态、丑陋和笨拙。”她倡导塑造出有线条感的身材，而反对那种“松弛又摇摇晃晃”的赘肉。[272] 作家们呼吁女性有着获得男性青睐的“天生倾向”：现在 217
肥胖却可能会削弱女性的关键社会权力，也就是吸引男性的能力。[273] 生物学上的推测通常会支持这种观点，即女性的体重天生比男性增加得更快，这可能是由于“她们的组织比较柔软”或“久坐不动”的习惯。[274] 各类文章经常在抨击瘦弱的身材的同时又反对“病恹恹的肥胖”，保持一个恰到好处的体重实在越来越令人为难。[275]

整个社会都竭力主张女性要跟自己的新陈代谢作斗争。医学文献和行为手册都提倡饮食上的自我控制，而浴室里的体重秤和全身镜则要求女性不断地进行自我校准和自我物化。[276] 镜子是从19世纪开始大规模生产的，于是镜子很快变得更廉价、面积更大、更加普及，人们从此便可以持续地观察到自己身材外貌的变化。[277] 海伦娜·鲁本斯坦（Helena Rubenstein）认为，女性应该“在自己家里摆上许多镜子，做到镜不离身才行”。[278] 束腰衣会鼓励女性节食并拥有纤细的腰围，随之而来的时尚潮流、身体规范和标准化的服装尺码让女性陷入了一个无处藏身的、对肥胖的恐惧之中。[279] 女性们被反复灌输这样的观念：她们只能有一个小小的胃口，爱吃东西是一件可耻的、不登大雅之堂的事。《女孩自己的报纸》（*Girl's Own Paper*）等出版物把自我克制当作女性的美德，同时又教导女孩如何烹饪，如何巩固家庭主妇观念。[280] 女孩应该吃小份的食物，还要尽量避免大口咀嚼。[281] 这些对女性的禁令又通过饮食专栏这种新的文学形式变成了规范。母亲们会为女儿的暴饮暴食感到担忧。与此同时，女孩们还被反复教导：她们的人生职责就是成为厨师和食物的提供者。

于是，一种具有历史特殊性、又极其强大的主体地位出现了：女性的社会身份是通过提供食物来定义的，但她们自己的饮食却充满了焦虑和克制。[282] 这种饮食主体性完全符合营养转型的性别逻辑。我们已经确定的是，女性明显比男性吃得少，但她们饮食中碳水化合物的比例更高。从过去到现在，女性比男性更常遭遇没有肉吃的情况，部分原因在于男性的气概、男性权力与肉之间强烈的文化关联。根据阿瑟·纽肖姆的说法，14岁到20岁的女孩常常忍受着“一种慢性饥饿”，这是由于以“面包、黄油和布丁”为主的饮食缺乏蛋白质所致。[283] 然而，这并不仅仅是女性无意识养成的习惯，而是她们对普遍存在且通常非常明确的文化暗示作出的回应（见图7.7）。此处需要强调的是，节食作为一条通向女性自我认同的道路，也许比我们想象的出现得更早：在19世纪后期，饮食已然成为女性的“战场”。[284]

身体虚弱的情况在工人阶级的女孩中十分常见。尤其是那些吃“白面包、人造黄油和茶”的女性容易患上消化不良症和“疑似精神病”。[285] 有人认为，这是因为女性没有肉吃，或养成了所谓“堕落败坏的胃口”（depraved appetite）而患上一种缺铁性贫血症——萎黄病（chlorosis）所导致的，但也有人认为束身衣才应该为此负责。[286] 医生们谈起异食癖和催吐行为时总是连连摇头：“我见过许多患萎黄病和胃病的女孩，真不知道她们到底是神智正常还是精神错乱，总会将粉笔、煤渣和其他各种恶心的东西吞进肚子里去。”[287] 消化不良尤其常见于女性。[288] 钱伯斯举了他于1863年春季记录的艾伦·B小姐的案例，

218

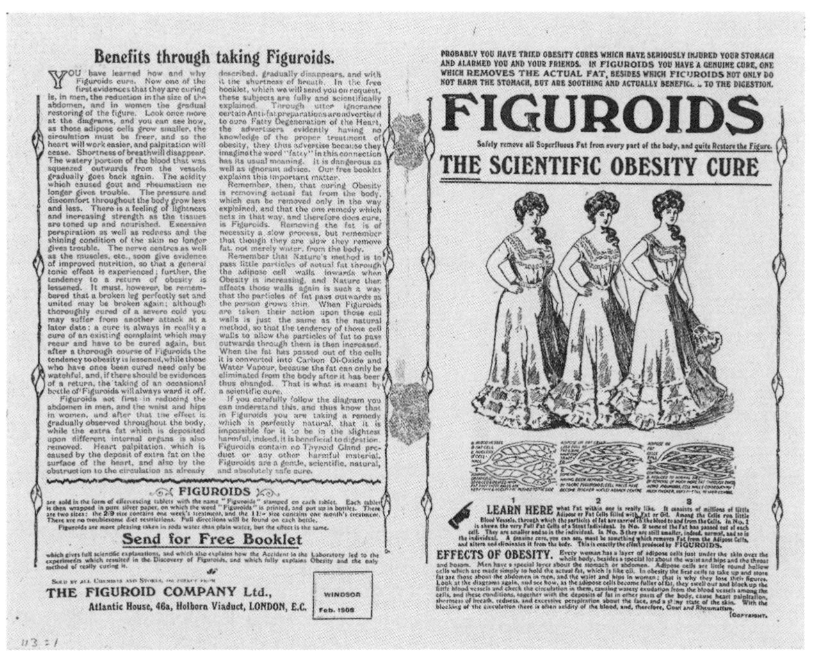

图7.7　Figuroids牌药物的广告，1908年。可以看到该广告明确表示，极度纤细的女性的腰部才是最理想的

她一直在偷偷地用催吐的方式，把自己吃下的饭菜排出体外。这个做法竟然已经被她坚持了四年之久。[289]

这些独特的现象——理想化的苗条身材、较小的食欲、自我节制、女性特有的代谢压力和多种消化系统紊乱——这些因素汇合在一起，我们当今称之为神经性厌食症（anorexia nervosa）的特定疾病出现了，这种疾病表现为对肥胖的强烈恐惧，使人不断变得虚弱；而且即使患者已极度消瘦，乃至于威胁生命时，这种恐惧也仍然不会消失。[290] 神经性厌食症这一术语大约在19世纪70年代同时出现于法国、英国和美国。这一病症的出现无疑早于其命名，但人们还是用了很漫长的过程，才把神经性厌食症与其他形式的心理紊乱性的进食障碍区

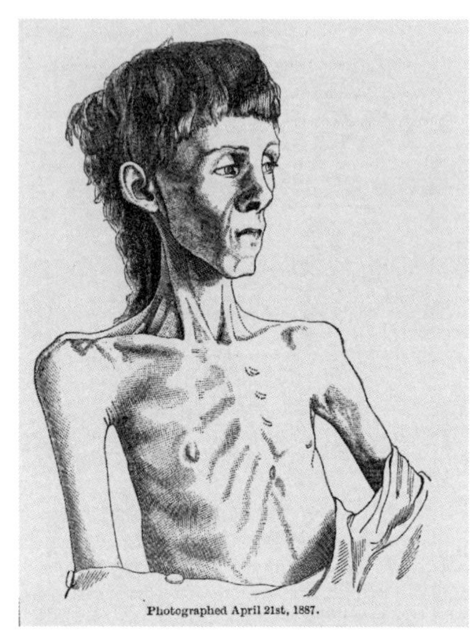

图7.8　神经性厌食症患者

From William Gull, "Anorexia Nervosa," *Lancet*, March 17, 1888.

219 分开来。[291] 在英国，威廉·格尔（William Gull）大约于1873年开始使用神经性厌食症这一术语。[292] 在接受格尔治疗的病例中（见图7.8），也有类似症状的患者，不过当患者被带离家庭环境，并被说服接受营养丰富的食物后，均得以康复。[293] 继格尔的研究之后，英语国家对这一病症的讨论显著增加。神经性厌食症这一概念到1900年的时候已广为人知。[294]

学者们都指出了这一特殊历史现象背后的多重原因。例如希尔德·布鲁赫（Hilde Bruch）提出，厌食症是青少年对性发育危机的一种反应。[295] 神经性厌食症是"一种自我失调，而非体重、食品或食欲的失调"。[296] 也有些人认为神经性厌食症是由内分泌、激素或神经功能障碍引起的器质
220 性原因所致。[297] 科学史学家已经强调过，当医学界在对19世纪的处于神经紧张状况之下的女性身体有了一定的理解之后，才可能提出神经性厌食症这一概念。[298] 还有人认为，神经性厌食症是对规范的资产阶级核心家庭的一种病理性反应，因为当时正值女性的性生活和自由获得更多商讨空间的历史节点。格尔的报告也暗示了家庭内部可能存在权力斗争的情况。[299] 拒绝进食，然后患病，是年轻女性"贤淑地"（ladylike）表达自主性的方式，而把患者与其家人分开则是首选的治疗对策。[300] 也有学者成功地提出一种阐释框架，即神经性厌食症的产生源于强大的文化压力。正如苏珊娜·博尔多（Suzanne Bordo）所看

到的那样，当时占主导地位的文化逻辑认为，女性努力控制食欲、避免体重增加是一种美德。厌食症的态度准确地反映了文化对女性身体的要求。这种态度也展示了一种在物质富足年代还能够抵制食物的力量。在一个纵欲过度的世界里，吃得少是可以带来“道德或审美上的优越感”的。[301] 正是因为神经性厌食症多种病因模型，它所产生的是截然不同的治疗方案：比如心理治疗、强制进食、药物治疗以及与家庭隔离等。[302] 然而，厌食症的逻辑如同这个不断引诱人变胖的环境，也在变得愈加普遍，愈加残酷。

所有这些模型——也许除了那些早已过时的精神分析模型——都无疑能帮助我们理解塑造这种疾病的主要的文化和社会的力量。但如果脱离物质的力量，神经性厌食症也是无法被解释的。尤其是“食物丰足现象”、富含碳水化合物的饮食的兴起，以及会引起许多人的焦虑甚至厌恶的大量肉类消费。随着避免体重增加的难度不断增加，理想的女性身材反而变得更瘦。2016年，英国有超过160万人受到饮食失调的困扰，而在数字媒体的推波助澜下，这一趋势有升无降。[303] 诚如苏西·奥巴赫（Susie Orbach）所言：“食物是对女性发声的媒介；但反过来，食物也成了女性作出回应的语言。”[304]

———

在1800年，肥胖极为罕见，也没有人罹患神经性厌食症。龋齿和便秘并非人们日常关注的问题，而传染病对人们的威胁远远大于心脏病或糖尿病。然而，英国的食品体系改变了英国人的身体，正如它们改变了澳大利亚和阿根廷的农业景观一样。不可否认，像人类的身高、体力的增长这样的变化的确是有其积极意义的；但是代谢紊乱疾病的激增已成为发达国家最大的公共健康问题。肥胖症、心脏病、糖尿病和神经性厌食症等“流行病”的出现并非空穴来风。[305] 这些疾病 221
是食物系统的产物，它们的产生需要很长时间，也不易为人们所发觉。食物系统倾向于提供廉价的含糖加工食品；而英国在创造这种倾向方面难辞其咎。

这种支撑并推动工业化的饮食已经对人类健康构成了威胁。不过除了人体之外，它更威胁着地球的健康。下一章我将对此进行更深入的探讨。

第八章 222

地　球

为了满足英国公众对廉价食物的需求，四个大洲都出现了大片荒漠。英国政府的政策正在慢慢地破坏英国肥沃的土壤，并很快就要通过“花生计划”（Groundnuts Scheme）[①]在非洲制造出新的荒漠。

——菲利普·奥伊勒，《自我的养育》（1951年）

“人类世”（Anthropocene）的开启和资本主义、商业民族国家以及大英帝国的起源存在着内在的联系。英国在19世纪统治了世界，并迫使其他社会效仿英国的模式，或者为其模式服务。

——让–巴斯蒂特·弗雷索 & 克里斯托夫·博纳依，
《人类世的冲击》（2016年）

英国的食品系统将整个地球作为其原材料的来源地。合成硝酸盐、粮仓、全球信息系统、拖拉机、冷藏运输、杀虫剂和鸡肉加工厂

① 译者注：花生计划是在二战后英国政府尝试在坦噶尼喀种植花生的项目。但由于该地区的地形和降雨完全不适宜种植花生，项目于1951年因成本不菲而废弃。这一项目的失败被视为殖民非洲后期政治失败的象征。

等多种技术创新将这个系统紧密地编织成一体，使其得以在全球范围内扩展开来。然而，一旦英国人的生活消耗开始超出其“能源收入”，它就产生了难以偿还的债务：到1973年，英国所消费的能量已经高达其自身生物承载力的377%。[1]资源前沿和生态债务“解锁了无限积累的划时代潜力”，于是英国的肉类和糖类消费量几乎超过地球上任何其他国家，同时也在世界生态中制造了巨大的不平等。[2]

这种变化对地球系统产生了缓慢但重大的负面影响。激增的化肥使用量导致氮和磷在水生生态系统中不断累积，形成了藻类大量繁殖
223 和缺氧的环境。“商品前沿”所遭受的是森林砍伐和土壤侵蚀的困扰。单一种植、栖息地破坏、选择性育种和基因同质化显著降低了生物多样性，使物种灭绝速度加速至与白垩纪-古新世的灭绝水平相当。在罗克斯特罗姆（Rockström）和克卢姆（Klum）定义下的九项“行星边界”（planetary boundaries）①中，有四项已被突破。其中物种灭绝率以及生物地球化学循环两项直接与全球食品系统相关，导致地球从其脆弱的全新世（Holocene）②稳定状态进入为更具不确定性的人类世时代。[3]食品系统产生了多达29%的温室气体排放。[4]正如马西娅·贝约内鲁（Marcia Bjornerud）所指出的，人类世仅仅是人类活动“刚开始改变地球全新世习性”的时期。[5]当然，这一时期的具体界定已经成为不同学科间激烈辩论的主题，我无意在这里再进行讨论。我最基本的观点是：英国食品体系的建立堪称人类贪婪的习惯的一个研究案例。它有助于我们理解人类对资本和廉价食品的迫切需求如何对全球生态产生日益显著的影响。

食物的洲际流通造成了城市—发达—工业区与农村—不发达—农业区的地球分隔。在19世纪，西欧和美国东北部的“世界城市—

① 译者注：行星边界指科学家界定地球环境的“安全空间”的九项关键的环境界限。如果这些界限中的一个或多个被突破，将可能造成较大的甚至是灾难性的环境风险，对人类的生存造成威胁。

② 译者注：全新世是最年轻的地质年代，从11 700年前开始。

工业核心”与遍布地球的大片的、散布的农业区之间形成了一种全球化的联系，而前者的营养物质就是从后者摄取而来。[6] 英国的世界粮食体系正是这种模式的早期典型案例：“世界上的所有农业和工业之间的互动中，英国的海外贸易只是一个特例，在大多数其他国家，这种互动大部分只在国内进行。”[7] 马克思主义学者将这种空间和循环过程称为代谢断裂（metabolic rift）。[8] 人类越来越远离土壤，形成了沃格特（Vogt）所谓的“浪费者心理”（waster's psychology），即对来自城市之外的资源源头视而不见。[9] 这是一个积累、消耗和熵散的历史。1972年出版的《生存蓝图》（*A Blueprint for Survival*）一书提到了“把生态圈转变为人类的食品工厂”的后果，而这一警告也引发了许多关注。[10]

氮和磷

早在殖民“新欧洲”或合成肥料发明之前，农业便已经重塑了氮和磷的循环。在中世纪欧洲的部分地区，特别是波河平原和荷兰，农民开始放弃休耕而连作轮作。[11] 轮作在17世纪传到英国，经过无数本 224
土化的尝试、调整，直到19世纪才得到广泛应用。[12] 轮作的方式就是将饲料作物（萝卜、豆类）种植和经济作物（谷物）种植结合起来。豆科植物通过生物的固氮作用充实土壤养分，而在冬季，畜物会吃掉根茎作物并产生粪便，从而在土壤、植物和动物之间形成了一个强化的养分循环，提高了农业生产率。人们发现苜蓿的年生长周期与谷物的种植特别匹配，于是到1880年，欧洲西北部近五分之一的耕地都被用于种植豆科植物。[13] 苜蓿产生的氮有利于牛奶、甜菜和土豆的生产。[14] 除了豆类和粪便以外，还有许多有机废料（如动物血和海藻等）都会被人们当作土壤的肥料。农民也会大量使用石灰和泥灰土等碱性调节剂来增强土壤肥力，其用量之夸张，甚至连化学家李比希都误以为约克郡和牛津郡的田地早在秋季就已覆盖了一层白雪。[15] 尽管苜蓿种子仍需要大量进口，但这些有机肥料的创新使英国在19世纪之前仍能基本保持农业的自给自足。[16] 从1600年至1800年，英国的小麦产量稳步上升。1700年之后，人工施肥的重要性日益凸显。[17] 一位历史学家认为，就对欧洲经济发展的影响而言，豆类的使用可与蒸汽动力的发明相提并论。[18]

1830年之后，本地的有机肥料逐渐无法满足英国不断扩大的小麦种植面积的需求，农民们开始更多地寻找农场外的饲料和肥料来源。[19] 新兴的有机化学科学及其实际应用提供了重要支持，彼得·琼斯（Peter Jones）称之为“农业启蒙运动”（agricultural Enlightenment）。[20] 人们对氮和磷的了解是尤为重要的前提。在19世纪30年代，让-巴蒂斯特·布桑戈（Jean-Baptiste Boussingault）证明了作物的营养当量与其氮含量有关。他推测，循环氮的数量限制了生物体的数量，这种氮由大气提供，而这些重要反应发生在陆地菌衣中。[21] 微生物与植物共生固氮的生化过程于1886年被证实。约翰·劳斯（John Lawes）和约瑟夫·吉尔伯特（Joseph Gilbert）于1843年在洛桑研究站（Rothamsted research station）发现，氮的输入能大大提高植物的产量。[22] 李比希也强调了其他一些重要化学物质的重要性，尤其是磷的作用，这推动了磷酸盐工业的发展。[23] 农民们长期以来一直将骨粉用作肥料。到1815年，英国每年从欧洲进口的骨头数量接近3万吨，甚至还有传闻说这是从战场上搜刮来的人骨。[24] 1808年，詹姆斯·默里（James Murray）在贝尔法斯特一带开始实验用硫酸溶解骨头。[25] 1841年，劳斯在德普福德溪畔（Deptford Creek）建立了英国第一家超级磷光酸盐工厂，1842年还为该工艺申请了
225 专利。[26]

由于欧洲骨料供应的不稳定，劳斯不得不设法探索新的原材料，特别是粪化石（coprolites）和矿物磷酸盐［比如磷灰石（apatite），一种发光的火成岩］等。[27] 在运用了新的地质和地层知识后，大型的磷矿开采业发展了起来：威廉·巴克兰（William Buckland）于1829年

在莱姆里吉斯发现了“骨化的粪便”（osseous faeces）后，便提出了“粪化石”这一术语。[28] 英国的主要粪化石矿层从东贝德福德郡一直延伸到剑桥郡，成千上万工人在那里找到了挖掘浅层矿缝的工作，然后将这些粪化石运到加工厂里。这些化石粪块会在加工厂进行研磨，并在硫酸中溶解。约瑟夫·法伊森（Joseph Fison）是一名早期的粪化石承包商，他在伊普斯威奇（Ipswich）创设的农业化学品工厂后来发展成了一家跨国大企业。[29] 李比希抱怨说，英国继开采植物界的化石燃料之后，又开始开采“已灭绝的动物世界”的资源，用于生产肥料。[30] 到1920年，英国每年生产近100万吨磷酸盐岩，约占全球产量的十一分之一。[31]

随着欧洲的磷矿资源完全枯竭，磷酸盐的开采不得不向更远的地方发展，如美国、北非和俄罗斯。[32] 自1945年以来，磷矿石的开采量增加了两倍，这引起了人们对磷矿石枯竭和“磷峰值”的严重担忧，尽管这种担忧还存在一些争议。[33] 这种始于19世纪早期的英国对磷的需求，从根本上改变了磷在生物圈中的流动路径。现在人类排放的磷是自然界排放的8倍。每年约有2 000万吨磷被开采出来，其中900万吨最终进入海洋。[34] 磷肥也是造成陆地重金属积累的原因之一。[35]

一些工业的副产品很快被农业实践所吸收。尽管人类使用煤烟已有数百年的历史，但直到19世纪初，煤气工业产生的氨水才使硫酸铵得以进入农业系统，变成有利可图的东西。19世纪40年代的试验证明了硫酸铵具有重要的农业价值，尤其对小麦生产很有意义。[36] 1870年至1885年间，英国的硫酸铵年产量从4万吨增加到9.7万吨，全球的产量则在1910年达到110万吨。[37] 还有一种副产品叫气石灰，是“一种黄绿色、难闻的物质”，但对豆类和芜菁的生长特别有益。[38] 氨则是从高炉中通过冷凝和洗涤废气得到的。[39] 1878年发明的托马斯–吉尔克里斯特（Thomas-Gilchrist）炼钢法能够利用富含磷酸盐的铁矿石进行炼钢，而后产生大量富含磷酸盐的“碱性矿渣”，而这种矿渣在1885

年被证明是一种强效肥料。[40] 1912年，一位化学家把碱性矿渣比喻成神奇的魔法石，“这是一种神奇的东西——只需它的一触，荒芜的大
226 地就会变得常年青翠。”[41] 不过，平炉炼钢法的发展很快又降低了炉渣中的碳酸盐含量。[42]

开采新肥料经济的兴起，最突出地体现在秘鲁的海鸟粪和智利的硝酸盐的使用上。海鸟粪是指秘鲁沿海岛屿上的海鸟，特别是鸬鹚、鲣鸟和鹈鹕等海鸟的排泄物形成的一种富含营养的肥料。[43] 数千年的时间里，在炎热干燥的气候中，大量堆积的排泄物以每世纪约2米高的速度堆积在一起。[44] 虽然印加人和西班牙殖民者也曾使用过海鸟粪，但直到欧洲化肥危机刺激了洲际鸟粪贸易之前，这些矿藏可说基本上未被开发。秘鲁政府于1841年宣布鸟粪为国家垄断产品，将出口合同授予英国商人，先是利物浦的W. J. 迈尔斯（W. J. Myers）和伦敦的安东尼吉布斯父子公司（Antony Gibbs Sons），然后从1848年到1861年，吉布斯公司独揽了出口合同。[45] 19世纪50年代，秘鲁出口的海鸟粪约有一半销往英国，而到1858年，英国的购买量就达到了峰值，全年进口量高达302 207吨。[46] 晚疫菌（Phytophthora infestans）① 可能就是通过某一艘运海鸟粪的船只传到了爱尔兰。[47]

鸟粪富含氮和磷，对许多作物的生长有显著功效。[48] 1854年，《农民杂志》（*Farmer's Magazine*）将其称为“生命的灵药”（elixir of life），能产生“源源不断的肥力”。[49] 化学家约翰·内斯比特（John Nesbit）称，若按氮含量计算，1吨普通秘鲁鸟粪相当于33.5吨农家粪便。[50] 即使像梅奇（Mechi）这样狂热的坚持粪肥回收的人物也会用鸟粪来作为补充肥料。[51] 海鸟粪帮助农业摆脱了传统的豆类和饲料作物，并为德国的甜菜产业注入了动力。[52] 海鸟粪由那些负债累累的劳工们辛苦开采出来，在极其恶劣的条件下工作，他们有些来自遥远的中国

① 译者注：晚疫菌是一种植物病原真菌，主要侵染土豆和番茄等作物，导致晚疫病的发生。

和复活节岛。[53] 工人们被鞭打、被逼服用毒品，甚至被迫跳崖自杀。[54] 在劳工们被榨取殆尽的同时，海鸟粪也逐渐枯竭了。英国经历的首次鸟粪枯竭出现在非洲西南海岸外的伊查布岛（Ichoboe），在19世纪40年代早期，那里为数不多的企鹅鸟粪被迅速开采完毕。[55] 从1840年到1879年，秘鲁的岛屿累计出口了1 270万吨的鸟粪。这显然是不可持续的情况：在19世纪60年代，钦查群岛上的鸟粪就已经耗尽。[56] 1908年，数学家彼得·东德兰热（Peter Dondlinger）哀叹道，大多数的鸟粪矿床“已经完全枯竭”了。[57]

在今天的智利海岸线上，由于干旱的阿塔卡马沙漠中含氮漂浮物的沉积和地下水的蒸发，经过几个世纪形成了生硝矿物堆积——这是一种可以从中提取到硝酸钠的沉积岩。[58] 19世纪60年代中期，何塞·桑托斯·奥萨（José Santos Ossa）和弗朗西斯科·普埃尔马（Francisco Puelma）曾对这些矿藏进行开采。[59] 1883年，经过与玻利维亚和秘鲁的太平洋战争，智利获得了硝酸盐领地的所有权，垄断了全球的供应。[60] 这些硝酸盐储量被智利和其他海外的企业家所开发，其中就包括约克郡的“硝石大王”托马斯·诺思（Thomas North）。1883年托马斯获取利马的硝石证书后便成立了利物浦硝石公司。那时，几乎一半的硝石矿山都由英国人所有。[61] 人们用炸药炸出硝酸盐矿脉（见图 8.1），经过提炼、装袋后运往欧洲。[62] 就是在这些受公司控制的工厂飞地里、在这种恶劣的劳动条件下，生产出了硝酸盐；但它也推动了19世纪智利经济的发展。[63] 1890年，智利出口了92.7万吨硝酸盐，其中超过三分之二流向了英国。英国控制了该行业70%的份额。[64] 此后，德国的硝酸盐进口量大幅增加。到1909年，德国的进口量已占智利总出口量的30%。[65] 直到20世纪20年代中期，智利的硝酸盐仍然一直是世界上最主要的无机氮来源。当时族群动力学先驱阿弗雷德·洛特卡（Alfred Lotka）就曾预测智利的硝酸盐“即将耗尽”。[66]

这些产业在19世纪后期显著推动了欧洲农业产量的提高。[67] 然

227 

图8.1　在智利，人们通过在钙质层上进行爆破试验以找到硝酸盐

From Thomas Keitt, *The Chemistry of Farm Practice* (New York: J. Wiley & Sons, 1917).

228 而硝酸盐的存量是有限的。1900年，威廉·克鲁克斯（William Crookes）认为，如果没有可靠的技术来合成、固定大气中丰富但不活泼的氮，以小麦为主食的“高加索人种”将“不再是世界上最重要的人种”。[68] 两种早期的解决方案——氰酰胺法（1901年）和电弧法（1902年）——都是非常耗能的。后来，弗里茨·哈伯（fritz Haber）的合成固氮技术终于实现了突破，使硝酸盐肥料能够大量生产。[69] 英国的化肥消耗量从1886—1893年的64.7万吨逐渐增加到1911—1913年的128.1万吨。[70] 通常来说，英国所谓的“自给自足”不过是敷衍了

事，但是1918年以后，氮却成了“真正的战略要素”。ICI（Imperial Chemical Industries Ltd）①成立于1926年，又分别于1939年、1940年、1942年和1943年在莫森德（Mossend）、道莱斯（Dowlais）、海瑟姆（Heysham）和普拉德霍（Prudhoe）建设了工厂。[71] 1913年至1939年，英国的化肥使用量增加了约三分之一；1939年至1954年，由于战争刺激了国内生产，化肥使用量又增加了三倍。[72] 人类以短暂但极其惊人的方式摆脱了自然氮循环的限制，甚至还创造了自己的技术扩展系统（见图8.2），农业进入了“肥料纪元”（the fertilizer epoch）。[73] 洛特卡认为，这一发展“无异于在人类历史上开创了一个新的人种学时代、一个新的宇宙纪元”。[74]

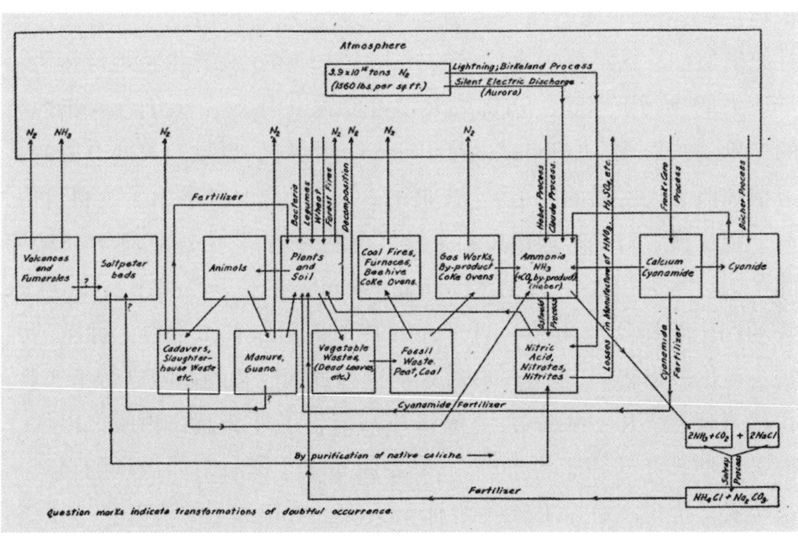

图8.2　人为的氮循环，包括合成硝酸盐、鸟粪和工业副产品。这显然不能再被称为“自然”循环了

From Alfred Lotka, *Elements of Physical Biology* (Baltimore: Williams & Watkins, 1925).

① 译者注：ICI 即帝国化学工业，一家成立于伦敦的化学公司。

随着过磷酸钙、碱性矿渣、鸟粪、硝酸盐和合成肥料的兴起，轮
229 作和根茎作物等曾经的创新技术逐渐衰退。农民现在可以连季种植小麦，而无须中间的种植豆科作物的阶段。[75]“氮磷钾思维”应运而生，即指用可量化的氮、磷、钾化学成分投入来将土壤肥力概念化。唐纳德·霍普金斯（Donald Hopkins）深入阐释了这一理论，认为这些投入对于解决“氮螺旋”问题很有必要，在这个“氮螺旋”问题中，“氮的收支不断循环上升，而总是无法达到平衡”。[76]生物学家弗雷德里克·基布尔爵士（Sir Frederick Keeble）认为，氮的神奇功能正是把英国的景观从“死气沉沉的冬季”中唤醒的必要条件。[77]

商业化肥就像内燃机一样，将可能的替代技术都封杀殆尽。在英国，使用人类粪便作为肥料几乎变成不可想象的事情。英国人的水运废物清除系统造成了磷酸盐的流失，然后再用进口“骨土”来补充磷酸盐，这遭到了李比希的抨击。这种做法无异于将地球视为一个庞大的排污下水道，仿佛废弃物可以凭空消失。[78]人们在抨击西方的“抢劫式农业”（robber agriculture）的同时，也批判着西方的饮食习惯和西方人孱弱的肠道。[79]农业化学家们不过是计算出了废料价值，而个别实践者对是否能用废料来赚钱更感兴趣。[80]在1881年至1882年的冬天，医生乔治·普尔（George Poore）在安多弗买下一座房子，并利用土坑厕所收集了一百个人的粪便，用作农田肥料，种植的作物会在伦敦出售。[81]也有一些城镇对这些搜集废料的系统进行了实验。在洛奇代尔（Rochdale），每家每户都配备了外部盆式厕所，以便于搜集粪便，并送往肥料工厂。[82]旱厕就是一个即时营养循环的自我平衡装置。美国工程师乔治·韦林（George Waring）有些夸张地说道：“同样的元素是可以被无限地反复使用的。”他表达了一种强有力的、边缘化的、重农论的、反机械论的反马尔萨斯主义——一种没有熵的热力学——而像勒鲁（Leroux）这样的法国思想家最有力地表达了这一点。[83]然而，随着水运废物清除系统的发展，回收人类的排泄物在技术上变得具有挑战性，且在感官上令人反感。霍普金斯就抱怨，用

那些能隔绝臭味的通用污水管道来处理人类排泄物是一种浪费。[84] 在二战后不久，一些地方（如南华克、梅登黑德、莱瑟黑德和哈默史密斯等）把粉碎后的城市垃圾卖给农民：比如南华克的纸浆垃圾就用来为肯特郡的啤酒花园提供肥料。[85] 这些做法与英国的巨额浪费相比，可以说是无足轻重。1955年，邓弗里斯郡的工程师J. C. 怀利（J. C. Wylie）和李比希的观点不谋而合：英国每年向河流和海洋倾倒的污水，浪费了大约20万吨氮，与此同时却使用氮含量大致相同的化肥补充农业生产。[86]

到了这一时期，中世纪的局部氮循环和磷循环已经被彻底打乱、
不断延展，而且变得线性化。英国已经摆脱了有机农业经济的限制， 230
进入了令人兴奋但又充满风险的矿化农业世界。[87] 从1860年到2000年，人为制造氮量增加了十倍以上，达到约165太克（teragram）。氮在水生和大气中不断累积，与发电厂和汽车排放的氮共同作用，导致了水体富营养化、水道酸化以及流层臭氧和温室气体的不断积累。[88]

前沿、机器和单一栽培

对土地肥沃、人口稀少的“商品前沿”的开发，使英国享有了“环境透支”的特权，像中国等许多地区就不具备这样的优势。[89] 于是，有机外包便成为支撑英国工业发展的基础，创造出了巴登–鲍威尔（Baden-Powell）所称的“可靠和无穷无尽的供应”，以满足制造业转型所需的“原材料和食品”。[90] 1899年，农业统计学家R. F. 克劳福德（R. F. Crawford）估计，英国的“幽灵公顷”面积约为2 300万，而这一数字仅仅指的是用于生产小麦、牛肉、羊肉、牛奶和动物饲料的面积。[91] 而1922年，英国仅剩下3 124.6万英亩耕地和1 367万英亩牧场草原。[92] “新欧洲”农业腹地是地球上定居人口密度最低的地区之一。[93] 1928年，阿根廷的人口密度为每平方英里8.6人；加拿大和澳大利亚

分别为2.6人和2.1人；而在英格兰和威尔士则达到671人。[94] 然而，这些地区的牲畜与人类的比例极高（见图8.3）。在这些“商品前沿”地带，土地开发得以继续，无须养活周边的大规模工业人口。不过，这些空间也可能会引发重大的地缘政治紧张局势。[95] 利维（Levy）曾担忧，城市人口的增加可能会减少出口，从而打破新西兰经济的平衡。[96]

“商品前沿”的扩张在地球的每一个角落展开：在1870年至1937年间的爱尔兰和苏格兰，永久性的草地面积增加了40%以上。[97] 进一步的扩张“沿着在空间上阻力较小的路线”推进，进入新大陆和澳大利亚等土地肥沃、人口稀少、国家政权薄弱或甚至缺失的地区。[98] 这些扩张对地球系统产生了显著影响。大约在1835年至1885年间，全

231

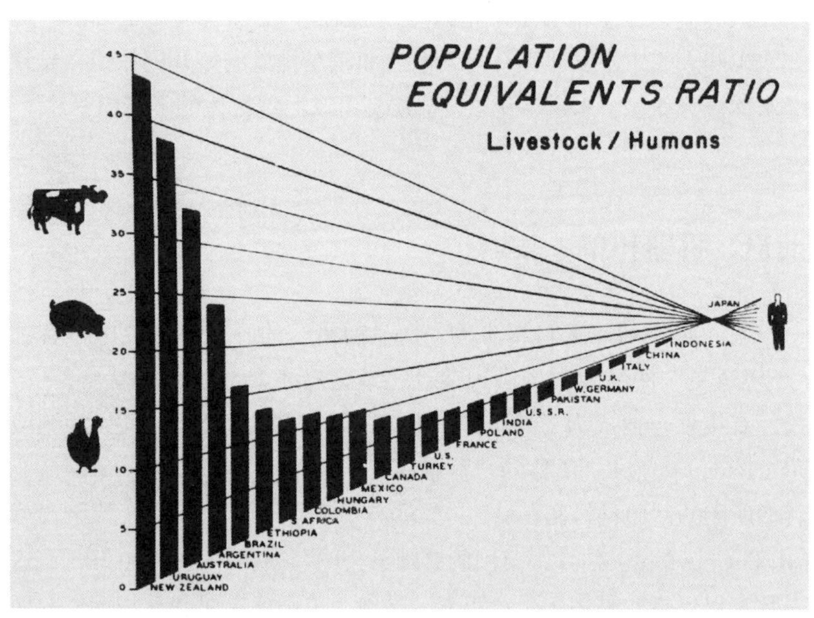

图8.3 各国家的牲畜与人口比例。可以看到英语世界（新西兰、澳大利亚、阿根廷）的比例偏高

From Georg Borgstrom, *Hungry Planet: The Modern World at the Edge of Famine* (New York: Collier, 1967).

球最大的二氧化碳排放源自美国的土地开垦活动。到了1880年左右，美国的二氧化碳年排放量超过12亿吨。[99] 不过，新大陆的农民们并没有完全无视这些生态影响。[100] 一个出生于德国草原的农民坦言："我非常清楚，人们连续种植小麦的行为将很快导致土壤肥力耗尽"。[101] 在加拿大阿尔伯塔省（Alberta）的沃尔坎（Vulcan），尽管还有许多农民喜欢混合耕作，但经济环境和小麦品种改良都使得单一种植更有利可图。[102] 在萨斯喀彻温省（Saskatchewan）西南部，谷物取代了当地的原生植物，导致表层土壤流失，同时繁盛的地鼠群落也被工业化手段灭绝了。谷物的种植对加拿大的草原造成了永久性的改变，这片土地亟须"小心保护才能得以幸存"。[103] 在19世纪，阿根廷的耕地面积扩大了约18 000%，到1900年，当地的热带稀树草原生态系统已经所剩无几。[104] 博格斯特姆于1967年总结道："这样的情况就足以证明，南美洲作为西方的一片大型影子殖民地（shadow colony）的说法绝非虚言"。[105]

南半球的"商品前沿"也随之被重新配置。1883年，一篇新西兰奶牛养殖论文宣称："世界市场向我们（新西兰）开放。蒸汽和电力使得时间和空间变得不再重要。"[106] 新西兰的经济越来越倾向于去为一片相隔一万一千英里的岛国提供食物。[107] 草原迅速取代了森林，通过引进牧草，人类创造了自己的"人工牧场型"的草原。[108] 英国人对新西 232
兰的所谓改善措施，包括在19世纪90年代和20世纪前十年对新西兰北岛丛林的大肆砍伐和焚烧，还破坏了新西兰约85%的原始湿地（见图8.4）。[109] 查尔斯·迪尔克（Charles Dilke）将这一过程描述为生态帝国主义的一个温和版本，赋予殖民主义扩张以自然化的合理性。[110] 斯塔普尔顿（Stapledon）曾描述过在澳大利亚地区"栖息地关系发生的巨大变化"，其中就包括"具有几乎完全英国特色的草原"，使英国人的定居看起来就是理所当然的"自然现象"。[111] 而这种加速的生态变革只花了大约一代人的时间。[112] 1970年，植物学家布鲁斯·利维（Bruce Levy）仍在强调新西兰肩负着"生产粮食的义务，并以尽可能低廉的

图8.4 燃尽的灌木丛，新西兰

From E. Levy, *Grasslands of New Zealand*, 3rd ed.（Wellington: A. R. Shearer, 1970).

成本生产粮食，以帮助世界上伟大的工业力量在世界贸易竞争中获得成功”。他狂热地畅想着要用“苜蓿氮工厂”把大气中的氮转化为肥美的牲畜。[113] 新西兰的某些土壤的养分不足也刺激着人们不断进口海鸟粪和磷酸盐，投建骨料处理厂。[114] 飞机抛撒磷酸盐的方式推动了澳大利亚和新西兰南岛内陆地区的种植业。到20世纪80年代中期，这两个国家每年都要施用数百万吨农用化学品。[115] 利维兴奋地回忆道："我参加了1949年的空中追肥试验。当磷酸盐从天空倾泻而下撒落在
233 我身上时，我真是激动万分。"[116]

在这些“商品前沿”地区，通过大面积的单一栽培，其原生的种群被控制、被迁移，形成了人工管理的生态系统。这些生态系统中的植物群落趋于同质化，生物多样性显著降低，并通过人工方式维持其

适应性。[117] 生物质（Biomass）① 集中在少数基因相似的生物体中，这些生物体被大量养殖以供国际销售。[118] 人工的农业生态区颠覆了传统有机农业中生态演替的原则：因为在顶级群落（climax community）② 中，单位面积产生的食物是非常少的。[119] 简化的生态系统失去了自我调节的能力，变得更容易受到病毒和真菌感染以及害虫的侵袭：1998年在乌干达首次发现的Ug99锈病对小麦的危害程度超过了以往任何一种病原体。[120] 于是，从19世纪的伽美双（六氯化苯）、铜基杀菌剂、尼古丁和硫酸，到20世纪初的砷、氯酸钠和氰化物，再到20世纪中期的合成毒素组合，单一栽培作物体系逐渐依赖越来越多的农药。[121] 20世纪50年代，自然保护主义者德里克·拉特克利夫（Derek Ratcliffe）对从20世纪30年代开始收集的鸟卵样本进行了研究，他发现从1947年，即DDT问世后的第二年开始，鸟卵壳变得越来越薄。[122] 尽管从20世纪40年代开始就有农药致命毒性的报道，但在20世纪70年代之前只有一些零星的监管措施。1952年的《农业（有毒物质）法案》[*Agriculture (Poisonous Substances) Act*] 授权当局为生产和操作此类化学品的人员提供防护服和防护面具。[123] 各种化学物质进入了食物链，这是另一种危险的代谢暴露形式。[124] 只单一种植一两种作物的殖民地，很容易受到世界价格突然波动或全球经济衰退的影响。因此，这种耕作制度虽然提供了巨大的财富，但也导致了生态和经济的长期不稳定，并将根本性风险深深嵌入全球粮食体系之中。

实现全球性的单一栽培需要经济学家沃尔特·汉密尔顿（Walter Hamilton）所说的“机器技术的逐步发展”，这种技术不仅带来了全

---

① 译者注：生物质指利用大气、水、土地等通过光合作用而产生的各种有机体，包括植物、动物和微生物。

② 译者注：顶级群落是指生态演替的最终阶段，是最稳定的群落阶段。一般来说，当一个群落或一个演替系列演替到同环境处于平衡状态的时候，演替就不再进行了。在这个平衡点上，群落中各主要种群的出生率和死亡率达到平衡，能量的输入与输出以及生产量和消耗量也都达到平衡。

球性的农业盈余，还催生了“有竞争力的生活水平”。这一过程与英国作为一个工业大国的地位是分不开的，因为英国自身仅生产极少部分的粮食供应。[125] 我们无法确定比较优势是在什么时候消失的，也不确定“机器技术”又是从何处开始的，但在杰文斯（Jevons）那种自欺欺人的口吻中所提到的“自愿向我们进贡的那些国家”和英国之间，机器技术的确造成了一种生态上的不对称。[126] 19世纪，随着农业工具的金属化和机械化，农业技术革新在英国及其不断扩大的“商品前沿”迅速发展。[127] 铸铁犁是在1785年获得专利的，而到了19世纪20年代，它已经是英格兰东盎格利亚地区普遍使用的农具了。[128] 1833年，
234 约翰·莱恩（John Lane）首次用锯片钢生产出钢犁。在1851年的“万国博览会”上展出的农业工具可谓琳琅满目。1858年，C. W. 和W. W. 马什（C. W. and W. W. Marsh）申请了世界上首个收割机的专利。[129]（手动、马力、水力或蒸汽驱动的）脱粒机于1732年被发明出来，随后又出现了许多不同种类的脱粒机（见图8.5）。[130] 蒸汽脱粒机是在19世纪70年代开始投入使用的，后来农民还用上了收割—捆扎机，而这些变化仅发生在短短的十年之内。[131] 到1880年，在英国农业中投入使用的由蒸汽驱动的农机已经超过16 000台。[132] 1914年之后，矿化作用（Mineralization）① 开始加速。阿斯特和罗恩特里认为英国把内燃机引入农业是一个明智的选择。他们算出，到1931年为止，英格兰和威尔士的农场已拥有了65 725台油气发动机。[133] 英格兰和威尔士的拖拉机数量从1939年的55 000台增加到1956年的364 000台。[134] 从犁地、施肥到收割、抽水和作物干燥，机械化渗透到农业系统的各个环节。

不过，工业化农业却是首先在北美小麦种植区蓬勃发展起来的。在北美，小麦的大规模种植效应使得机械化在经济上获得了丰厚的回报。[135] 机械化耕作和食品加工推动了北美中西部农业工业的腾飞。如

① 译者注：矿化作用指在微生物作用下有机物转化成无机物的过程。该过程将有机物中的氮、磷、硫等元素转化成对应的无机盐，从而重新吸收利用。

图8.5 打谷机（1845年前后）

From J. J. Mechi, *A Series of Letters on Agricultural Improvement; With an Appendix* (London: Longman, Brown, Green, & Longmans, 1845).

果没有机械化，草原农业的扩张将更加缓慢且代价高昂。[136] 收割机、拖拉机和脱粒机在这种平坦的、没有森林的地方展现了强大的机械效率。到1931年，加拿大农场上共有105 000辆拖拉机，它们被设计得 235
越来越灵活，还配备了内燃机和动力输出轴。[137]

机械技术和化石燃料打破了农业和工业之间的明确界限。工业材料（杂酚油、沥青、波纹铁、混凝土等）改变了农场建筑的结构、性能和外观。[138] 1887年，弗朗索瓦·伯纳德（François Bernard）就曾呼吁要把土地视作"一种工业设施"（an industrial establishment）。[139] 田地和工厂其实是一样的：它们都需要投入化学品来生产出标准化的产品。[140] 到20世纪30年代，这一愿景已在美国、丹麦和俄罗斯成为现实，并在英国初露端倪。科林·克拉克（Colin Clark）在《观察者》（*The Spectator*）杂志上宣称："我们已经变得和丹麦一样，大部分农场如今都成了‘工厂’，进口原料在这里被加工成牛奶、鸡蛋、培根和牛肉”。[141] 这些工厂的产品既是有序整齐的（如各类工业化的农业产品），也是混乱的（如废料）：乳清从奶酪厂流入了当地的排水管网，甜菜厂的纸浆、洗涤液和扩散电池的废水渗进了溪流。[142]

在整个新大陆，当地的有机能源投入都被外部的矿物能源所取代。[143] 随着运输成本的下降，远距离的市场开发变得更加可行且有利可图。冯·杜能（Von Thünen）的城市—农业空间——城市区域被菜园所包围，而更远的林地则用于提供燃料和建筑材料，变得更加复杂。城市与其特定腹地之间的直接共生关系也变得更加复杂。[144] 要从地球各地汲取食物，就需要“更广泛地使用能源”。[145] 19世纪后期，是煤炭推动了这个系统的运行。蒸汽船将营养物质运送到美洲大陆，然后把制成品和煤炭送回英国的供应区域。杰文斯指出，煤炭是英国贸易的“始与终”：它既为英国制造业提供了动力，又和制成品一起维持了贸易平衡。[146] 不过，这种情况在20世纪发生了变化：到20世纪30年代，英国已成为世界上最大的石油进口国。[147] 先是由蒸汽，后来又由石油所驱动的运输业，将原来相互隔绝的国家连接了起来，促进了农业景观的分化和专业化。相应地，农业能源的回报率也下降了：在1826年，每投入1卡路里所生产的食物可提供12.1卡路里的热量，到1981年这一数字跌到了2.1。[148]

蒸汽动力的运输技术成为全球粮食系统的推动力。在北美、阿根廷、印度和英国，铁路使商品的流通更具可预测性，加快了资源的获取，粮食变得更便宜，铁路将从前联系松散的地区牢牢地连接在一
236 起。[149] 曼彻斯特开始从苏格兰、林肯郡和英格兰最北部地区汲取更多的食物。[150] 铁路建设是北美小麦和肉类的“商品前沿”向西扩张的物质前提。冷藏轨道货车创造了冷链运输网络，能为广大的城市市场提供冷藏肉类和新鲜液态奶。达尔豪西（Dalhousie）甚至认为，印度的“大片土地”上“到处都盛产农产品”，以至于很难妥善分销。[151] 铁路则为印度的北方邦、比哈尔邦和奥里萨邦的粮食生产打开了市场。[152]

蒸汽对于跨洋运输来说同样重要。虽然帆船速度更快、效率更高，加快了洲际运输速度，但蒸汽船安全和廉价得多。尤其是在螺旋桨（1827年）、三褶膨胀发动机（1888年首次用于大西洋班轮）和蒸汽轮机（1894年）等关键技术革新之后更是如此。[153] 从1855年到1890年间，发动机的效率提高了一倍多，从而减少了船舶的载煤量，腾出了更多货运空间。[154] 蒸汽轮可以规避原来的地理技术上的不可预测性。风向图变得越来越无关紧要，北大西洋的顺时针的季风不再会对运输的时机产生重大影响。[155] 1870年，英国舰队中蒸汽船的运载能力仅为帆船的三分之二，但到1890年，蒸汽船的运载能力已超过帆船的五倍。[156] 汽船可分为两种基本类型：班轮（定期在两个港口之间进行航行的船）和不定期船（即按委托在港口之间航行的船）。1914年，全球约一半的不定期船都是英国的。[157] 到1914年，不定期轮船占英国总吨位的60%，和今天全球化的航运经济相比，这一体系更加以欧洲为中心。[158] 不定期船是世界经济缓慢而可靠的命脉。特别是在温湿度管理技术发展之后，有越来越多的船舶会为运输特定的货物而量身打造。比如在1949年，70%的巴勒斯坦出产的橘子通过这种方式运抵英国。[159]

食物长距离运输的历史可追溯至数千年前。然而纵观历史，大多数城市社区都会与其腹地保持密切的联系，这种状况一直持续到19世纪以后。在19世纪晚期，巴黎的大部分食物仍然来自毗邻的巴黎盆地，这种密切的联系至今依然存在。[160] 随着伦敦的食品价格与市场距离的关系日益消减，它便走上了一条非比寻常的道路，形成了更为庞大的全球化食品供应体系。到19世纪30年代初，伦敦进口食品的平均运输距离为1 820英里，而到1909—1913年，这一数字达到了5 880英里。[161] 在这个过程当中，城市足迹显著增加。到21世纪初，英国食品系统约占据英国公路货运量的三分之一，而超市的普及也进一步增加了家庭购物所需的出行距离。[162]

英国饮食的主要原材料，尤其是糖和小麦，是最容易长途运输 237

的食品之一。它们经久不坏、可标准化处理、易于储存和装袋，运输便捷。食品和运输系统是相互促进的。随着蒸汽机、涡轮机、柴油机和石油发动机能效的提升，食品的运输距离也随之增加。在《分销时代》（*The Distribution Age*，1927年）一书中，博尔索迪（Borsodi）认为，虽然“运输货物的单位英里成本”有所降低，但“每吨货物的平均运输距离”却增加了，这完全抵消了原来节省下来的成本。[163]“杰文斯悖论”（Jevons paradox）[①]困扰着世界食品系统。

土地危机

在19世纪的大部分时间里，马尔萨斯主义的忧虑被甚嚣尘上的原始博塞拉普式的丰饶主义（proto-Boserupian cornucopianism）以及朴素的化学乌托邦主义学说所淹没。托马斯·霍奇斯金（Thomas Hodgskin）在1827年的《大众政治经济学》（*Popular Political Economy*）中指出，“正是饥饿激发了人类的聪明才智”。[164] 1832年，托马斯·埃德蒙兹（Thomas Edmonds）预测了一个未来图景：面包将由木屑锯末制成，糖将从废布料中提取，而利用分解动物粪便来维持的“空中的梯田”（aerial terraces）将摆脱土地面积的限制。[165] 1888年约翰·克罗斯（John Cross）写了一篇关于“食物的未来”的文章，他认为自由贸易和铁路意味着“我们必须获得不断增加的食物盈余”。[166] 人们普遍认为，蒸汽动力、自由贸易和科学农业可以无限期地推迟马尔萨斯主义的担忧。克鲁泡特金和阿特沃特也对农业极限的概念不屑一顾。[167] 密尔的观点则更为冷静且细致地指出“有限的土地数量和有限的生产力”会呈现出一种边界，它既不是一堵墙，也不是无

① 译者注：杰文斯悖论，经济学术语，指提高使用原料效率的技术进步，倾向于增加那种原材料的消费比例。

限延展的地平线，而是一个“极具弹性和可拓展性的‘圈带’”。他认为，随着人类越来越逼近其极限，会逐渐对这个“圈带”施加压力。尽管农业改进能够减缓收益递减规律，但若假设这种极限的“距离还有无限远”，那将会是“整个政治经济学领域中最严重的（错误）”。这种逻辑也同样适用于那些“愿意从任何最便宜的地方获得食物的人”。[168]

1898年，威廉·克鲁克斯（William Crookes）在布里斯托尔的英国科学协会年会上发表主席演讲时首次提出“大星球的哲学”正在引发一场氮危机的观点。[169] 他认为，人们已经习惯了拥有源源不断的小麦供应，以至于“其他小麦种植国的广袤平原”被视为“取之不尽的粮仓”。[170] 人们只是简单地假设全球每年还可以增加数百万英亩的小麦种植面积。他的话引起了一场不小的恐慌，继而引发了一场关于世 238
界粮食供应极限问题的激烈讨论。[171] 一些美国作家也描述了随着小麦生产越来越向干旱、高海拔或寒冷的地区转移，而土地收益递减的趋势愈发明显的现象。克鲁克斯还在《小麦问题》（*The Wheat Problem*）一书中引用堪萨斯州农民伍德·C. 戴维斯（C. Wood Davis）的文章，进一步阐述了这一问题。[172] 科学家西尔维纳斯·汤普森（Silvanus Thompson）认为，全世界可用的小麦种植面积最多只能养活6.66亿人。他指出，智利硝酸盐产量的四分之三“用于给小麦田施肥”，这是一个不可持续的投入。[173] 克鲁克斯预言说，除非在化学上找到解决办法，否则粮食供应将在一代人的时间内成为“一个非常棘手的问题”。[174] 在20世纪初，霍布森和凯恩斯等人回应了克鲁克斯的担忧，并将其推向更加倾向马尔萨斯主义的方向。正如艾莉森·巴什福德（Alison Bashford）所指出的，这种反“大星球”的理论为后来的“地球太空船”（spaceship earth）和封闭世界（closed world）的理论提供了依据。[175] 凯恩斯怀疑，19世纪的物质进步可能只是暂时逃离马尔萨斯式常态的一次偶然现象。[176]

不过没过多久，克鲁克斯的悲观预测就被证明过于天真了。1919年，经济地理学家J. 拉塞尔·史密斯（J. Russell Smith）幸灾乐祸地说："我们将会嘲笑威廉·克鲁克斯爵士的恐慌。"[177] 在加拿大和西伯利亚地区，高产的小麦种植正在迅猛增长。加拿大评论家抨击克鲁克斯的地理知识过于"肤浅"。[178] 旱作技术、深井、水泵和政府的水文勘测把小麦生产推向了堪萨斯、科罗拉多和艾伯塔等半干旱地区。[179] 这种扩张正是利用了具备特殊光周期或抗旱能力的小麦新品种。劳斯和吉尔伯特都认为克鲁克斯低估了土壤的肥力。[180] 克鲁克斯本人也希望化学能够拯救农业。哈伯（Haber）的实验室里研发的技术成为这一领域的关键突破，也是"大星球的哲学"理念下的创新典范。尽管如此，在短期内，植物生物学和农业工程学的贡献至少还具有同等重要的意义。[181]

1919年史密斯的《世界粮食资源》（*World Food Resources*）成了这种复苏的丰饶主义的权威指南。例如，他认为仅仅在海洋中就充满了"鳐鱼、沙曼鱼、鲨鱼和黄貂鱼等"丰富的资源。[182] 在《公元2030年的世界》（*The World in 2030 A.D.*）一书中，伯肯赫德伯爵声称，完全工业化的农业可能会将人类从土地限制中解放出来，使英国成为"实验之地"，其"自给自足"的城市能够养活任意数量的人口。[183] 到了20世纪30年代，丰饶论者开始构建一个新版本的"大星球的哲学"，酵母、纤维素、煤炭和空气等替代原料将为庞大的人口提供无
239 限的食物供应，使全球表面的面积限制变得无关紧要。[184]

这种乐观主义是有其物质依据的：包括尚未开垦的"商品前沿"、新培育的植物品种和实验室的新发现等。贝弗里奇在批判凯恩斯时指出，加拿大、澳大利亚、俄罗斯和南非仅有很小一部分可耕地得到了利用。[185] 1925年，《纽约时报》称全球小麦丰收成了"一场永不间断的节日"，总有某个地方在庆祝小麦丰收。[186] 1928年加拿大的小麦收成创下历史纪录：萨斯喀彻温省的粮仓已经爆满，只好把多余的小麦堆积在一边，铁路网络更是不堪重负。[187] 1910年至1932年间，世界小麦产量增长了约22%，甚至出现了一场反克鲁克斯式的生产过剩危机。[188] 1931—1932年的金融危机使情况变得更加复杂。全球小麦价格暴跌，

但消费量却没有上升：许多经济学家注意到小麦消费缺乏弹性的情况，导致造成了一场“前所未有的世界农业危机”。[189] 1931年日内瓦的一份特别研究报告提到了“塞满了小麦、糖、咖啡、棉花和其他商品的库存”，其中一些商品的价格甚至跌至40年来的最低点。[190] 西欧的小麦消费量随着人们向高动物蛋白饮食转移而下降：这就是贝内特定律（Bennett's Law）①的前身。生产过剩危机贯穿整个20世纪30年代，影响波及更广泛的经济领域，影响到小麦的种植和定价、这些价格与其他商品价格之间的关系、购买力、信贷以及“其他所有的人类活动”。德赫维西（De Hevesy）认为，小麦危机“动摇了我们经济秩序的根基”。[191]

生态问题加剧了经济危机。虽然陆地自古以来就伴随着水土流失的问题，但农业和“商品前沿”扩张大大加速了这一过程，甚至可以追溯至新石器时代。[192] 17世纪中叶，巴巴多斯的森林被砍伐殆尽，人们不得不从英国进口煤炭用于熬糖。[193] 华盛顿和杰斐逊都曾对殖民时期农业对土壤造成的破坏性影响表示过担忧。[194] 但是，19世纪和20世纪全球“商品前沿”的扩张导致了前所未有的、人为的水土流失。大片未被开发的土地上经过漫长时间积累形成的肥力，很快被钢犁和拖拉机开垦殆尽。[195] 土壤失去了肥力、黏着力和孔隙性，变得破碎而龟裂。[196] 从地质学的角度来看，这种影响几乎可说是在一瞬间发生的。1850年，查尔斯·莱尔（Charles Lyell）注意到北美迅速出现的“现代沟壑”（modern ravines），并认为其与森林砍伐有着直接的联系（见图8.6）。[197] 土壤的保水能力降低，导致河流更容易受到洪水和淤积的侵袭，从而阻碍河道航行。杰克斯（Jacks）和怀特（Whyte）关于世界土壤侵蚀的犀利论著的最后总结道，在新大陆，“开采和耗尽原始土壤，是最容易取得利润和财富的方法”。[198] 资本主义在地球上渗透，

① 译者注：贝内特定律指随着收入的增加，人们的饮食结构将从以碳水化合物为主逐渐转向水果、蔬菜、肉食及奶制品等多种食物综合搭配。

240

图8.6　乔治亚州的沟壑

Figure 8.6. Ravine, Georgia, 1846. From Charles Lyell, *Lyell's Travels in the United States: Second Visit*, 2 vols. (New York, Harper & Bros., 1849), vol. 2.

其产生的影响直接而明显。利明顿指出："廉价的进口食品意味着被毁坏的土壤。"[199] 英国是一只"洋洋自得的寄生虫"，它所消耗的"牛肉和肋排"包含了从阿根廷到印度的荒芜土地中流失的矿物资源。要是再考虑到食物链的复杂性，英国则可以被称为"超级寄生虫"。丹麦

"本身就是新大陆的寄生虫"，它依赖新大陆的"饲料"，然后将动物制品运往英国，供其最终消费。[200]

这种营养关系使得"商品前沿"承受着巨大的生态压力。一个典型的例子是20世纪30年代美国的"尘暴"。这场灾难源于机械化农业、缺乏轮作、对自然资源竭泽而渔的做法、畜牧业和小麦种植业的扩张、水源枯竭、高温和干旱等多重因素。[201] 尘暴的发生正是集中在堪萨斯州、科罗拉多州、内布拉斯加州、俄克拉何马州和得克萨斯州等小麦种植区。[202] 一份1939年的报告指出，每年有30亿吨固体物质从美国的 241
田地和牧场被冲走，其中包括9 117万吨磷、钾、氮、钙和镁，其中大部分流入墨西哥湾，"我们的后代赖以生长骨骼、肌肉和血液的物质也被一并冲走了"。[203] 经济学家弗兰克·陶西格（Frank Taussig）指出，传统观念认为土壤是不可被破坏且稳定的，这种观念支撑着李嘉图地租理论，但从地质学和热力学的角度看，这种观点是不成立的。[204] 比较优势在人类历史上是多变的。奥斯本（Osborne）在其1948年出版的《被掠夺的星球》（*Plundered Planet*）一书中得出结论："正因如此，才会出现一个新观念：那就是将人类视作一个大规模的地质力量。"[205]

"尘暴"并非局限于美国的孤立事件，而是一个全球性现象。[206] 在加拿大持续的土壤开采使土地濒临枯竭。20世纪早期，干旱袭击了半干旱的帕利泽三角地带。有些所谓的祈雨法师闻风而来，坑蒙拐骗了一番后扬长而去，在阿尔伯塔省留下了满目疮痍的废弃农场。[207] 20世纪30年代的干旱加剧了世界经济大萧条的影响，而对旱作农业的过度热衷又使情况雪上加霜，导致了土壤流失和被称为"黑色暴风"的沙尘暴。[208] 1937年，在萨斯喀彻温省南部和阿尔伯塔省东南部旅行的伊芙琳·伦奇（Evelyn Wrench）描述说："到处都是荒凉的景象。"到达温尼伯后，他被告知"加拿大西部正面临一场重大灾难——这场灾难会影响整个加拿大"。[209] 地理学家乔治·金布尔（George Kimble）在1939年用"可悲"二字来形容加拿大大草原的境况。[210]

在1976年出版的《土壤与文明》（*Soil and Civilization*）一书中，

爱德华·许亚姆斯（Edward Hyams）声称，大约有一百万英亩的南美表层土壤被冲走，“被吸收进英国人的血肉之中”，“或者通过英国人的下水道被冲进了大海”。[211] 澳大利亚的土壤侵蚀率随着绵羊的引入而不断上升。到20世纪中期，土壤侵蚀已成为“一种普遍的破坏力”，沙尘暴日益频繁，连板球比赛也常因此被中断。[212] 在新西兰北岛的纳皮尔和吉斯伯恩之间，赫伯特·格斯里·史密斯（Herbert Guthrie-Smith）描述了“地表裸露、泥浆如泪水般流淌的乡村”。[213] 在南非，水土流失问题在19世纪就已经出现，到20世纪30年代则变得更加严重。[214] 斯芒茨（Smuts）认为土壤流失是一个非常紧迫的问题，并呼吁人们对此开展公众教育。[215] 在南非，人们把水土流失归咎于不稳定的气候和对金矿的肆意开发。[216] 人们更毫不掩饰地从种族角度来看待这一问题，指责当地牧民过度放牧：他们的牲畜常常被毫不客气地赶走，而白人农场主却能得到慷慨的援助。[217] 斯芒茨开始担心白人可能被迫离开内陆，走向沿海。[218] 霍尔对非洲人养牛却不吃牛肉的情形而感到困惑：就像在爱尔兰一样，营养转型、市场关系和货币化是相互
242 促进的。[219] 周游牧业和游牧民族是不受欢迎的：“这种经济体制一旦与只会攫取自然资源的白人种族接触，便难以长久维系下去了。”[220] 资本的原始积累被强行植入非洲大陆，随之而来的是管理、农业重组和帝国的开发。牧场和耕地之间被牢不可破的界限区分开来。[221] 土壤流失问题蔓延至肯尼亚、罗得西亚（今津巴布韦）、巴苏托兰（莱索托）和英属东非等地。杰克斯和怀特认为这种现象在“几乎所有由欧洲管理的热带非洲”都很明显，指责殖民地的管理出了问题。[222] 最后变成了应该由非洲自己来对其20世纪晚期出现的饥荒负责。[223] 印度和俄罗斯同样也对水土流失的问题感到头疼。[224] 唯一幸免于难的竟是欧洲本身：水土流失是率先发展地区的一种毒性输出品。

基本的水土改良措施包括国家补贴和修复计划。澳大利亚的种植业者在20世纪30年代得到了超过1 400万英镑的政府救济。[225] 1933年的《农业调整法案》（*Agricultural Adjustment Act*）和美国刻意减少

小麦产量的情况受到德赫维西呼吁对小麦进行“节制性繁育”的影响。[226] 尽管多场国际会议试图探索宏观经济的解决方案，但都举步维艰。通过植被种植、梯田、造林、轮作、等高线耕作和灌溉等改良技术，侵蚀、沙漠化和土壤流失的影响得到了一定的缓解。[227] 加拿大1935年的《草原农场恢复法》（*Prairie Farm Rehabilitation Act*）每年提供高达100万美元的资金，以减轻干旱和水土流失的影响。[228] 澳大利亚的维多利亚州则于1940年和1942年通过了土壤保育的法令。[229] 相关的立法开始在大英帝国的范围内广泛推行，从锡兰（今斯里兰卡）到肯尼亚，从巴勒斯坦到圣赫勒拿均是如此。[230] 英国殖民专家争先恐后地试图对帝国的生态进行全面的了解。[231] 在肯尼亚，一家巡回电影院放映着展示水土流失影响的影片。[232] 正规化的生态知识和管理也逐步发展，其目的是达到沃斯特所谓的“新的、人为的平衡……一个‘人类活动’新顶点”。[233] 在这场全球性的“尘暴”事件中，人类的活动是“最令人不安的因素”。这也说明了人工生态系统正在逐步取代原本的自然生态系统。[234]

市场波动和生态失调使得保护主义和自给自足在政治上变得更有吸引力。英国百年来毫不掩饰的经济自由主义戛然而止。农业补贴和1932年的《小麦法案》（Wheat Act）通过差额补贴机制保证了农产品价格。对工业化的批评和对重建农业的呼吁，甚至不再发展农业、退耕还林的观点变得更加普遍。[235] 斯塔普尔顿对墨索里尼的土地复垦计划十分赞赏。[236] 1939年，杰克斯和怀特强烈主张，“经济民族主义”正在“实现土地资本更加平等的再分配”，并要求限制“对新土地的过度开发”。[237] 即使在1945年之后，自给自足的观念也并没有立即失去吸引力。英国共产党在1945年的农业政策就以支持国内生产为特色： 243
他们认为，廉价食品的生产往往以牺牲海外“劳动力和土壤”作为代价。[238] 1951年，农民菲利普·奥伊勒（Philip Oyler）呼吁重建水车和风车，还要“就地碾磨我们自己的谷物”。[239] 威廉·比奇·托马斯（William Beach Thomas）哀叹道，风车已经被“来自利物浦的那些无形的怪物”所摧毁。[240] 不过，英国的主流观点仍然偏向自由主义立场。阿斯特和朗特里抨击农业保护主义，仍然坚守着比较优势的理念。[241]

21世纪初的水土流失的速度几乎是深时（deep-time）① 水土流失速度的30倍。[242] 然而，这种加速退化的趋势早已引发了人们对自然、生命、人类及其“进步”理念的忧虑。

猪、鸡和蛋

集约化畜牧生产并非20世纪的发明，小牛犊的封闭式饲养和城市奶业都可以证明这一点。1855年，德·拉韦涅（De Lavergne）就曾预言一个时代即将到来：英国的牛将会“被关在阴郁的回廊里，而离开这个回廊的出路只有走向屠宰场”。[243] 不过，自1900年以来，圈养饲养（从饲料牛到肉鸡都是如此）已成为全球畜牧业生产中最集约化和最大规模的形式之一。[244] 至少在发达国家，驯养动物的生命是在完全人工化的环境中度过的。这种模式带来了显著的后果，包括大量排泄物的堆积，以及拥挤潮湿的环境为昆虫、啮齿动物和微生物繁殖提供了理想场所。[245] 1938年，阿斯特和朗特里指出，农业正在成为一种“加工业”，牲畜则成为将进口饲料转化为人类食物的生物媒介。[246]

在20世纪，全球肉类工业逐渐转向单胃动物——猪和鸡，因为它们有更高的饲料转化率。[247] 20世纪初，丹麦的猪住在专门建造的猪舍里，而英国的猪则在茅屋、狗窝、马厩和旧铁路货车里产仔。[248] 不过在1918年后，受丹麦模式的启发，在1933年《猪肉和熏肉销售计划》（*Pig and Bacon Marketing Scheme*）的推动下，完全封闭式的工厂化养殖开始流行起来。虽然人道主义的呼吁并未完全消失，但在资本主义的效率要求面前，其地位变得越来越不重要了。[249] 到20世纪70年

---

① 译者注：深时是一个地质学的时间概念。

代，对隔热、通风和照明进行严格管理的“环境完全受控的全封闭式
猪舍”已经非常普遍了。[250] 例如，“培根仓”（Bacon Bin）就是一种用 244
泡沫塑料隔热的圆筒，在加热灯的照射下，食物通过一个顶部旋转的螺旋钻从料斗中机械化地流出，只需210秒就能喂饱四百多头猪。[251] 这种集中控制，在奶牛养殖的预调装置、穿孔卡片或光电系统中也很突出，它表明了全流程管理的牲畜养殖已经达到了非常完善的地步。[252] 母猪拥挤在狭窄的小隔间或产仔箱里，猪仔的一生都将在用水泥、石棉、塑料、泡沫绝缘材料和瓦楞钢做成的小小世界里展开。[253]

1924年，英格兰和威尔士的家禽数量为3 075万只；五十年后，整个不列颠的鸡产量达到了3.77亿只。[254] 这些家禽经历了巨大的基因改造。1891年，爱德华·布朗（Edward Brown）描述了英国鸡的“奇妙的可塑性”，它可以“以一种惊人的方式适应人类的需要”。[255] 比较受欢迎的品种包括苏塞克斯鸡（Sussex Dorkings）、巴夫鸡（Buff）、黑色和白色的奥品顿鸡（Black and White Orpingtons）、洛克鸡（Plymouth Rocks）和怀恩多特鸡（Wyandottes）等。[256] 在奶牛养殖业中，纯种繁育较为普遍；而养鸡业的情况则有所不同，占主导地位的繁育方式是杂交。[257] 鸡的一生经历了比牛更加短暂的速育过程。在20世纪初，大约从四个月左右开始对鸡进行肥育，通常持续三周，先是用食槽喂养，最后采用强制填喂法，即通过喷嘴将奶油状的食物塞入鸡的食管。莱顿和道格拉斯总结道：“必须非常小心，不能让鸡窒息。”然后他们又补充说“鸡仔们对于每到喂食时间就会出现的‘填料器’都表示非常欢迎”。显然这种说法很难让人信服。[258] 这种鸡生命节奏的加速正是在封闭的环境、恒温的孵化器、机械化的喂食装置（见图8.7）、育雏器、模拟近乎全天候的光照以及管控维生素D的共同作用下实现的。[259] 小鸡们在各种育雏设备中得到饲养，而多余的小公鸡则可以通过“汽油发动机的废气”来进行毒杀处理，即通过软管把毒气送进所谓的“无痛屠宰室”（lethal chamber）中。[260]

到了20世纪50年代，养鸡行业的领袖们明确提出要致力于生

245 

图8.7　通过机械化管道系统喂养的封闭饲养的鸡

From Leonard Robinson, *Modern Poultry Husbandry* (London: Crosby Lockwood, 1961).

产廉价的鸡肉。[261] 1939年，人们就对鸡的营养需求了解得比其他任何物种都更加精确。因此到20世纪50年代，人们开始使用高蛋白玉米、棉籽和大豆饲料。[262] 到20世纪60年代初，饲料中普遍添加了抗生素。[263] 1951年，英国的肉鸡比传统的用来整只烤制的鸡（roasters）①体型更小，也更年幼，在12周后，肉鸡的体重可以达到4磅，饲料转化率为4 ：1。1965年，肉鸡的体重在9周时就能达到3.5磅，饲料转化率为 2.3 ：1。在英国，每磅鸡肉的价格比任何其他肉类都要便宜。[264] 到1960年，全英国的养鸡场饲养了超过15 000只鸡，然后再通过大型加工站进行鸡肉生产，比如J. B. 伊斯特伍德（J. B. Eastwood）的“鸡

① 译者注：一般来说，这种鸡大约在第14周时才会被屠宰，所以它的体型会比通常在第7周就被屠宰的肉鸡更大。

市”（Chicken Cities）或巴克斯蒂家禽公司（Buxted Chicken Company）的奥尔德肖特家禽加工厂等。[265] 1964年，该公司每周能够生产50万只可用于烤制的鸡：这些鸡从货车上卸下，然后挂在传送带上，进行击昏、放血、除毛、开膛去内脏等工序，最后进行冷藏。[266] 较小规模的屠宰技术会用到放血锥（见图8.8）。而冷冻技术对于防止沙门氏菌病等致命的肠道细菌感染来说则至关重要。[267] 冷冻鸡在英国变得特别受欢迎：鸡肉在宣传中成为一种廉价、易于烹饪的肉类（见图8.9）。1963年，

246

图8.8 正在被放血的鸡

From Leonard Robinson, *Modern Poultry Husbandry* (London: Crosby Lockwood, 1961).

247

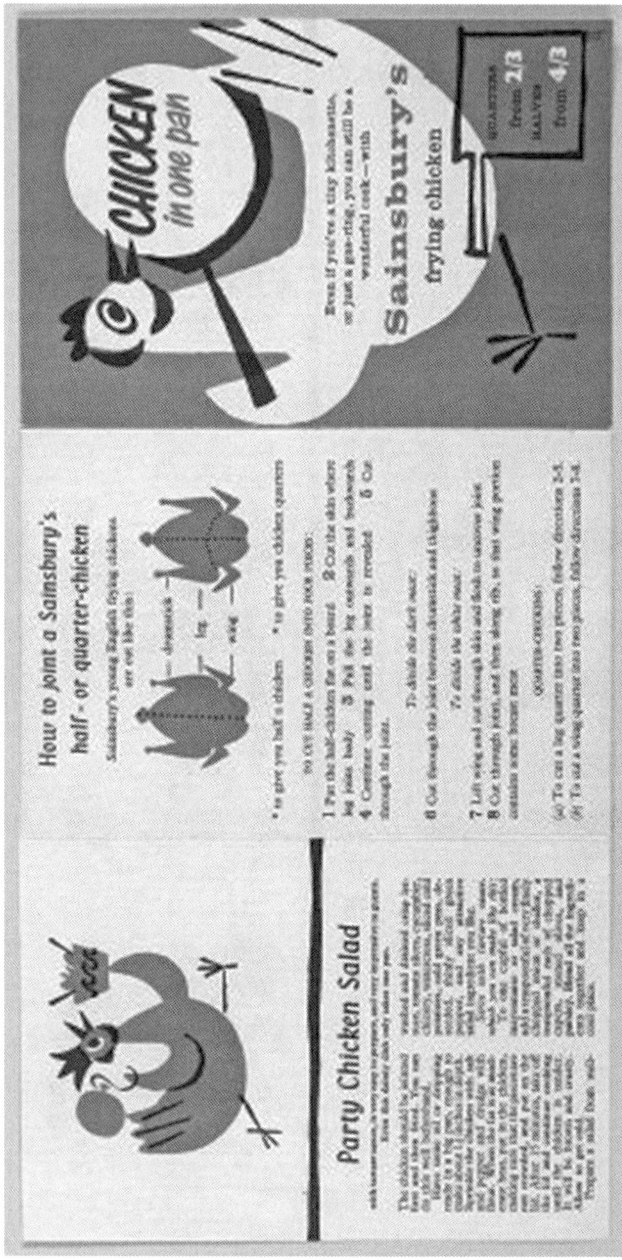

图8.9　塞恩斯伯里的鸡肉广告，约于1960年刊登

90%的英国鸡肉的生产由一千名养殖户和几十家加工商所控制。[268] 迅速出现的现代肉鸡变成了一种具有地质学意义的动物。[269] 肉鸡形态的变化是异常迅速的，鸡的尸体废弃物的堆积也是前所未有的：这种"单一特异性的巨量禽类生物质"也可能是史无前例的。如果这些禽类的骨头在厌氧垃圾填埋场干燥的环境中变成化石保存下来，其数量和独特的形态可能成为"拟议人类世（proposed Anthropocene epoch）的关键物种指标"。[270] 现代肉鸡同时也是"新自由主义的禽类"，它出现在超市里，"裹在透明的聚乙烯包装里，标签上描绘着让人联想到春天乡村生活清新气息的图像"。[271] 巴克斯蒂家禽公司由前皇家空军飞行员安东尼·费希尔（Antony Fisher）创立，他也是金融研究所（Institute of Economic Affairs）的创始人。金融研究所是一个新自由主义的智库，倡导自由市场经济，连撒切尔夫人也深受其影响。[272] 到20世纪60年代末，伯纳德·马修斯（Bernard Matthews）创立的诺福克火鸡（Norfolk turkey）的"饲养场帝国"已经拥有100万只火鸡。[273]

20世纪初，英国进口的鸡蛋数量超过了世界其他国家的总和：1913年的进口鸡蛋超过了2.15亿打，其中一半来自俄罗斯。[274] 不久之后，英国本国的蛋鸡产业得到了长足的发展，罗得岛红鸡的鸡蛋（Rhode Island Red）变成了"最高级的商业鸡蛋品种"。[275] 在1925年前后，英国兰开夏郡的农民温沃德首创了层叠式养鸡系统（The battery system）。[276] 英国家禽分布最密集的地区是普雷斯顿附近的菲尔德地区。[277] 分隔式的围笼有利于增强对饲养环境的控制，水可以通过互相连接的水槽流入，有些层叠笼还配备了自动供水器。[278] 英国新建的电网能为供暖系统和食品搅拌机提供充足的动力。[279] 超过10勒克斯（lux）①的电灯能够激活母鸡的脑垂体，刺激激素分泌，提升产蛋量：越来越多的母鸡每天能下两枚蛋，双黄蛋的产量也变得更高。[280] 柏油

① 译者注：勒克斯为照明单位。

纸、滚带和电动犁等各种装置都能有效防止鸡粪的过度堆积。[281]

1928年出台的国家标识计划（The National Mark Scheme）确定了鸡蛋的法定分级标准，并建立了从雷德鲁斯（Redruth）到彭里斯（Penrith）的包装站网络，生产者必须通过这些包装站来售卖鸡蛋。[282]
248 例如，切尔滕纳姆（Cheltenham）包装站负责为其方圆30英里的地区提供服务，通过货车收集鸡蛋，然后使用动力传送带运输，并对鸡蛋进行检测和分级。[283] 随后，家禽养殖业开始向层叠式养殖模式转变。20世纪30年代，98%的鸡蛋产自散养或半集约化的养殖系统；而到1977年，93%的产蛋鸡来自笼养。[284] 从 1960年到1980年，单只母鸡的产蛋量翻了一番。[285] 鸡的生殖系统被人为改造，以服务人类需求，这标志着"一种全新的动物饮食文化"。[286] 产卵这种本来是间歇性的行为，现在却变成了一种永不停息的工作。[287] 野生的鸡每年产蛋约12枚，而驯养的家鸡每年最多可产300枚蛋。不停产蛋的行为使得母鸡对钙的需求越来越高，容易导致严重的骨质疏松症，再加上"笼养蛋鸡疲劳综合征"（cage layer fatigue）和肝脏脂肪变性等问题，层叠式饲养的母鸡的一生虽然不必担心寒冷、饥饿、黑暗和狐狸的追捕，但其生活却是痛苦而又单调的。[288] 无聊的母鸡会在有限的空间内尽力探索自己活动的世界，它们只好啄碎各种可以啄碎的颗粒，溅起一点水花，或者啄掉自己的羽毛。鸡蛋的产量受到近乎残酷的监控，产蛋量不高的母鸡会被无情淘汰。[289] 笼养鸡的农场主操纵着生杀大权，生命被不断削弱、缩短，并朝着服务资本积累的方向发展。[290] 笼养鸡的鸡农H. E. 斯普斯通（H. E. Swepstone）建议，母鸡年产鸡蛋少于180枚就应该被淘汰。[291] 机械化的系统使鸡很容易受到复杂技术带来的常见事故的影响。1987年8月，一家工厂的通风系统发生故障，导致7万只笼养鸡缺氧而死；1986年的一场大火又导致2.4万只笼养鸡窒息或被活活烤死。[292] 也许儿童文学作家有意无意地进行了一些理想化的创作，但现实生活中牲畜的生存状况和儿童读物之间隔着太多扭曲的、令人伤感却又剪不断理还乱的想象。[293]

这种养殖方式的规模化和机械化使得牲畜失去了个体的特征，并几乎完全从社会意识中消失，因此人和动物之间的情感联系也变得非常淡薄了。[294] 1930年，养猪协会（Pig Council）抱怨猪的品种太多，不利于标准化猪肉的生产，呼吁要么对全部品种进行改良，要么集中饲养某些高效的品种。[295] 尽管有许多育种者反对这种做法，但从围栏到人工授精等饲养技术的支持下，猪种的总体趋势是朝着基因集中的方向发展。[296] 到20世纪90年代，大白猪（Large White）和长白猪（Landrace）占了英国猪总数的90%。[297] 养鸡业的整合也减少了商业品种的遗传多样性。这些新品种更适合新的生存环境，而更适合在户外生存的老品种则逐渐被人们遗忘。[298] 哈蒙德指出，要改良一种动物，首先要通过“将其置于能够充分表现相关特征的环境中”来修改其生态位，然后再通过选育来增强这种特征。[299] 强烈的人工选择，尤 249
其是对个体特征的选择，会影响动物的行为、发育特征和体质：这些被选出的动物大概率会出现严重的循环系统和肌肉骨骼疾病。[300] 例如用谷物喂养的牛，其肠道微生物群的多样性显著下降，而这些微生物在进化上本应适应纤维素发酵。对此，人们提出了一种“微生物群生态系统工程”作为解决方案。[301] 当畜物被囚禁后，随之而来的是活动空间受限、生活单调乏味、嗅觉过载等问题，然后就会引发恐惧、形成心理压力，还会变得更有攻击性。[302] 不过也有人持不同观点：“牲畜们从未接触过其他的环境，反正也不会怀念它们从未拥有过的东西。”[303]

目前，驯养动物的数量已使野生动物相形见绌。2000年，地球上约有43 亿头大型家畜，其中包括16.5亿头牛和水牛以及9亿头猪，活畜总量约为6.2亿吨，是野生陆生动物的10倍。[304] 正如斯蒂芬·迈耶（Stephen Meyer）所指出的，人类世的非人类生命在很大程度上是由“一种特殊的同质化生物组合”组成，这些生物是为了与人类及其资本主义体系相容而被特意挑选出来的。[305] 耕地扩张是导致物种灭绝的主要原因。[306] 全新世早期，人类驱动的灭绝过程就已显现。如今进入了急剧加速的阶段，这表现为许多不适应人工环境的家畜品种的衰退和灭绝。尽管许多英国育种家对标准化和人工授精感到惶恐不安，这一趋势依然不可阻挡。[307] 封闭圈养和灭绝是同一过程的两个维度。达尔文注意到了我们家养牲畜中的“灭绝过程”，发现古老的黑色约克郡牛被长角牛（long-horns）所取代，然后又被短角牛所替代。[308] 阿尔斯特大白猪是为英国市场生产培根而创造出来的品种，但到20世纪60年代却已经灭绝。[309] 现已灭绝的英国牛品种包括奥尔德尼牛（Alderney）、蓝阿尔比恩牛（Blue Albion）、格拉摩根牛（Glamorgan）、爱尔兰邓牛（Irish Dun）和斑点萨默塞特牛（Sheeted Somerset）等。到2001年，英国最濒危的品种是维诺尔牛（Vaynol），人们现在只保存下8头维诺尔公牛的精液，而凯里牛则仅剩下350头母牛作为繁殖的群体。[310] 成立于1974年的稀有品种生存信托基金（Rare breed Survival Trust）建立了一个精子库，用于储存冷冻胚胎，目的是保存那些不太适合集约化养殖的品种。[311] 对那些已失去经济价值的驯化品种进行精心留存，则是20世纪后期人类转向生物控制的另一个例子。

争鸣

长期以来，“吃肉是人的天性”这种论调一直在安抚人们对全球肉食化的忧虑。布里亚-萨瓦兰（Brillat-Savarin）是热情洋溢的杂食
250 主义者，他向读者保证，人类拥有着“用来撕扯肉的犬齿”。[312] 类似的主张认为，人类的肠道和胃是为肉和蔬菜的混合饮食结构而设计的。[313] 到了19世纪晚期，生理学知识与人类学和进化生物学相结合，构建了一种以深远历史为基础的叙事，即智人是一种食肉的物种。这种论调一开始出现在人类学的论文里，后来流传到肉类行业的语言体系中。一本肉类工业的教科书上赫然写道：“肉类，自古以来就是人类

食物的一部分。”[314] 于是，性别刻板印象中的“作为猎手的男人”就出现了：“进化中的人类通过成为猎手，获得了完整的男子气概和智人的地位。”[315] 这种观点进一步巩固了性别化的饮食和烹饪习惯。

要构建与主流叙事相对的叙事，就需要重新解释历史、进化学和生物学。智人本质上是杂食性的——这是一个常见的说法。亚历山大·门罗（Alexander Monro）认为，人类的牙齿和肠子与食草动物的相似性远远大于与食肉动物的相似性。[316] 罗素总结道：“人类的身体结构并不适合肉食习性，这点可以说是毫无疑问的。”[317] 拉佩亦持相同的观点。[318] 有些学者主张早期人类主要以水果或坚果为食，而最新出现的古人类学记录为此提供了充分的证据。[319] 此外，考虑到人类拥有独特的智力和意志品质，所以也有人提出这样的论证：人类是生理上的杂食动物，而且能运用理性主动选择不去吃肉。真正的进化是面向不需要肉的未来：“人类的最高发展阶段不是猎人，而是园丁。”[320]

肉食的倡导者反驳称，吃肉既健康又符合自然规律，还能提供所有必需的氨基酸：“一般来说，动物蛋白要比植物蛋白更优质。”[321] 这个观点很快又在生理学和肉类行业的话语中流传开来。[322] 北极附近的人类以鲸鱼、海象和鱼类为主要食物，对他们的相关研究结论也支持肉食者们的观点。[323] 不过反例也很容易找到。罗素认为，日本人“可能是现代世界中活力程度最高的民族”，而他们正是以米、豆、鱼、水和茶为主食。[324] 饮食简单、食欲寡淡的人往往寿命很长，这些人近乎是神话般的存在。尤其是寿命高达152岁的“老汤姆”帕尔（Old Tom Parr）①的传说令人啧啧称奇。[325] 也有人认为肉类对健康有害。凯洛格认为，肉类的毒素会引起“自体中毒”，有时甚至会彻底发展成“恐氮症”（nitrophobia）：他指出爆炸物和蛇毒中都含有氮。[326] 致力于膳食改革的奥托·卡尔克（Otto Carque）则认为肉类中充满了尿素和肌酸这样的“有毒物质”。[327] 还有一些人将肉类与特定疾 251

① 译者注：老汤姆是一名长寿的英国老人，据称其饮食非常粗糙简朴。

病，包括癌症、痛风、高血压、阑尾炎、龋齿和精神错乱等疾病联系起来。[328]

长期以来，“肉食会导致暴力和性欲过度旺盛”这类毫无根据的观点盛行不衰。[329] 自然主义者威廉·斯梅利（William Smellie）认为，与吃蔬菜的人相比，以动物肉为食会使人更“暴躁、凶狠和残忍”。[330] 食肉动物都是凶猛而残忍的，而吃蔬果的动物则是“宁静”和“愉快”的。[331] 拿破仑的过激行为常常被归咎于他大量食肉的习惯，这是英法肉食竞争中的一个有趣的倒置。雪莱认为，如果拿破仑是毕达哥拉斯派①的皇帝，法国大革命将会更加温和；阿诺德·洛兰（Arnold Lorand）也表示无法想象一个纯粹吃素的拿破仑会是什么样的。[332] 卡尔克则将拿破仑的行为归咎于他每天都要吃“现杀的公牛牛脑”。[333] 宰杀牲畜会刺激更多暴力行径。佩吉特夫人（Lady Paget）②声称，屠夫往往会变成杀人犯，甚至还会被雇为刺客。[334] 还有人则强调大量食用肉类会引发危险的性冲动。低肉饮食有时被推荐为戒除手淫的良方。[335]

包括威廉·佩利和亚瑟·杨（Young）等18世纪后期的政治经济学家、农业评论家和哲学家通常都会认为肉类是一种低效的蛋白质获取方式。[336] 亚当·斯密曾指出：“一块肥力适中的谷物田为人类产出的食物，远远多于一块同等面积的优质的牧场。”[337] 当然，土豆能提供的热量就更多了，这也是爱尔兰在饥荒之前人口密度特别高的原因。[338] 这个论点对于《一个小星球的饮食》（*Diet for a Small Planet*）一书来说非常重要。[339] 雪莱将道德、医学和生态学的早期论点融合在一起，抨击那些“专吃动物肉”的人，他们“一顿饭就吃掉了一英亩土地的产出”。他补充说：“我们用来养牛的营养植物很多。如果直接从大地中采集同样数量的植物供人食用，则可以提供比牛肉多十倍的营

① 译者注：毕达哥拉斯主义者在古代以素食而闻名。

② 译者注：佩吉特夫人是一位著名的素食主义者。

养。"[340] 吃肉延长了营养物质的传递路径，而这本不必要。我们需要一个更大的行星才能满足这种饮食方式。

素食主义有着悠久的历史，最早可以追溯到毕达哥拉斯派、僧侣和隐士的饮食。不过，贝克韦尔的繁育实践和全球牛类扩散的现象使得肉食变得更加具有争议性。许多18世纪的作家对肉食嗤之以鼻，其中就包括卢梭（Rousseau）和亚当·弗格森（Adam Ferguson）。[341] 有人用一种宏大叙事（metanarrative）将食肉与人类的衰落相联系。1788年出版的普拉特的《人性或自然权利》（*Humanity; or, The Rights of Nature*）指出，人类被奴役始于其对动物的征服：肉食就意味着奴役。[342] 雪莱认为普罗米修斯首先教导了人们以动物为食，这就破坏了 252
自然的饮食法，还在人类的饮食习惯中引入了诡计和欺骗。《回归自然》（*Return to Nature*）、《麦布女王》（*Queen Mab*）和《为天然饮食辩护》（*A Vindication of Natural Diet*）等作品都明确地将肉食与堕落联系在一起。[343] 雪莱的饮食规则很简单：不吃肉，不吃鱼，只喝蒸馏水。他认为，人类的堕落始于"不自然的生活习惯"和背离"自然之道"。[344]

雪莱认为人类的奢侈和衰败与国际食品脱不开干系，因为"自然的饮食体系"无须依赖进口，也不会挑起国际争端。[345] 而就在雪莱提出这一观点的五年之前，威廉·考赫德（William Cowherd）牧师在索尔福德（Salford）就已经成立了圣经基督教会（Bible Christian Church），并呼吁会众戒酒、戒肉。[346] 这些禁欲主义者最初被称为"婆罗门""毕达哥拉斯派"或"自然饮食"的追随者。[347] 素食者（vegetarian）一词源于大约1838年至1839年间的英国萨里郡（Surrey）的一个乌托邦式的社区，该社区被人们称为奥尔科之家（Alcott House），而其中的居民都拒绝吃肉。[348] 1847年，素食者协会在拉姆斯盖特（Ramsgate）成立，次年又在曼彻斯特举行了第一次年会。[349] 这一运动虽然发展缓慢，却引起了许多欧文主义者、反对素食者和激进分子的注意。[350] 到了1904年，许多城市都有了素食餐厅，仅伦敦就有

31家。[351]

素食主义也吸引了许多名人，如乔治·萧伯纳、安妮·贝赞特（Annie Besant）、安娜·金斯福德（Anna Kingsford）和列夫·托尔斯泰（Leo Tolstoy）等。[352] 速记法的发明人伊萨克·皮特曼（Isaac Pitman）在1879年写信给《泰晤士报》，将自己的身体健康归功于戒除肉食。[353] “素食增肌主义”（Muscular vegetarianism）也很快流行了起来。麦克费登（MacFadden）认为即使自己不吃肉，也能增强肌肉力量，并称还有许多运动员也在效仿此举。[354] 奉行素食主义的自行车手詹姆斯·帕斯利（见图8.10）打破了许多19世纪末的自行车纪录，包括1896年的凯特福德（Catford C. C.）爬坡比赛等。不过，法国人却对英国人自觉拒食肉类的行为感到十分费解。[355] 素食主义者尤斯塔斯·迈尔斯（Eustace Miles）于1899年夺得了全英网球冠军。[356] 素食者乔治·艾伦（George Allen）于1904年将兰兹角-约翰欧格罗兹（Land's End to John o'Groats）①的骑行纪录缩短了七天，全程仅以荷包蛋和淡茶补充能量。[357] 这些运动员还能享用专业的素食替代品，如梅普尔顿（Mapleton）公司生产的“纳特”（Nutter）和“阿尔贝尼”（Albene）牌植物油，以及用压缩水果和坚果制成的水果蛋糕等。[358]

这些素食的努力也引来了不少嘲笑。德国足协首任主席费迪南德·许佩尔（Ferdinand Hueppe）曾将素食主义者比作“用错燃料的蒸汽机，随时面临着过热而爆炸的危险”。[359] 他们认为素食无法满足人类的需求，会导致人们“腹部肥大、肌肉松弛、易感染疾病”。[360] 这些争论再次涉及性别的问题。女性可能会被认为过于“多愁善感”，不忍看到残忍的行为，或者更容易受到“狂热的素食主义者的教条式说教”的影响。[361] 他们认为素食主义是一种软弱的、非理性的立场，是

① 译者注：兰兹角-约翰欧格罗兹指一条从英国西南角到东北角的不间断骑行线路，全长900英里。

253

THE VEGETARIAN CYCLING CLUB.

J. H. NICKELS.

(100 miles on Bath Road, 5 hrs. 38 ms.)

J. PARSLEY.

Present holder (with F. Beaver) of the World's Amateur records one to five miles inclusive. Also holds London to Brighton and back Tricycle record.

H. SHARP (SUB-CAPTAIN) AND SON.

图8.10　素食的力量。19世纪末的素食主义骑行者

From Charles Forward, *Fifty Years of Food Reform: A History of the Vegetarian Movement in England* (London: Ideal Publishing Union, 1898).

254 “娇弱而敏感的女性、多愁善感的人才会抱有的迷人幻想”。[362] 素食者这种“软弱”的特性也被赋予了地缘政治的意义，崇尚肉食的医生伍兹·哈钦森将素食主义斥为“停滞不前的、被奴役和被征服的种族的饮食选择”。[363]

素食主义在工业革命发展的核心地区流行起来，这些城市地区虽然日益远离肉类生产，但到处都是吃肉的人。显然，这种现象并不只出现在英国；工业化进程中的德国也存在许多类似的观念和相应的批评。[364] 随着牲畜和人类的直接接触越来越少，它们在人们的观念中日益地被“感性化和理想化”。[365] 多愁善感、喜爱动物，同时又大量食用肉类，成为英国文化的标志。英国的素食主义者人数相对较多，正是这种心理的一种反映。根据素食主义者协会的数据，到2000年英国共有350万名素食主义者。[366] 素食主义者通过拒绝肉类这种极具象征意义的物质，表达了他们关于资本主义、身份认同、权力和进步的各种思考，尽管这些思考并不连贯。放弃肉类比放弃电力、塑料或石油更容易，因此素食主义可能成为最基础的政治化的消费行为。也正是由于这种做法与东方哲学、宗教之间的联系，素食者显然在批评西方人的一种观念，那就是将大量吃肉当作一种先进的、健康的和必然的事情。[367] 肉食成为英国发展核心中的暴力、剥削和对生态环境肆意破坏的象征。这种以消费为基础的身份认同，颠覆了性别和种族认同，甘愿遭受许多陈词滥调的批评。《蓓尔美街报》（*Pall Mall Gazette*）曾提出：“承认自己是素食主义者是需要一些道德勇气的，素食者容易受到许多戏谑，还有不少鸡蛋里挑骨头的劝告。”[368]

对肉类的批评融入了对人工化的更广泛反思。英国法西斯联盟的农业顾问乔里安·詹克斯（Jorian Jenks）认为：“从土壤到肠胃，我们所吃的食物在每一个环节都经历了人为加工处理。”[369] 更糟糕的是，“应对人工化的方法就是更多的人工化”。[370] 当代农业食品系统被构想一个为巨型机器，它会攫取自然物质中有益于人类健康的成分，并将对这些成分进行分化、简化、灭活和重组。肉类产业的支持者们通常会指出，人们对于“非天然”的批评不过是感情用事，而非理性的思考；不过这种大众的不安情绪并没有因此而消散，反而还愈加投射到多个生态批判的思潮中。[371] 威廉·朗古德（William Longgood）抱怨说，“其实你所吃下的每一口食物都曾在某个地方经过某种化学物质的处理”，其目的就是要对身体产生特定的影响。[372]

人工化渗透到整个农业食品系统中，甚至可以说，农业食品系统
不过是人工化的装置而已。利明顿因那些“用传送带取代了上帝的非 255
基督者”所造成的破坏而发出哀叹。[373] 曾在印度从事过大量堆肥研究工作的艾伯特·霍华德（Albert Howard）对土壤人工化的抨击最为有力。霍华德抨击工业化的农业其实就是机械化和化学化。农业机械产生的只有烟雾，而没有粪便或尿液，无法将营养物质循环回到土壤中去。[374] “氮磷钾思维”（NPK mentality）将土壤视作一个完全可以计算的实体。[375] 植物界变成了一个“工厂”，可以“无偿地将无机盐转化为有利于动物王国的代谢物质”。[376] 这种心态忽视了土壤也有生命的事实，尽管氮磷钾思维的倡导者总在暗示，合成肥料有着神秘的恢复能力。[377]

这种反机械、反化学的混合实践后来被称为“有机农业”。诺思伯恩勋爵在其1940年出版的《望向土地》（*Look to the Land*）一书中首次使用了这个词。对于有机农业的倡导者来说，土壤和植物的生命是生物学意义上的，甚至具有某种生命力：“农作物的种植和牲畜的饲养属于生物学的领域，在这个领域中万物都有其生命，它们不属于化学或物理学的领域。”[378] 弗拉基米尔·维尔纳茨基（Vladimir Vernadsky）将土壤视为大地“生命之膜”的一个组成部分。土壤是有其“生物惰性”的，这是一种生物体和惰性物质的平衡。[379] 霍华德将这一观点推向了更具生命力的方向，他强调腐殖质、肥料和堆肥等准生命现象的重要性。由动植物残体分解产生的腐殖质与化学肥料有着根本性的不同。菌根①被霍华德描述为“土壤中腐殖质与植物汁液

① 译者注：菌根是指土壤中某些真菌与植物根的共生体。

之间活跃的真菌桥梁”。[380] 腐殖质是一种充满神秘感的物质。格雷厄姆（Graham）将其比作和出炉的蛋糕融为一体的果酱和鸡蛋。[381] 粪肥也是“一个有生命的有机体”，它也有一个“将其与外部环境分开的外壳”。[382] 堆肥是有机物脉动的另一种表现形式：“堆肥是泥土与各种有机废料的混合物，不需经过动物有机体就会自行腐烂。”[383] 然而，城市堆肥的努力并没有什么起色。[384] 1997年，英国仅回收了6%的市政有机废物，氮的生态系统的流动越来越线性化。[385]

这种对腐殖质、肥料和堆肥的崇拜有时会转向神秘主义，比如生物动力农业的兴起，这一理念由卡尔·亚历山大·迈尔（Carl Alexander Mier）引入英国。[386] 来自格洛斯特郡萨伯顿（Sapperton）的梅耶·布鲁斯（Maye Bruce）是土壤协会成员以及生物动力农业的创始成员之一，她认为自己的堆肥产生奇迹的原因是“辐射的力量”：“堆肥中存在着一个伟大的合作，所有部分都在和谐地工作，以荣耀上帝。”[387] 有机农业强调土壤的整体性，以及其最终无法还原为任何已知物质的集
256 合的特点。怀利（Wylie）曾明确地表达了这种新生机论，认为除了“氮磷钾含量”之外，还存在着令人难以捉摸的“其他因素”。[388] 西摩（Seymour）则表示，土壤“非常复杂，对于人类是否能够完全理解它，还要存疑”。[389] 这同样适用于所有的化约论：有时谷物也会被以类似的整体观念来看待。[390] 多丽丝·格兰特称小麦胚芽为“小麦本身的生命元素”。[391] 诺思伯恩则抨击了将食物还原分解成组成元素的做法，也谴责了将有机废物遗弃到土壤中的“回归规则”（rule of return）。[392]

有机食品倡导者呼吁恢复轮作、利用大自然中的捕食者，但最重要的是要结束“大星球的思维”。[393] 食物系统的规模应该被缩小，形成一种以地方性、循环性地理结构为基础的生产模式，这些模式扎根于独特而充满生机的景观之中。英国的地方特色尤为重要。戴维·马特斯（David Matless）指出，“土地是有机英格兰的关键要素”。[394] 本地食品与来自世界各地的全球化食品形成鲜明对比。倡导自给自足的专家约翰·西摩（John Seymour）对所谓“保质期”的兴起进行了抨

击。[395] 尽管朗（Lang）在20世纪90年代初才首创了食品里程（food miles）这个概念，但这一思想已经存在了几十年。[396] 乡村主义者哈罗德·马辛厄姆（Harold Massingham）抨击“远距离农业的愚蠢”，宣布19世纪的“经济寄生主义”、大星球哲学“已死”。[397] 奥伊勒更是宣称：“在一个重生的乡村中，我们再也看不到卡车将我们的肥畜运往某个大型屠宰场，也不会有其他卡车从地球的另一端运回冷冻肉。”[398] 利明顿子爵抱怨英国和丹麦之间煤炭和培根的循环交易，他认为“在国内交换煤炭和培根会更稳定、更有益”。[399] 格雷厄姆呼吁增加英国牛的数量，不仅是为了满足食品需求，更因为牛群有助于提升土壤的肥力和质量。[400] 西摩建议“不过度专业化、不脱离野生本性、不挑剔、不苛刻、不太高产”地饲养牲畜。[401] 并不是只有有机农业的倡导者才持有这些观点。乔治·奥威尔抱怨说，低廉的价格最终压倒了质量，英国人如今更喜欢美国或澳大利亚的苹果，而“英国的苹果却在树下腐烂”。拥有着“光滑的、标准化的、好像机器制造出来的外观”的美国苹果，反而比拥有丰富口感的英国苹果更令人青睐。[402]

因此，有机农业将自己呈现为一种降低农业食品风险的技术。[403] 高产和廉价的食品并不是农业的唯一目的。弗兰德·赛克斯（Friend Sykes）是一名农民兼赛马饲养人，他认为“城里人一心想要廉价的食物，而不在乎食物是从哪里来的”。[404] 塞克斯700英亩有机农场采用 257
轮作耕种、精耕细作和“集约化控制放牧”的方法，并避免使用人工化肥。[405] 他自称“粪肥农民”，梦想着一个质朴的、堆满堆肥的英格兰。他痛斥人工授精是“令人作呕的做法”，并将包括癌症在内的“所有已知疾病”归咎于便秘。[406] 1939年，由数位医生共同编写的《医学遗嘱》（*Medical Testament*）一书得到了霍华德的力荐。在这本书中，土壤健康和人类健康之间的联系得到了最有力的阐述。[407]

有机运动和素食运动在意识形态上并没有什么连贯性，也并非完全相同或直接相容。[408] 然而他们的所批判的，已经超越了他们表面上攻击的对象（如合成肥料和肉类）。素食主义运动在19世纪初兴起，是对商业、奢侈和残忍行为的反抗。有机运动则源于政治动荡的20世纪30年代，它对人工化、化学化、沙漠化和全球化进行批判。两者的目标都是针对资本主义对人体、动物生命和地球的渗透和腐蚀，尽管企业也乐于吸纳这些理念。两者都崇尚非西方和非现代知识体系；两者都试图抵制英国庞大食品系统的压倒性势头。有机倡导者和素食主义者一样，都很容易被讽刺和揶揄。[409] 霍华德将资本主义、机器技术和土壤侵蚀联系在一起："资本以土壤肥力的形式转移到农业盈亏账目上，随之而来的便是土地的破产。"[410] 在批判资本主义时，这些人指出了从远距离获取廉价食物所带来的深远的、全球性的代价。马辛厄姆对"以自然、人类以及两者共同的透支为代价，不惜一切代价追求廉价"的趋势感到悲叹。[411]《有机农业文摘》(*Organic Farming Digest*)宣称："廉价的背后是高昂的代价。"[412] 现在回过头来看，经济自由主义显得非常幼稚："廉价粮食的闸门已经打开。当世界新兴国家的运输业得到发展、自动割捆机得以充分开发原始草原之时，英国的市场就向其敞开，随时准备吸收源源不断的进口产品"。[413]

在1952年，爱德华·许亚姆斯将人类称为"一种病态生物体"。这种寄生现象尤其与英国及其庞大的帝国相关。[414] 虽然这是一种常常被边缘化的批判，但它在英国世界粮食体系的诞生及其"大星球主义"的驱
258 动理念中是显而易见的。食品系统的各个方面逐渐成为人类"进步"所存在的问题的象征：大量肉类消费、本地性食品系统的崩溃、新陈代谢失调、合成物和化学物质、不断增长的"食物里程"、浪费、水土流失、机器耕作和资源枯竭。在这个过程中，"自然""有机"和"本地"等术语获得了巨大的价值，但它们本质上仍然是中产阶级的奢侈品，揭示了人们对廉价食品的需求与其生产系统所带来的不安之间的几乎不可调和的张力。当然，这些张力在1945年后的世界中只会进一步加剧。

第九章 259

大加速

从20世纪传承下来的食物系统已经不再奏效。

——奥利维尔·德舒特,《食物权问题特别报告员的最终报告:食物权的变革潜力》(2014年)

1945年以后世界的食品系统的发展，通常被视为一段美国化和全球化的历史。不过，这种发展在很大程度上植根于本书前述的那两个世纪的历史。到1945年，英国的营养转型及其全球系统所产生的结构、理念和问题已不可能轻易逆转。随着肉—小麦—糖三位一体和（如今以石油为动力的）“大星球的哲学”成为发展的正统，它们在全球范围内的主导地位越来越强，影响范围越来越大，发展速度也越来越快。信息、资本和商品的流动速度之快，使得人们对饮食的追求和欲望以前所未有的速度得到重塑。动量变成了加速度，小问题变成了大危机。在21世纪初，食品系统与相互交织的生态、经济和生物危机密不可分。这场持续的危机几乎可以说是第二次世界大战之前英国食品系统中多重问题的放大版，且在全球范围内展开。

英国的食品系统鼓励消费者从最便宜的地方购买肉类、小麦和糖，并鼓励消费者将这种饮食方式与地位、力量和发展联系起来。 260

以特定食品为生产导向的“第二自然”以及消费者的口味和偏好之间，存在着紧密的、协同一致的而且相辅相成的关系。这个趋势推动了生物学和经济的发展，但也带来了新陈代谢失调、土壤侵蚀、硝酸盐流失、大量化石燃料投入、森林砍伐以及食物供应不平衡等问题。到20世纪后期，古老的英国饮食结构通过无数极具吸引力的烹饪形式，成为世界各地发展的饮食模式。其后果就是这一体系的倾向（disposition）在更大范围和更具破坏性的尺度上发挥作用。最终导致了今天加剧的全球性健康和环境危机——肥胖、营养不良和气候变化交织成的全球症候群，而如今若要减缓和逆转这种势头，已变得极为艰难。[1]这样一个复杂的问题并不是在1945年才凭空出现的——冰冻三尺，非一日之寒。

系统的崩溃

构建一个由全球机构监管的世界食品系统，这个构想产生于1945年之前。国际农业协会（The International Institute of Agriculture）成立于1905年，以整理、统计数据为其主要工作。国际联盟（League of Nations）于20世纪30年代开始涉足全球营养问题，其制定的营养标准成为英国二战期间饮食政策的基础。[2] 1943年温泉会议（Hot Springs conference）①的参会者并非外交官员，而是营养学专家。会议敦促各国采取集体行动提高生产水平，这与20世纪30年代形成了鲜明对比。[3]农业经济学家约翰·布莱克（John Black）于1943年再次有力地阐述了全球适足膳食（adequate diets）的概念，强调“适足膳食对于所有

① 译者注：温泉会议是1943年在美国弗吉尼亚州的温泉城举行的一次国际会议。第二次世界大战爆发后，经当时的美国总统罗斯福倡议，由45个国家的代表于1943年5月18日—6月3日在温泉城举行了同盟国粮食和农业会议。

国家都是可以实现的”。实现适足膳食的方法就是建立国际机构来管理食品问题，并促进食品的生产和组织化。[4]

1943年，约翰·博伊德·奥尔（John Boyd Orr）指出，英国将继续位居战后世界食品系统的中心，“因为英国是世界上最大的食品市场”，其食品政策必然具有全球影响力。他乐观地认为，英国可以利用其殖民的经验，通过提高产量和减少饮食的不平等，成功地解决这一“世界性难题”。[5] 1945年，奥尔出任联合国粮农组织（FAO，即UN Food and Agriculture Organization）的第一任总干事。[6] 他设想建立一个全球食品委员会，以真正跨国的方式协调全球食品系统，他特别要求借鉴战时的组织，即1942年的罗斯福和丘吉尔联合食品委员会（Roosevelt and Churchill's Combined Food Board）的经验。[7] 在此基础上，奥尔提出通过该委员会提供贷款、设备和技术，刺激农业发展，创建和管理粮食储备，并控制全球食品价格。[8] 这种受控的经济模式建 261
立在这样的主张之上：“食物是生活的基本必需品，必须与其他非必需品（如汽车）区别对待。”对奥尔来说，粮食委员会是迈向世界政府和全球代谢平等的明确一步。[9]

然而，这个试图超越国家利益的真诚尝试没过多久就失败了。根据奥尔的说法，在1947年4月于华盛顿召开的讨论世界食品委员会设立可能性的会议上，英美双方“都决心压制这一计划”。[10] 美国代表团，尤其是国务院，认为此类方案与美国产品寻找自由市场，以及利用粮食援助追求地缘政治目标的优先事项相悖。[11] 而英国方面的担忧则源于其对廉价进口食品的长期依赖。《经济学人》抱怨称，粮食委员会计划带有“一个强烈的倾向，那就是使食品平均价格远高于自由市场水平”，而这将“对以商业方式进口食品的国家形成不利”。[12] 英国本来就濒临破产，而粮食委员会还会给英国带来高达3 500万英镑的损失。[13] 奥尔认为，由于英国的财富是通过“进口当地人生产的廉价食品和原材料而累积起来的，这些当地人的工资却很低，生活极度贫困”，“公平的价格”这个可怕的概念威胁到了“英国的经济繁荣”。

奥尔的国际主义长期以来备受怀疑，因为其与英国民族主义者对廉价食品的渴望形成鲜明对比。他声称，英国政府“只想霸占加拿大过剩的小麦，而对其他国家可能会饿死的数百万人不管不顾”。[14] 这种平等主义意味着要缓解在全球食品供应中表现出的巨大不平衡，尤其是营养不良和饥荒在地球上的分布。这就动摇了一个未被言明的假设，即发达国家最终应该比全球南方吃得更好。一位英国部长显然对印度人民可能与英国人民有相似饮食而感到震惊。[15] 奥尔的计划最终还是失败了。1947年，由18个国家组成的世界粮食理事会（World Food Council）成立，总部设在日内瓦，其职责是监督和统计。1951年，联合国粮农组织（FAO）迁至罗马，继承了以前国际农业研究所的许多职能。[16] 通过信息交流也许可以实现对粮食的管理，但它并不会对世界粮食政治的结构性不平衡产生任何重大改变。[17]

到了1945年，尽管真正全球性的粮食问题已经出现，但美国和英国的国家利益阻碍着任何真正的跨国解决方案的实施。二战前的过度生产被用来稳定世界价格、减少市场波动，并通过向易受共产主义影响的欠发达地区供应粮食来平息萌芽中的动荡，从而为美国谋取利
262 益。[18] 在食物匮乏的地区，人们非常担心反资本主义意识形态会蓬勃发展，因此给予或扣留食物的权力成为冷战政治中不可或缺的一部分。[19] 1948年的《世界人权宣言》明确承认了食物权①。[20] 1951年，洛克菲勒基金会的农业活动咨询委员会宣称，粮食问题是“当今世界许多紧张和动荡的根源”。该基金会将饥饿与共产主义“威胁”联系起来，呼吁将西方的农业技术应用于发展中国家。[21] 1954年的《美国粮食用于和平法案》（PL480，American Food for Peace Act）则允许美国利用剩余的粮食商品扩大其与友好国家之间的国际贸易。[22]

这种美国版的全球化生命力，或称“美国谷物力量”（American grain power），最明显的表现形式就是“绿色革命”（Green Revolution），

① 译者注：食物权被作为人权的一种而得以承认。

即通过补贴，将资本密集型农业、高产作物和大量的化肥引入被认为易受饥荒和政治不稳定影响的地区，如墨西哥和印度。[23] 尽管绿色革命是美国的倡议，但也应注意到它与英国人所提出的“大星球的哲学”之间存在着明显联系。绿色革命进一步将全球南方的部分地区纳入市场化的全球食品体系，还抑制了社会主义自给自足的农业模式。例如，墨西哥的农业计划就旨在推动本国农业从自给自足转向更大规模的商业农业。[24] 为解决南亚粮食保障的长期问题，绿色革命提供了一种矿物质的解决方案：粮农组织从1946年起就开始推动大幅增加化肥投入。[25] 于是，发展中国家的粮食产量发生了显著增长：从20世纪50年代初到80年代末，全世界的谷物产量增加了两倍。[26] 粮食生产的增长速度超过了世界人口的增长速度。据估计，从60年代初到80年代中期，发展中国家人均可直接消费的粮食所提供的热量，从每天2 320卡路里增加到2 660卡路里，发达国家则从3 160卡路里增加到3 410卡路里。[27] 最终，绿色革命和其他战后发展项目使肉类、小麦和糖更深刻地嵌入到全球饮食之中，并伴随着相应的情感和意识形态机制（发展、自由和口味）。1952年的一部关于谷物磨粉的历史著作指出，美国的面粉商正在“提高全世界广大落后人口的生活水平，使他们也成了传播自由和启蒙的‘沃土’”。[28]

尽管绿色革命取得了成功，但也带来了许多问题（如债务、阶级矛盾、环境破坏等），而且，日益增长的产量增幅是无法无限持续下去的。1966年总统科学顾问委员会的世界粮食供应专家小组（President’s Science Advisory Committee Panel on World Food Supply）的报告指出，人口增长和欠发达地区的粮食供应问题再次卷土重来，并宣布“没有什么灵丹妙药可以解决这个全球性的问题”。[29] 专家小组 263
得出结论：“要实现这个创举，就需要发展中国家和发达国家在资本和技术上的共同投入，其规模在和平时期的人类历史上是空前的。”[30] 加州理工学院的生物学家詹姆斯·邦纳（James Bonner）更预言道，“发展中国家的饥饿人口”将被动物化，并被视为“一个独立的种族或物种”；富人最终将“吞噬”他们。[31]

20世纪70年代初，美国以补贴的方式向苏联大量倾销谷物，加上厄尔尼诺现象、糟糕的收成以及与石油输出国组织对峙后油价上涨等因素，共同导致了自1945年以来首次真正的全球粮食危机。[32] 国际小麦价格从1972年中期的每吨60美元左右飙升至1974年2月的每吨220美元。[33] 有人预言，廉价食品的时代将走向终结。[34] 动荡的小麦市场引发了从西非到孟加拉国的饥荒。对于这些交织的问题，国际社会的直接回应是1974年在罗马举行的世界粮食峰会，这是自二战结束以来首次召开的重要粮食会议，会议承诺支持发展中国家实现粮食安全和增产。[35] 然而，70年代的危机清楚地暴露了粮食价格和燃料价格之间日益紧密的联系、世界市场持续动荡以及食品系统易受气候冲击影响等问题。这场危机还促使人们重新寻找技术上的解决方案，以摆脱传统农业的地域限制，如浓缩鱼蛋白、藻类生产和石油蛋白等，但这些技术解决方案最终都没有产生实质性的成果。[36]

从20世纪70年代末开始，世界经济的新自由主义重组对全球食品生产产生了重大影响。1986年，美国农业部长约翰·布洛克（John Block）表示，发展中国家应该自给自足的观念已经变得“不合时宜”，因为他们可以从美国购买到更便宜的食物。[37] 应运而生的“结构调整”（structural adjustment）政策使发展中经济体向世界市场开放，信贷机构和营销委员会被取消，出口管制减少，市场自由化得到鼓励。[38] 这种以去监管化与以出口为导向的新自由主义战略以及日益全球化的农业食品体系密切相关。发展中国家为了符合“比较优势”，将更多土地转向种植出口作物，导致粮食自给水平下降。[39] 例如，埃及和菲律宾已分别成为小麦和大米的主要进口国。[40] 从1961年到2001年，国际粮食贸易增长了五倍多。[41] 经济发展与粮食供应之间的复杂关系，正如英国政治经济学文献中反复提到的那样，至今依然显而易见。

2007年，世界粮食体系进入另一个动荡时期，这一系统内部的矛盾暴露无遗。正如贾森·穆尔（Jason Moore）所言，2007年至2008年的危机不过是能源、食品、金融、发展和气候等多重危机的一个切面。[42] 越来越多的农田被用于生产生物燃料（biofuel）①、石油价格不断上涨，导致粮食和化肥的成本急剧上升。[43] 世界粮食体系的经济不对称也是同样重要的因素：联合国大会主席的米格尔·德索托·布拉克曼（Miguel DeSoto Brackman）提请大会应该注意“由发达国家的补贴造成的市场扭曲”。[44] 放松管制的电子金融系统和信息经济刺激了对基本商品的加速投机，金融参与者仅为了获利而交易期货，与任何实际物质参考脱节。投机交易逐渐成为常态，其与大宗商品市场的波动性之间存在因果关系。[45] 264

2007年底，《经济学人》的食品价格指数达到了自1845年以来的最高点，食品价格自2005年以来上涨了75%。[46] 若考虑扣除通货膨胀的因素，这个数字会有所下降，但前景仍然并不乐观。[47] 正如保罗·克鲁格曼（Paul Krugman）所指出的，全球食品系统仍然是依赖于流动，而非储存。[48] 联合国粮农组织的粮食价格指数显示，自2000年以来，所有粮食商品的价格都在显著上涨，尽管在2010年代初达到峰值后有所回落。[49] 这对西方许多人（尽管不是所有人）来说只是相对较小的麻烦，但发展中国家的数据表明，粮食价格上涨导致1亿人“陷入了营养不良足以危及生命的境地”。[50] 到2009年年中，有33个国家面临着“令人担忧”或“极其令人担忧”的食物短缺，其中大多数国家爆发了粮食的骚乱。粮食危机与战争之间的联系正变得越来越普遍：在中美洲、墨西哥、亚洲、斯里兰卡和卢旺达等地，因为粮食问题引发的冲突非常常见。2003年的一项估算表明，有27个国家正在发生与粮食供应有关的冲突。[51] 食品系统又一次开始在全球范围内组织和散布暴力。乔治亚州民主党议员大卫·斯科特（David Scott）在

① 译者注：生物燃料泛指由生物质组成或萃取的固体、液体或气体燃料，可以替代由石油制取的汽油和柴油，是可再生能源开发利用的重要方向。

2008年的众议院听证会上指出：“一些专家称，这场危机比恐怖主义更具威胁。”[52]

20世纪的廉价食品体制仅在三次重大事件中被打断过：两次世界大战和70年代的经济危机。[53] 世界上食物最便宜的地方仍然是美国、英国和新加坡。[54] 在英国，从1975年到2000年，食品的实际价格下降了31%。最便宜的食品也是加工程度最高的——饼干、冷冻薯条、冰激凌和薯片。[55] 廉价的糖、盐和脂肪能让食品成本保持在较低水平。[56] 1994年，美国国内的食品消费占总消费支出的7.4%，英国则
265 占11.2%；作为对比，法国和印度的这一比例分别为14.8%和51.3%。[57] 然而，21世纪初的粮食危机证明食品并不一定能一直廉价下去。联合国和华尔街对廉价食品时代的结束表示担忧。[58] 2010年，蒂姆·朗（Tim Lang）提出，廉价食品的时代即将结束，“我们再也无法维持那种‘英国旧有的帝国主义观点’，即我们可以轻松获得食品，其他国家会喂饱我们”。[59] 这从来不是什么经济学上的重大失误。休谟就曾对过度廉价表示担忧，而里托斯（Ritortus）更曾抨击科布登的“暗藏危机的廉价”。总之，人们对廉价的批判正在增加。[60]

与此同时，不论生产效率如何提高，可耕地面积与人口之比仍在不断下降。地球似乎变得更小了：人们越来越多地谈论边界、限制、阈值和安全的操作空间；已经没有第三个半球可供人类开发了。[61] 在20世纪60年代，全球每人平均拥有超过1英亩的土地用于食品生产；而今天，这一数字已降至0.6英亩，预计到2050年将下降至0.4英亩。[62] 与此同时，地球的净初级生产力（net primary productivity）① 几乎已经达到饱和。[63] 对食品和生物燃料的需求激增，使得扩大耕地变得更加迫切。目前，农业用地约占全球土地面积的30%，而且这一数字还在不断扩大。[64] 最近对全球土地储备的估计表明，“我们正在逼近

① 译者注：净初级生产力指绿色植物在单位时间和单位面积上所能生产的有机干物质总量，反映植物对自然环境资源的利用能力。

极限”，因此对生态系统进行管理势在必行。[65] 生态稀缺性正在导致收益递减，而开垦边缘土地的成本正在增加。[66] 尽管也有一些发展中国家在同时增加森林面积和农业产量，但最近的一项分析得出的结论却是：“‘唾手可得、可自由开发’的土地已经所剩无几了。”[67] 尽管生物多样性丧失、碳排放、水土流失和养分循环被破坏的风险越来越大，但我们还是能看到一些令人鼓舞的迹象。[68] 此外还有更多关于耕地峰值的乐观估算——有人自信地断言，虽然人们有可能达到耕地的极限，但这可以被推迟到很久以后。[69] 任何分析家都必须承认，预测是极其困难的事情。不过有大量证据可以表明，纯粹的丰饶主义是一种极为危险的立场。[70]

于是，有人又提出了“半个星球”（half-planet）的哲学，试图估计农业或城市扩张的极限：计算表明，如果我们继续保持目前的饮食和扩张速度，到2050年，所有可能的粮食安全生产空间都将被耗尽。[71] 这种估计并非马尔萨斯主义的简单复兴。因为空间的计算总是与特定饮食对土地的需求有关，而英式饮食的全球化增加了发展中国家所必需的农业用地。英美世界对肉类的偏好，以及为普及这一饮食模式而形成的“大星球的哲学”，继续使土地和资源不断向这些营养
转型后的肉食先驱者们倾斜。斯米尔（Smil）精辟地指出：“在蛋白质 266
摄入方面，富裕世界已经明显过剩了。”[72] 增加动物蛋白的摄入意味着进一步加剧牲畜养殖的集约化，以及各种新型“大星球”策略。减少肉类消费，哪怕是适度减少，也能节省大量耕地。[73]

这就是所谓的“新的全球土地掠夺”（new global land grab）的背景，它与富裕的中东和东亚国家的关系尤其密切。这种掠夺和18世纪、19世纪的“商品前沿”如出一辙，为了开发地球空间中剩余的那些“未充分利用”部分（用于生产粮食和生物燃料），他们瞄准了缺乏西方式个人财产权传统的弱小国家和土著地区。对巴西和印度尼西亚森林的破坏就是一个例子。[74] 非洲被称为“最后的前沿”或者“前沿市场”的所在地，这已经不是一种讽刺了。[75] 新形式的“无主之地”

（terra nullius）能将侵占所谓“非洲空地”的做法合理化，只因为这些土地的所有权制度不符合西方规范，而且在新自由主义世界中，这些土地的比较优势非常有限。[76] 这种行为明显是殖民时期的土地征用和种族灭绝的回响。在埃塞俄比亚，人们正从原来的定居点被重新安置到集中的村庄，一些团体怀疑去农业化实际上是一种种族灭绝。伦敦仍然是这类企业的金融中心。某些投资者，比如复兴资本公司（Renaissance Capital）的理查德·弗格森（Richard Ferguson），就对利用这类土地推广工业化农业的前景感到非常兴奋。[77] 这些机构希望将整个世界变成私人资本不受约束地运作的领域，让维多利亚政治经济学得以延续。这种新殖民主义的投机行为与英国暴力的历史遥相呼应。20世纪70年代，世界上最大的蔗糖农场，即由蒂尼·罗兰（Tiny Rowland）及其罗荷公司（Lonrho company）资助的凯纳纳种植园（Kenana plantation，位于苏丹）预算严重超支，最终需要政府补贴才能继续运作。[78] 曾由前英格兰慢速左臂旋转投手菲尔·埃德蒙兹（Phil Edmonds）担任主席的荷兰农民生产者协会（Agriterra）则在莫桑比克的养牛业中投入巨资。[79] 总而言之，正如纳利所言，这种土地的掠夺“标志着金融市场对食品系统的深入渗透”。[80]

新的全球土地掠夺、廉价食品的潜在终结以及气候变化，这三者是世界农业系统中一个特别复杂的“顽疾”的相互关联的元素。食品危机正逐渐成为一种“悄然的常态”。[81] 风险管理专家慕尼黑再保险公司（Munich Re）称，自1980年以来，极端天气事件的数量增加了两倍，给世界食品系统带来了严重后果。[82] 比如，2011年2月的飓风“雅斯”摧毁了昆士兰的甘蔗田，还有最近肆虐美国、澳大利亚和乌
267 克兰的旱情。[83] 水资源短缺也正在威胁着中国和非洲南部的粮食安全。1980年至2003年间，土地退化情况加剧，全球南方大部分地区的土壤形成速率接近于零。[84] 氮循环的紊乱也主要由英美世界的国家造成：最近的一项对九个国家氮足迹的计算表明，澳大利亚、英国和美国的氮足迹最高。[85] 无序的城市化、土地利用的变化和大规模的畜牧业为

新型病原体的滋生提供了多种新环境，从大肠杆菌O157：H7、疯牛病和禽流感到尼帕病毒、奇昆古尼亚病毒和亨德拉病毒，层出不穷。[86]不过也出现了一套跨国风险管理机构和办法，负责监测来自农业食品系统内部的新威胁，例如世界贸易组织的《动植物卫生检疫协定》、食品法典委员会和欧洲食品安全局。[87]

全球营养转型的趋势正在推动生态转型。虽然“所有国家都趋向于肉类、牛奶和甜味剂含量较高的饮食，并从脂肪中摄取30%至35%的能量”的主张似乎已成定局；虽然人类的发展并非只有采取英美的营养转型这一条路可走，但这种历史联系的确存在，且不容否认。[88]根据联合国粮农组织的数据，世界红肉和家禽的消费量从1961年的人均49磅猛增至2011年的人均91磅，这一趋势刺激了动物饲料生产的大幅增长，并使得澳大利亚、新西兰和南美洲成为重要的肉类出口地区。[89] 这种增长要求进一步扩大了生产规模，同时也引起了人们对虐待动物和劳动者的担忧。目前，全球食品生产排放了全世界约30%的温室气体，而在所有食品类别中，动物蛋白生产造成的环境影响最大。[90]

尽管仍然存在着一些地方特殊性，但英国的营养转型正在中国、印度和印度尼西亚等国家以更大规模和更快速度被复制。[91] 1952年，中国人摄入的蛋白质中仅有3.1%来自动物食品；到1992年，这一比例就增长到了18.9%。[92] 中国已成为世界上最大的肉类生产国。[93] 1946年至1987年间，日本的脂肪消费量增长了近三倍，肉类消费量增长了近九倍，牛奶消费量增长了六倍。[94] 麦克马洪（McMahon）也总结说：“令人惊讶的是，像日本和韩国这样的国家也正在步英国的后尘。”[95]韩国近90%的小麦和玉米依赖进口，这一比例已经高于20世纪初的英国了。[96]

营养转型的深刻矛盾在全球范围内显现，再次出现了“朱门酒肉臭，路有冻死骨”的矛盾现象。[97] 目前，全球大约有十亿人肥胖，同时也有约十亿人在忍受饥饿。[98] 1962年至2000年间，世界人均甜食消

费量增加了74卡路里，到2014年为止，全球共有4.22亿人患有糖尿
268 病。[99] 尽管对全球饥荒的管理得到显著改善，人道主义事业蓬勃发展，但非洲许多地区仍然严重缺乏粮食保障。[100] 2017年，英美两国在也门实施的封锁显然是导致人道主义危机迫在眉睫的原因之一。[101] 食品控制是巴以冲突的重要组成部分，加沙地带处于长期的封锁状态，并被强行“去发展化”，严重依赖国际援助。[102] 2006年，曾有传言称，埃胡德·巴拉克（Ehud Barak）[①]的一位顾问表示：“我们就是要让巴勒斯坦人饿肚子，但又不能将他们饿死。”[103] 这种能控制的半饥饿形式表明，发达国家拥有着至高无上的食物权。地球上的农业食品系统和经济结构将食物不成比例地导向发达国家，就像19世纪晚期的大英帝国所做的那样。19世纪食品体系中固有的、深刻的性别和种族不平等也延续了下来。与成年男子相比，妇女和儿童（特别是女童）更容易身体虚弱、疲乏和饥饿。全球饥饿人口中约有70%是妇女和女童。[104] 每天约有一万六千多名儿童死于与饥饿有关的疾病。[105] 饥饿会导致发育迟缓和认知发育受损。对穷人、弱者、妇女、非白人族裔、动物和生态系统施加缓慢暴力的这种关键的权力关系，正以全球化的方式展开。

对英国饮食的再审视

与此同时，英国人的饮食也在1945年后经历了重大转变。1953年，英国女王伊丽莎白二世的加冕典礼充斥着香肠、罐装肉和棉花糖，这也是肉类、煤炭和蛋糕的一个狂欢盛典。[106] 烤牛肉常常被用作胜利的象征物。[107] 一年后，配给制终于结束，妇女们出现在特拉法加广场，唱起了《老英格兰的烤牛肉》（*Roast Beef of Old England*），牛

① 译者注：埃胡德·巴拉克为以色列前总理。

肉、英国权力和自由之间持久的情感纽带便得到了重申。[108] 在二战后的一段时间内，英国仍然延续着其战时的均衡热量摄入和强化食品营养的趋势。[109] 英国的饮食还出现了一些其他的趋势，主要包括碳水化合物摄入量减少，脂肪摄入量增加（动物脂肪和植物脂肪的比例增加），鸡肉、新鲜水果、蔬菜和全麦面包的摄入量增加等。[110] 与民族风味相关的“烹饪革命”、餐厅就餐和超市购物的大幅增加，以及对美国食品消费的激增，都在改变着英国人的饮食习惯。[111] 拉帕波尔认为，像可口可乐这样的全球热销食品“体现了世界体系从英国主导向美国主导的转变”。[112] 由此便产生了多种新的社会文化裂痕：比如都市主义的美食家与肉类和土豆爱好者之间的裂痕，以及新清教式的本地食品主义者与坚定的加工食品消费者之间的裂痕。这些文化差异往往还受 269
到收入和地域的影响。在营养知识支离破碎的环境中，来自饮食的困惑愈加浮见出来，几乎任何食物都可能莫名其妙地引发过敏、不耐受或神经病变。[113]

第二次世界大战加速了英国商业帝国的衰落，1947年的《农业法案》（Agriculture Act）彻底终结了英国的经济自由主义政策。[114] 这一法案使得英国政府增加了对农业的支持，提高了英国人自给自足的能力。[115] 英国全球霸权的衰退，与其供给体系的重新调整密切相关。英国加入欧洲共同体，旨在提高自给自足水平，这进一步确立了加强政府控制、补贴和国家自立的趋势。[116] 贝尔斯福德（Beresford）指出：“我们不再是一个富裕的贸易国了。如今我们必须致力于提高自给自足的能力。”[117] 这一观点恰逢20世纪70年代粮食危机和环保主义的兴起。自给自足、循环利用和缩小规模，正是1972年出版的《生存蓝图》（*A Blueprint for Survival*）的中心思想，该书呼吁从“流动肥力”（flow fertility）向有机的“循环肥力”（cyclic fertility）转变。《生存蓝图》指出，进口粮食，尤其是进口动物饲料，使得“英国所养活的人口远远超过了土地的承载能力”。[118] 正是在这个历史时刻，《增长的极限》（*The Limits to Growth*）一书勾勒出了丰饶主义的危险，而E. F. 舒马赫（E. F. Schumacher）①更是指出世界正在被有限性、核毁灭和社会崩溃的恐惧所笼罩，他因此而盛赞“小规模的好处”。[119]

然而，跨国食品经济和航空运输的兴起，确保了英国食品进口量仍然维持在较高水平。1978年至1999年，英国消费的食品所运输的距离增加了50%。[120] 如今，英国的大部分食品进口来自欧洲。2017年，英国约30%的食品由欧洲供应。[121] 据计算，2002年伦敦的生态需要面积是其生物承载力的42倍，几乎是其地理面积的250倍，其中食品消费估计占到了总量的41%。[122] 消费不平等和食品获取不均因超市的普及而进一步加剧，到20世纪60年代，食物荒漠（Food Deserts）②现象在西方社会中已变得非常明显。[123] 这使得人们对“什么是英国食物”“英国食物理想的来源到底在哪里”等问题产生了更深的困惑。[124]

英国食品的种类和数量之多，更使其分配的不平等现象凸显出来。英格兰公共卫生局敦促民众减少对糖的消费，指出针对儿童的广告和零售促销产生了有害影响。这些促销手段，尤其在英国超市中，成为一种使食品变便宜的新手段。有人提出要靠征收糖税来解
270 决问题。[125] 2013年，英国医学研究委员会宣布，英国的饥饿现象已成为“公共卫生紧急事件”，并估计有300万人处于营养不良的状态，其中老年人居多。[126] 在2015年和2016年两年间，共有长达184 528个住院日用于治疗营养不良的病例。[127] 食品分配的不平等及其对身体和心理的影响，随着英国社会保障体系的削弱而持续加剧。那些生活在贫困线以下的人，在食物上花费的收入比例仍然远远高于富人，许多贫困家庭缺乏烹饪设备，甚至难以负担电力或燃气费用。一些紧缩的措施，比如减少为老年人开展送餐服务，则迫使更多人陷入营养不良的境地。有57%的营养不良患者是女性。饥饿的母亲常常为了让孩子吃

---

① 译者注：E. F. 舒马赫是一名英国经济学家。

② 译者注：食物荒漠指的是大型百货公司、超市、购物中心和量贩店设在都市区，使一些内陆及偏远农村地区不易以合理的价格买到新鲜食物的现象。

饱而自己忍饥挨饿。自2010年以来，英国的食物银行（food bank）①的数量迅速增加，2014—2015年间，已有超过100万人从特鲁塞尔信托（Trussell Trust）的食物银行获得过紧急食品援助。[128] 杰克·门罗（Jack Monroe）②认为，“食物是英国紧缩政策的武器”，“无论是将饥饿当成一种威胁，抑或作为一种现实，它都被用来对人进行胁迫和控制”。[129] 小报媒体和“贫穷色情”（poverty porn）③又煽动了对饥饿的耻辱感和对贫困人口的污名化。[130] 饥饿及其伴随而来的肉体和精神的折磨，对穷人、老人、病人、妇女、儿童和精神病患者的影响尤为严重。正如乔纳森·韦尔斯（Jonathan Wells）所言，通过营养这个最原始的渠道，权力得到最直观的表达，人们从中感受到了权力不平等的切肤之痛。[131] 在日常生活中，食物供应的不平等现象创造、复制并延续了社会群体之间最基本的情感、情绪、身体和心理的差异。英国脱欧问题（这一问题在本书完成时还未尘埃落定）涉及欧洲进口食品的数量、移民劳工的问题、对食品价格的潜在影响，尤其是与卡车运输相关的物流等重大问题。[132] 阿斯达（Asda）④和百事可乐的前高管大卫·拉特利（David Rutley）被任命为食品供应的监督员，以防食品供应危机事件的发生。[133]

———

对食肉、“食物里程”和化肥的批评由来已久。在过去的几十年里，这种批评愈演愈烈。例如，绝对素食主义（Veganism）作为一种

① 译者注：食物银行是为经济有困难的人士提供暂时性膳食支援的慈善组织。

② 译者注：杰克·门罗是一名英国美食作家。

③ 译者注：贫穷色情也被称为发展色情，或者饥荒色情，是指用书写、照片或影片等媒体形式，为了增加慈善捐赠或支持某个特定目标，而利用穷人的现状来调动观看者的同情心。贫穷色情片通常与非洲的贫困黑人相关，主体多为儿童，所涉材料通常是受苦、营养不良或无助之人特写图像或文字描述。

④ 译者注：阿斯达为一家英国超市连锁店。

更乌托邦、更激进的素食主义形式兴起。[134]“大星球的哲学”的对立面是日益兴起的（主要由中产阶级推动的）本土食材的运动，而这种饮食往往更加昂贵。于此，我的基本论点是，19世纪的英国食品体系让更多的人享受到了热量更丰富的饮食，但这种饮食要付出三个关键的
271 代价：新型健康问题、各种形式的不平等以及多方面的生态问题。当这一食品体系扩大到全球范围时，这三种代价融合成了一个慢性危机，威胁着全球的安全与稳定。如今，不良的饮食已成为全球最大的公共卫生问题。[135]

本书的确提出了悲观的预言，但并不是说世界食品系统必将不可避免地走向崩溃。在历史上，人类总是有能力改变方向，即使强大的惯性正将他们拉向不同的道路。最具可行性的替代方案主张经济减速发展和缩小规模，越来越多的经济学家对有限增长（limited growth）或去增长（degrowth）的提法表示赞同。[136] 瑟奇·拉图什（Serge Latouche）在《告别增长》（*Farewell to Growth*）一书中指出：“我们吃了太多的肉、脂肪、糖和盐。”[137] 2019年，EAT和《柳叶刀》共同组建的健康膳食委员会敦促人们应进行“食物大转型”，为“食物系统创造一个安全的运行空间”，旨在提供既能保障人类健康又能维护地球健康的饮食。[138] 对于发达国家的需求来说，这个星球似乎变得越来越小了。因此，需要对食物系统进行合理的重新设计，增加国际承诺，采取经济激励措施，奖励可持续的高效农业，推动氮和磷的循环利用。[139] 长期以来，食品和饮料行业在政治和认知层面上具有巨大的权力，足以抵制健康、可持续食品系统的构建。[140] 我们还必须减少肉类、糖和化石燃料的消耗，并严格限制农业扩张。[141] 此外，正如德瓦尔（de Waal）所总结的，全球性机构和社会保护体系是有能力避免饥荒，并减少营养不平等现象的。[142] 未来人类食品系统的崩溃并非某种不可改变的铁律，惯性并不等于宿命。

这些制约更多的是经济、政治和伦理上的。廉价的肉类、不限量的糖和全球化的生产已经深深植入我们的经济正统观念、政治意识形

态、主观品位和社会地位观念之中。显然，在转型过程中，我们也不应忽视当今时代的一些突出的技术发展。生物反应器、藻类养殖、精准农业、大规模昆虫饲养、基因改造和合成肉类等技术无疑具有重要价值。然而，异想天开和狂妄自大的技术解决方案总是在诱人地承诺，可以在不发生生态崩溃、经济转型，或者最重要的，不改变消费习惯的情况下，维持“大星球”的饮食习惯。垂直耕作、地下种植法和外星农业的前提在于，地球上的水平区域根本无法养活有营养转型需求的人口。随着垂直农场、室内LED塔、水培机器人农业和火星温室的出现，农业与地球的脱钩，正从乌托邦式的设想和经济理论走向
物质现实。[143] E. O. 威尔逊在其警示性的《半个地球》(*half-earth*)一 272
书的结尾，转向了一个技术乌托邦的愿景：地球的一半将保持未经人类开发的状态，而剩下的部分则是封闭的“人类容器”，周围环绕着超级计算机，人类虚拟地体验那些令人叹为观止的自然景观。[144] 垂直农场被明确地宣传为一种“不需要土壤”的农业形式，“消除了食物生产中的外部自然力量干扰因素”，将植物包裹在一个无土化、塑料化、计算机化的世界中。[145] 巴尔干沸石（Balkanine）是一种“富含营养的沸石”，在20世纪90年代初期被俄罗斯、保加利亚和后来美国的科学家们成功用于植物种植。[146] 地球上的土壤正在枯竭，新的“大星球的哲学”提出通过乌托邦式的解域化（deterritorialization）来扩大农业面积。人们在模块化的封闭摩天大楼中种植蔬菜，在高耸的“大气岛屿”（atmospheric islands）或遥远的太空站上培育作物，象征着生物圈和技术圈的最终融合。[147] 丰饶主义者、生态现代主义者和地球工程师们主张：如果地球太小，他们将通过多层农业使其在物理上变大，甚至可以放弃地球，转而进行星际改造，殖民其他星球。[148]

本书沿用了拉佩的思路，并以食物作为切入点，探讨了不列颠群岛饮食转型的过程，揭示了人体、动物、社会与性别关系、战争、暴力、经济、能源、权力、生态之间错综复杂且相互联系的全球历史。[149] 我希望，通过分析英国如何依赖全球化的肉类、小麦和糖，能

够说明，对当下复杂食品危机的分析必须包含更为详尽的历史剖析。我们通常急于将当前困境的历史，归结为一个单一的、二战后“人类世”加速的叙事。然而，任何关于全球食品危机的分析，都不能忽视更久远的历史，即欧洲西北部的一些人如何通过建立一个以“商品前沿”、精心培育的牲畜、化石燃料和廉价商品为基础的食品系统，从而为工业化提供动力。这一“大星球的哲学”支撑了英国的工业发展与全球霸权。然而，扭转这一历史进程，对于英国乃至全球的未来安全至关重要。

致 谢 273

这本书花了很长时间才写完。如果没有许多人的支持、建议、洞见和友谊，是不可能完成的。在此恕我无法一一致谢。我特别要感谢我的两位审稿人——马特·克林格（Matt Klingle）和雷切尔·劳丹（Rachel Laudan），他们为我提供了非常详细且有见地的评论。虽然恐怕本书仍是一部相当悲观的历史书，但由于他们二位的仔细审读，本书得以更加完善。在芝加哥大学出版社，我有幸与两位杰出、热情且博学的编辑——道格·米切尔（Doug Mitchell）和凯尔·瓦格纳（Kyle wagner）共事。迪伦·蒙塔纳里（Dylan Montanari）总是为我耐心解答有关图片的诸多问题，给予了大力支持。

还有许多人在繁忙的生活中抽出时间阅读了部分手稿，并在各个阶段对章节提供周到、详细的评论。感谢彼得·阿特金斯（Peter Atkins）、奥恩·巴拉克（On Barak）、汤姆·克鲁克（Tom Crook）、娜佳·德巴赫（Nadja Durbach）、菲尔·豪厄尔（Phil Howell）、萨曼莎·耶尔（Samantha Iyer）、大卫·纳利（David Nally）、雅各布·斯蒂尔-威廉姆斯（Jacob Steere-Williams）和丹·范德索默斯（Dan Vandersommers）。詹姆斯·弗农（James Vernon）读完了我的全部手稿，并对我试图描绘的整体大局提出了清晰的评论。我和弗雷德里克·阿尔布里顿·约翰逊（Fredrik Albritton Jonsson）曾就食物、人类世和政治经济进行了多次对话，我从中受益匪浅。如果没有这些内容，这本书将会相当乏味。

我还有幸被邀请在各种研讨会和系列讲座上分享我的成果，活动中提出的问题和讨论帮助我进一步完善并重新构思了大部分章节。我因此要特别感谢密歇根大学的劳拉·斯特劳特（Laura Strout）和爱丽丝·蔡（Alice Tsay），加州大学戴维斯分校的丽贝卡·埃格利（Rebecca Egli）、托拜厄斯·梅内利（Tobias Menely）、伊丽莎白·米勒（Elizabeth Miller）和尼古拉斯·佩隆（Nickolas Perrone），西北大学的何珊娜·克里恩克（Hosanna Krienke），西悉尼大学的托尼·贝内特（Tony Bennett），加州圣地亚哥分校的大卫·瑟林（David Serlin），南加州大学的安迪·拉科夫（Andy Lakoff）以及温尼伯格
274 大学的詹姆斯·汉利（James Hanley），皮策学院的丹尼尔-西格尔（Daniel Segal），埃克塞特大学的劳拉·索尔兹伯里（Laura Salisbury）和保罗·杨（Paul Young），费城科学、技术和医学史联合会的马丁·柯林斯（Martin Collins）、劳伦斯·凯斯勒（Lawrence Kessler）、阿文·莫洪（Arwen Mohun）和阿德尔海德·沃斯库尔（Adelheid Voskuhl），哥伦比亚大学的阿尔玛·伊格拉（Alma Igra）、沙希德·纳伊姆（Shaheed Naeem）和萨拉·特约塞姆（Sara Tjossem），以及邀请我在得克萨斯基督教大学演讲的克里斯·弗格森（Chris Ferguson）、玛丽-凯瑟琳·哈里森（Mary-Catherine Harrison）和比尔-迈尔（Bill Meier）。

本书的研究工作得到了美国国家人文科学基金会（National Endowment for the Humanities）的奖学金支持以及两次部门研究假期的资助。俄亥俄州立大学历史系及其广泛的学术社区为我提供了一个团结友爱、充满思维火花的环境。这是一个很棒的地方。我要特别感谢尼克·布雷福格尔（Nick Breyfogle）、约翰·布鲁克（John Brooke）、爱丽丝·康克林（Alice Conklin）、西奥多拉·德拉戈斯蒂诺娃（Theodora Dragostinova）、罗宾·贾德（Robin Judd）、斯科特·列维（Scott Levi）、杰弗里·帕克（Geoffrey Parker）、兰迪·罗斯（Randy Roth）、珍妮·西格尔（Jenni Siegel）、玛丽·托马斯（Mary Thomas）和张颖（音译）。我也很幸运能与许多聪明而富有灵

感的研究生共事：特别感谢迪伦·卡恩（Dylan Cahn）、詹姆斯·埃斯波西托（James Esposito）、威尔·费斯（Will Feuss）、吉姆·哈里斯（Jim Harris）、尼尔·汉弗莱（Neil Humphrey）、凯蒂·朗（Katie Lang）、科斯蒂·蒙哥马利（Kirsty Montgomery）和艾米丽·韦伯斯特（Emily Webster）。

我也很幸运地有机会与许多不同领域和背景的人讨论或分享我的工作。这是一个无法穷尽的名单。感谢多萝西·布兰茨（Dorothee Brantz）、约翰·布罗奇（John Broich）、本·科恩（Ben Cohen）、玛丽·考克斯（Mary Cox）、伊丽莎白·邓恩（Elizabeth Dunn）、大卫·福瑟（David Fouser）、乔迪·弗劳利（Jodi Frawley）、苏珊娜·弗里德伯格（Susanne Freidberg）、亚伦·杰克斯（Aaron Jakes）、杰森·凯利（Jason Kelly）、凯莉·西森·莱森斯（Kelly Sisson Lessens）、劳雷尔·麦克道威尔（Laurel MacDowell）、罗宾·梅特卡夫（Robyn Metcalfe）、伊恩·米勒（Ian Miller）、乔尔·莫基尔（Joel Mokyr）、乌斯曼·穆斯塔克（Usman Mustaq）、丹尼尔·奥布莱恩（Daniel O'Brien）、希瑟·帕克森（Heather Paxson）、哈里特·里特沃（Harriet Ritvo）、艾德·拉塞尔（Ed Russell）、丹·斯梅尔（Dan Smail）、朱莉娅·阿登尼·托马斯（Julia Adeney Thomas）、丹尼尔·乌西什金（Daniel Ussishkin）、海伦·维特（Helen Veit）、约翰·沃勒（John Waller）、劳拉·万格林（Laura Wangerin）、凡妮莎·沃恩（Alice Weinreb）、爱丽丝·温雷布（Vanessa Warne）、艾米·惠普尔（Amy Whipple）、丽贝卡·伍兹（Rebecca Woods）、伊娜·茨威尼格-巴吉洛斯卡（Ina Zweiniger-Bargielowska）和大卫·齐尔伯伯格（David Zylberberg）。特别感谢我亲爱的朋友泰勒·坎恩（Tyler Cann）、杰克林·麦克斯韦尔（Jacklyn Maxwell）、玛丽亚·米勒（Maria Miller）、保罗·雷特（Paul Reitter）、亚历杭德拉·罗哈斯-席尔瓦（Alejandra Rojas-Silva）和凯文·乌哈尔德（Kevin Uhalde）。

我也希望能感谢一些非人类的朋友。我想真诚感谢我那忠实的、不幸的小猎犬范妮（Fanny），它与食物的关系比人类简单得多。我还要感谢PG tips茶叶、无人机和电子音乐，以及俄亥俄州的精酿啤酒厂以及chess.com国际象棋网。

最后，如果没有我的家人的帮助，这本书是不可能完成的。非常感谢从不对我气馁的萨亚戈家族（Sayago AJ、Ed、Evan and Andrea）以及我亲爱的父母——伊娃（Eva）和帕特里克·奥图（Patrick Otter）。我的两个了不起的孩子——尼古拉斯（Nicholas）和山姆（Sam），是他们一直激励着我。最重要的是，我要将本书献给蒂娜·塞萨（Tina Sessa）。若离开了她的爱、支持和智慧，本书绝无成书的可能。

注　释

序　言

1. Walter Willett et al., "Food in the Anthropocene: The EAT-*Lancet* Commission on Healthy Diets from Sustainable Food Systems," *Lancet*, January 16, 2019, 447.

2. Boyd Swinburn et al., "The Global Syndemic of Obesity, Undernutrition, and Climate Change: *The Lancet* Commission Report," *Lancet*, January 27, 2019, 1.

3. Willett et al., "Food in the Anthropocene," 450.

4. UN Human Rights Council, *Report of the Special Rapporteur on the Right to Food, Olivier De Schutter: Final Report: The Transformative Potential of the Right to Food,* A/HRC/25/57 (Geneva, 2014), 5.

5. Tim Lang, "Reshaping the Food System for Ecological Public Health," *Journal of Hunger and Environmental Nutrition* 3, nos. 3-4 (2009): 316, 328.

6. Frances Moore Lappé, *Diet for a Small Planet* (1971; New York: Ballantyne, 1991), xvi, 92.

7. Willett et al., "Food in the Anthropocene," 449; UN Human Rights Council, *Right to Food*, 14.

8. Will Steffen, Jacques Grinewald, Paul Crutzen, and John McNeil, "The Anthropocene: Conceptual and Historical Perspectives," *Philosophical Transactions of the Royal Society A* 369 (2011): 849.

9. For example, Anthony Winson, *The Industrial Diet: The Degradation of Food and the Struggle for Healthy Eating* (New York: New York University Press, 2013), 3; Raj Patel, *Stuffed and Starved: The Hidden Battle for the World Food System* (Brooklyn, NY: Melville House, 2007), 76-88; Tony Weis, *The Ecological Hoofprint: The Global Burden of Industrial Livestock* (London: Zed, 2013), 70; and Paul McMahon, *Feeding Frenzy: Land Grabs, Price Spikes, and the World Food Crisis* (Vancouver: Greystone, 2014), 18.

10. Keller Easterling, *Extrastatecraft: The Power of Infrastructure Space* (London: Verso, 2014), 72, 73-75.

11. Thomas Hughes, *Networks of Power: Electrification in Western Society, 1880-1930*(Baltimore: Johns Hopkins University Press, 1983), 15.

12. Fernand Braudel, *The Mediterranean and the Mediterranean World in the Age of Philip II*, trans Sian Reynolds, 2 vols. (Berkeley and Los Angeles: University of California Press, 1995), 1: 586; Kenneth Pomeranz, *The Great Divergence: China, Europe and the Making of the Modern World Economy* (Princeton, NJ: Princeton University Press, 2000), 34-35; Ryan Jones, *Empire of Extinction: Russians and the North Pacific's Strange Beasts of the Sea, 1741-1867* (Oxford: Oxford University Press, 2014), 124, 127.

13. Milja van Tielhof, "The Rise and Decline of the Amsterdam Grain Trade," in *Food Supply, Demand and Trade: Aspects of the Economic Relationship between Town and Country (Middle Ages-19th Century)*, ed. Piet van Cruyningen and Erik Thoen (Turnhout: Brepols, 2012), 85; Immanuel Wallerstein, *The Modern World System II: Mercantilism and the Consolidation of the European World-Economy, 1600-1750* (London: Academic, 1980), 41, 131; Jan de Vries, *The Dutch Rural Economy in the Golden Age, 1500-1700* (London: Yale University Press, 1974), 170.

14. De Vries, *The Dutch Rural Economy*, 173; Frank Trentmann, "Before Fair Trade: Empire, Free Trade and the Moral Economies of Food in the Modern World," in *Food and Globalization: Consumption, Markets and Politics in the Modern World*, ed. Alexander Nützenadel and Frank Trentmann (Oxford: Berg, 2008), 254; Edward Barbier, *Scarcity and Frontiers: How Economies Have Developed through Natural Resource Exploitation* (Cambridge:

Cambridge University Press, 2011), 196.

15. James Galloway, "Metropolitan Food and Fuel Supply in Medieval England: Regional and International Contexts," in Cruyningen and Thoen, eds., *Food Supply, Demand and Trade*, 11; James Galloway and Margaret Murphy, "Feeding the City: Medieval London and Its Agrarian Hinterland," *London Journal* 16, no. 1 (1991): 11.

16. Tielhof, "The Rise and Decline of the Amsterdam Grain Trade," 93; J. Peet, "The Spatial Expansion of Commercial Agriculture in the Nineteenth Century: A Von Thunen Interpretation," *Economic Geography* 45, no. 4 (October 1969): 294.

17. Lizzie Collingham, *The Taste of Empire: How Britain's Quest for Food Shaped the Modern World* (New York: Basic, 2017), 3-28, 41-56.

18. Craig Muldrew, *Food, Energy and the Creation of Industriousness* (Cambridge: Cambridge University Press, 2011), 322; B. Slicher van Bath, *The Agrarian History of Western Europe, A.D. 500–1850*, trans. Olive Ordish (London: Edward Arnold, 1963), 221-39.

19. Fredrik Albritton Jonsson, *Enlightenment's Frontier: The Scottish Highlands and the Origins of Environmentalism* (London: Yale University Press, 2013), 222.

20. John Gascoigne, *Science in the Service of Empire: Joseph Banks, the British State and the Uses of Science in the Age of Revolution* (Cambridge: Cambridge University Press, 1998), 86.

21. Alison Bashford and Joyce Chaplin, *The New Worlds of Thomas Robert Malthus: Rereading the Principle of Population* (Princeton, NJ: Princeton University Press, 2016), 140; Fredrik Albritton Jonsson, "Island, Nation, Planet: Malthus in the Enlightenment," in *New Perspectives on Malthus*, ed. Robert Mayhew (Cambridge: Cambridge University Press, 2016), 138.

22. Thomas Malthus, *An Essay on the Principle of Population; or, A View of Its Past and Present Effects on Human Happiness; With an Inquiry into Our Prospects Respecting the Future Removal or Mitigation of the Evils Which It Occasions* (1803), selected and with an introduction by Donald Winch (Cambridge: Cambridge University Press, 1992), 168.

23. John Sinclair, *Address to the Landed Interest, on the Corn Bill Now Defending in Parliament* (London: T. Cadell, 1791), 4 (first quote), 14 (second quote), 22.

24. James Anderson, *A Calm Investigation of the Circumstances That Have Led to the Present Scarcity of Grain in Britain*, 2nd ed. (London: John Cumming, 1801), 78.

25. William Spence, *Britain Independent of Commerce; or, Proofs Deduced from an Investigation into the True Causes of the Wealth of Nations* (London: W. Savage, 1807), 85.

26. John Richards, *The Unending Frontier: An Environmental History of the Early Modern World* (Berkeley and Los Angeles: University of California Press, 2005), 12.

27. Steven L. Kaplan, *Bread, Politics and Political Economy in the Reign of Louis XV*, 2 vols. (The Hague: Martinus Nijhoff, 1976), 2: 680, 682.

28. Robert Torrens, *An Essay on the External Corn Trade* (London: J. Hatchard, 1815). See also Bernard Semmel, *The Rise of Free Trade Imperialism: Classical Political Economy, the Empire of Free Trade, and Imperialism* (Cambridge: Cambridge University Press, 1970), 61-64, 79.

29. Robert Torrens, *The Economists Refuted; or, An Inquiry into the Nature and Extent of the Advantages Derived from Trade* (London: S. A. Oddy, 1808), 34, 45.

30. Torrens, *An Essay on the External Corn Trade*, 35-36, 276. See also J. R. Mc-Culloch, *The Principles of Political Economy*, 5th ed. (Edinburgh: Adam & Charles Black, 1864), 433.

31. John Wheatley, *A Letter to the Duke of Devonshire on the State of Ireland, and the General Effects of Colonization* (Calcutta: Baptist Mission Press, 1824), 113-15, 129; Ritortus, "The Imperialism of British Trade," *Contemporary Review* 76 (1899): 295; Nathaniel Wolloch, *Nature in the History of Economic Thought: How Natural Resources Became an Economic Concept* (London: Routledge, 2017), 151.

32. Paul Young, "The Cooking Animal: Economic Man at the Great Exhibition," *Victorian Literature and Culture* 36 (2008): 573, 576.

33. J. Seeley, *The Expansion of England* (Boston: Roberts Bros., 1883), 51.

34. J. S. Mill, *Principles of Political Economy, with Some of Their Applications to Social Philosophy*, ed. W.

Ashley (Fairfield, NJ: Augustus M. Kelley, 1987), 737.

35. Mill, *Principles of Political Economy*, 744; Barbier, *Scarcity and Frontiers*, 386.

36. Ritortus, "The Imperialism of British Trade," 150.

37. Karl Polanyi, *The Great Transformation: The Political and Economic Origins of Our Time* (Boston: Beacon, 2001), 190.

38. *RC Agriculture*, Minutes of Evidence, *British Parliamentary Papers* (1882), xix, cited in E. J. T. Collins, "Food Supplies and Food Policy," in *The Agrarian History of England and Wales*, vol. 7, *1850–1914*, pt. 1, *Agriculture in the Industrial State*, ed. E. J. T. Collins (Cambridge: Cambridge University Press, 2000), 33–71, 51.

39. George Bourne, *Change in the Village* (New York: George H. Doran, 1912), 117.

40. Harriet Friedmann, "The Transformation of Wheat Production in the Era of the World Market, 1873–1935: A Global Analysis of Production and Exchange" (PhD diss., Harvard University, 1976), 303.

41. Erich Zimmermann, *World Resources and Industries: A Functional Appraisal of the Availability of Agricultural and Industrial Materials*, rev. ed. (New York: Harper & Row, 1951), 153.

42. Joel Mokyr, *The Enlightened Economy: An Economic History of Britain, 1700–1850* (New Haven, CT: Yale University Press, 2009), 197; David Ricardo, *Principles of Political Economy and Taxation* (Amherst, MA: Prometheus, 1996), 93.

43. Brinley Thomas, "Food Supply in the United Kingdom during the Industrial Revolution," in *The Economics of the Industrial Revolution*, ed. Joel Mokyr (Totowa, NJ: Rowman & Allanheld, 1985), 145–46.

44. Pomeranz, *The Great Divergence*, 11.

45. Donald Worster, *Shrinking the Earth: The Rise and Decline of American Abundance* (Oxford: Oxford University Press, 2016), 24.

46. Collins, "Food Supplies," 40–41.

47. W. Layton, "Wheat Prices and the World's Production," *Journal of the Royal Agricultural Society of England* 70 (1909): 99.

48. Andrew Porter, ed., *Oxford History of the British Empire*, vol. 3, *The Nineteenth Century* (Oxford: Oxford University Press, 2001), 62.

49. Alexander Nützenadel, "A Green International? Food Markets and Transnational Politics, c. 1850–1914," in Nützenadel and Trentmann, eds., *Food and Globalization*, 155–57.

50. K. A. H. Murray and Ruth Cohen, *The Planning of Britain's Food Imports: A Quantitative Study of the Effects of Recent Legislation* (Oxford: Agricultural Economics Research Institute, 1934), 5.

51. Avner Offer, *The First World War: An Agrarian Interpretation* (Oxford: Clarendon, 1989), 81.

52. Christopher Brown, *Moral Capital: Foundations of British Abolitionism* (Chapel Hill: University of North Carolina Press, 2006), 260–61.

53. Viscount Astor and B. Seebohm Rowntree, *British Agriculture: The Principles of Future Policy* (London: Longmans, Green, 1938), 133.

54. Harry Chester, "The Food of the People," *Macmillan's Magazine* 18 (May 1868–October 1868): 484; Paul Kindstedt, *Cheese and Culture: A History of Cheese and Its Place in Western Civilization* (White River Junction, VT: Chelsea Green, 2012), 174.

55. J. Smith, "The Distribution of Dairy Produce," *Journal of the British Dairy Farmers' Association* 4 (1888): 45.

56. S. B. Saul, *Studies in British Overseas Trade, 1870–1914* (Liverpool: Liverpool University Press), 1960. See also David Higgins and Mads Mordhorst, "Reputation and Export Performance: Danish Butter Exports and the British Market, c. 1800–c. 1914," *Business History* 50, no. 2 (March 2008): 188, 199.

57. Ministry of Agriculture and Fisheries, *Milk: Report of Reorganisation Commission for Great Britain* (London: HM Stationery Office, 1936), 162.

58. *The Agricultural Dilemma: A Report of an Enquiry Organised by Viscount Astor and Mr. B. Seebohm Rowntree* (London: P. S. King & Son, 1935), 27.

59. Astor and Rowntree, *British Agriculture*, 14.

60. Barbier, *Scarcity and Frontiers*, 501; Steven Topik and Allen Wells, *Global Markets Transformed,*

1870–1945 (London: Belknap Press of Harvard University Press, 2012), 113.

61. Peter T. Marsh, *Bargaining on Europe: Britain and the First Common Market, 1860–1892* (New Haven, CT: Yale University Press, 1999), 92.

62. Collins, "Food Supplies," 46; Wilfred Malenbaum, *The World Wheat Economy, 1885–1939* (Cambridge, MA: Harvard University Press, 1953), 34–35, 154–70; Nützenadel, "A Green International?" 158.

63. George Zimmer, *The Mechanical Handling of Material: Being a Treatise on the Handling of Material Such as Coal, Ore, Timber, &c. by Automatic or Semi-Automatic Machinery* (London: Crosby Lockwood & Son, 1905).

64. Per Högselius, Arne Kaijser, and Erik van der Vleuten, *Europe's Infrastructure Transition: Economy, War, Nature* (New York: Palgrave, 2016), 107–40.

65. Harriet Friedmann and Philip McMichael, "Agriculture and the State System: The Rise and Decline of National Agricultures, 1870 to the Present," *Sociologica Ruralis* 29, no. 2 (1989): 95–96.

66. Jason Moore, *Capitalism in the Web of Life: Ecology and the Accumulation of Capital* (London: Verso, 2015), 53–54; Aaron Jakes and Ahmad Shokr, "Finding Value in *Empire of Cotton*," *Critical Historical Studies* 4, no. 1 (Spring 2017): 121.

67. Barbier, *Scarcity and Frontiers*, 225–462.

68. Adam Smith, *An Inquiry into the Nature and Causes of the Wealth of Nations*, 2 vols. in 1 (Chicago: University of Chicago Press, 1976), 2: 77.

69. William Paley, *Principles of Moral and Political Philosophy*, 9th American ed. (Boston: J. H. A. Frost, 1818), 395; James Caird, *The Landed Interest and the Supply of Food* (London: Cassell, Petter, Galpin, 1880), 6–7; Karl Marx, *Capital: A Critique of Political Economy*, 3 vols. (London: Penguin, 1981), 3: 859; Sofia Henriques and Paul Sharp, "The Danish Agricultural Revolution in an Energy Perspective: A Case of Development with Few Domestic Energy Resources," *Economic History Review* 69, no. 3 (2016): 861; Alison Bashford, *Global Population: History, Geopolitics, and Life on Earth* (New York: Columbia University Press, 2014), 36.

70. John Weaver, *The Great Land Rush and the Making of the Modern World, 1650–1900* (London: McGill-Queen's University Press, 2003), 81–82, 149; Patricia Seed, *Ceremonies of Possession in Europe's Conquest of the New World, 1492–1640* (Cambridge: Cambridge University Press, 1995), 31–33.

71. Niek Koning, *The Failure of Agrarian Capitalism: Agrarian Politics in the UK, Germany, the Netherlands and the USA, 1846–1919* (London: Routledge, 1994), 20.

72. Barbier, *Scarcity and Frontiers*, 372.

73. Alfred Crosby, *Ecological Imperialism: The Biological Expansion of Europe, 900–1900* (Cambridge: Cambridge University Press, 2004), 3, 4, 7.

74. Karl-Heinz Erb, Fridolin Krausmann, Wolfgang Lucht, and Helmut Haberl, "Embodied HANPP: Mapping the Spatial Disconnect between Global Biomass Production and Consumption," *Ecological Economics* 69 (2009): 330–31.

75. Stephen Bourne, "On the Increasing Dependence of This Country upon Foreign Supplies for Food," *Transactions of the Manchester Statistical Society*, 1876–77, 174.

76. Lance Davis and Robert Huttenback, *Mammon and the Pursuit of Empire: The Economics of British Imperialism* (Cambridge: Cambridge University Press, 1988), 159.

77. J. Belich, *Replenishing the Earth: The Settler Revolution and the Rise of the Anglo-World, 1783–1939* (Oxford: Oxford University Press, 2009), 386.

78. John Boyd Orr, *The White Man's Dilemma: Food and the Future* (New York: British Book Centre, 1954), 106.

79. Smith, *Wealth of Nations*, 2: 33.

80. Richard Whately, *Introductory Lectures on Political Economy* (London: B. Fellowes, 1831), 109.

81. Caird, *The Landed Interest*, 111.

82. Collins, "Food Supplies," 46.

83. Frank Trentmann, *Free Trade Nation: Commerce, Consumption, and Civil Society in Modern Britain* (Oxford: Oxford University Press, 2008), 2.

84. Offer, *The First World War*, 8.

85. Trentmann, *Free Trade Nation*, 99.

86. Robert Roberts, *The Classic Slum: Salford Life in the First Quarter of the Century* (Harmondsworth: Penguin, 1973), 167.

87. James Caird, *Our Daily Food, Its Price, and Sources of Supply*, 2nd ed. (London: Longmans, Green, 1868), 38.

88. Juan Richelet, *The Argentine Meat Trade: Meat Inspection Regulations in the Argentine Republic* (London: Sté industrielle d'imprimerie, 1929), 131.

89. Jonathan Brown, *Agriculture in England: A Survey of Farming, 1870–1947* (Manchester: Manchester University Press, 1987), 7.

90. E. J. T. Collins, "Rural and Agricultural Change," in Collins, ed., *Agriculture in the Industrial State*, 72–223, 142.

91. Astor and Rowntree, *British Agriculture*, 317.

92. Alfred Marshall, *Principles of Economics: An Introductory Volume*, 8th ed. (Philadelphia: Porcupine, 1982), 576; John Maynard Keynes, *The Economic Consequences of the Peace* (New York: Harper & Row, 1971), 23.

93. *Cost of Living in German Towns: Report of an Enquiry by the Board of Trade into Working Class Rents, Housing and Retail Prices, Together with the Rates of Wages in Certain Occupations in the Principal Industrial Towns of Germany* (London: HM Stationery Office, 1908), xliii.

94. *Cost of Living in French Towns: Report of an Enquiry by the Board of Trade into Working Class Rents, Housing and Retail Prices, Together with the Rates of Wages in Certain Occupations in the Principal Towns of France* (London: HM Stationery Office, 1909), xl.

95. Raj Patel and Jason Moore, *A History of the World in Seven Cheap Things: A Guide to Capitalism, Nature, and the Future of the Planet* (London: Verso, 2018), 22.

96. Rachel Laudan, *Cuisine and Empire: Cooking in World History* (Berkeley and Los Angeles: University of California Press, 2013), 249; Vincent Knapp, "Major Dietary Changes in Nineteenth-Century Europe," *Perspectives in Biology and Medicine* 31, no. 2 (Winter 1988): 192.

97. Weis, *The Ecological Hoofprint*, 1–12; S. Bonhommeau, L. Dubroca, O. Le Pape, J. Barde, D. Kaplan, E. Chassot, and A.-E. Nieblas, "Eating Up the World's Food Web and the Human Trophic Level," *Proceeding of the National Academy of Sciences* 110, no. 51 (December 17, 2013): 20619.

98. David Southgate, Sheila Bingham, and Jean Robertson, "Dietary Fibre in the British Diet," *Nature* 274 (July 6, 1978): 51–52.

99. Sydney Mintz, *Sweetness and Power: The Place of Sugar in Modern History* (London: Penguin, 1985), 208.

100. David Grigg, "The Nutritional Transition in Western Europe," *Journal of Historical Geography* 21, no. 3 (1995): 255.

101. Laudan, *Cuisine and Empire*, 208.

102. Laudan, *Cuisine and Empire*, 248.

103. Jaime Rozowski, Oscar Castillo, Yéssica Liberona, and Manuel Moreno, "Nutritional Habits and Obesity in Latin America: An Analysis of the Region," in *Preventive Nutrition: The Comprehensive Guide for Health Professionals* (4th ed.), ed. Adrianne Bendich and Richard Deckelbaum (New York: Humana, 2010), 723–28.

104. Laudan, *Cuisine and Empire*, 226.

105. Michael Mulhall, "Food," in *The Dictionary of Statistics*, 4th ed. (London: George Routledge & Sons, 1903), 285.

106. T. Wood, *The National Food Supply in Peace and War* (Cambridge: Cambridge University Press, 1917), 8.

107. Ken Albala, *Eating Right in the Renaissance* (Berkeley and Los Angeles: University of California Press, 2003), 231.

108. Reginald Bray, "The Boy and the Family," in *Studies of Boy Life in Our Cities* (1904), ed. E. Urwick (New York: Garland, 1980), 47–49 (quote 49).

109. W. Fraser, *The Coming of the Mass Market, 1850–1914* (London: Macmillan, 1981), 31.

110. William Crawford and H. Broadley, *The People's Food* (London: William Heinemann, 1938), 33.

111. Peter Lund Simmonds, *The Curiosities of Food; or, The Dainties and Delicacies of Different Nations*

Obtained from the Animal Kingdom (1859; Berkeley, CA: Ten Speed, 2001), 6. See also Stephen Mennell, *All Manners of Food: Eating and Taste in England and France from the Middle Ages to the Present*, 2nd ed. (Urbana: University of Illinois Press, 1996), 84; George Newman, *The Health of the State*, 2nd ed. (London: Headley Bros., 1907), 193; Joan Thirsk, *Food in Early Modern England: Phases, Fads, Fashions, 1500–1760* (London: Continuum, 2006), 323; Robin Cherry, *Garlic: An Edible Biography: The History, Politics, and Mythology behind the World's Most Pungent Food* (Boston: Roost, 2014), 59; E. E. Mann, *Manual of the Principles of Practical Cookery* (London: Longmans, Green, 1899), 20; Crawford and Broadley, *The People's Food*, 54.

112. *The Life and Letters of Walter H. Page, 1855–1918*, ed. B. J. Hendrick, 2 vols. (Garden City, NY: Garden City, 1927), 1: 158.

113. Cited in Sept. Berdmore, "The Principles of Cooking," in *The Health Exhibition Literature*, vol. 4, *Health in Diet* (London: William Clowes & Sons, 1884), 206.

114. Bee Wilson, *Consider the Fork: A History of How We Cook and Eat* (New York: Basic, 2012), 25–28.

115. "National Physique," *British Medical Journal*, July 18, 1903, 155; Henry Thompson, *Diet in Relation to Age and Activity, with Hints concerning Habits Conducive to Longevity*, rev. and enlarged ed. with appendix (London: Frederick Warne, 1902), 16; "The Doctor in the Kitchen," *British Medical Journal*, September 27, 1879, 505; "Our Foreign Food," *Blackwood's Edinburgh Magazine* 151 (August 1892): 190.

116. J. R. Irons, *Breadcraft*, ed. W. H. Evans (London: Virtue, 1948), 249.

117. K. G. Fenelon, *Britain's Food Supplies* (London: Methuen, 1952), 22; Ronald Lees, *A History of Sweet and Chocolate Manufacture* (Surbiton: Specialised Publications, 1988), 169–71.

118. George Orwell, "In Defence of English Cooking," in *In Defence of English Cooking* (London: Penguin, 2005), 55.

119. E. J. T. Collins, "Dietary Change and Cereal Consumption in Britain in the Nineteenth Century," *Agricultural History Review* 23, no. 2 (1975): 112.

120. Cited in"The Dietary of the British Labourer," *Journal of Agriculture*, n.s., July 1863–March 1865, 405.

121. D. Noël Paton, J. Craufurd Dunlop, and Elsie Maid Inglis, *A Study of the Diet of the Labouring Classes in Edinburgh, Carried Out under the Auspices of the Town Council of the City of Edinburgh* (Edinburgh: Otto Schulze, 1902), 78; D. Noël Paton, introduction to *Report upon a Study of the Diet of the Labouring Classes in Glasgow*, by Dorothy Lindsay (Glasgow: Robert Anderson, 1913), 9.

122. A Welsh medical officer of health cited in Charles Hecht, "Educational Methods among Children and Adults," in *Gateway to Health: Prevention of Diseases of the Teeth*, ed. Charles Hecht (London: Food Education Society, 1921), 316.

123. L. A. Clarkson and E. Margaret Crawford, *Feast and Famine: Food and Nutrition in Ireland, 1500–1920* (Oxford: Oxford University Press, 2001), 104.

124. Joanna Blythman, *Bad Food Britain: How a Nation Ruined Its Appetite* (London: Fourth Estate, 2006), 204.

125. *The Times*, July 17, 1868.

126. G. Denman, "Milk in Rural Areas," *The Times*, November 12, 1936.

127. Gregory Clark, Michael Huberman, and Peter Lindert, "A British Food Puzzle, 1770–1850," *Economic History Review* 48, no. 2 (1995): 228; A. B. Hill, "A Physiological and Economic Study of the Diets of Workers in Rural Areas as Compared with Those of Workers Resident in Urban Districts," *Journal of Hygiene* 24, no. 2 (October 1925): 225; Ian Gazeley, *Poverty in Britain, 1900–1965* (New York: Palgrave Macmillan, 2003), 73.

128. Staffan Lindeberg, *Food and Western Disease: Health and Nutrition from an Evolutionary Perspective* (Chichester: Wiley-Blackwell, 2010), 104, 170.

129. Kirk Smith, "The Risk Transition," *International Environmental Affairs* 2, no. 3 (Summer 1990): 235.

130. "Food for the People. — Horseflesh versus Beef and Mutton," *Reynold's Newspaper*, December 16, 1866.

131. Jonathan Wells, *The Metabolic Ghetto: An Evolutionary Perspective on Nutrition, Power Relations and Chronic Disease* (Cambridge: Cambridge University Press, 2016), 110–11.

132. Winston Churchill, "Fifty Years Hence," *Strand Magazine* 82, no. 492 (1932): 555.

133. Christopher Forth, "On Fat and Fattening: Agency, Materiality and Animality in the History of Corpulence," *Body Politics* 3 (2015): 51–74.

134. Rob Nixon, *Slow Violence and the Environmentalism of the Poor* (Cambridge, MA: Harvard University Press, 2011), 2.

135. Stephen Devereux, *Theories of Famine* (Hemel Hempstead: Harvester Wheatsheaf, 1993), 67–73.

136. J. A. Hobson, *The Social Question* (Bristol: Thoemmes, 1996), 208.

137. Charles Beresford, "Protection of British Commerce in War Time," *Cassier's Magazine* 14, no. 5 (September 1898): 437–38.

138. Weaver, *The Great Land Rush*, 174–75; Benjamin Madley, "Patterns of Frontier Genocide, 1803–1910: The Aboriginal Tasmanians, the Yuki of California, and the Herero of Namibia," *Journal of Genocide Research* 6, no. 2 (June 2004): 168.

139. John Locke, *Two Treatises on Government* (London: Whitmore & Fenn, 1822), 225. See also Andrew Fitzmaurice, *Sovereignty, Property and Empire, 1500–2000* (Cambridge: Cambridge University Press, 2014).

140. Stuart Banner, "Why *Terra Nullius*? Anthropology and Property Law in Early Australia," *Law and History Review* 23, no. 1 (Spring 2005): 101–2, 110, 113.

141. Merete Borch, *Conciliation-Compulsion-Conversion: British Attitudes towards Indigenous Peoples, 1763–1814* (Amsterdam: Rodopi, 2004), 226, 230.

142. Sarah Franklin, *Dolly Mixtures: The Remaking of Genealogy* (Durham, NC: Duke University Press, 2007), 128; Cameron Muir, *The Broken Promises of Agricultural Progress: An Environmental History* (London: Routledge, 2014), 92.

143. Madley, "Patterns of Frontier Genocide," 175–76; Bashford and Chaplin, *New Worlds*, 234–35.

144. Erika Rappaport, *A Thirst for Empire: How Tea Shaped the Modern World* (Princeton, NJ: Princeton University Press, 2017), 85–119.

145. Carl Solberg, "Land Tenure and Land Settlement: Policy and Patterns in the Canadian Prairies and the Argentine Pampas, 1880–1930," in *Argentina, Australia and Canada: Studies in Comparative Development, 1870–1965*, ed. D. C. M. Platt and Guido di Tella (London: Macmillan, 1985), 54.

146. Glyn Williams, "Welsh Settlers and Native Americans in Patagonia," *Journal of Latin American Studies* 11, no. 1 (May 1979): 58, 62.

147. R. Slatta, *Gauchos and the Vanishing Frontier* (Lincoln: University of Nebraska Press, 1992), 2, 140, 149, 188, and *Comparing Cowboys and Frontiers* (Norman: University of Oklahoma Press, 1997), 179.

148. Noellie Vialles, *Animal to Edible*, trans. J. Underwood (Cambridge: Cambridge University Press, 1994), 22; Timothy Pachirat, *Every Twelve Seconds: Industrialized Slaughter and the Politics of Sight* (New Haven, CT: Yale University Press, 2011), 4.

149. Rebecca Woods, "From Colonial Animal to Imperial Edible: Building an Empire of Sheep in New Zealand, ca. 1880–1900," *Comparative Studies of South Asia, Africa and the Middle East* 35, no. 1 (2015): 119.

150. J. A. Paris, *A Treatise on Diet* (London: Thomas & George Underwood, 1826), 5.

151. Alan Olmstead and Paul Rhode, *Creating Abundance: Biological Innovation and American Agricultural Development* (Cambridge: Cambridge University Press, 2008).

152. E. Russell, *Evolutionary History: Uniting History and Biology to Understand Life on Earth* (Cambridge: Cambridge University Press, 2011).

153. John Hammond, *Farm Animals: Their Breeding, Growth, and Inheritance* (London: Edward Arnold, 1940), 130.

154. William Cronon, *Nature's Metropolis: Chicago and the Great West* (New York: Norton, 1991), 56.

155. Moore, *Capitalism in the Web of Life*, 8.

156. Marina Fischer-Kowalski, "Society's Metabolism: The Intellectual History of Materials Flow Analysis, Part I, 1860–1970," *Journal of Industrial Ecology* 2, no. 1 (1998): 61–78.

157. Heinz Schandl and Fridolin Krausmann, "The Great Transformation: A Socio-Metabolic Reading of the Industrialization of the United Kingdom," in *Socioecological Transitions and Global Change: Trajectories of Social Metabolism and Land Use*, ed. Marina Fischer-Kowalski and Helmut Haberl (Cheltenham: Edward Elgar, 2007), 111.

158. J. Radkau, *Nature and Power: A Global History of the Environment*, trans. Thomas Dunlap (Cambridge:

Cambridge University Press, 2008), 193–94.

159. Marina Fischer-Kowalski and Helmut Haberl, "Conceptualizing, Observing and Comparing Socioecological Transitions," in Fischer-Kowalski and Haberl, eds., *Socioecological Transitions and Global Change*, 17.

160. Johan Rockström and Mattias Klum, *Big World, Small Planet: Abundance within Planetary Boundaries* (London: Yale University Press, 2015), 65; Elizabeth Kolbert, *The Sixth Extinction: An Unnatural History* (New York: Henry Holt, 2014).

161. Bruce Campbell et al., "Agriculture Production as a Major Driver of the Earth System Exceeding Planetary Boundaries," *Ecology and Society* 22, no. 4 (2017): 8.

162. Justin Kitzes et al., "Shrink and Share: Humanity's Present and Future Ecological Footprint," *Philosophical Transactions of the Royal Society B* 363 (2008): 467–68.

163. Robert Turnbull, "The Household Food-Supply of the United Kingdom," *Transactions of the Highland and Agricultural Society of Scotland*, 5th ser., 15 (1903): 197.

164. Georg Borgstrom, *Hungry Planet: The Modern World at the Edge of Famine* (New York: Collier, 1967), 70–86; William Catton, *Overshoot: The Ecological Basis of Revolutionary Change* (Urbana: University of Illinois Press, 1980), 44.

165. William Rees, "Ecological Footprints and Appropriated Carrying Capacity: What Urban Economics Leaves Out," *Environment and Urbanization* 4, no. 2 (October 1992): 122.

166. Kenneth Boulding, "The Economics of the Coming Spaceship Earth," in *Environmental Quality in a Growing Economy*, ed. H. Jarrett (Baltimore: Johns Hopkins University Press, 1966), 4; Sabine Höhler, *Spaceship Earth in the Environmental Age, 1960–1990* (London: Routledge, 2015), 57–60.

167. George Kimble, *The World's Open Spaces* (London: Thomas Nelson, 1939), 28, 62, 151, 157.

168. Carl Alsberg, "The Food Supply in the Migration Process," in *Limits of Land Settlement: A Report on Present-Day Possibilities*, comp. Isaiah Bowman (New York: Council on Foreign Relations, 1937), 31–33.

169. Paul Ehrlich and Anne Ehrlich, "Can a Collapse of Global Civilization Be Avoided?" *Proceedings of the Royal Society B* 280, no. 1754 (2013): 1. See also Bashford, *Global Population*, 93.

170. Catton, *Overshoot*, 52.

171. Smith, *Wealth of Nations*, 1: 165.

172. William Rees and Mathis Wackernagel, "The Shoe Fits, but the Footprint Is Larger Than Earth," *PLOS Biology*, November 5, 2013, 1, 2.

173. Willett et al., "Food in the Anthropocene," 451–52; E. O. Wilson, *Half-Earth: Our Planet's Fight for Life* (London: Liveright, 2016).

174. Wilson, *Half-Earth*, 186.

175. S. Bringezou et al., *Assessing Global Land Use: Balancing Consumption with Sustainable Supply* (Nairobi: UN Environment Programme, 2013), 2, 34.

176. Alessandro Galli et al., "Questioning the Ecological Footprint," *Ecological Indicators* 69 (2016): 225; Linus Blomqvist et al., "Does the Shoe Fit? Real versus Imagined Ecological Footprints," *PLOS Biology*, November 5, 2013, 1–6; Fred Pearce, "Putting Our Foot in It," *New Scientist* 220, no. 2944 (November 23, 2013): 28–29; Patel and Moore, *Seven Cheap Things*, 204–5.

177. Emma Maris, *Rambunctious Garden: Saving Nature in a Post-Wild World* (New York: Bloomsbury, 2011).

178. Galli et al., "Questioning the Ecological Footprint," 230.

第一章

1. "Beef," *Household Words* 13 (February 2, 1856): 49.

2. Florence Nightingale, "Notes on the Health of the British Army," in *Florence Nightingale: The Crimean War*, ed. Lynn MacDonald (Waterloo, ON: Wilfred Laurier University Press, 2010), 885.

3. Steven Shapin, "'You Are What You Eat': Historical Changes in Ideas about Food and Identity," *Historical Research* 87, no. 237 (August 2014): 385–86.

4. Edward Smith, *Practical Dietary: For Families, Schools, and the Labouring Classes* (London: Walton & Maberly, 1864), 162.

5. John Fothergill, *A Manual of Dietetics* (New York: William Wood, 1886), 53.

6. Alvin Sanders, *The Cattle of the World: Their Place in the Human Scheme — Wild Types and Modern Breeds in Many Lands* (Washington, DC: National Geographic Society, 1926), 1.

7. P. Craigie, "Twenty Years' Changes in Our Foreign Meat Supplies," *Journal of the Royal Agricultural Society of England*, 2nd ser., 23, pt. 2, no. 46 (October 1887): 485–86; R. H. Rew, "The Nation's Food Supply," *Journal of the Royal Statistical Society* 76, no. 1 (December 1912): 102.

8. George Putnam, *Supplying Britain's Meat* (London: George Harrap, 1923), 16.

9. Wilson Warren, *Meat Makes People Powerful: A Global History of the Modern Era* (Iowa City: University of Iowa Press, 2018), 186.

10. Robert McFall, *The World's Meat* (London: D. Appleton, 1927), xvi.

11. Adolf Weber and Ernest Weber, "The Structure of World Protein Consumption and Future Nitrogen Requirements," *European Review of Agricultural Economics* 2 (1974–75): 169–92.

12. Weis, *The Ecological Hoofprint*, 4.

13. Woods Hutchinson, *A Handbook of Health* (Boston: Houghton Mifflin, 1911), 25.

14. Along with Sweden, Switzerland, the United States, Canada, Australia, and New Zealand. Merrill Bennett, "International Contrasts in Food Consumption," *Geographical Review* 31, no. 3 (July 1941): 371.

15. M. K. Bennett, *The World's Food: A Study of the Interrelations of World Populations, National Diets, and Food Potentials* (New York: Harper & Bros., 1954), 213–26.

16. Frederick Eden, *The State of the Poor; or, An History of the Labouring Classes in England, from the Conquest to the Present Period* (London: J. Davis, 1797); John Boyd Orr, *Food Health and Income: Report on a Survey of Adequacy of Diet in Relation to Income*, 2nd ed. (London: Macmillan, 1937).

17. "Production and Consumption of Meat and Milk: Second Report from the Committee Appointed to Inquire into the Statistics Available as a Basis for Estimating the Production and Consumption of Meat and Milk in the United Kingdom," *Journal of the Royal Statistical Society* 67, no. 3 (September 1904): 380–82.

18. "Vending of Diseased Meat," *The Era*, August 28, 1864.

19. "Beef," 49.

20. Imperial Economic Committee, *Cattle and Beef Survey: A Summary of Production and Trade in British Empire and Foreign Countries* (London: HM Stationery Office, 1934), 193.

21. Frank Gerrard, *Meat Technology: A Practical Textbook for Student and Butcher* (London: Leonard Hill, 1951), 287.

22. Sarah Freeman, *Mutton and Oysters: The Victorians and Their Food* (London: V. Gollancz, 1989), 56.

23. Maisie Steven, *The Good Scots Diet: What Happened to It?* (Aberdeen: Aberdeen University Press, 1985), 47; Peter Brears, *Traditional Food in Yorkshire* (Edinburgh: John Donald, 1987), 108.

24. John Morton, "On Increasing Our Supplies of Animal Food," *Journal of the Royal Agricultural Society of England* 10, no. 1 (1849): 355; P. Pusey, "On the Progress of Agricultural Knowledge during the Last Four Years," *Journal of the Royal Agricultural Society of England* 3 (1842): 205.

25. Hippolyte Taine, *Notes on England*, trans. and with introduction by E. Hyams (Fair Lawn, NJ: Essential, 1958), 128.

26. Juliet Clutton-Brock, *A Natural History of Domesticated Animals*, 2nd ed. (Cambridge: Cambridge University Press, 1999), 40.

27. James Wilson, *The Evolution of British Cattle and the Fashioning of Breeds* (London: Vinton, 1909), 70, 105.

28. Robert Trow-Smith, *A History of British Livestock Husbandry, 1700–1900* (London: Routledge & Kegan Paul, 1959), 57, 269.

29. W. Youatt and W. C. L. Martin, *Cattle: Being a Treatise on Their Breeds, Management, and Diseases*, ed. A. Stevens (New York: Orange Judd, 1881), 85.

30. Nicholas Russell, *Like Engend'ring Like: Heredity and Animal Breeding in Early Modern England*

(Cambridge: Cambridge University Press, 1986), 138–39.

31. John Walton, "Pedigree and Productivity in the British and North American Cattle Kingdoms Before 1930," *Journal of Historical Geography* 25, no. 4 (1999): 444.

32. Margaret Derry, *Masterminding Nature: The Breeding of Animals, 1750–2010* (Toronto: University of Toronto Press, 2015), 27.

33. Margaret Derry, *Bred for Perfection: Shorthorn Cattle, Collies and Arabian Horses since 1800* (Baltimore: Johns Hopkins University Press, 1983), 29.

34. Henry Berry, "The Short-Horns," in Youatt and Martin, *Cattle*, 103.

35. Henry Evershed, "The Early Fattening of Cattle and Sheep," *Journal of the Royal Agricultural Society of England*, 3rd ser., 1 (1890): 51.

36. J. Grundy, "The Hereford Bull: His Contribution to New World and Domestic Beef Supplies," *Agricultural History Review* 50, no. 1 (2002): 80.

37. J. Watson, James Cameron, and G. Garrad, *The Cattle-Breeder's Handbook* (London: Earnest Benn, 1926), 32, 34; Grundy, "The Hereford Bull," 71.

38. Watson, Cameron, and Garrad, *The Cattle-Breeder's Handbook*, 79. See also Grundy, "The Hereford Bull," 70.

39. Grundy, "The Hereford Bull," 80.

40. Watson, Cameron, and Garrad, *The Cattle-Breeder's Handbook*, 23; Alvin Sanders, *A History of Aberdeen-Angus Cattle with Particular Reference to Their Introduction, Distribution and Rise to Popularity in the Field of Fine Beef Production in North America* (Chicago: New Breeder's Gazette, 1928), 29; Wilson, *The Evolution of British Cattle*, 132.

41. William Housman, *Cattle: Breeds and Management; With a Chapter on Diseases of Cattle, by Professor J. Wortley Axe* (London: Vinton, 1897), 134.

42. Imperial Economic Committee, *Cattle and Beef Survey*, 176.

43. R. Hooker, "The Meat Supply of the United Kingdom," *Journal of the Royal Statistical Society* 72, no. 2 (June 1909): 308.

44. Major P. G. Craigie, "The Sources of Our Meat Supply," in *The Health Exhibition Literature*, vol. 5, *Health in Diet* (London: William Clowes, 1884), 6.

45. Collins, "Food Supplies," 36; Rebecca Woods, *The Herds Shot Round the World: Native Breeds and the British Empire, 1800–1900* (Chapel Hill: University of North Carolina Press, 2017), 117–19.

46. For example, "The Meat Agitation," *Birmingham Daily Post*, August 5, 1872.

47. *Gardeners Chronicle and Agricultural Gazette*, June 7, 1873, 795.

48. Joseph Fisher, *Where Shall We Get Meat? The Food Supplies of Western Europe* (London: Longmans, Green, 1866), 171.

49. David Esdaile, "Acclimatisation Societies," in *Contributions to Natural History, Chiefly in Relation to the Food of the People* (Edinburgh: William Blackwood, 1865), 344; Jonsson, *Enlightenment's Frontier*, 80–83.

50. Esdaile, "Acclimatisation Societies," 346.

51. *Pall Mall Gazette*, December 4, 1867; H. Bryden, "The Vanishing Eland," *Chambers's Journal*, 5th ser., 11, no. 565 (October 27, 1894): 675.

52. A. S. Bicknell, *Hippophagy: The Horse as Food for Man* (London: William Ridgeway, 1868).

53. Chris Otter, "Hippophagy in the UK: A Failed Dietary Revolution," *Endeavour* 35, nos. 2–3 (2011): 80–90.

54. A. B. Bruce and H. Hunter, *Crop and Stock Improvement* (London: Ernest Benn, 1926), 85.

55. "The Story of Meat: IV," *Meat and Live Stock Digest* 9, no. 12 (June 1929): 2.

56. John Rouse, *World Cattle*, 2 vols. (Norman: University of Oklahoma Press, 1970), 1: 280.

57. L. D. H. Weld, "Foreign Markets for Live Stock and Meats," *Annals of the American Academy of Political and Social Science* 127 (September 1926): 49.

58. Collins, "Food Supplies," 41.

59. Astor and Rowntree, *British Agriculture*, 196.

60. *The World Meat Economy* (Rome: UN Food and Agriculture Organization, 1965), 6. See also Joseph

Grunwald and Philip Musgrove, *Natural Resources in Latin American Development* (Baltimore: Johns Hopkins University Press, 1970), 414.

61. Terry Jordan, *North American Cattle-Ranching Frontiers: Origins, Diffusion, and Differentiation* (Albuquerque: University of New Mexico Press, 1993), 208.

62. James MacDonald, *Food from the Far West; or, American Agriculture, with Special Reference to the Beef Production and Importation of Dead Meat from America to Great Britain* (London: William P. Nimmo, 1878), 281.

63. McFall, *The World's Meat*, 129.

64. Sanders, *The Cattle of the World*, 79.

65. Charles Darwin, *On the Origin of Species by Means of Natural Selection*, ed. J. Carroll (Orchard Park, NY: Broadview, 2003), 114.

66. Sanders, *A History of Aberdeen-Angus Cattle*, vii.

67. Cronon, *Nature's Metropolis*, 207–59.

68. Jordan, *Cattle-Ranching Frontiers*, 238, 272–75.

69. Imperial Economic Committee, *Cattle and Beef Survey*, 267, 268.

70. James Scobie, *Argentina: A City and a Nation*, 2nd ed. (London: Oxford University Press, 1971), 71–78.

71. Hilda Sabato, *Agrarian Capitalism and the World Market: Buenos Aires in the Pastoral Age, 1840–1890* (Albuquerque: University of New Mexico Press, 1990).

72. Morton Winsberg, *Modern Cattle Breeds in Argentina: Origins, Diffusion, and Change* (Lawrence, KS: Center of Latin American Studies, 1968), 8, 37–38, 56.

73. "Meat for the Million," *Freeman's Journal and Daily Commercial Advertiser*, November 6, 1866.

74. John Fraser, *The Amazing Argentine: A New Land of Enterprise* (New York: Funk & Wagnalls, 1914), 244.

75. Hooker, "The Meat Supply of the United Kingdom," 324.

76. A. Pearse, *The World's Meat Future: An Account of the Live Stock Position and Meat Prospects of All Leading Stock Countries of the World with Full List of Freezing Works* (London: Constable, 1920), 7.

77. Empire Marketing Board, *Meat: A Summary of Figures of Production and Trade Relating to Beef, Cattle, Mutton and Lamb, Sheep, Bacon and Hams, Pigs, Pork and Canned Meat* (London: Prepared for British Commonwealth Delegations, 1933), 20.

78. Scobie, *Argentina*, 193.

79. J. Russell Smith, *The World's Food Resources* (New York: Henry Holt, 1919), 273.

80. Rebecca Woods, "Breed, Culture, and Economy: The New Zealand Frozen Meat Trade, 1880–1914," *Agricultural History Review* 60, no. 2 (2012): 308; McFall, *The World's Meat*, 431–32.

81. David Jones, "New Zealand Trade," in *The Frozen and Chilled Meat Trade: A Practical Treatise by Specialists in the Meat Trade*, 2 vols. (London: Gresham, 1929), 1: 117.

82. Pearse, *The World's Meat Future*, 70; J. Ainsworth-Davis, *Crops and Fruits* (London: Ernest Benn, 1924), 116.

83. E. Shanahan, *Animal Foodstuffs: Their Production and Consumption with a Special Reference to the British Empire* (London: Routledge, 1920), 76.

84. Radhakamal Mukerjee, *Races, Lands, and Food: A Program for World Subsistence* (New York: Dryden, 1946), 89; Donald Denoon, *Settler Capitalism: The Dynamics of Dependent Development in the Southern Hemisphere* (Oxford: Clarendon, 1983), 55.

85. J. Coatman, "The British Meat Trade and British Imperial Economics," *Pacific Affairs* 8, no. 2 (June 1935): 202.

86. Jonathan Bell and Mervyn Watson, *A History of Irish Farming, 1750–1950* (Dublin: Four Courts, 2008), 265; Gerald Leighton and Loudon Douglas, *The Meat Industry and Meat Inspection*, 5 vols. (London: Educational Book Co., 1910), 1: 122; McFall, *The World's Meat*, 248.

87. *Douglas's Encyclopaedia: The Standard Book of Reference for the Food Trades*, 3rd ed. (London: William Douglas & Sons, 1924), 42; George Walworth, *Feeding the Nation in Peace and War* (London: George Allen & Unwin, 1940), 246–47.

88. H. Herbert Smith and Ernest Trepplin, "English and Dutch Dairy Farming," *Nineteenth Century* 40, no. 237

(November 1896): 805 (first quote); V. C. Fishwick, *Pigs: Their Breeding, Feeding and Management*, rev. Norman Hicks (London: Crosby Lockwood, 1965), 80 (second quote). See also Earl Shaw, "Swine Industry of Denmark," *Economic Geography* 14, no. 1 (January 1938): 31.

89. Lawrence Winters, *Animal Breeding*, 2nd ed. (New York: John Wiley & Sons, 1930), 346 (first quote);"The Bacon-Curing Pig," *Journal of the Royal Society of the Arts* 72, no. 3718 (February 22, 1924): 236 (second quote). See also Shaw, "Swine Industry of Denmark," 32.

90. George Soloveytchik, "The Northern Countries," *Lloyds Bank Monthly Review*, n.s., 10, no. 110 (April 1939): 116. See also David Higgins and Mads Mordhorst, "Bringing Home the'Danish' Bacon: Food Chains, National Branding and Danish Supremacy over the British Bacon Market, c. 1900–1938," *Enterprise and Society* 16, no. 1 (2015): 166.

91. Higgins and Mordhorst, "Bringing Home the 'Danish' Bacon," 153.

92. J. Russell Smith, "Price Control through Industrial Organization," in *The World's Food*, ed. Clyde King (1917; New York: Arno, 1976), 285. See also Higgins and Mordhorst, "Bringing Home the 'Danish' Bacon," 142.

93. A. D. Hall, *Agriculture After the War* (New York: E. P. Dutton, 1916), 101.

94. Murray and Cohen, *The Planning of Britain's Food Imports*, 1.

95. Tiago Saraiva, *Fascist Pigs: Technoscientific Organisms and the History of Fascism* (London: MIT Press, 2016), 13, 133.

96. Henriques and Sharp, "The Danish Agricultural Revolution"; Shanahan, *Animal Foodstuffs*, 117.

97. Warren, *Meat Makes People Powerful*, 91.

98. Shaw, "Swine Industry of Denmark," 36.

99. Sofia Henriques and Paul Warde, "Fuelling the English Breakfast: Hidden Energy Flows in the Anglo-Danish Trade, 1870–1913," *Regional Environmental Change* 18, no. 4 (April 2018): 969, 975.

100. E. Line, *The Science of Meat and the Biology of Food Animals*, 2 vols. (London: Meat Trades' Journal, 1931), 2: 158.

101. Woods, *The Herds Shot Round the World*, 13, 38–41, 174.

102. John Thornton, "Shorthorns," in *The Cattle, Sheep and Pigs of Great Britain*, ed. John Coleman (London: Horace Cox, 1887), 111, 103.

103. Russell, *Evolutionary History*.

104. Wilson, *The Evolution of British Cattle*, 10, 46.

105. Line, *The Science of Meat*, 2: 151–52, 152–53 (quote).

106. Derry, *Bred for Perfection*, 11.

107. William Castle, "Recent Discoveries in Heredity and Their Bearing on Animal Breeding," *Popular Science Monthly*, July 1905, 207.

108. Derry, *Masterminding Nature*, 60–62.

109. J. Watkins, "What May Happen in the Next Hundred Years," *Ladies' Home Journal* 18, no. 1 (December 1900): 8.

110. Jamey Lewis et al., "Tracing Cattle Breeds with Principal Components Analysis Ancestry Informative SNPs," *PloS ONE* 6, no. 4 (April 2011): 6.

111. M. Turner, J. Beckett, and B. Afton, *Farm Production in England, 1700–1914* (Oxford: Oxford University Press, 2001), 209; Harriet Ritvo, *The Animal Estate: The English and Other Creatures in the Victorian Age* (London: Harvard University Press, 1987), 68–69.

112. Leighton and Douglas, *The Meat Industry and Meat Inspection*, 1: 102.

113. Trow-Smith, *A History of British Livestock Husbandry*, 258.

114. C. C. Furnas and S. M. Furnas, *Man, Bread and Destiny* (New York: Reynal & Hitchcock, 1937), 48.

115. J. B. Lawes, "The Pig of the Future," *Journal of the Bath and West of England Society*, 3rd ser., 19 (1887–88): 275 (first quote); James Long, "Modern Pig Breeding," *Journal of the Bath and West of England Society*, 3rd ser., 1 (1887–88): 43 (second quote); K. J. J. MacKenzie, *Cattle and the Future of Beef-Production in England* (Cambridge: Cambridge University Press, 1919), 80 (third quote). See also Ritvo, *The Animal Estate*, 74–77.

116. Evershed, "Early Fattening of Cattle and Sheep" (1890), 68.

117. Massimo Montanari, *The Culture of Food*, trans. Carl Ipsen (Oxford: Blackwell, 1994), 169; Vaclav Smil, *Feeding the World: A Challenge for the Twenty-First Century* (London: MIT Press, 2000), 169.

118. Henry Tanner, "The Comparative Value of Different Kinds of Food," *Journal of the Bath and West of England Society* 8 (1860): 390.

119. Sanders Spencer, *The Pig: Breeding, Rearing, and Marketing* (London: C. Arthur Pearson, 1919), 132.

120. J. B. Lawes and J. H. Gilbert, "On the Composition of Oxen, Sheep, and Pigs, and of Their Increase Whilst Fattening," *Journal of the Royal Agricultural Society of England* 21 (1860): 479.

121. James Whitaker, *Feedlot Empire: Beef Cattle Farming in Illinois and Iowa, 1840–1900* (Ames: Iowa State University Press, 1975), 22, 69.

122. Long, "Modern Pig Breeding," 46.

123. Maxime Schwartz, *How the Cows Turned Mad: Unlocking the Mysteries of Mad Cow Disease*, trans. Edward Schneider (Berkeley and Los Angeles: University of California Press, 2004), 189; Vaclav Smil, *Should We Eat Meat? Evolution and Consequences of Modern Carnivory* (Chichester: Wiley-Blackwell, 2013), 128.

124. David Goodman and Michael Redclift, *Refashioning Nature: Food, Ecology and Culture* (London: Routledge, 1991), 108; Noel Kingsbury, *Hybrid: The History and Science of Plant Breeding* (Chicago: University of Chicago Press, 2009), 265; Olmstead and Rhode, *Creating Abundance*, 312.

125. R. F. Crawford, "Notes on the Food Supply of the United Kingdom, Belgium, France, and Germany," *Journal of the Royal Statistical Society* 62, no. 4 (December 1899): 606.

126. W. Henry and F. Morrison, *Feeds and Feeding: A Handbook for the Student and Stockman* (Madison, WI: Henry-Morrison, 1916), 443.

127. Nigel Harvey, *A History of Farm Buildings in England and Wales* (Newton Abbot: David & Charles, 1970), 131–32; John Childers, "On Shed-Feeding," *Journal of the Royal Agricultural Society of England* 1 (1840): 169.

128. Léonce De Lavergne, *The Rural Economy of England, Scotland, and Ireland* (Edinburgh: William Blackwood, 1855), 185.

129. *Field* (1886), cited in William Bear, *The British Farmer and His Competitors* (London: Cassell, 1888), 80–81.

130. Winsberg, *Modern Cattle Breeds in Argentina*, 36, 50.

131. Henry and Morrison, *Feeds and Feeding*, 89.

132. Sanders, *The Cattle of the World*, 43.

133. Watson, Cameron, and Garrad, *The Cattle-Breeder's Handbook*, 126.

134. Cited in Henry Evershed, "Early Fattening of Cattle, Especially in the Counties of Surrey and Sussex," *Journal of the Royal Agricultural Society of England*, 2nd ser., 14 (1878): 161.

135. Evershed, "Early Fattening of Cattle" (1878), 156; Astor and Rowntree, *British Agriculture*, 45.

136. Elliott Stewart, *Feeding Animals: A Practical Work upon the Laws of Animal Growth Specially Applied to the Rearing and Feeding of Horses, Cattle, Dairy Cows, Sheep and Swine*, 2nd ed. (Lake View, NY: The Author, 1883), 260–61.

137. Robert Rae, "Systems of Housing for Pigs," *Journal of the Royal Agricultural Society of England* 97 (1936): 131.

138. Hammond, *Farm Animals*, 55.

139. William Westgarth, "The Great Frozen Meat Trade of Australia," in *Half a Century of Australasian Progress: A Personal Retrospect* (London: Sampson Low, Marston, Searle, & Rivington, 1889), 349.

140. Robert Peden, "Sheep Breeding in Colonial Canterbury (New Zealand): A Practical Response to the Challenges of Disease and Economic Change, 1850–1914," in *Healing the Herds: Disease, Livestock Economies, and the Globalization of Veterinary Medicine*, ed. Karen Brown and Daniel Gilfoyle (Athens: Ohio University Press, 2010), 227.

141. Wilfred Smith, *An Economic Geography of Great Britain* (New York: Dutton, 1949), 255; James Critchell and Joseph Raymond, *A History of the Frozen Meat Trade: An Account of the Development and Present Day Methods of Preparation, Transport, and Marketing of Frozen and Chilled Meats* (1912; London: Dawsons of Pall Mall, 1969), 205; Coatman, "The British Meat Trade," 202; Henry and Morrison, *Feeds and Feeding*, 568(quote).

142. Watson, Cameron, and Garrad, *The Cattle-Breeder's Handbook*, 137 (first quote); Edwin Ellis cited in Evershed, "Early Fattening of Cattle and Sheep" (1890), 60. See also J. Hunter-Smith and H. Gardner, "Super-English or Baby Beef," *Journal of the Ministry of Agriculture* 35, no. 8 (November 1928): 730.

143. Henry and Morrison, *Feeds and Feeding*, vii; Spencer, *The Pig*, 132–33.

144. Charles Dickens, *Dombey and Son* (London: Bradbury & Evans, 1858), 175.

145. Evershed, "Early Fattening of Cattle and Sheep" (1890), 54.

146. Thomas Shaw, *Animal Breeding* (New York: Orange Judd, 1909), 264.

147. Sarah Wilmot, "From 'Public Service' to Artificial Insemination: Animal Breeding Science and Reproductive Research in Early Twentieth-Century Britain," *Studies in the History and Philosophy of Biology and Biomedical Sciences* 38 (2007): 423.

148. E. Simpson, "The Cattle Population of England and Wales: Its Breed Structure and Distribution," *Geographical Studies* 5 (1958): 50, 52.

149. Derry, *Masterminding Nature*, 94; Wilmot, "From 'Public Service' to Artificial Insemination," 418.

150. Chris Polge, "The Work of the Animal Research Station, Cambridge," *Studies in History and Philosophy of Biological and Biomedical Sciences* 38 (2007): 513–14.

151. I thank Phil Howell for making this point.

152. Victor Cohn, *1999: Our Hopeful Future* (Indianapolis: Bobbs-Merrill, 1956), 125.

153. John Hammond, ed., *The Artificial Insemination of Cattle* (Cambridge: W. Heffer & Sons, 1947), 25.

154. E. B. White, "The Song of the Queen Bee," *New Yorker*, December 15, 1945, 37.

155. A. Duckham, *Animal Industry in the British Empire: A Brief Review of the Significance, Methods, Problems, and Potentialities of the Live-Stock and Dairying Industries of the British Commonwealth* (London: Oxford University Press, 1932), 15.

156. Duckham, *Animal Industry in the British Empire*, 181. See also Zimmermann, *World Resources and Industries*, 308.

157. Imperial Economic Committee, *Cattle and Beef Survey*, 269.

158. Moore, *Capitalism in the Web of Life*.

159. William Boyd, Scott Prudham, and Rachel Schurman, "Industrial Dynamics and the Problem of Nature," *Society and Natural Resources* 14 (2001): 564 (quote). See also Franklin, *Dolly Mixtures*, 107.

160. Stewart, *Feeding Animals*, 276 (first quote); Paul Hemsworth and Grahame Coleman, *Human-Livestock Interactions: The Stockperson and the Productivity and Welfare of Intensively Farmed Animals* (Wallingford: CABI, 2011), 97 (other quotes). See also Tristram Beresford, *We Plough the Fields: Agriculture in Britain Today* (Harmondsworth: Penguin, 1975), 153.

161. Rhoda Wilkie, *Livestock/Deadstock: Working with Farm Animals from Birth to Slaughter* (Philadelphia: Temple University Press, 2010), 42.

162. Derry, *Bred for Perfection*, 11.

163. Evershed, "Early Fattening of Cattle and Sheep" (1890), 53.

164. "High Steaks: The New Craze for Old Cow," *Guardian*, June 20, 2016.

165. Erica Fudge, *Quick Cattle and Dying Wishes: People and Their Animals in Early Modern England* (Ithaca, NY: Cornell University Press, 2018), 115; Wilkie, *Livestock/Deadstock*, 142.

166. Fudge, *Quick Cattle and Dying Wishes*, 184, 214 (quote).

167. Cronon, *Nature's Metropolis*, 256.

168. Fudge, *Quick Cattle and Dying Wishes*, 160.

169. V. Gattrell, *The Hanging Tree: Execution and the British People, 1770–1868* (Oxford: Oxford University Press, 1994), 267.

170. Leighton and Douglas, *The Meat Industry and Meat Inspection*, 4: 1163.

171. Putnam, *Supplying Britain's Meat*, 34.

172. Richard Grantham, *A Treatise on Public Slaughter-Houses, Considered in Connection with the Sanitary Question* (London: J. Weale, 1848), 77–78.

173. Cited in Leighton and Douglas, *The Meat Industry and Meat Inspection*, 4: 1208–9.

174. Fudge, *Quick Cattle and Dying Wishes*, 191.

175. C. Cash, *Our Slaughter-House System: A Plea for Reform* (London: George Bell & Sons, 1907), xii.

176. H. Lester, "The Progress of the Abattoir System in England," *Journal of the Society of Arts*, March 22, 1895, 431–39, 432.

177. Charles Forward, *Fifty Years of Food Reform: A History of the Vegetarian Movement in England* (London: Ideal Publishing Union, 1898), 63–64.

178. Leighton and Douglas, *The Meat Industry and Meat Inspection*, 2: 387; Vialles, *Animal to Edible*, 8–9.

179. Vialles, *Animal to Edible*, 35, 73.

180. Vialles, *Animal to Edible*, 28.

181. Victor Whitechurch, "How the Railways Deal with Special Classes of Traffic: VII, The London and North Western Railway and American Meat," *Railway Magazine*, October 1899, 360.

182. Joel Novek, "Discipline and Distancing: Confined Pigs in the Factory Farm Gulag," in *Animals and the Human Imagination: A Companion to Animal Studies*, ed. Aaron Gross and Anne Vallely (New York: Columbia University Press, 2012), 122.

183. Annette Reed, "From Sacrifice to Slaughterhouse: Ancient and Modern Approaches to Meat, Animals, and Civilization," *Method and Theory in the Study of Religion* 26 (2014): 119.

184. Ruth Harrison, *Animal Machines: The New Factory Farming Industry* (London: Vincent Stuart, 1964).

185. Cited in Cronon, *Nature's Metropolis*, 208.

186. Ministry of Agriculture and Fisheries, *Abattoir Design: Report of Technical Committee* (London: HM Stationery Office, 1934), 10.

187. Roger Thévenot, *A History of Refrigeration throughout the World*, trans. J. Fidler (Paris: International Institute of Refrigeration, 1979), 241.

188. McFall, *The World's Meat*, 541.

189. Károly Ereky, *Biotechnologie der Fleisch-, Fett-und Milchzeugung im landwirtschaftlichen Großbetriebe* (Berlin: Paul Arey, 1919); Robert Bud, *The Uses of Life: A History of Biotechnology* (Cambridge: Cambridge University Press, 1993), 32; Boyd, Prudham, and Schurman, "Industrial Dynamics and the Problem of Nature," 565–66.

190. Kyri Claflin, "La Villette: City of Blood (1867–1914)," in *Meat, Modernity, and the Rise of the Slaughterhouse*, ed. Paula Young Lee (Lebanon: University of New Hampshire Press, 2008), 34–38.

191. Leighton and Douglas, *The Meat Industry and Meat Inspection*, 4: 1195, 2: 371.

192. P. J. Atkins, "The Glasgow Case: Meat, Disease and Regulation, 1889–1924," *Agricultural History Review* 52, no. 2 (2004): 181.

193. T. Wood and L. Newman, *Beef Production in Great Britain* (Liverpool: R. Silcock & Sons, 1928), 16.

194. Ministry of Agriculture and Fisheries, *Abattoir Design*, 9; Research Staff of the National Institute of Economic and Social Research, *Trade Regulations and Commercial Policy of the United Kingdom* (Cambridge: Cambridge University Press, 1943), 113.

195. Grantham, *A Treatise on Public Slaughter-Houses*, 87; Lester, "The Progress of the Abattoir System," 433.

196. Siegfried Giedion, *Mechanization Takes Command: A Contribution to Anonymous History* (New York: Norton, 1969), 240.

197. "Humanity in the Slaughter-House," *Country Gentleman's Magazine* 12 (May 1875): 395.

198. "The Jewish Method of Slaughtering Animals," *British Veterinary Journal and Annals of Comparative Pathology* 39 (July 1894): 26.

199. "'Kosher' and Other Meat," *British Medical Journal*, December 23, 1893, 1393. See also Robin Judd, *Contested Rituals: Circumcision, Kosher Butchering, and Jewish Political Life in Germany, 1843–1933* (Ithaca, NY: Cornell University Press, 2007).

200. Kenneth Collins, "A Community on Trial: The Aberdeen Shechita Case, 1893," *Journal of Scottish Historical Studies* 30, no. 2 (2010): 75–92.

201. Jonathan Burt, "Conflicts around Slaughter in Modernity," in *Killing Animals*, by the Animal Studies Group (Urbana: University of Illinois Press, 2006), 132.

202. Derrick Rixson, *The History of Meat Trading* (Nottingham: Nottingham University Press, 2000), 241.

203. C. Martin, *Practical Food Inspection*, vol. 1, *Meat Inspection*, 3rd ed. (London: H. K. Lewis, 1947), 63.

204. Hal Williams, "Modern Abattoir Practice and Methods of Slaughtering," *Journal of the Royal Society of Arts* 71, no. 3682 (June 15, 1923): 523.

205. J. F. Gracey, *Meat Hygiene*, 8th ed. (London: Ballière Tindall, 1986), 130, 137–38, 83.

206. Andrew Johnson, *Factory Farming* (Oxford: Blackwell, 1991), 133.

207. D. Anthony and W. Blois, *The Meat Industry: A Text-Book for Meat Traders and Others Engaged in the Various Branches of the Meat Industry* (London: Ballière, Tindall & Cox, 1931), 173; Burt, "Conflicts around Slaughter in Modernity," 138.

208. Richard Perren, *The Meat Trade in Britain, 1840–1914* (London: Routledge & Kegan Paul, 1978), 45; Grantham, *A Treatise on Public Slaughter-Houses*, 8.

209. "The Bye-Products [*sic*] of Slaughter-Houses," *Public Health* 8 (October 1895–September 1896): 169.

210. Pachirat, *Every Twelve Seconds*, 72.

211. C. Moulton, *Meat through the Microscope: Applications of Chemistry and the Biological Sciences to Some Problems of the Meat Packing Industry* (Chicago: University of Chicago Press, 1929), 273, 275; R. Bogue, *Chemistry and Technology of Gelatin and Glue* (New York: McGraw-Hill, 1922); J. Alexander, *Glue and Gelatin* (New York: Chemical Catalog Co., 1923); Leighton and Douglas, *The Meat Industry and Meat Inspection*, 2: 626; Hugh Bennett, *Animal Proteins* (New York: D. Van Nostrand, 1921), 260.

212. Putnam, *Supplying Britain's Meat*, 93; Leighton and Douglas, *The Meat Industry and Meat Inspection*, 2: 632.

213. Rudolf Clemen, *By-Products in the Packing Industry* (Chicago: University of Chicago Press, 1927), 276.

214. Anthony and Blois, *The Meat Industry*, 107.

215. Grantham, *A Treatise on Public Slaughter-Houses*, 12; Leighton and Douglas, *The Meat Industry and Meat Inspection*, 2: 628, 636; Clemen, *By-Products in the Packing Industry*, 74.

216. Peter Atkins, "The Urban Blood and Guts Economy," in *Animal Cities: Beastly Urban Histories*, ed. Peter Atkins (Farnham: Ashgate, 2012), 100.

217. Francis Vacher, "On Serum Sanguinis as a Therapeutic," *Liverpool and Manchester Medical and Surgical Reports*, 1876, 191.

218. Naomi Pfeffer, "How Abattoir 'Biotrash' Connected the Social Worlds of the University Laboratory and the Disassembly Line," in *Meat, Medicine and Human Health in the Twentieth Century*, ed. David Cantor, Christian Bonah, and Matthias Dörries (London: Pickering & Chatto, 2010), 64.

219. Anthony and Blois, *The Meat Industry*, 98.

220. Moulton, *Meat through the Microscope*, 440.

221. Victor Medvei, *A History of Endocrinology* (Boston: MTP, 1982), 302.

222. W. Lethem, "Slaughterhouse Practice at Home and Abroad: A Comparison between the Systems of Administration of Different Countries, the Methods of Meat Inspection and the Practice of Humane Killing," *Journal of the Royal Sanitary Institute* 58, no. 9 (1937): 568; Clemen, *By-Products in the Packing Industry*, 219.

223. James Pollard, *A Study in Municipal Government: The Corporation of Berlin*, 2nd ed. (Edinburgh: William Blackwood, 1894), 83–84.

224. G. White, "Live-Stock By-Products and By-Product Industries," *Journal of the Royal Statistical Society* 95, no. 3 (1932): 464, 465.

225. Leighton and Douglas, *The Meat Industry and Meat Inspection*, 5: 1566–68.

226. Stewart, *Feeding Animals*, 164; Moulton, *Meat through the Microscope*, 309–10.

227. Richard Colyer, *The Welsh Cattle-Drovers: Agriculture and the Welsh Cattle Trade before and during the Nineteenth Century* (Cardiff: University of Wales Press, 1976), 43.

228. A. Gibson and T. Smout, "Scottish Food and Scottish History," in *Scottish Society, 1500–1800*, ed. R. Houston and I. Whyte (Cambridge: Cambridge University Press, 1989), 77.

229. Geoffrey Channon, "The Aberdeenshire Beef Trade with London: A Study in Steamship and Railway Competition," *Transport History* 2 (1969): 4, 12.

230. "The Cattle Trade and Meat Supply at Home and Abroad," *Hampshire Telegraph and Sussex Chronicle*, December 6, 1856.

231. I. Greg, "Cattle Ships," *Humane Review*, April 1903, 45; Richard Perren, *Taste, Trade and Technology: The Development of the International Meat Industry since 1840* (Aldershot: Ashgate, 2006), 51; Simon Hanson, *Argentine Meat and the British Market: Chapters in the History of the Argentine Meat Industry* (Stanford, CA: Stanford University Press, 1938), 80.

232. Herbert Gibson, "The Foreign Meat Supply," *Journal of the Royal Agricultural Society of England*, 3rd ser., 2 (1896): 209.

233. Edwin Pratt, *Railways and Their Rates with an Appendix on the British Canal Problem* (London: John Murray, 1905), 138.

234. Perren, *The Meat Trade in Britain*, 152.

235. Imperial Economic Committee, *Cattle and Beef Survey*, 183.

236. Rixson, *The History of Meat Trading*, 307.

237. Cited in Greg, "Cattle Ships," 47.

238. "Revelations of the South American Cattle Trade," *Chambers's Journal* 6, no. 1 (January 1898): 70.

239. "The Burning of the Egypt," *Tamworth Herald*, August 2, 1890.

240. Bear, *The British Farmer*, 93.

241. Ken McCarron, *Meat at Woodside: The Birkenhead Livestock Trade, 1878–1981* (Birkenhead: Mersey Port Folios, 1991), 63.

242. Gibson, "The Foreign Meat Supply," 211.

243. For example, "Pressed Beef and Desiccated Beef-Juice," *Pharmaceutical Journal and Transactions*, July 29, 1871, 88.

244. *Substances Used as Food, as Exemplified at the Great Exhibition* (London: Society for Promoting Christian Knowledge, 1854), 70.

245. "Cheap Beef," *Lloyd's Weekly Newspaper*, January 8, 1865.

246. Cronon, *Nature's Metropolis*, 234.

247. Thévenot, *A History of Refrigeration*, 42; Ross Grant, "Australian Meat Industry," in *The Frozen and Chilled Meat Trade*, 1: 48.

248. "The Proposed Slaughtering and Freezing Company," *New Zealand Herald*, October 12, 1882.

249. G. MacDonald, *The Canterbury Frozen Meat Company: The First Seventy-Five Years* (Christchurch: Whitcombe & Tombs, 1957), 15, 46, 49.

250. Greg, "Cattle Ships," 55.

251. Ronald Hope, *A New History of British Shipping* (London: John Murray, 1990), 331.

252. Bear, *The British Farmer*, 89.

253. Pedro Bergés, "La industria della carne refrigerata nella Repubblica Argentina," *Anales de la Sociedad Rural Argentina* 45, no. 1 (1910): 68.

254. E. Jones, "The Argentine Refrigerated Meat Industry," *Economica* 26 (June 1929): 165.

255. Kevin Burley, *British Shipping and Australia, 1920–1939* (Cambridge: Cambridge University Press, 1968), 85.

256. J. Raymond, "Transport of Refrigerated Meat by Sea," in *The Frozen and Chilled Meat Trade*, 2: 216.

257. Hanson, *Argentine Meat and the British Market*, 76; Critchell and Raymond, *A History of the Frozen Meat Trade*, 342, 343.

258. Claflin, "La Villette," 44.

259. Jones, "The Argentine Refrigerated Meat Industry," 164.

260. M. Thompson in Royal Commission on Agriculture, *Minutes of Evidence Taken before Her Majesty's Commissioners Appointed to Inquire into the Subject of Agricultural Depression*, 3 vols. (London: HM Stationery Office, 1894), 3: 420.

261. Woods, *The Herds Shot Round the World*, 125.

262. Critchell and Raymond, *A History of the Frozen Meat Trade*, 127.

263. Thévenot, *A History of Refrigeration*, 83.

264. Imperial Economic Committee, *Cattle and Beef Survey*, 9; Ambrose Greenway, "Cargo Ships," in *The Golden Age of Shipping: The Classic Merchant Ship, 1900–1960*, ed. Robert Gardiner (London: Conway Maritime, 1994), 46.

265. Thévenot, *A History of Refrigeration*, 105.

266. Critchell and Raymond, *A History of the Frozen Meat Trade*, 169.

267. Perren, *The Meat Trade in Britain*, 177.

268. "A Glut of Frozen Meat," *Leeds Mercury*, July 19, 1895.

269. D. Pidgeon, "Cold Storage: Its Principles, Practice, and Possibilities," *Journal of the Royal Agricultural Society of England*, 3rd ser., 7 (1896): 610.

270. Critchell and Raymond, *A History of the Frozen Meat Trade*, 178; D. Cole, *Imperial Military Geography* (London: Sifton Praed, 1938), 84.

271. Hanson, *Argentine Meat and the British Market*, 97.

272. Critchell and Raymond, *A History of the Frozen Meat Trade*, 344.

273. Keith Harcourt, "Railway Containers in the United Kingdom and Europe during the 1920s and 1930s," in *From Rail to Road and Back Again? A Century of Transport Competition and Interdependency*, ed. Ralf Roth and Colin Divall (Farnham: Ashgate, 2015), 118; Alexander Klose, *The Container Principle: How a Box Changes the Way We Think*, trans. Charles Marcrum II (London: MIT Press, 2015), 120.

274. Thévenot, *A History of Refrigeration*, 182–83.

275. William Prentice in"Minutes of Evidence, Thursday 13 March 1856," in *Report of the Committee Appointed to Inquire into the Appropriation of the Site of Smithfield, and the Establishment of a New Metropolitan Meat Market* (London: George E. Eyre & William Spottiswoode, 1856), 55.

276. John Hollingshead, "Committed to Newgate Street," in *Odd Journeys in and out of London* (London: Groombridge & Sons, 1860), 219, 221.

277. Grantham, *A Treatise on Public Slaughter-Houses*, 71.

278. Robyn Metcalfe, *Meat, Commerce and the City: The London Food Market, 1800–1855* (London: Pickering & Chatto, 2012).

279. Perren, *The Meat Trade in Britain*, 48–49, 102; W. Passingham, *London's Markets: Their Origin and History* (London: Sampson Low, Marston, 1935), 10.

280. Juan Richelet, "The Argentine Meat Trade," in *The Frozen and Chilled Meat Trade*, 1: 241.

281. McFall, *The World's Meat*, 534.

282. Leighton and Douglas, *The Meat Industry and Meat Inspection*, 2: 473.

283. "Glass Shop Fronts for Butchers," *Medical Officer* 30 (August 18, 1923): 84; Hermann Levy, *The Shops of Britain: A Study of Retail Distribution* (New York: Oxford University Press, 1947), 52.

284. Leighton and Douglas, *The Meat Industry and Meat Inspection*, 1: 1.

285. McFall, *The World's Meat*, 562–63.

286. Hooker, "The Meat Supply of the United Kingdom," 304.

287. Friedmann and McMichael, "Agriculture and the State System," 105.

第二章

1. Richard Jefferies, *Field and Hedgerow, Being the Last Essays of Richard Jefferies* (London: Lutterworth, 1948), 146.

2. Christian Petersen, *Bread and the British Economy, c. 1770–1870*, ed. Andrew Jenkins (Aldershot: Scolar, 1995), 212, 208.

3. T. B. Wood, "The Composition and Food Value of Bread," *Journal of the Royal Agricultural Society of England* 72 (1911): 7.

4. Layton, "Wheat Prices," 99.

5. "Wheat and Its Relations to British Agriculture," *Derby Mercury*, December 29, 1886.

6. Collins, "Dietary Change," 100.

7. Smith, *Practical Dietary*, 46.

8. Charles Roeder, "Notes on Food and Drink in Lancashire and Other Northern Counties," *Transactions of the Lancashire and Cheshire Antiquarian Society* 20 (1902): 44.

9. Hart cited in Arthur Young, *The Farmer's Letters to the People of England: Containing the Sentiments of a Practical Husbandman, on Various Subjects of Great Importance*, 2 vols., 3rd ed. (London: W. Strahan, 1771), 1: 207.

10. Abraham Edlin, *A Treatise on the Art of Bread-Making* (1805; Totnes: Prospect, 2004), 77.

11. William Guy, "On Sufficient and Insufficient Dietaries, with Especial Reference to the Dietaries of Prisoners," *Journal of the Statistical Society of London* 26, no. 3 (September 1863): 245.

12. Wood, *The National Food Supply*, 9.

13. Hermann Vulté and Sadie Vanderbilt, *Food Industries: An Elementary Text-Book on the Production and Manufacture of Staple Foods*, 3rd ed. (Easton, PA: Chemical Publishing Co., 1920), 49; Paul de Hevesy, *World Wheat Planning and Economic Planning in General* (London: Oxford University Press, 1940), 46; Trentmann, *Free Trade Nation*, 89.

14. Bennett, *The World's Food*, 258.

15. Robert Allen, *The British Industrial Revolution in Global Perspective* (Cambridge: Cambridge University Press, 2009), 44.

16. C. Swanson, *Wheat Flour and Diet* (New York: Macmillan, 1928), 8. See also Muir, *The Broken Promises of Agricultural Progress*, 95.

17. Churchill, "Fifty Years Hence," 555.

18. R. McCance and E. Widdowson, *Breads White and Brown: Their Place in Thought and Social History* (Philadelphia: J. B. Lippincott, 1956), 1.

19. Turner, Beckett, and Afton, *Farm Production in England*, 18; V. Smil, *Enriching the Earth: Fritz Haber, Carl Bosch, and the Transformation of World Food Production* (Cambridge, MA: MIT Press, 2001), 33.

20. Belich, *Replenishing the Earth*, 445.

21. "The Wheat Crop," *The Economist*, September 15, 1855.

22. Petersen, *Bread and the British Economy*, 206; Harriet Friedmann, "State Policy and World Commerce: The Case of Wheat, 1815 to the Present," in *Foreign Policy and the Modern World System*, ed. Pat McGowan and Charles Kegley Jr. (London: Sage, 1983), 135.

23. Turner, Beckett, and Afton, *Farm Production in England*, 141.

24. Smith, *Economic Geography of Great Britain*, 179.

25. For example, Christopher Middleton in Royal Commission on Agriculture, *Minutes*, 1: 62.

26. Royal Commission on Agriculture, *Alphabetical Digest of the Minutes of Evidence on Agricultural Depression* (London: HM Stationery Office, 1896), 279.

27. Viscount Astor and Keith Murray, *Land and Life: The Economic National Policy for Agriculture* (London: Victor Gollancz, 1932), 53.

28. Belich, *Replenishing the Earth*, 365.

29. Bear, *The British Farmer*, 52; William Bear, "The Indian Wheat Trade," *Journal of the Royal Agricultural Society of England*, 2nd ser., 24 (1888): 70.

30. R. Crawford, "An Inquiry into Wheat Prices and Wheat Supply," *Journal of the Royal Statistical Society* 58, no. 1 (March 1895): 93.

31. C. Marbut, "Russia and the United States in the World's Wheat Market," *Geographical Review* 21, no. 1 (January 1931): 7.

32. J. Goldstein, *The Agricultural Crisis: Is It a Temporary Problem?* (New York: John Day, 1935), 182.

33. D. Morgan, *Merchants of Grain* (New York: Viking, 1979), 65; R. Smith, *Wheat Fields and Markets of the World* (Saint Louis: Modern Miller, 1908), 80.

34. Malenbaum, *The World Wheat Economy*, 138.

35. W. Layton, "Argentina and Food Supply," *Economic Journal* 15, no. 58 (June 1905): 200.

36. C. Solberg, *The Prairies and the Pampas: Agrarian Policy in Canada and Argentina, 1880–1930* (Stanford, CA: Stanford University Press, 1987), 41.

37. Friedmann, "The Transformation of Wheat Production," 195–96; W. Rutter, *Wheat-Growing in Canada, the United States and the Argentine: Including Comparisons with Other Areas* (London: Adam & Charles Black, 1911), 203; J. Scobie, *Revolution on the Pampas: A Social History of Argentine Wheat, 1860–1910* (Austin: University of Texas Press, 1964), 92.

38. Solberg, *The Prairies and the Pampas*, 151.

39. C. Knick Harley, "Transportation, the World Wheat Trade, and the Kuznets Cycle, 1850–1913," *Explorations in Economic History* 17 (1980): 227–28.

40. Barbier, *Scarcity and Frontiers*, 395.

41. Crawford, "An Inquiry into Wheat Prices and Wheat Supply," 85.

42. "Breadstuffs for Great Britain," *American Elevator and Grain Trade*, November 15, 1892, 160.

43. Friedmann, "The Transformation of Wheat Production," 164.

44. Cronon, *Nature's Metropolis*, 145.

45. Frank Gohlke, *Measure of Emptiness: Grain Elevators in the American Landscape* (Baltimore: Johns Hopkins University Press, 1992).

46. Frank Norris, *The Octopus: A Story of California* (1901; Minneola, NY: Dover, 2003), 415–18.

47. T. Hammatt, "Can America Export Wheat?" *Foreign Affairs* 3, no. 1 (September 15, 1924): 129; A. Taylor, "Wheat and Wheat Flour," *Annals of the American Academy of Political and Social Science* 127 (September 1926): 30–48.

48. M. P. Cowen and R. W. Shenton, *Doctrines of Development* (London: Routledge, 1996), 205; Caird, *The Landed Interest*, 173.

49. F. Burton, "Wheat in Canadian History," *Canadian Journal of Economics and Political Science/Revue canadienne d'economique et de science politique* 3, no. 2 (May 1937): 217; Solberg, *The Prairies and the Pampas*, 13.

50. Peter Russell, *How Agriculture Made Canada: Farming in the Nineteenth Century* (London: McGill-Queen's University Press, 2012), 234–36, 273.

51. Paul Voisey, *Vulcan: The Making of a Prairie Community* (Toronto: University of Toronto Press, 1988), 17.

52. Solberg, *The Prairies and the Pampas*, 78, 85; Caird, *The Landed Interest*, 173.

53. Gerald Friesen, *The Canadian Prairies: A History* (Lincoln: University of Nebraska Press, 1984), 130, 150–51.

54. D. MacGibbon, *The Canadian Grain Trade* (Toronto: Macmillan, 1932), 55; Solberg, *The Prairies and the Pampas*, 111; G. Arner, "The Market for American Agricultural Products in the United Kingdom," *Journal of Farm Economics* 6, no. 3 (July 1924): 287.

55. Robert Machray, "'The Granary of the Empire,'" *Nineteenth Century* 318 (August 1903): 320.

56. Rutter, *Wheat-Growing*, 47, 52.

57. G. Britnell, *The Wheat Economy* (Toronto: University of Toronto Press, 1939), 48.

58. Edward Porritt, "Canada's National Grain Route," *Political Science Quarterly* 33, no. 3 (September 1918): 365, 369, 374.

59. J. Stewart, "Marketing Wheat," *Annals of the American Academy of Political and Social Science* 107 (May 1923): 188; MacGibbon, *The Canadian Grain Trade*, 96–99; Jeremy Adelman, *Frontier Development: Land, Labour, and Capital on the Wheatlands of Argentina and Canada, 1890–1914* (Oxford: Clarendon, 1994), 205–6.

60. MacGibbon, *The Canadian Grain Trade*, 122–23, 129–32, 185.

61. The Bank of Canada cited in Britnell, *The Wheat Economy*, 69.

62. Machray, "'The Granary of the Empire,'" 314.

63. Edward Hepple Hall responding to R. Webster, "England's Colonial Granaries," *Proceedings of the Royal Colonial Institute* 13 (1881–82): 44.

64. Grant MacEwan, *Harvest of Bread* (Saskatoon: Western Producer, 1969), 150.

65. Lowell Hill, *Grain Grades and Standards: Historical Issues Shaping the Future* (Champaign: University of Illinois Press, 1990), 14, 19, 23, 83, 88, 91, 297.

66. Solberg, *The Prairies and the Pampas*, 141.

67. MacGibbon, *The Canadian Grain Trade*, 227.

68. L. Knowles and C. Knowles, *The Economic Development of the British Overseas Empire*, 3 vols. (London: George Routledge & Sons, 1924), 2: 516.

69. MacGibbon, *The Canadian Grain Trade*, 198.

70. MacGibbon, *The Canadian Grain Trade*, 199; "From Thresher to Mill: How Canadian Wheat Is Graded and Shipped," *Canada* 11 (October 3, 1908): 397; A. H. Reginald Buller, *Essays on Wheat* (New York: Macmillan, 1919), 84–85; Hill, *Grain Grades and Standards*, 229.

71. MacGibbon, *The Canadian Grain Trade*, 200–201.

72. Clarence Piper, *Principles of the Grain Trade of Western Canada* (Winnipeg: Empire Elevator, 1917), 31.

73. MacGibbon, *The Canadian Grain Trade*, 218; Buller, *Essays on Wheat*, 87, 89.

74. Buller, *Essays on Wheat*, 90.

75. MacGibbon, *The Canadian Grain Trade*, 177; J. Lockwood, *Flour Milling*, 2nd ed. (Liverpool: Northern, 1949), 63.

76. Piper, *Principles of the Grain Trade*, 103.

77. MacGibbon, *The Canadian Grain Trade*, 143–44.

78. P. Cain, "Economics and Empire: The Metropolitan Context," in Porter, ed., *Oxford History of the British Empire*, vol. 3, *The Nineteenth Century*, 32.

79. P. Dondlinger, *The Book of Wheat: An Economic History and Practical Manual of the Wheat Industry* (New York: Orange Judd, 1908), 315.

80. Crawford, "Notes on the Food Supply," 607.

81. Layton, "Wheat Prices," 107.

82. "Wheat and Other Cereals: Nature and Properties," in *The Modern Baker, Confectioner and Caterer* (new and rev. ed., 6 vols.), ed. John Kirkland (London: Gresham, 1924), 1: 33.

83. John Percival, *Wheat in Great Britain*, 2nd ed. (London: Duckworth, 1948), 76.

84. William Halliwell, *The Technics of Flour Milling: A Handbook for Millers* (London: Stalker Bros., 1904), 223.

85. E. Collins, "Why Wheat? Choice of Food Grains in Europe in the Nineteenth and Twentieth Centuries," *Journal of European Economic History* 22 (1993): 30.

86. Aashish Velkar, *Markets and Measurements in Nineteenth-Century Britain* (Cambridge: Cambridge University Press, 2012), 201.

87. J. Perkins, *Geopolitics and the Green Revolution: Wheat, Genes, and the Cold War* (Oxford: Oxford University Press, 1997), vi.

88. R. Biffen, "Mendel's Laws of Inheritance and Wheat Breeding," *Journal of Agricultural Science* 1 (1905): 4–48.

89. Darwin, *Origin of Species*, 99.

90. Perkins, *Geopolitics and the Green Revolution*, 24–25, 216; D. MacGibbon, "The Adaptation of Wheat to Northern Regions," *Pacific Affairs* 7, no. 4 (December 1934): 418; J. Lelley, *Wheat Breeding: Theory and Practice* (Budapest: Akadémiai Kiadó, 1976).

91. Harry Snyder, *Bread: A Collection of Popular Papers on Wheat, Flour and Bread* (New York: Macmillan, 1930), 200–201; Grant Macewen, *Harvest of Bread* (Saskatoon: Western Producer, 1969), 131.

92. Kingsbury, *Hybrid*, 35.

93. Derry, *Masterminding Nature*, 21; H. Roberts, *Plant Hybridization Before Mendel* (Princeton, NJ: Princeton University Press, 1929), 122.

94. William Scott, "Wheat, with Special Reference to That Grown in the Ottawa District," *Ottawa Field-Naturalists' Club Transactions* 2, no. 2 (1885): 237; G. Bell, "Cereal Breeding," *Science Reviews* 45, no. 178 (April 1957): 202; Bear, "The Indian Wheat Trade," 79.

95. Bear, "The Indian Wheat Trade," 78.

96. F. L. Engledow, "Rowland Henry Biffen. 1874–1949," *Obituary Notices of Fellows of the Royal Society* 7, no. 19 (November 1950): 17.

97. Lockwood, *Flour Milling*, 427.

98. G. Federico, *Feeding the World: An Economic History of Agriculture, 1800–2000* (Princeton, NJ: Princeton University Press, 2005), 85.

99. Smith, *Wheat Fields and Markets*, 189.

100. A. Olmstead and P. Rhode, "Biological Innovation in American Wheat Production: Science, Policy, and Environmental Adaptation," in *Industrializing Organisms: Introducing Evolutionary History*, ed. S. Shrepfer and P. Scranton (London: Routledge, 2004), 71.

101. R. Perren, "Structural Change and Market Growth in the Food Industry: Flour Milling in Britain, Europe, and America, 1850–1914," *Economic History Review*, 2nd ser., 43 (August 1990): 429–30.

102. Rutter, *Wheat-Growing*, 67, 71, 72.

103. C. Ball, "The History of American Wheat Improvement," *Agricultural History* 4, no. 1 (April 1930): 55; Olmstead and Rhode, "Biological Innovation," 62.

104. Ball, "The History of American Wheat Improvement," 56; Olmstead and Rhode, "Biological Innovation," 62.

105. Ball, "The History of American Wheat Improvement," 56.

106. Buller, *Essays on Wheat*, 175.

107. Bruce and Hunter, *Crop and Stock Improvement*, 42.

108. MacEwan, *Harvest of Bread*, 2.

109. Alan Olmstead and Paul Rhode, "Adapting North American Wheat Production to Climatic Challenges, 1839–2009," *Proceedings of the National Academy of Sciences* 108, no. 2 (January 11, 2011): 482.

110. Gary Paulsen and James Shroyer, "The Early History of Wheat Improvement in the Great Plains," *Agronomy Journal* 100, suppl. 3 (2008): S-71.

111. Kingsbury, *Hybrid*, 117.

112. Perkins, *Geopolitics and the Green Revolution*, 23.

113. Knowles and Knowles, *The Economic Development of the British Overseas Empire*, 1: 233: Scobie, *Revolution on the Pampas*, 87.

114. Gregory Barton, *The Global History of Organic Farming* (Oxford: Oxford University Press, 2018), 73–74.

115. Goldstein, *The Agricultural Crisis*, 91; Kingsbury, *Hybrid*, 208.

116. Bruce and Hunter, *Crop and Stock Improvement*, 13.

117. G. Freeman, "Producing Bread Making Wheats for Warm Climates," *Journal of Heredity* 9, no. 5 (May-June 1918): 225.

118. Perkins, *Geopolitics and the Green Revolution*, 68.

119. Richard Amasino, "Vernalization, Competence, and the Epigenetic Memory of Winter," *Plant Cell* 16 (October 2004): 2553–59.

120. P. Kozmin, *Flour Milling: A Theoretical and Practical Handbook of Flour Manufacture for Millers, Millwrights, Flour-Milling Engineers, and Others Engaged in the Flour-Milling Industry*, trans. M. Falker and Theodor Fjelstrup (London: G. Routledge & Sons, 1921), 58, 89, 72–73, 92.

121. W. Voller, *Modern Flour Milling: A Text-Book for Millers and Others Interested in the Wheat and Flour Trades*, 3rd ed. (Gloucester, 1897), 142; Hugh Cornell and Albert Hoveling, *Wheat: Chemistry and Utilization* (Lancaster, PA: Technomic, 1988), 44.

122. Voller, *Modern Flour Milling*, 203; Lockwood, *Flour Milling*, 291–92.

123. Swanson, *Wheat Flour and Diet*, 89.

124. D. Kent-Jones and E. Mitchell, *The Practice and Science of Breadmaking* (Liverpool: Northern, 1962), 25.

125. Steven Kaplan, *Provisioning Paris: Merchants and Millers in the Grain and Flour Trade during the Eighteenth Century* (Ithaca, NY: Cornell University Press, 1984), 463.

126. Halliwell, *The Technics of Flour Milling*, 38, 69, 141.

127. "Old and New Methods of Flour-Making," in Kirkland, ed., *The Modern Baker*, 1: 52.

128. Wood, "The Composition and Food Value of Bread," 9.

129. Kozmin, *Flour Milling*, 480; Giedion, *Mechanization Takes Command*, 189.

130. Lockwood, *Flour Milling*, 31.

131. Swanson, *Wheat Flour and Diet*, 99.

132. Halliwell, *The Technics of Flour Milling*, 231–32.

133. Perren, "Structural Change and Market Growth," 422.

134. "The Nation's Bread," *The Times*, November 23, 1933.

135. Smith, *Wheat Fields and Markets*, 133; J. A. Venn, *The Foundations of Agricultural Economics: Together with an Economic History of British Agriculture during and after the Great War* (Cambridge: Cambridge University Press, 1933), 398; J. Unstead, "Statistical Study of Wheat Cultivation and Trade, 1881–1910," *Geographical Journal* 42, no. 2 (August 1913): 173.

136. R. J. Hammond, *Food*, vol. 1, *The Growth of Policy*, vol. 2, *Studies in Administration and Control*, and vol. 3, *Studies in Administration and Control* (London: HM Stationery Office, 1951–62), 3: 508.

137. J. Burnett, "The Decline of a Staple Food: Bread and the Baking Industry in Britain, 1890–1990," in *Food Technology, Science and Marketing: European Diet in the Twentieth Century*, ed. Adel den Hartog (East Linton: Tuckwell, 1995), 72.

138. William Cobbett, *Cottage Economy* (Hartford: Silus Andrus & Son, 1848), 45–46, 53.

139. Michael Perelman, *The Invention of Capitalism: Classical Political Economy and the Secret History of Primitive Accumulation* (Durham, NC: Duke University Press, 2000), 34, 39–45.

140. Elizabeth Roberts, *A Woman's Place: An Oral History of Working-Class Women, 1890–1940* (Oxford: Blackwell, 1984), 153; Crawford and Broadley, *The People's Food*, 108; Smith, *Economic Geography of Great Britain*, 560–61.

141. Petersen, *Bread and the British Economy*, 45–46; David Zylberberg, "Fuel Prices, Regional Diets and Cooking Habits in the English Industrial Revolution (1750–1830)," *Past and Present* 229 (November 2015): 108.

142. F. J. Waldo, "Where Bread Is Made," in *Bread, Bakehouses, and Bacteria*, ed. F. Waldo and D. Walsh (London: Baillière, Tindall & Cox, 1895), 17–18.

143. "Bad Bakehouses in Court," in Waldo and Walsh, eds., *Bread, Bakehouses, and Bacteria*, 55.

144. S. Murphy, "Report on the Sanitary Condition of Metropolitan Bakehouses," *Practitioner* 52 (November 1894): 397; J. Niven, "On Bakehouses," *Medical Chronicle* 4, n.s., 1 (October 1895): 18–19; Thomas Legge, *Industrial Maladies* (London: Oxford University Press, 1934), 158.

145. Northumbrian, "Our Daily Bread," *Reynolds's Newspaper* (London), March 5, 1893.

146. Sébastien Rioux, "Rethinking Food Regime Analysis: An Essay on the Temporal, Spatial and Scalar Dimensions of the First Food Regime," *Journal of Peasant Studies* 45, no. 4 (2018): 715–38.

147. "Methods of Bread-Making: Ferment, Sponge, and Dough," in Kirkland, ed., *The Modern Baker*, 1: 122; Irons, *Breadcraft*, 163.

148. "Methods of Bread-Making: Long-Process Straight Doughs," in Kirkland, ed., *The Modern Baker*, 1: 100; Edmund B. Bennion, *Breadmaking: Its Principles and Practice*, 4th ed. (London: Oxford University Press, 1967), 87.

149. Kent-Jones and Mitchell, *The Practice and Science of Breadmaking*, 106.

150. Irons, *Breadcraft*, 3; James Grant, *The Chemistry of Breadmaking* (London: Edward Arnold, 1912), 155;"Methods of Bread-Making: Long-Process Straight Doughs," 100.

151. "The Making of Bread," *Pall Mall Gazette*, June 25, 1897.

152. Kent-Jones and Mitchell, *The Practice and Science of Breadmaking*, 129.

153. Kent-Jones and Mitchell, *The Practice and Science of Breadmaking*, 93; Bennion, *Breadmaking*, 87, 336, 159; Lockwood, *Flour Milling*, 42.

154. R. Gortner, "Flour and Bread as Colloid Systems," *Industrial and Engineering Chemistry* 15, no. 12 (December 1923): 1218.

155. J. Tobey, "Baking Technology and National Nutrition," *Scientific Monthly* 49, no. 5 (November 1939): 464.

156. A. Bobrow-Strain, *White Bread: A Social History of the Store-Bought Loaf* (Boston: Beacon, 2012), 69; Kent-Jones and Mitchell, *The Practice and Science of Breadmaking*, 125–26.

157. Perkins, *Geopolitics and the Green Revolution*, 254; Stanley Courvain and Lisa Young, *Technology of Breadmaking*, 2nd ed. (New York: Springer, 2007), 38–39.

158. Irons, *Breadcraft*, 46, 51; N. Goldthwaite, *The Principles of Bread-Making* (Fort Collins: Colorado Agricultural College, 1929), 20.

159. Bennion, *Breadmaking*, 158, 52, 62–63, 2–3 (quotes), 249.

160. Kent-Jones and Mitchell, *The Practice and Science of Breadmaking*, 243–44.

161. "The Wrapping Up of Bread," *Medical Officer* 29 (February 17, 1923): 73.

162. H. Sherman and C. Pearson, *Modern Bread from the Standpoint of Nutrition* (New York: Macmillan, 1942), 103.

163. Snyder, *Bread*, 88–89.

164. W. Jago and W. C. Jago, *The Technology of Bread-Making, Including the Chemistry and Analytical and Practical Testing of Wheat, Flour, and Other Materials Employed in Bread-Making and Confectionery* (London: Simpkin, Marshall, Hamilton, Kent, 1911), 530.

165. W. T. Dupree, "Pure Bread," *The Times*, October 17, 1925.

166. Patricia Keighran, "Bread? What's That? Oh, for the Loaf Our Grandmother Made," *Daily Mail*, September 18, 1956.

167. Jacques Ellul, *The Technological Society*, trans. John Wilkinson (New York: Vintage, 1964), 327.

168. "'Ultra-Violated' Bread," *The Times*, November 25, 1933.

169. Doris Grant, *Your Bread and Your Life* (London: Faber & Faber, 1961), 51.

170. "The Bread and Food Reform League," *Daily News* (London), December 19, 1887.

171. "Methods of Bread-Making: Wholemeal, Bran, and Brown Breads," in Kirkland, ed., *The Modern Baker*, 1: 125.

172. J. Whorton, *Inner Hygiene: Constipation and the Pursuit of Health in Modern Society* (Oxford: Oxford University Press, 2000), 214; T. Hunt, "Dr Allinson and the Wholemeal Loaf," *World Medicine*, March 1976, 58; T. Allinson, *The Advantages of Wholemeal Bread* (London: F. Pitman, 1889), 11.

173. "Methods of Bread-Making: Wholemeal, Bran, and Brown Breads," 132.

174. E. J. T. Collins, "The 'Consumer Revolution' and the Growth of Factory Foods: Changing Patterns of Bread and Cereal-Eating in Britain the Twentieth Century," in *The Making of the Modern British Diet*, ed. Derek Oddy and Derek Miller (London: Croom Helm, 1976), 29; Michael French and Jim Phillips, *Cheated Not Poisoned? Food Regulation in the United Kingdom, 1875–1938* (Manchester: Manchester University Press, 2000), 17; Robert Fitzgerald, *Rowntree and the Marketing Revolution, 1862–1969* (Cambridge: Cambridge University Press, 1995), 27.

175. Collins, "The 'Consumer Revolution,'" 30.

176. Ciar Byrne, "Ridley Scott's Hovis Advert Is Voted All-Time Favourite," *Independent*, May 2, 2006.

177. Whorton, *Inner Hygiene*, 197.

178. L. Newman, G. Robinson, E. Halnan, and H. Neville, "Some Experiments on the Relative Digestibility of White and Wholemeal Breads," *Journal of Hygiene* 12, no. 2 (June 1912): 127, 132.

179. "Waste and Over-Eating," *British Medical Journal*, January 30, 1915, 214.

180. E. Edie and G. Simpson, "Comparative Nutritive Value of White and Standard Bread," *British Medical Journal*, May 13, 1911, 1151.

181. League of Nations, *The Problem of Nutrition*, 3 vols. (Geneva: League of Nations Publications Department, 1936), 2: 19.

182. Lionel Picton, "Brown Bread versus White," *British Medical Journal*, November 6, 1937, 939; Friend Sykes, *Humus and the Farmer* (Emmaus, PA: Rodale, 1949), 271.

183. Kent-Jones and Mitchell, *The Practice and Science of Breadmaking*, 210.

184. Trentmann, *Free Trade Nation*, 95.

185. "'Black Bread,'" *The Times*, January 22, 1910.

186. Pierse Loftus, *The Creed of a Tory* (London: Philip Allan, 1926), 171–74.

187. Uwe Spiekermann, "Brown Bread for Victory: German and British Wholemeal Politics in the Inter-War Period," in *Food and Conflict in Europe in the Age of the Two World Wars*, ed. F. Trentmann and F. Just (New York: Palgrave Macmillan, 2006), 149.

188. "Ministry of Food," *Parliamentary Debates*, Commons (July 18, 1940), vol. 363, cols. 447–543, col. 490 (Banfield).

189. James Davis, "Baking for the Common Good: A Reassessment of the Assize of Bread in Medieval England," *Economic History Review*, n.s., 57, no. 3 (August 2004): 465, 472.

190. William Ashley, "The Place of Rye in the History of English Food," *Economic Journal* 31, no. 123 (September 1921): 307, and *The Bread of Our Forefathers: An Inquiry in Economic History* (Oxford: Clarendon, 1928), 154.

191. Kaplan, *Provisioning Paris*, 593.

192. Karl Persson, *Grain Markets in Europe, 1500–1900: Integration and Deregulation* (Cambridge: Cambridge University Press, 1999), 75.

193. R. Outhwaite, "Dearth and Government Intervention in English Grain Markets, 1590–1700," *Economic History Review*, n.s., 34, no. 3 (August 1981): 389.

194. Boyd Hilton, *Corn, Cash, Commerce: The Economic Policies of the Tory Governments, 1815–1830* (Oxford: Oxford University Press, 1977), 22.

195. E. P. Thompson, "The Moral Economy of the English Crowd in the Eighteenth Century," *Past and Present* 50, no. 1 (1971): 89.

196. Terence Gourvish, "A Note on Bread Prices in London and Glasgow, 1788–1815," *Journal of Economic History* 30, no. 4 (December 1970): 855; Petersen, *Bread and the British Economy*, 73; Walter Stern, "The Bread Crisis in Britain, 1795–96," *Economica*, n.s., 31, no. 122 (May 1964): 187.

197. Jago and Jago, *The Technology of Bread-Making*, 565, 572.

198. David Ricardo, *On Protection to Agriculture*, 4th ed. (London: John Murray, 1822); Timothy Mitchell, *Rule of Experts: Egypt, Techno-Politics, Modernity* (Berkeley and Los Angeles: University of California Press, 2002), 94.

199. James Wilson, *Fluctuations of Currency, Commerce, and Manufactures; Referable to the Corn Laws* (London: Orme, Brown, Green, & Longmans, 1840), 25, 92.

200. Torrens, *An Essay on the External Corn Trade*, 237.

201. Semmel, *Free Trade*, 70–71.

202. "Agricultural Distress, and the Financial Measures for Its Relief," *Parliamentary Debates*, Lords (February 26, 1822), vol. 6, col. 709.

203. David Ricardo, House of Commons Speech, May 16, 1822, in *The Works and Correspondence of David Ricardo* (11 vols.), ed. P. Sraffa with the collaboration of M. Dobb (Indianapolis: Liberty Fund, 2004), 5: 187.

204. Paul Pickering and Alex Tyrrell, *The People's Bread: A History of the Anti-Corn Law League* (London: Leicester University Press, 2000), 25.

205. "Corn Laws — the Total Repeal — Adjourned Debate," *Parliamentary Debates*, Commons (February 21, 1842), vol. 60, cols. 730–801, cols. 752, 754, 749 (Macaulay).

206. Collins, "Food Supplies," 48.

207. Semmel, *Free Trade*, 205.

208. Cheryl Schonhardt-Bailey, *From the Corn Laws to Free Trade: Interests, Ideas, and Institutions in Historical Perspective* (Cambridge, MA: MIT Press, 2006), 107.

209. D. Moore, "The Corn Laws and High Farming," *Economic History Review*, n.s., 18, no. 3 (1965): 550.

210. Collins, "Food Supplies," 46.

211. A. Hurst, *The Bread of Britain* (London: Oxford University Press, 1930), 6.

212. C. Fay, *The Corn Laws and Social England* (Cambridge: Cambridge University Press, 1932), 8.

213. Paul Sharp, "'1846 and All That': The Rise and Fall of British Wheat Protection in the Nineteenth Century," *Agricultural History Review* 58, no. 1 (2010): 79.

214. Jason Moore, "*The Modern World System* as Environmental History? Ecology and the Rise of Capitalism,"

Theory and Society 32 (2003): 315.

215. Rafael Dobado-González, Alfredo García-Hiernaux, and David Guerrero, "The Integration of Grain Markets in the Eighteenth Century: Early Rise of Globalization in the West," *Journal of Economic History* 72, no. 3 (September 2012): 674–75, 677, 672.

216. Spencer Trotter, *The Geography of Commerce: A Text-Book* (New York: Macmillan, 1906), 142.

217. Collins, "Dietary Change," 100; Ainsworth-Davis, *Crops and Fruits*, 52.

218. De Lavergne, *Rural Economy*, 162.

219. O. Von Engeln, "The World's Food Resources," *Geographical Review* 9, no. 3 (March 1920): 173.

220. Collins, "Food Supplies," 38; David Grigg, *The Agricultural Systems of the World: An Evolutionary Approach* (Cambridge: Cambridge University Press, 1974), 262.

221. James C. Scott, *Against the Grain: A Deep History of the Earliest States* (London: Yale University Press, 2017), 129.

222. Lockwood, *Flour Milling*, 194, 196–97.

223. Petersen, *Bread and the British Economy*, 55–56.

224. Milo Ketchum, *The Design of Walls, Bins and Grain Elevators* (New York: McGraw-Hill, 1919), 3, 351; George Carney, "Grain Elevators in the United States and Canada: Functional or Symbolic?" *Material Culture* 27, no. 1 (1995): 3.

225. Smith, *Wheat Fields and Markets*, 4.

226. James Boyle, *Speculation and the Chicago Board of Trade* (New York: Macmillan, 1920), 59; Piper, *Principles of the Grain Trade*, 229.

227. Lieutenant-Colonel E. A. Ruggles-Wise responding to A. Humphries, "The International Aspects of the Wheat Market," *International Affairs* 10, no. 1 (January 1931): 100.

228. "The World Wheat Situation, 1923–24: A Review of the Crop Year," *Wheat Studies of the Food Research Institute* 1, no. 1 (December 1924): 11.

229. Smith, *Wheat Fields and Markets*, 254; A. Barker, *The British Corn Trade from the Earliest Times to the Present Day* (London: Sir Isaac Pitman & Sons, 1920), 72.

230. Cronon, *Nature's Metropolis*, 120–24; Boyle, *Speculation and the Chicago Board of Trade*, 20.

231. Dondlinger, *The Book of Wheat*, 237.

232. A. Hooker, *The International Grain Trade* (London: Sir Isaac Pitman & Sons, 1936), 63–64.

233. Douglas Owen, *Ocean Trade and Shipping* (Cambridge: Cambridge University Press, 1914), 71; James Mavor, "The Economic Results of the Specialist Production and Marketing of Wheat," *Political Science Quarterly* 26, no. 4 (December 1911): 661.

234. G.T., "Electricity and Grain Elevators," *Electrical Engineer* 34 (October 1891): 346; William Wales, "Discharging and Storing Grain at British Ports," *Cassier's Engineering Illustrated* 13, no. 1 (November 1897): 20; Zimmer, *Mechanical Handling*, 296, 450.

235. Brysson Cunningham, *Cargo Handling at Ports: A Survey of the Various Systems in Vogue, with a Consideration of Their Respective Merits*, 2nd ed. (New York: John Wiley & Sons, 1928), 132–33, 151.

236. Porritt, "Canada's National Grain Route," 361.

237. Gerald Lynde, "The Foundation of the Manchester Ship-Canal Grain-Elevator," *Minutes of the Proceedings of the Institution of Civil Engineers* 137 (1899): 364; Zimmer, *Mechanical Handling*, 467.

238. Von Engeln, "The World's Food Resources," 174.

239. C. Knick Harley, "The World Food Economy and Pre-World War I Argentina," in *Britain in the International Economy*, ed. S. N. Broadberry and N. F. R. Crafts (Cambridge: Cambridge University Press, 1992)," 242; Persson, *Grain Markets in Europe*, 92.

240. J. von Thünen, *Von Thünen's Isolated State*, trans. Carla Wartenberg, ed. Peter Hall (Oxford: Pergamon, 1966), 227.

241. Albert Mott, "English Farms and the Price of Food," *National Review* 10, no. 58 (December 1887): 531; H. Gerlich responding to Crawford, "Notes on the Food Supply," 630.

242. de Hevesy, *World Wheat Planning*, 118.

243. Dondlinger, *The Book of Wheat*, 246 (quote), 260.

244. Hooker, *The International Grain Trade*, 1; Piper, *Principles of the Grain Trade*, 136.

245. Cronon, *Nature's Metropolis*, 123.

246. Morgan, *Merchants of Grain*, 35.

247. Arthur Peterson, "Futures Trading with Particular Reference to Agricultural Commodities," *Agricultural History* 7, no. 2 (April 1933): 73.

248. John Hubback, "Some Aspects of International Wheat Trade," *Economic Journal* 21, no. 81 (March 1911): 131.

249. "The Dispensability of a Wheat Surplus in the United States," *Wheat Studies of the Food Research Institute* 1, no. 4 (March 1925): 132.

250. Jefferies, *Field and Hedgerow*, 182.

第三章

1. G. Allen, "Food and Feeding," *Cornhill Magazine*, n.s., 3 (December 1884): 628.

2. Jean-Anthelme Brillat-Savarin, *Physiologie du goût* (1825; Teddington: Echo Library, 2008), 29.

3. John Yudkin, *Pure, White and Deadly: The Problem of Sugar* (London: Davis-Poynter, 1972), 147.

4. J. I. Rodale, *Sugar: The Curse of Civilization*, 2nd ed. (Berkhamsted: Rodale, 1967), 23.

5. Mintz, *Sweetness and Power*, 78.

6. Oliver Cheesman, *Environmental Impacts of Sugar Production: The Cultivation and Processing of Sugarcane and Sugar Beet* (Wallingford: CABI, 2004), 2.

7. C. F. Bardorf, *The Story of Sugar* (Easton, PA: Chemical Publishing Co., 1924), 30.

8. William Beinart and Lotte Hughes, *Environment and Empire* (Oxford: Oxford University Press, 2007), 26; Philippe Chalmin, *The Making of a Sugar Giant: Tate and Lyle, 1859–1989*, trans. Erica Long-Michalke (New York: Harwood, 1990), 12; Smith, *World's Food Resources*, 462.

9. Jan de Vries, *The Industrious Revolution: Consumer Behavior and the Household Economy, 1650 to the Present* (Cambridge: Cambridge University Press, 2008), 159.

10. Pomeranz, *The Great Divergence*, 275.

11. C. J. Robertson, *World Sugar Production and Consumption: An Economic-Geographical Survey* (London: John Bale, Sons & Danielsson, 1934), 111.

12. Chalmin, *The Making of a Sugar Giant*, 388. See also "Sugar in Australian Diet," *British Medical Journal*, November 5, 1938, 953.

13. *An Essay on Modern Luxuries* (Salisbury: J. Hodson, 1777), 8, 14.

14. G. Porter, *The Progress of the Nation, in Its Various Social and Economical Relations, from the Beginning of the Nineteenth Century*, new ed. (London: John Murray, 1847), 551.

15. Mintz, *Sweetness and Power*, 183.

16. James Caird, "Home-Grown Sugar," *The Times*, May 25, 1872.

17. "The Sugar Question," *Preston Chronicle*, June 19, 1841.

18. Robert Giffen, "The Recent Rate of Material Progress in England," *Journal of the Royal Statistical Society* 50, no. 4 (December 1887): 622.

19. "Sugar," *Leeds Mercury*, July 1, 1856.

20. H. Willoughby Gardner, "The Dietetic Value of Sugar," *British Medical Journal*, April 27, 1901, 1010.

21. Charles Lock, Benjamin Newlands, and John Newlands, *Sugar: A Handbook for Planters and Refiners* (London: E. & F. Spon, 1888), 693.

22. Roderick Floud, Robert Fogel, Bernard Harris, and Sok Chul Hong, *The Changing Body: Health, Nutrition, and Human Development in the Western World since 1700* (Cambridge: Cambridge University Press, 2011), 159.

23. "Sugar Reduction: The Evidence for Action," Public Health England, 2015, https://assets.publishing.service.gov.uk/government/uploads/system/uploads/attachment _data/file/470179/Sugar_reduction_The_evidence_for_

action.pdf.

24. Gardner, "The Dietetic Value of Sugar," 1010.

25. Topik and Wells, *Global Markets Transformed*, 212.

26. "Food Value of Sugar," *The Times*, September 25, 1913; Robert Hutchison, *Food and the Principles of Dietetics* (New York: William Wood, 1902), 271.

27. Moore, *Capitalism in the Web of Life*.

28. Harriet Friedmann, "What on Earth Is the Modern Food-System? Foodgetting and Territory in the Modern Era and Beyond," *Journal of World-Systems Research* 1, no. 2 (Summer/Fall 2000): 501.

29. Beinart and Hughes, *Environment and Empire*, 34–35.

30. Andrew Porter, ed., *Atlas of British Overseas Expansion* (London: Routledge, 1991), 63; Beinart and Hughes, *Environment and Empire*, 150.

31. Radkau, *Nature and Power*, 162.

32. Smith, *Wealth of Nations*, 1: 412.

33. Eric Williams, *Capitalism and Slavery* (Chapel Hill: University of North Carolina Press, 1994), 105; David Richardson, "The Slave Trade, Sugar, and British Economic Growth, 1748–1776," *Journal of Interdisciplinary History* 17, no. 4 (Spring 1987): 740.

34. Richard Sheridan, *Sugar and Slavery: An Economic History of the British West Indies, 1623–1775* (Baltimore: Johns Hopkins University Press, 1973), 475, 477; Williams, *Capitalism and Slavery*, 57–64, 81–84.

35. David Ricardo in *Debates at the General Court of Proprietors of East-India Stock on the 19*th *and 21*st *March 1823 on the East-India Sugar Trade* (London: Printed for Kingsbury, Parbury & Allen by Cox & Baylis, 1823), 19.

36. William Fox, *An Address to the People of Great Britain, on the Propriety of Abstaining from West India Sugar and Rum*, 10th ed. (Philadelphia: Daniel Lawrence, 1792), 5.

37. John Hutcheson, *Notes on the Sugar Industry of the United Kingdom* (Greenock: James McKelvie & Sons, 1901), 101.

38. Anthony Howe, *Free Trade and Liberal England, 1846–1946* (Oxford: Clarendon, 1997), 50–51, 53.

39. Hutcheson, *Notes on the Sugar Industry*, 102.

40. Howe, *Free Trade and Liberal England*, 114; Williams, *Capitalism and Slavery*, 139.

41. William Green, *British Slave Emancipation: The Sugar Colonies and the Great Experiment, 1830–1865* (Oxford: Clarendon, 1976), 245.

42. C. J. Robertson, "Cane-Sugar Production in the British Empire," *Economic Geography* 6, no. 2 (April 1930): 138.

43. Ada Ferrer, *Freedom's Mirror: Cuba and Haiti in the Age of Revolution* (Cambridge: Cambridge University Press, 2014), 5, 10.

44. Luis Martínez-Fernández, "The Sweet and the Bitter: Cuban and Puerto Rican Responses to the Mid-Nineteenth-Century Sugar Challenge," *New West Indian Guide* 67, nos. 1–2 (1993): 48; Alan Dye, *Cuban Sugar in the Age of Mass Production: Technology and the Economics of the Sugar Central, 1899–1929* (Stanford, CA: Stanford University Press, 1998), 35.

45. Frank Rutter, *International Sugar Situation* (Washington, DC: US Government Printing Office, 1904), 81; G. Roger Knight, *Sugar, Steam and Steel: The Industrial Project in Colonial Java* (Adelaide: University of Adelaide Press, 2014), 31.

46. J. Galloway, *The Sugar Cane Industry: An Historical Geography from Its Origins to 1914* (Cambridge: Cambridge University Press, 1989), 11.

47. G. C. Stevenson, *Genetics and the Breeding of Sugar Cane* (London: Longmans, Green, 1965), 133.

48. Noel Deerr, *The History of Sugar*, 2 vols. (London: Chapman & Hall, 1949), 1: 13. See also Sanjida O'Connell, *Sugar: The Grass That Changed the World* (London: Virgin, 2004), 220.

49. Vladimir Timoshenko and Boris Swerling, *The World's Sugar: Progress and Policy* (Stanford, CA: Stanford University Press, 1957), 126; Stuart McCook, *States of Nature: Science, Agriculture, and Environment in the Spanish Caribbean, 1760–1940* (Austin: University of Texas Press, 2002), 80.

50. Stevenson, *Genetics and the Breeding of Sugar Cane*, 16.

51. Timoshenko and Swerling, *The World's Sugar*, 127.

52. Francis Maxwell, *Economic Aspects of Cane Sugar Production* (London: Norman Rodger, 1927), 143, 132, 133-36.

53. Stevenson, *Genetics and the Breeding of Sugar Cane*, 69.

54. Stevenson, *Genetics and the Breeding of Sugar Cane*, 150.

55. McCook, *States of Nature*, 87.

56. Timoshenko and Swerling, *The World's Sugar*, 128; Bill Albert and Adrian Graves, introduction to *The World Sugar Economy in War and Depression, 1914–1940*, ed. Bill Albert and Adrian Graves (London: Routledge, 1988), 15.

57. O. W. Willcox, *Nations Can Live at Home* (New York: Norton, 1935), 110.

58. Stevenson, *Genetics and the Breeding of Sugar Cane*, 50.

59. Mark Smith, "Creating an Industrial Plant: The Biotechnology of Sugar Production in Cuba," in Shrepfer and Scranton, eds., *Industrializing Organisms*, 86.

60. Stevenson, *Genetics and the Breeding of Sugar Cane*, 15.

61. Timoshenko and Swerling, *The World's Sugar*, 131; Pieter Honig, "Developments in Cane Sugar Production since 1938," *Sugar*, September 1950, 23-24. 37.

62. Mintz, *Sweetness and Power*, 47-51.

63. C. J. Robertson, "Geographical Aspects of Cane-Sugar Production," *Geography* 17, no. 3 (September 1932): 170.

64. Green, *British Slave Emancipation*, 50.

65. Moore, "*The Modern World System* as Environmental History?" 348.

66. Richard Grove, *Green Imperialism: Colonial Expansion, Tropical Island Edens and the Origins of Environmentalism, 1600–1860* (Cambridge: Cambridge University Press, 1995), 64-71.

67. Timoshenko and Swerling, *The World's Sugar*, 5.

68. Richards, *The Unending Frontier*, 425; Sven Beckert, *Empire of Cotton: A Global History* (New York: Knopf, 2015), 89.

69. Richard Dunn, *Sugar and Slaves: The Rise of the Planter Class in the English West Indies, 1624–1723* (Chapel Hill: University of North Carolina Press, 1972), 192.

70. Peter Soames, *A Treatise on the Manufacture of Sugar from the Sugar Cane* (London: E. & F. Spon, 1872), 20.

71. H. C. Prinsen Geerligs, *Practical White Sugar Manufacture* (London: Norman Rodger, 1915), 27.

72. Galloway, *The Sugar Cane Industry*, 137.

73. Knight, *Sugar, Steam and Steel*, 18-19.

74. Soames, *A Treatise on the Manufacture of Sugar*, 72; Noël Deerr, *Sugar and the Sugar Cane: An Elementary Treatise on the Agriculture of the Sugar Cane and on the Manufacture of Cane Sugar* (Altrincham: Norman Rodger, 1905), 230.

75. Soames, *A Treatise on the Manufacture of Sugar*, 75; A. J. Wallis-Tayler, *Sugar Machinery: A Descriptive Treatise Devoted to the Machinery and Apparatus Used in the Manufacture of Cane and Beet Sugars*, 2nd ed. (London: William Rider, [1924?]), 234, 238; Prinsen Geerligs, *Practical White Sugar Manufacture*, 96; Dye, *Cuban Sugar*, 83.

76. Deerr, *Sugar and the Sugar Cane*, 281.

77. Smith, "Creating an Industrial Plant," 93.

78. Dye, *Cuban Sugar*, 75, 87.

79. George Martineau, *Sugar, Cane and Beet: An Object Lesson* (London: Sir Isaac Pitman & Sons, 1910), 31; John M'Intosh, *The Technology of Sugar* (London: Scott, Greenwood & Son, 1906), 355; David Singerman, "Inventing Purity in the Atlantic Sugar World, 1860-1930" (PhD diss., Massachusetts Institute of Technology, 2014), 11.

80. J. H. Tucker, *A Manual of Sugar Analysis: Including the Applications in General of Analytical Methods to the Sugar Industry* (New York: D. Van Nostrand, 1881), 171-72; Deerr, *Sugar and the Sugar Cane*, 311.

81. Martineau, *Sugar, Cane and Beet*, 28; Soames, *A Treatise on the Manufacture of Sugar*, 13–14; Sergio Díaz-Briquets and Jorge Pérez-López, *Conquering Nature: The Environmental Legacy of Socialism in Cuba* (Pittsburgh: University of Pittsburgh Press, 2000), 171.

82. Cheesman, *Environmental Impacts of Sugar Production*, 153.

83. Chalmin, *The Making of a Sugar Giant*, 649.

84. Robertson, *World Sugar Production and Consumption*, 100, 102.

85. Sheridan, *Sugar and Slavery*, 43.

86. Timoshenko and Swerling, *The World's Sugar*, 144.

87. H. C. Prinsen Geerligs, *Cane Sugar and Its Manufacture*, 2nd rev. ed. (London: Norman Rodger, 1924), 288, 280–83.

88. E. Rice, "Storing and Shipping Bulk Sugar," in *Manufacture and Refining of Raw Cane Sugar* (2nd ed.), by V. Baikow (New York: Elsevier, 1982), 245.

89. Geoffrey Fairrie, *Sugar* (Liverpool: Fairrie, 1925), 57–59; Vulté and Vanderbilt, *Food Industries*, 148.

90. Martineau, *Sugar, Cane and Beet*, 80.

91. Wallis-Tayler, *Sugar Machinery*, 147–48; M'Intosh, *The Technology of Sugar*, 118; Bardorf, *The Story of Sugar*, 169.

92. William Wallace, "On Animal Charcoal, Particularly in Relation to Its Use in Sugar Refining," *Proceedings of the Royal Philosophical Society of Glasgow* 6 (1868): 163.

93. William Crookes, *On the Manufacture of Beet-Root Sugar in England and Ireland* (London: Longmans, Green, 1870), 163–64.

94. Archibald Clow and Nan Clow, *The Chemical Revolution: A Contribution to Social Technology* (London: Batchworth, 1952), 524.

95. Peter Borscheid, "Global Insurance Networks," in *The Value of Risk: Swiss Re and the History of Reinsurance*, ed. Harold James (Oxford: Oxford University Press, 2013), 26.

96. Guilford Spencer and George Meade, *Cane Sugar Handbook: A Manual for Cane Sugar Manufacturers and Their Chemists* (New York: John Wiley & Sons, 1945), 287.

97. Hutcheson, *Notes on the Sugar Industry*, 69.

98. "Fatal Explosion at Messrs. Finzel's Sugar Refinery," *Bristol Mercury*, November 25, 1865.

99. R. Cecil Smart, *The Technology of Industrial Fire and Explosion Hazards*, 2 vols. (London: Chapman & Hall, 1947), 1: 180, 185.

100. Fraser, *The Coming of the Mass Market*, 169.

101. J. Watson, *A Hundred Years of Sugar Refining: The Story of Love Lane Refinery, 1872–1972* (Liverpool: Tate & Lyle Refineries, 1973), 33.

102. Chalmin, *The Making of a Sugar Giant*, 76.

103. Fairrie, *Sugar*, 110.

104. J. Cunningham, *Products of the Empire* (1920), new ed. (London: Oxford University Press, 1928), 85.

105. Chalmin, *The Making of a Sugar Giant*, 243.

106. Chalmin, *The Making of a Sugar Giant*, 245, 190; David Clampin and Ron Noon, "The Maverick Mr. Cube: The Resurgence of Commercial Marketing in Postwar Britain," *Journal of Macromarketing* 31, no. 1 (2011): 27.

107. M. Le Compte Chaptal, *Chimie appliqué a l'agriculture*, 2 vols. (Paris: Madame Huzard, 1823), 2: 18.

108. Martineau, *Sugar, Cane and Beet*, 99; Hans Fischer, "Origin of the 'Weisse Schlesische Rübe' (White Silesian Beet) and Resynthesis of Sugar Beet," *Euphytica* 41 (1989): 76.

109. E. C. Spary, *Feeding France: New Sciences of Food, 1760–1815* (Cambridge: Cambridge University Press, 2014), 286, 301, 306.

110. E. Lavasseur, *Histoire des classes ouvrières et de l'industrie en France* (Paris: Arthur Rousseau, 1903), 476; H. C. Prinsen Geerligs, *The World's Cane Sugar Industry: Past and Present* (New York: D. Van Nostrand, 1912), 16–17.

111. Dale Tomich, *Slavery in the Circuit of Capital: Martinique and the World Economy, 1830–1848* (Baltimore: Johns Hopkins University Press, 1990), 61.

112. George Coons, "The Sugar Beet: Product of Science," *Scientific Monthly* 68, no. 3 (March 1949): 153.

113. R. W. Allard, *Principles of Plant Breeding* (London: John Wiley, 1964), 52.

114. Justus Liebig, *Familiar Letters on Chemistry, and Its Relation to Commerce, Physiology, and Agriculture*, ed. John Gardner (New York: D. Appleton, 1843), 51; E. Muriel Poggi, "The German Sugar Beet Industry," *Economic Geography* 6, no. 1 (January 1930): 86.

115. Truman Palmer, *Sugar Beet Seed: History and Development* (New York: John Wiley & Sons, 1918), 11, 101, 9.

116. George Coons, "Improvement of the Sugar Beet," *Yearbook of Agriculture* (Washington, DC: US Department of Agriculture, 1936), 631, 633.

117. *Beet-Breeding at Klein Wanzleben* (Leipzig: Sugar Factory Klein Wanzleben, 1904), n.p.

118. R. N. Dowling, *Sugar Beet and Beet Sugar* (London: Ernest Benn, 1928), 54.

119. Palmer, *Sugar Beet Seed*, 21–26.

120. Bardorf, *The Story of Sugar*, 45.

121. T. H. P. Heriot, *The Manufacture of Sugar from the Cane and Beet* (New York: Longmans, Green, 1920), 14.

122. Charles Griffin, "The Sugar Industry and Legislation in Europe," *Quarterly Journal of Economics* 17, no. 1 (November 1902): 10; J. W. Robertson-Scott, *Sugar Beet: Some Facts and Some Illusions* (London: Horace Cox, 1911), 38–39.

123. Palmer, *Sugar Beet Seed*, x; Lock, Newlands, and Newlands, *Sugar*, 426.

124. Bardorf, *The Story of Sugar*, 43.

125. Palmer, *Sugar Beet Seed*, xiii.

126. Dondlinger, *The Book of Wheat*, 57.

127. Allard, *Principles of Plant Breeding*, 256–57.

128. Hugo de Vries, *The Mutation Theory: Experiments and Observations on the Origin of Species in the Vegetable Kingdom*, trans. J. Farmer and A. Darbishire, 2 vols. (Chicago: Open Court, 1909), 1: 99.

129. John Crowell, "The Sugar Situation in Europe," *Political Science Quarterly* 14, no. 1 (March 1899): 92.

130. Griffin, "The Sugar Industry," 6; Robertson-Scott, *Sugar Beet*, 227–28.

131. Timoshenko and Swerling, *The World's Sugar*, 41.

132. G. Deming, "Breeding Sugar Beets with Root Conformation Adapted to Beet Harvest," *Proceedings of the Fifth Biennial Meeting of the American Society of Sugar Beet Technologists* (San Francisco, 1948), 187–91.

133. Martineau, *Sugar, Cane and Beet*, 40.

134. Wallis-Tayler, *Sugar Machinery*, 99.

135. H. Claasen, *Beet-Sugar Manufacture*, trans. William Hall and George Rolfe, 2nd ed. (London: Chapman & Sons, 1910), 81; Robertson-Scott, *Sugar Beet*, 15; Wallis-Tayler, *Sugar Machinery*, 127.

136. Robertson-Scott, *Sugar Beet*, 23.

137. Claasen, *Beet-Sugar Manufacture*, 283, 293–94.

138. Martineau, *Sugar, Cane and Beet*, 47; Smith, *World's Food Resources*, 459.

139. Crowell, "The Sugar Situation in Europe," 91.

140. Ulbe Bosma, *The Sugar Plantation in India and Indonesia: Industrial Production, 1770–2010* (Cambridge: Cambridge University Press, 2013), 164–65; Chalmin, *The Making of a Sugar Giant*, 16; Albert and Graves, introduction to *The World Sugar Economy*, 7.

141. John Perkins, "The German Beet-Sugar Industry and the Nazi Machtergreifund of 1933," in Albert and Graves, eds., *The World Sugar Economy*, 28.

142. Hutcheson, *Notes on the Sugar Industry*, 125.

143. George Baden-Powell, *State Aid and State Interference: Illustrated by Results in Commerce and Industry* (London: Chapman & Hall, 1882), 111.

144. Chalmin, *The Making of a Sugar Giant*, 36.

145. Howe, *Free Trade and Liberal England*, 205.

146. Cowen and Shenton, *Doctrines of Development*, 275.

147. "Protest against the Sugar Bounties," *Liverpool Mercury*, June 8, 1887.

148. "Confectionery Crisis," *Evening Telegraph*, March 17, 1904.

149. Hammond, *Food*, 3: 3.

150. Jonsson, *Enlightenment's Frontier*, 108–9.

151. Ricardo, *On Protection to Agriculture*, 59.

152. Edwin Lankester, *Vegetable Substances Used for the Food of Man* (London: M. A. Nattali, [1860s?]), 390.

153. "Beet-Root Sugar," *Household Words*, n.s., 1, no. 24 (1853): 569.

154. Chalmin, *The Making of a Sugar Giant*, 29.

155. "The Manufacture of Sugar from Beetroot," *North Wales Chronicle*, June 14, 1836.

156. W. Gibbs, "On the Cultivation of Beetroot, and Its Manufacture into Sugar," *Journal of the Society of Arts* 16, no. 805 (April 24, 1868): 417.

157. *Financial Statements of the Chancellor of the Exchequer, 1869 and 1870* (London: Robert John Bush, 1870), 30.

158. "Beetroot Distilling," *Engineering* 11 (February 10, 1871): 104.

159. James Caird, "English Beetroot Sugar," *The Times*, November 17, 1870; Robertson-Scott, *Sugar Beet*, 43; Chalmin, *The Making of a Sugar Giant*, 29.

160. John Porter, "Sugar-Beet Cultivation in England," *The Times*, June 4, 1884; D. T. Leek, "Sugar Beet-Growing in England," *The Times*, November 9, 1869.

161. Lord Denbigh, "The British Sugar Industry," *The Times*, February 17, 1913.

162. W. Mockett, "Sugar Beet in Worcestershire," *Worcestershire Agricultural Chronicle* 14–15 (1945): 39.

163. Brown, *Agriculture in England*, 111; A. Bridges and R. Dixey, *British Sugar Beet: Ten Years' Progress under the Subsidy* (Oxford: Agricultural Economics Research Institute, 1934), 8.

164. Ministry of Agriculture and Fisheries, *Report on the Sugar Beet Industry at Home and Abroad* (London: HM Stationery Office, 1931), 43.

165. Brown, *Agriculture in England*, 119.

166. Chalmin, *The Making of a Sugar Giant*, 169.

167. "The Bardney and Brigg Beet Sugar Factories," *Journal of the Ministry of Agriculture* 35, no. 11 (February 1929): 1031.

168. Ministry of Agriculture and Fisheries, *Report on the Sugar Beet Industry at Home and Abroad*, 126.

169. "Sugar-Beet Experiments," *The Times*, October 28, 1916; "Sugar Beet," *The Times*, August 14, 1925.

170. Ministry of Agriculture and Fisheries, *Report on the Sugar Beet Industry at Home and Abroad*, 68.

171. *Home-Grown Sugar: The Rise and Development of an Industry* (London: British Sugar Corp., 1961), 32.

172. Venn, *The Foundations of Agricultural Economics*, 527; James Watson, *Rural Britain To-Day and To-Morrow* (Edinburgh: Oliver & Boyd, 1934), 115.

173. "Power Alcohol within the Empire," *International Sugar Journal* 28 (December 1926): 634.

174. "A Decisive Report," *Manchester Guardian*, April 11, 1935.

175. "Cost of Beet-Sugar Subsidy," *Manchester Guardian*, July 13, 1935.

176. Bridges and Dixey, *British Sugar Beet*, 75, 76–77, 82, 91.

177. Cited in Robertson-Scott, *Sugar Beet*, 296.

178. John Winnifrith, *The Ministry of Agriculture, Fisheries and Food* (London: George Allen & Unwin, 1962), 72.

179. Gary Cross and Robert Proctor, *Packaged Pleasures: How Technology and Marketing Revolutionized Desire* (Chicago: University of Chicago Press, 2014).

180. Henry Weatherley, *A Treatise on the Art of Boiling Sugar, Crystallizing, Lozenge-Making, Comfits, Gum Goods, and Other Processes for Confectionery, Etc.* (Philadelphia: Henry Carey Baird, 1875), 98.

181. "The Confectioners and the Sugar Bounties," *Pall Mall Gazette*, May 9, 1889.

182. "Modern Confectionery," *Chambers's Journal*, 6th ser., 3 (December 1899–November 1900): 149.

183. "British Trade in Sweets," *The Times*, August 20, 1931.

184. Weatherley, *A Treatise on the Art of Boiling Sugar*, 29, 96–97.

185. "Modern Confectionery," 149.

186. "Sweets and Confectionery Trade," *Hull Daily Mail*, June 4, 1924.

187. N. F. Scarborough, *Sweet Manufacture: A Practical Handbook on the Manufacture of Sugar Confectionery* (London: Leonard Hill, 1933), 12–13, 24, 35; Auguste Jacoutot, *Chocolate and Confectionery Manufacture* (London: MacLaren & Sons, 1903), 178–79.

188. Scarborough, *Sweet Manufacture*, 3–7.

189. Lees, *A History of Sweet and Chocolate Manufacture*, 43.

190. Vulté and Vanderbilt, *Food Industries*, 249; James Grant, *Confectioners' Raw Materials: Their Sources, Modes of Preparation, Chemical Composition, the Chief Impurities and Adulterations, Their More Important Uses and Other Points of Interest* (London: Edward Arnold, 1926), 93.

191. Weatherley, *A Treatise on the Art of Boiling Sugar*, 40.

192. Grant, *Confectioners' Raw Materials*, 23.

193. Sally Horrocks, "Technology and Chocolate: Research in the British Food Industry Before 1940," in *Innovations in the European Economy between the Wars*, ed. François Caron, Paul Erker, and Wolfram Fischer (Berlin: Walter de Gruyter, 1995), 144.

194. Laura Mason, *Sugar-Plums and Sherbet: The Prehistory of Sweets* (Totnes: Prospect, 1998), 87.

195. Weatherley, *A Treatise on the Art of Boiling Sugar*, 49.

196. Nicholas Whittaker, *Sweet Talk: The Secret History of Confectionery* (London: Phoenix, 1998).

197. Mason, *Sugar-Plums and Sherbet*, 148.

198. Fitzgerald, *Rowntree and the Marketing Revolution*, 57, 62, 339.

199. Allison James, "Confections, Concoctions, and Conceptions," in *Consumption: Critical Concepts in the Social Sciences*, vol. 4, *Objects, Subjects and Mediations in Consumption*, ed. Daniel Miller (London: Routledge, 2001), 75.

200. "Shopping in London," *Littell's Living Age* 1, no. 4 (June 8, 1844): 254.

201. Levy, *The Shops of Britain*, 71.

202. M. F. Billington, "The Cult of Candy," *Woman's World* 3 (1890): 567.

203. Roald Dahl, *Boy: Tales of Childhood* (London: Puffin, 1986), 33–34.

204. "Sweets and Bad Teeth," *The Times*, June 25, 1921.

205. *Our Towns: A Close-Up: A Study Made in 1939–42 with Certain Recommendations by the Hygiene Committee of the Women's Group on Public Welfare (in Association with the National Council of Social Service), with a Preface by the Rt. Hon. Margaret Bondfield* (London: Oxford University Press, 1943), 22.

206. "Fruit, Sugar, and Fudge," *Daily News* (London), September 7, 1888; Frederick Smith, *A Brief Introduction to Commercial Geography* (London: Blackie & Son, 1903), 122.

207. Cited in"The Jam Makers and the Sugar Bounties," *Pall Mall Gazette*, May 11, 1889.

208. Ursula Heinzelmann, *Beyond Bratwurst: A History of Food in Germany* (London: Reaktion, 2014), 1900.

209. Hutchison, *Food and the Principles of Dietetics*, 26.

210. William Jago, *Jam Manufacture: Its Theory and Practice* (London: Maclaren & Sons, 1919), 36.

211. C. Wilson, *The Book of Marmalade: Its Antecedents, Its History and Its Role in the World Today* (Philadelphia: University of Pennsylvania Press, 1999), 75.

212. "Food from Flour," *The Times*, June 8, 1914.

213. T. A. B. Corley, *Quaker Enterprise in Biscuits: Huntley and Palmers of Reading, 1822–1972* (London: Hutchinson, 1972), 74.

214. Peek, Frean & Co., *1857–1957: A Hundred Years of Biscuit Making* (London, 1957), 9–10.

215. Corley, *Quaker Enterprise in Biscuits*, 76–77, 93.

216. Hammond, *Food*, 3: 677.

217. Leonard Williams cited in Harry Campbell, *What Is Wrong with British Diet? Being an Exposition of the Factors Responsible for the Undersized Jaws and Appalling Prevalence of Dental Disease among British Peoples* (London: William Heinemann, 1936), 78–79.

218. J. F. Liverseege, *Adulteration and Analysis of Food and Drugs* (London: J. & A. Churchill, 1932), 355.

219. E. J. T. Collins, "Brands and Breakfast Cereals in Britain," in *Adding Value: Brands and Marketing in Food and Drink*, ed. Geoffrey Jones and Nicholas Morgan (London: Routledge, 1994), 251.

220. Hutchison, *Food and the Principles of Dietetics*, 295.

221. *Selections from the Letters of Robert Southey* (London: Longman, Brown, Green, & Longmans, 1856), 284.

222. John Burnett, *Liquid Pleasures: A Social History of Drinks in Modern Britain* (London: Routledge, 1999), 104.

223. Ted Collins, "The North American Influence on Food Manufacturing in Britain, 1880–1939," in *Exploring the Food Chain: Food Production and Food Processing in Western Europe, 1850–1990*, ed. Yves Segers, Jan Bieleman, and Erik Buyst (Turnhout: Brepols, 2009), 163.

224. *Sweet-Shop Success: A Handbook for the Sweet Retailer* (London: Cadbury/Pitman, 1949), 44.

225. Stephen Halliday, *Our Troubles with Food: Fears, Fads and Fallacies* (Stroud: History Press, 2009), 45.

226. Arthur Knapp, *Cocoa and Chocolate: Their History from Plantation to Consumer* (London: Chapman & Hall, 1920), 53.

227. R. Whymper, *Cocoa and Chocolate: Their Chemistry and Manufacture* (London: J. & A. Churchill, 1912), 41.

228. Knapp, *Cocoa and Chocolate*, 66.

229. Knapp, *Cocoa and Chocolate*, 125, 130; Paul Zipperer, *The Manufacture of Chocolate and Other Cacao Preparations* (3rd ed.), ed. H. Schaeffer (London: E. & F. N. Spon, 1915), 89.

230. Brandon Head, *The Food of the Gods: A Popular Account of Cocoa* (London: George Routledge & Sons, 1903), 56, 57.

231. Andrea Wiley, *Re-Imagining Milk* (New York: Routledge, 2011), 43; Gillian Wagner, *The Chocolate Conscience* (London: Chatto & Windus, 1987), 110.

232. Zipperer, *The Manufacture of Chocolate*, 230.

233. Tim Richardson, *Sweets: A History of Candy* (London: Bloomsbury, 2002), 231.

234. William Clarence-Smith, *Cocoa and Chocolate, 1765–1914* (London: Routledge, 2000), 71.

235. James Johnston, *A Hundred Years Eating: Food, Drink and the Daily Diet in Britain since the Late Nineteenth Century* (Dublin: Gill & Macmillan, 1977), 35.

236. Clarence-Smith, *Cocoa and Chocolate*, 68.

237. Mason, *Sugar-Plums and Sherbet*, 77; Clarence-Smith, *Cocoa and Chocolate*, 75; Andrea Broomfield, *Food and Cooking in Victorian England: A History* (London: Praeger, 2007), 157.

238. Iolo Williams, *The Firm of Cadbury: 1831–1931* (London: Constable, 1931), 92, 93.

239. John Bradley, *Cadbury's Purple Reign: The Story behind Chocolate's Best-Loved Brand* (Chichester: John Wiley, 2008), 44.

240. Fitzgerald, *Rowntree and the Marketing Revolution*, 77, 83; Derek Oddy, *From Plain Fare to Fusion Food: British Diet from the 1890s to the 1990s* (Woodbridge: Boydell, 2003), 105.

241. Cross and Proctor, *Packaged Pleasures*, 103, 110.

242. Clarence-Smith, *Cocoa and Chocolate*, 27.

243. Clarence-Smith, *Cocoa and Chocolate*, 80; Bradley, *Cadbury's Purple Reign*, 125–46.

244. Lees, *A History of Sweet and Chocolate Manufacture*, 122; "The Sweetmeat Automatic Delivery Company, Limited," *Railway Times* 52 (November 26, 1887): 695.

245. Edward Cadbury, *Experiments in Industrial Organization* (London: Longmans, Green, 1912), 68, 69, 70–77, 85, 215, 216.

246. Bradley, *Cadbury's Purple Reign*, 66.

247. Cadbury, *Experiments in Industrial Organization*, 93, 103, 237.

248. Morgan Witzel, *Fifty Key Figures in Management* (London: Routledge, 2003), 43–48.

249. Lees, *A History of Sweet and Chocolate Manufacture*, 127; Catherine Higgs, *Chocolate Islands: Cocoa, Slavery and Colonial Africa* (Athens: Ohio University Press, 2012), 9.

250. Lowell Satre, *Chocolate on Trial: Slavery, Politics and the Ethics of Business* (Athens: Ohio University

Press, 2005), 41.

251. Henry Nevinson, "The Angola Slave Trade," *Fortnightly Review*, n.s., 82 (July-December 1907): 495.

252. Satre, *Chocolate on Trial*, 85.

253. Wagner, *The Chocolate Conscience*, 101.

254. Higgs, *Chocolate Islands*, 148; Satre, *Chocolate on Trial*, 187.

255. Mintz, *Sweetness and Power*, 149.

256. Julia Csergo, "Le sucre: De l'idealisation à l'ostracisme," *Cahiers de nutrition et de dietetique* 43, no. 2 (2008): 2S58.

257. C. Goudiss, *The Strength We Get from Sweets: How Sugar — One of the Chief Sources of Heat and Energy — Serves Man at Every Age* (New York: People's Home Journal, 1921), 5.

258. Thomas Oliver, "Our Workmen's Diet and Wages," *Fortnightly Review* 334 (October 1, 1894): 520.

259. Edwin Slosson, *Creative Chemistry: Descriptive of Recent Achievements in the Chemical Industries* (New York: Century, 1920), 175.

260. F. Spencer Chapman, *Northern Lights: The Official Account of the British Arctic Air-Route Expedition* (New York: Oxford University Press, 1934), 177; "Diet at Great Heights," *Chemistry and Industry* 59, no. 5 (February 3, 1940): 68.

261. "Historicus" (Richard Cadbury), *Cocoa: All about It* (London: Sampson Low, Marston, 1896), 77.

262. Paul Chrystal and Joe Dickinson, *Chocolate: The British Chocolate Industry* (Oxford: Shire, 2011), 65.

263. Vaughan Harley, "Sugar as a Food in the Producer of Muscular Work," *Proceedings of the Royal Society* 54 (1893): 480.

264. Gardner, "The Dietetic Value of Sugar," 1011.

265. Harley, "Sugar as a Food," 486.

266. Vaughan Harley, "The Value of Sugar and the Effect of Smoking on Muscular Work," *Journal of Physiology* 16, nos. 1-2 (1894): 117-18.

267. B. T. Stokvis, "On the Influence of the Use of Sugar on Muscular Work," *British Medical Journal*, November 23, 1895, 1282.

268. Wood, *The National Food Supply*, 11.

269. Mary Hall, *Candy-Making Revolutionized: Confectionery from Vegetables* (New York: Sturgis & Walton, 1912), 41.

270. Howard Haggard and Leon Greenberg, *Diet and Physical Efficiency* (New Haven, CT: Yale University Press, 1935), 95.

271. Leonard Hirshberg, "New Discoveries about Sugar," *Confectioner's Journal*, May 1914, 111; Goudiss, *The Strength We Get from Sweets*, 17.

272. A. Stayt Dutton, "Sweets in Childhood," *British Medical Journal*, February 17, 1912, 396.

273. Cheesman, *Environmental Impacts of Sugar Production*, 7.

274. Cheesman, *Environmental Impacts of Sugar Production*, 7; Smil, *Feeding the World*, 27, 128.

275. Charles Fielding, *Food* (London: Hurst & Blackett, 1923), 164.

276. For example, R. H. Cottrell, ed., *Beet-Sugar Economics* (Caldwell, ID: Caxton, 1952), 20.

277. Mintz, *Sweetness and Power*, 105-6; Elizabeth Abbot, *Sugar: A Bittersweet History* (London: Penguin, 2008), 53-54.

278. Florence Nightingale, *Notes on Nursing: What It Is, and What It Is Not* (New York: D. Appleton, 1932), 72.

279. W. G. Aitchison Robertson, "The Value of Saccharine Foods as Articles of Diet," *Scottish Medical and Surgical Journal* 3 (July 1898): 37.

280. Hutchison, *Food and the Principles of Dietetics*, 273.

281. "A Harley Street Doctor," *Nottingham Evening Post*, June 16, 1930; "Children Need Sweets," *Nottingham Evening Post*, June 16, 1930.

282. Vaughan Harley, "Sugar as a Food," *British Medical Journal*, November 23, 1895, 1283.

283. Herbert Spencer, *Education, Intellectual, Moral and Physical* (New York: Appleton, 1860), 237-38.

284. William Beveridge, *British Food Control* (London: Oxford University Press, 1928), 250-51.

285. Jonathan Klein, Randall Thomas, and Erika Sutter, "History of Childhood Candy Cigarette Use Is Associated with Tobacco Smoking by Adults," *Preventive Medicine* 45 (July 2007): 26–30.

286. Robert Proctor, *Golden Holocaust: Origins of the Cigarette Catastrophe and the Case for Abolition* (Berkeley and Los Angeles: University of California Press, 2011), 33.

287. Steve Berry and Phil Norman, *The Great British Tuck Shop* (London: Friday, 2012), 263.

288. Cited in French and Phillips, *Cheated Not Poisoned?* 149.

289. *Sweet-Shop Success*, 72.

290. Alexandra Vignolles and Paul-Emmanuel Pichon, "A Taste of Nostalgia: Links between Nostalgia and Food Consumption," *Qualitative Market Research* 17, no. 3 (2014): 234.

291. Robertson, *World Sugar Production and Consumption*, 121.

292. Mintz, *Sweetness and Power*, 187.

293. Daniel Smail, *On Deep History and the Brain* (Berkeley and Los Angeles: University of California Press, 2008), 162.

294. Michael Moss, *Salt Sugar Fat: How the Food Giants Hooked Us* (New York: Random House, 2013), 10.

295. Jorian Jenks, *The Stuff Man's Made Of: The Positive Approach to Health through Nutrition* (New York: Devin-Adair, 1959), 193.

第四章

1. Cited in C. A. Spinage, *Cattle Plague: A History* (New York: Kluwer Academic/Plenum, 2003), 223.

2. Trentmann, *Free Trade Nation*, 8.

3. Layton, "Argentina and Food Supply," 197.

4. Ulrich Beck, *Risk Society: Towards a New Modernity*, trans. M. Ritter (London: Sage, 1992).

5. Christopher Ansell and David Vogel, "The Contested Governance of European Food Safety Regulation," in *What's the Beef? The Contested Governance of European Food Safety*, ed. Christopher Ansell and David Vogel (Cambridge, MA: MIT Press, 2006), 5.

6. See also Jean-Baptiste Fressoz, "Beck Back in the 19th Century: Towards a Genealogy of Risk Society," *History and Technology* 23, no. 4 (December 2007): 334.

7. William Savage, *Food Poisoning and Food Infections* (Cambridge: Cambridge University Press, 1920), 195.

8. "Economics of the Tin Opener," *The Economist*, July 2, 1938, 5.

9. Smith, *World's Food Resources*, 408.

10. Savage, *Food Poisoning and Food Infections*, 202.

11. Vulté and Vanderbilt, *Food Industries*, 237.

12. Knowles and Knowles, *The Economic Development of the British Overseas Empire*, 3: 194.

13. Susanne Freidberg, *Fresh: A Perishable History* (Cambridge, MA: Belknap Press of Harvard University Press, 2009).

14. Greenway, "Cargo Ships," 48.

15. A. C. Hardy, *The Book of the Ship: An Exhaustive Pictorial and Factual Survey of World Ships, Shipping, and Shipbuilding* (London: Sampson Low, Marston, 1949), 145.

16. Franklin Kidd and Cyril West, "The Gas Storage of Fruit: II, Optimum Temperatures and Atmospheres," *Journal of Pomology and Horticultural Science* 8 (1930): 74.

17. Peter Sloterdijk, *Foams: Plural Spherology*, trans. Wieland Hoban (South Pasadena, CA: Semiotext［e］, 2016), 165.

18. E. W. Shanahan, *Refrigeration as Applied to the Transportation and Storage of Food Products* (London: Gee, 1929), 2, 8.

19. Charles Perrow, *Normal Accidents: Living with High-Risk Technologies* (New York: Basic, 1984), 99.

20. Peter Atkins, *Liquid Materialities: A History of Milk, Science and the Law* (Farnham: Ashgate, 2010), 18–19.

21. A. Hassall, *Food: Its Adulterations, and the Methods for Their Detection* (London: Longmans, Green, 1876),

128, 116; Rappaport, *A Thirst for Empire*, 121–25.

22. *Adulteration of Food, Drink, and Drugs: Being the Evidence Taken before the Parliamentary Committee* (London; David Bryce, 1855), 40.

23. French and Phillips, *Cheated Not Poisoned?* 185.

24. Hassall, *Food*, 870.

25. "Saccharine and Adulteration," *Beet Sugar Gazette* 1, no. 4 (June 1899): 8.

26. Herbert Spencer, *Social Statics; or, The Conditions Essential to Human Happiness Specified, and the First of Them Developed* (New York: D. Appleton, 1890), 368.

27. John Bryan, "Case of Poisoning with Arsenite of Copper; With Remarks," *Provincial Medical and Surgical Journal* 12, no. 14 (July 12, 1848): 374, 377.

28. James Whorton, *The Arsenic Century: How Victorian Britain Was Poisoned at Home, Work, and Play* (Oxford: Oxford University Press, 2010), 140–41, 160–65, 327, 334.

29. Liverseege, *Adulteration and Analysis of Food and Drugs*, 310.

30. Frank Tillyard, *The Worker and the State: Wages, Hours, Safety and Health* (London: George Routledge & Sons, 1923), 265.

31. French and Phillips, *Cheated Not Poisoned?*

32. B. Dyer, *The Society of Public Analysts and Other Analytical Chemists: Some Reminiscences of Its First Fifty Years, and a Review of Its Activities (by C. Ainsworth Mitchell)* (Cambridge: W. Heffer & Sons, 1932), 39.

33. Liverseege, *Adulteration and Analysis of Food and Drugs*, 78.

34. French and Phillips, *Cheated Not Poisoned?* 127, 149, 123.

35. Atkins, *Liquid Materialities*, 104; B. G. Bannington, *English Public Health Administration* (London: P. S. King & Son, 1915), 100.

36. Liverseege, *Adulteration and Analysis of Food and Drugs*, 9.

37. R. C. Chirnside and J. H. Hamence, *The "Practising Chemists": A History of the Society for Analytical Chemistry, 1874–1974* (London: Society for Analytical Chemistry, 1974), 60–64; Jacob Steere-Williams, "A Conflict of Analysis: Analytical Chemistry and Milk Adulteration in Victorian Britain," *Ambix* 61, no. 3 (August 2014): 279–98.

38. Atkins, *Liquid Materialities*, 107.

39. W. H. Bassett, *Environmental Health Procedures*, 3rd ed. (London: Chapman & Hall, 1992), 322.

40. C. R. A. Martin, *Practical Food Inspection*, vol. 2, *Fish, Poultry and Other Foods*, 3rd ed. (London: H. K. Lewis, 1948), 247.

41. Francis Vacher, *The Food-Inspector's Handbook*, 4th ed. (London: Sanitary Publishing Co., 1905), 39–40; Martin, *Fish, Poultry and Other Foods*, 247.

42. Liverseege, *Adulteration and Analysis of Food and Drugs*, 17, 29.

43. Chirnside and Hamence, *The "Practising Chemists,"* 29–31.

44. Cited in Glenn Taylor, *Forensic Enforcement: The Role of the Public Analyst* (Cambridge: Royal Society of Chemistry, 2010), 20.

45. Liverseege, *Adulteration and Analysis of Food and Drugs*, 3, 7.

46. "Modern Confectionery," 149; H. Robinson and Cecil Cribb, *The Law and Chemistry of Food and Drugs* (London: F. J. Rebman, 1895), 322.

47. Atkins, *Liquid Materialities*, 109.

48. Bannington, *English Public Health Administration*, 169; Atkins, *Liquid Materialities*, 93.

49. Taylor, *Forensic Enforcement*, 8.

50. Wigston Urban Council, *Annual Report of the Medical Officer of Health for the Year 1970*, 15, https://archive.org/details/b30278028/page/n1?q= wigston +1970.

51. On scandals involving rice and potatoes, see Bee Wilson, *Swindled: From Poison Sweets to Counterfeit Coffee — the Dark History of the Food Cheats* (London: John Murray, 2008), 288–89, 293.

52. Alexander Blyth, *A Manual of Public Health* (London: Macmillan, 1890), 611; Henry Lemmoin-Cannon, *The Sanitary Inspector's Guide: A Practical Treatise on the Public Health Act, 1875, and the Public Health Acts*

Amendment Act, 1890, So Far as They Affect the Inspector of Nuisances (London: P. S. King & Son, 1902), 148.

53. Kozmin, *Flour Milling*, 237; Claasen, *Beet-Sugar Manufacture*, 176.

54. Shirley Murphy, "The Inspection of Food by Riparian Sanitary Authorities," *Public Health* 20 (February 1908): 300.

55. Leighton and Douglas, *The Meat Industry and Meat Inspection*, 4: 1167.

56. John Walton, *Fish and Chips and the British Working Class, 1870–1940* (Leicester: Leicester University Press, 1992), 96; City of Bradford, *Annual Report of Medical Officer 1915* (Bradford: Wm. Byles & Sons, 1915), 104.

57. D. R. Campbell, "Markets Department," in *Municipal Glasgow: Its Evolution and Enterprises* (Glasgow: Glasgow Corporation, 1914), 139; George Dodd, *The Food of London* (Longman, Brown, Green & Longmans, 1856), 257.

58. Allen, "Food and Feeding," 621; Hassall, *Food*, 832.

59. "The Purity of Our Food Supply," *British Medical Journal*, December 2, 1899, 1565.

60. "Food Standards and Labels," *British Medical Journal*, March 3, 1934, 386.

61. Grant, *Your Bread and Your Life*, 144.

62. Xaq Frohlich, "The Informational Turn in Food Politics: The US FDA's Nutrition Label as Information Infrastructure," *Social Studies of Science* 47, no. 2 (2017): 150, 162, 164–65.

63. Trow-Smith, *A History of British Livestock Husbandry*, 317.

64. Collins, "Rural and Agricultural Change," 97.

65. Rixson, *The History of Meat Trading*, 300; Sherwin Hall, "The Cattle Plague of 1865," *Medical History* 6, no. 1 (January 1962): 50.

66. Hall, "The Cattle Plague of 1865," 45.

67. John Gamgee, *The Cattle Plague; With Official Reports of the International Veterinary Congresses Held in Hamburg, 1863, and in Vienna, 1865* (London: Robert Hardwicke, 1866), 341, 356.

68. Spinage, *Cattle Plague*, 165.

69. Michael Worboys, *Spreading Germs: Diseases, Theories, and Medical Practice in Britain, 1865–1900* (Cambridge: Cambridge University Press, 2000), 49; Gamgee, *The Cattle Plague*, 206.

70. Gamgee, *The Cattle Plague*, 261.

71. Spinage, *Cattle Plague*, 297.

72. Perren, *The Meat Trade in Britain*, 108–9, 109–10.

73. "The Cattle Plague — Precautionary Measures in Anglesey and Carnarvonshire," *North Wales Chronicle*, January 13, 1866.

74. "The Cattle Plague," *Aberdeen Journal*, February 28, 1866.

75. Spinage, *Cattle Plague*, 294, 167.

76. A North Shropshire Vicar, "The Cattle Plague," *The Times*, April 10, 1866.

77. Gamgee, *The Cattle Plague*, 93–103.

78. William Smith, "The Cattle Plague in Norfolk," *Journal of the Statistical Society of London* 31, no. 4 (December 1868): 396; Gamgee, *The Cattle Plague*, 113–14, 123.

79. Rev. J. Atkinson, *Forty Years in a Moorland Parish: Reminiscences and Researches in Danby in Cleveland* (London: Macmillan, 1891), 104–6 (quote 105).

80. Spinage, *Cattle Plague*, 185.

81. George Turner, *Cattle Traffic and Cattle Diseases: Their Influence on the Price of Meat: An Appeal to the Public* (London: George Matthews, 1878), 32.

82. "The Recent Outbreak of Cattle Plague," *Leeds Mercury*, November 4, 1872.

83. "Destruction of 58 Cattle Suffering from the Plague," *York Herald*, August 3, 1872.

84. Spinage, *Cattle Plague*, 208.

85. Mark Harrison, *Contagion: How Commerce Has Spread Disease* (New Haven, CT: Yale University Press, 2012), 220–21.

86. Anthony and Blois, *The Meat Industry*, 235.

87. James Kay Shuttleworth, "Cattle Plague Insurance," *The Times*, October 5, 1865.

88. Gamgee, *The Cattle Plague*, 158; "Mr. Gladstone on the Cattle Plague," *Leeds Mercury*, January 9, 1866.

89. *Parliamentary Debates*, Commons (February 14, 1866), vol. 181, col. 491, https://api.parliament.uk/historic-hansard/commons/1866/feb/14/second-reading.

90. "The Cattle Plague: True and False Modes of Dealing with It," *The Economist*, November 18, 1865.

91. Christopher Hamlin, *Public Health and Social Justice in the Age of Chadwick, 1800–1854* (Cambridge: Cambridge University Press, 1998).

92. Spinage, *Cattle Plague*, 328.

93. *The Times*, June 29, 1868.

94. Polanyi, *The Great Transformation*, 136.

95. John Gamgee, *The Meat Question: Free Trade and Food Taxes: Being an Address Delivered on the* 9th *of May 1877 at the St James's Hall* (London: W. Hannaford, 1877), 14.

96. John Gamgee, "Losses among Cattle," *The Times*, November 13, 1863.

97. Gamgee, *The Meat Question*, 19–20.

98. *The Times*, December 14, 1865.

99. John Parkin, *The Causes, Prevention, and Treatment of the Cattle Plague* (London: Hatchard, 1865).

100. Worboys, *Spreading Germs*, 16–17, 44–45.

101. William Budd, "The Siberian Cattle Plague; or, The Typhoid Fever of the Ox," *British Medical Journal*, August 19, 1865, 170.

102. Turner, *Cattle Traffic and Cattle Diseases*, 12–13.

103. John Paterson, "Thoughts on the Cattle Plague," *Aberdeen Journal*, February 21, 1866.

104. J. F. M. Clark, *Bugs and the Victorians* (New Haven, CT: Yale University Press, 2009), 137;*Index to the Statutory Rules and Orders in Force on December 31, 1906*, 5th ed. (London: HM Stationery Office, 1907), 177.

105. Dennis Hill, *Agricultural Insect Pests of Temperate Regions and Their Control* (Cambridge: Cambridge University Press, 1987), 45.

106. Dorothee Brantz, "How Parasites Make History: On Pork and People in Nineteenth-Century Germany and the United States," *GHI Bulletin* 36 (Spring 2005): 70.

107. William Cochran, "Trichinatous Pork," *Food Journal* 2 (February 1, 1871): 20.

108. John Phin, *Trichinae (Pork Worms or Flesh Worms): How to Detect Them; and How to Avoid Them* (Rochester: Bausch & Lomb Optical Co., 1881), 7–8.

109. William Campbell, "Modes of Transmission," in *Trichinella and Trichinosis*, ed. William Campbell (New York: Plenum, 1983), 426–33.

110. Vernon Van Someren, "The Occurrence of Subclinical Trichinosis in Britain: Results from 200 London Necropsies," *British Medical Journal*, December 11, 1937, 1162.

111. "Trichinosis from Eating Sausages," *British Medical Journal*, May 8, 1880, 710.

112. Cochran, "Trichinatous Pork," 22.

113. "Trichinosis," *British Medical Journal*, September 24, 1898, 914.

114. Albert Leffingwell, *American Meat: Its Methods of Production and Influence on Public Health* (New York: Theo E. Schulte, 1910), 90.

115. Leffingwell, *American Meat*, 90; John Gignilliat, "Pigs, Politics, and Protection: The European Boycott of American Pork, 1879–1891," *Agricultural History* 35, no. 1 (January 1961): 4–5; "Exclusion of American Pork," *British Medical Journal*, March 12, 1881; Harrison, *Contagion*, 225.

116. "Trichinae in Pork," *Aberdeen Weekly Journal*, April 16, 1881.

117. Leffingwell, *American Meat*, 95.

118. J. Sheldon, "An Outbreak of Trichiniasis in Wolverhampton and District," *Lancet* 237, no. 6129 (February 15, 1941): 205.

119. Harold Swithinbank and George Newman, *Bacteriology of Milk* (London: John Murray, 1903), 19.

120. Walter Pakes, "The Application of Bacteriology to Public Health," *Sanitary Record* 25 (January 26, 1900): 68.

121. Ernest Hart, *A Report on the Influence of Milk in Spreading Zymotic Disease with a Tabular Analysis of Forty-Eight Outbreaks* (London: Smith, Elder, 1897), 3.

122. Michael Taylor, "On the Transmission of the Infection of Fevers by Means of Fluids," *British Medical Journal*, December 10, 1870, 623.

123. Michael Taylor, "On the Communication of the Infection of Fever by Ingesta," *Edinburgh Medical Journal* 3, no. 11 (May 1858): 994, 998. See also William Savage, *Milk and the Public Health* (London: Macmillan, 1912), 71; Swithinbank and Newman, *Bacteriology of Milk*, 259; Jacob Steere-Williams, "The Perfect Food and the Filth Disease: Milk-Borne Typhoid and Epidemiological Practice in Late Victorian Britain," *Journal of the History of Medicine and Allied Sciences* 64, no. 4 (2010): 519–20; David Davies, *Report on a Localised Outbreak of Typhoid Fever in Bristol, during the Months of July and August, 1878, Traced to the Use of Impure Milk* (Bristol: Rose & Harris, 1879), 6.

124. Edward Willoughby, *Milk: Its Production and Uses; With Chapters on Dairy Farming, the Diseases of Cattle, and on the Hygiene and Control of Supplies* (London: Charles Griffin, 1903), 177.

125. R. L. Huckstep, *Typhoid Fever and Other Salmonella Infections* (Edinburgh: E. S. Livingstone, 1962), 21.

126. J. Russell and Arch. Chalmers, *Report on an Outbreak of Scarlet Fever in Glasgow Connected with an Epidemic Teat Eruption on Milch Cows at Jaapston, with a Report by E. Klein, M.D., F.R.S. on Certain Materials Sent Him* (Glasgow: Robert Anderson, 1893), 12.

127. Leonard Wilson, "The Historical Riddle of Milk-Borne Scarlet Fever," *Bulletin of the History of Medicine* 60, no. 3 (1986): 321–42; E. Wilkinson, "Milk-Borne Streptococcus Epidemics," *British Medical Journal*, September 12, 1931, 496.

128. Arthur Newsholme, "On an Outbreak of Scarlet Fever and Scarlatinal Sore Throat due to Infected Milk," *Public Health* 19 (1906–7): 757–58.

129. "The Importance of Being Able to Identify the Exact Source of Milk Supply," copy of circular letter sent to dairymen in 1905 appended to Newsholme, "On an Outbreak of Scarlet Fever," 771.

130. Worboys, *Spreading Germs*, 195.

131. J. Winchester, "Diagnosis and Prevention of Tuberculosis," *Veterinary Magazine* 1, no. 7 (1894): 480.

132. Arthur Littlejohn, "Meat as a Source of Infection in Tuberculosis," *Veterinary Journal* 16 (1909): 239; J. Myers and James Steele, *Bovine Tuberculosis Control in Man and Animals* (St. Louis: Warren H. Green, 1969), 269.

133. Evelyn Sprawson, "Raw Milk and Sound Teeth," *Public Health* 47 (September 1934): 394 (first quote); Thomas Walley, *The Four Bovine Scourges: Pleuro-Pneumonia, Foot-and-Mouth Disease, Cattle Plague, Tubercle (Scrofula); With an Appendix on the Inspection of Live Animals and Meat* (Edinburgh: MacLachlan & Stewart, 1879), 143 (second quote).

134. Harold Sessions, *Cattle Tuberculosis: A Practical Guide to the Agriculturalist and Inspector*, 2nd ed. (New York: William R. Jenkins, 1911), 19.

135. "Medicine and Milk," *British Medical Journal*, March 9, 1907, 585.

136. J.-A. Villemin, *Études sur la tuberculose: Preuves rationnelles et expérimentales de sa spécificité et de son inoculabilité* (Paris: J.-B. Ballière & fils, 1868), 529–40.

137. Sheridan Delépine, "Tuberculosis and the Milk Supply," *Journal of Meat and Milk Hygiene* 1 (1911): 544.

138. Keir Waddington, *The Bovine Scourge: Meat, Tuberculosis and Public Health, 1850–1914* (Woodbridge: Boydell, 2006), 43.

139. Delépine, "Tuberculosis and the Milk Supply," 546.

140. Waddington, *The Bovine Scourge*, 115.

141. G. C. Frankland, "Boiling Milk," *Nineteenth Century* 40 (September 1896): 456.

142. "Tuberculosis in Milk," *The Times*, December 28, 1907.

143. F. B. Smith, *The Retreat of Tuberculosis, 1850–1950* (London: Croon Helm, 1988), 186.

144. Linda Bryder, *Below the Magic Mountain: A Social History of Tuberculosis in Twentieth-Century Britain* (Oxford: Clarendon, 1988), 3.

145. "Tuberculosis in Children," *British Medical Journal*, October 15, 1932, 720–21.

146. "Milk-Borne Tuberculosis," *British Medical Journal*, February 29, 1936, 423; Myers and Steele, *Bovine*

Tuberculosis Control, 271-72.

147. Hugh Macewen, *The Public Milk Supply* (Glasgow: Blackie & Son, 1910), 39.

148. Swithinbank and Newman, *Bacteriology of Milk*, 456.

149. John Eyler, *Sir Arthur Newsholme and State Medicine, 1885-1935* (Cambridge: Cambridge University Press, 1997), 263.

150. John Harris, *British Government Inspection as a Dynamic Process: The Local Services and the Central Departments* (New York: Frederick Praeger, 1955), 56-57.

151. J. Maggs in"Discussion: By What Means Can Pure Milk Be Obtained and at What Cost?" *British Medical Journal*, August 8, 1925, 252.

152. Spinage, *Cattle Plague*, 7.

153. Savage, *Milk and the Public Health*, 135.

154. "Tuberculosis in Meat," *British Medical Journal*, May 4, 1895, 997.

155. R. Dixey, *Tuberculin-Tested Milk: A Study of Re-Organization for Its Production* (Oxford: Agricultural Economics Research Institute, 1937), 12.

156. Savage, *Milk and the Public Health*, 322; Herbert Maxwell, "Tuberculosis in Man and Beast," *Nineteenth Century* 44, no. 260 (October 1898): 680; Barbara Orland, "Cow's Milk and Human Disease: Bovine Tuberculosis and the Difficulties Involved in Combating Animal Diseases," *Food and History* 1, no. 1 (2003): 195-96; Ainsworth Wilson, *Tuberculosis in Dairy Cows, with Special Reference to the Udder and the Tuberculin Test* (Witham: B. C. Afford, 1908), 8.

157. Orland, "Cow's Milk and Human Disease," 197.

158. H. D. Bishop, "Tuberculous Milk," *British Medical Journal*, October 30, 1920, 682.

159. Sheridan Delépine, "The Manchester Milk Supply from a Public Health Point of View," *Transactions of the Manchester Statistical Society* 61 (1909-10): 6-7.

160. Delépine, "Tuberculosis and the Milk Supply," 569.

161. Savage, *Milk and the Public Health*, 325.

162. Cited in Savage, *Milk and the Public Health*, 326.

163. "Tuberculosis and the Control of Our Milk Supplies," *The Times*, November 11, 1898.

164. P. J. Atkins, "White Poison? The Social Consequences of Milk Consumption, 1850-1930," *Social History of Medicine* 5, no. 2 (1992): 225.

165. E. Crossley, "Developments in Milk Distribution in Britain," *British Agricultural Bulletin* 4, no. 18 (March 1952): 325-29.

166. Peter Atkins, "The Pasteurisation of England: The Science, Culture and Health Implications of Milk Processing, 1900-1950," in *Food, Science, Policy and Regulation in the Twentieth Century: International and Comparative Perspectives*, ed. David Smith and Jim Phillips (London: Routledge, 2000), 41.

167. J. C. Drummond, "Changes in the Digestibility and Nutritive Value of Milk Induced by Heating," in *Conference on the Milk Question: Reprinted from the Dairyman, May, 1923* (N.p.: Royal Society of Arts, 1923), 4-5.

168. E. C. Kingsford, "A Plea for Unboiled Milk," *British Medical Journal*, August 24, 1901, 502; L. Loat, *Pasteurisation of Milk: The Case against Compulsion* (London: Anti-Vaccination League, 1937), 30.

169. "Children and Pasteurised Milk," *Livestock Journal* 117 (January 20, 1933): 65.

170. Smith, *The Retreat of Tuberculosis*, 190.

171. Loat, *Pasteurisation of Milk*, 1-2.

172. Lewis Mumford, *Technics and Civilization* (New York: Harcourt, Brace, 1963), 271.

173. French and Phillips, *Cheated Not Poisoned?* 177.

174. Atkins, "The Pasteurisation of England," 40.

175. "Milk and Pasteurization," *British Medical Journal*, May 6, 1933, 792-93.

176. Bernard Myers, "Raw or Pasteurized Milk," *British Medical Journal*, March 5, 1938, 538.

177. William Harvey and Harry Hill, *Milk: Production and Control* (London: H. K. Lewis, 1936), 299.

178. Crossley, "Developments in Milk Distribution in Britain," 329.

179. Atkins, "The Pasteurisation of England," 47.

180. Harvey and Hill, *Milk*, 226; A. Mattick, *The Production and Distribution of Clean Milk* (London: The Dairyman, 1927), 74.

181. Myers and Steele, *Bovine Tuberculosis Control*, 271.

182. John Ritchie, "The Eradication of Bovine Tuberculosis and Its Importance to Man and Beast," *Conquest* 52, no. 155 (January 1964): 10, 4, 10.

183. R. Hardie and J. Watson, "*Mycobacterium bovis* in England and Wales: Past, Present and Future," *Epidemiology and Infection* 109 (1992): 27.

184. Leighton and Douglas, *The Meat Industry and Meat Inspection*, 3: 770; Perren, *The Meat Trade in Britain*, 67.

185. Henry O'Neill, "Our Meat Supply and How to Improve It," *Transactions of the Royal Academy in Ireland* 19 (1901): 332; W. Wylde, *The Inspection of Meat: A Guide and Instruction Book to Officers Supervising Contract-Meat and to All Sanitary Inspectors* (London: Kegan Paul, Trench, Trübner, 1890), 45–46.

186. "Public Health and Dead Meat," *The Era*, February 24, 1861.

187. Robert Ostertag, *Handbook of Meat Inspection*, trans. Earley Wilcox, 3rd ed. (New York: William R. Jenkins, 1912), 241.

188. "Slink Meat: A Blackburn Dealer Heavily Fined," *Lancashire Evening Post*, August 21, 1895.

189. "Poisoning the Public by 'Meat Not Fit for Dogs,'" *Liverpool Mercury*, January 13, 1870.

190. "The Slink Meat Traffic in Preston," *Preston Chronicle*, October 29, 1892.

191. "Diseased Meat and Milk in Edinburgh," *Caledonian Mercury*, August 21, 1863.

192. James Higgins, "On Diseased Meat," *Edinburgh Veterinary Review and Annals of Comparative Pathology* 5 (1863): 672.

193. "The Cattle-Road to Ruin," *Household Words* 1, no. 14 (June 29, 1850): 330.

194. John Gamgee, *Diseased Meat Sold in Edinburgh, and Meat Inspection, in Connection with the Public Health and with the Interests of Agriculture* (Edinburgh: Sutherland & Knox, 1857), 25.

195. Hugh Macewen, *Food Inspection: A Practical Handbook* (London: Blackie & Son, 1909), 46.

196. Gerrard, *Meat Technology*, 97; "The Chemistry of Sausages," *Appleton's Popular Science Monthly* 55 (1899): 185; Thomas Carlyle, *Latter-Day Pamphlets* (London: Chapman & Hall, 1907), 270.

197. "Extraordinary Bad Meat Case," *Western Mail*, July 15, 1874.

198. "Bad Meat and Sausages," *British Medical Journal*, November 14, 1891, 1059.

199. Fothergill, *A Manual of Dietetics*, 73.

200. Henry Mayhew, *London Labour and the London Poor*, vol. 1, *The London Street-Folk: Book the First* (London: George Woodfall & Son, 1851), 196; James Rymer, *The String of Pearls; or, The Barber of Fleet Street: A Domestic Romance* (London: E. Lloyd, 1850).

201. Cited in"Sale of Diseased Meat in Glasgow," *Glasgow Herald*, April 20, 1889.

202. Joseph Gamgee, *The Cattle Plague and Diseased Meat* (London: T. Richards, 1857), 14, 13.

203. Ostertag, *Handbook of Meat Inspection*, 31.

204. R. Maxwell, *Handbook on the Law Relating to Slaughter-Houses and Unsound Food, Including the Slaughter of Animals Act, 1933, and the Public Health (Meat) Regulations* (1924), 2nd ed. (London: Sanitary Publishing Co., 1934), 4; Leighton and Douglas, *The Meat Industry and Meat Inspection*, 5: 1581–83.

205. William Saunders, *Disposal of Refuse: Report to the Sanitary Committee of the Honourable the Commissioners of Sewers of the City of London, upon Some New Methods of Disposing of All Kinds of Refuse by Cremation* (London: Charles Skipper & East, 1881), 84.

206. Saunders, *Disposal of Refuse*, 101–8; A. M. Trotter, "The Inspection of Meat and Milk in Glasgow," *Journal of Comparative Pathology and Therapeutics* 14 (1901): 86; Alexander Fraser, "The Disposal of Unsound Meat," *Sanitary Record* 36 (October 5, 1905): 293.

207. Maxwell, *Handbook on the Law Relating to Slaughter-Houses*, 7, 12.

208. Gerald Leighton, *The Principles and Practice of Meat Inspection* (Edinburgh: William Hodge, 1927), 204–9; Anthony and Blois, *The Meat Industry*, 247–48.

209. Philip Jones, *The Butchers of London: A History of the Worshipful Company of the Butchers of the City of London* (London: Secker & Warburg, 1976), 135.

210. Waddington, *The Bovine Scourge*, 74.

211. Leighton and Douglas, *The Meat Industry and Meat Inspection*, 4: 1130, 1131, 3: 790–92.

212. Leighton and Douglas, *The Meat Industry and Meat Inspection*, 3: 1057; Leighton, *The Principles and Practice of Meat Inspection*, 11.

213. Leighton and Douglas, *The Meat Industry and Meat Inspection*, 3: 808, 809.

214. Maxwell, "Tuberculosis in Man and Beast," 683; Francis Vacher, "The Control and Inspection of Imported Meat," *Journal of the Sanitary Institute* 20 (1899): 580.

215. Lemmoin-Cannon, *The Sanitary Inspector's Guide*, 147.

216. Waddington, *The Bovine Scourge*, 133.

217. Line, *The Science of Meat*, 1: 389.

218. Bannington, *English Public Health Administration*, 101.

219. Leighton and Douglas, *The Meat Industry and Meat Inspection*, 3: 1049.

220. William Savage, "The Working of the 1924 Meat Regulations in Rural Areas," *Journal of State Medicine* 34 (1926): 717–18.

221. William Savage, "Prepared Meat Foods in Relation to Disease Causation," *Public Health* 31 (April 1918): 83, and "Meat Inspection in Rural Districts," *Journal of the Royal Sanitary Institute* 38, no. 1 (March 1917): 103; E. Hope, "The Administration of the Meat Supply of a Large Community," *Public Health* 2, no. 13 (May 1889): 5; John Gamgee, "The System of Inspection in Relation to the Traffic in Diseased Animals or Their Produce," *Edinburgh Veterinary Review and Annals of Comparative Pathology* 5, no 13 (November 1863): 668.

222. "Butcher's Mad Attack on a Meat Inspector," *Sheffield Daily Telegraph*, July 30, 1904.

223. W. H. Bloye, "The Veterinary Aspects of Public Health," *Journal of State Medicine* 10 (1902): 599.

224. Anne Hardy, "John Bull's Beef: Meat Hygiene and Veterinary Public Health in England in the Twentieth Century," *Review of Agricultural and Environmental Studies* 91, no. 4 (2010): 387.

225. J. Mason, "Inspection of Food at Our Ports," *Public Health* 19 (July 1907): 600.

226. Lieut.-Colonel T. Young, "Meat Inspection," in *The Frozen and Chilled Meat Trade*, 2: 158.

227. Leighton and Douglas, *The Meat Industry and Meat Inspection*, 5: 1587.

228. "Chucks, Butts, and Pork," *British Medical Journal*, February 8, 1908, 343.

229. Gerald Leighton, *Report on an Enquiry into a Uniform System and Standard of Meat Inspection in Scotland* (Edinburgh: HM Stationery Office, 1921), 19.

230. Waddington, *The Bovine Scourge*, 147; Mason, "Inspection of Food at Our Ports," 596.

231. Herbert Williams, "Food Inspection in the Port of London," *Journal of State Medicine* 12, no. 2 (February 1904): 66.

232. Mason, "Inspection of Food at Our Ports," 599.

233. Port of London Sanitary Committee, *Annual Report of the Medical Officer of Health for 31st December 1902* (London: Charles Skipper & East, 1903), 41 ("Inspection of Food").

234. Williams, "Food Inspection in the Port of London," 71.

235. Leighton and Douglas, *The Meat Industry and Meat Inspection*, 5: 1588, 1598, 1599.

236. Martin, *Meat Inspection*, 291.

237. Walworth, *Feeding the Nation*, 135; "Marking of Imported Meat," *The Times*, January 4, 1935; Lethem, "Slaughterhouse Practice at Home and Abroad," 565.

238. Putnam, *Supplying Britain's Meat*, 87.

239. Ian MacLachlan, *Kill and Chill: Restructuring Canada's Beef Commodity Chain* (Toronto: University of Toronto Press, 2001), 131.

240. H. Rider Haggard, *Rural Denmark and Its Lessons* (London: Longmans, Green, 1911), 247.

241. Shaw, "Swine Industry of Denmark," 35; Higgins and Mordhorst, "Bringing Home the'Danish' Bacon," 151.

242. Higgins and Mordhorst, "Bringing Home the 'Danish' Bacon," 151.

243. Grant, "Australian Meat Industry," 67; "An International Standard of Meat Inspection," *Ice and Cold Storage* 14, no. 157 (April 1911): 80; Leighton and Douglas, *The Meat Industry and Meat Inspection*, 5: 1515.

244. Jones, "New Zealand Trade," 150; Leighton and Douglas, *The Meat Industry and Meat Inspection*, 4: 1277, 1282.

245. "Meat Inspection as Conducted in New Zealand," *Report of the Medical Officer of Health for the City of London for the Year 1921* (London: Drake, Driver & Leaver, 1922), 36.

246. Felicity Barnes, *New Zealand's London: A Colony and Its Metropolis* (Auckland: Auckland University Press, 2012), 159–60.

247. Bergés, "La industria della carne refrigerata," 66–67; Young, "Meat Inspection," 159.

248. McFall, *The World's Meat*, 590.

249. Cited in Leighton and Douglas, *The Meat Industry and Meat Inspection*, 4: 1140.

250. Leighton, *Report on an Enquiry into a Uniform System and Standard of Meat Inspection in Scotland*, 7.

251. J. Drabble, *Textbook of Meat Inspection* (Sydney: Angus & Robertson, 1936), 145.

252. Sir Graham Wilson, introduction to W. Charles Cockburn, Joan Taylor, E. Anderson, and Betty Hobbs, *Food Poisoning: Symposium* (London: Royal Society of Health, 1962), 1.

253. Victor Vaughan, "Food Poisoning," *Popular Science Monthly* 56 (November 1899): 47.

254. Anne Hardy, "Food, Hygiene, and the Laboratory: A Short History of Food Poisoning in Britain, *circa* 1850–1950," *Social History of Medicine* 12, no. 2 (1999): 295.

255. Margaret Pelling, *Cholera, Fever and English Medicine, 1825–1865* (Oxford: Oxford University Press), 123.

256. Arthur Luff, *The Ptomaines or Animal Alkaloids and Their Relation to Disease* (London: Morton & Burt, 1888), 4, 7.

257. Savage, *Food Poisoning and Food Infections*, 7, 66.

258. Betty Hobbs, *Food Poisoning and Food Hygiene*, 2nd ed. (London: Edward Arnold, 1968), 7.

259. J. H. McCoy, "Trends in Salmonella Food Poisoning in England and Wales, 1941–72," *Journal of Hygiene* 74 (1975): 273–74.

260. V. P. McDonagh and H. G. Smith, "The Significance of the Abattoir in Salmonella Infection in Bradford," *Journal of Hygiene* 56, no. 2 (June 1958): 277; Mildred Galton, W. V. Smith, Hunter McElrath, and Albert Hardy, "Salmonella in Swine, Cattle and the Environment of Abattoirs," *Journal of Infectious Diseases* 95, no. 3 (November-December 1954): 236–45.

261. Elliott Dewberry, *Food Poisoning, Food-Borne Infection and Intoxication, Nature, History, and Causation: Measures for Prevention and Control*, 4th ed. (London: Leonard Hill, 1959), 363, 96–97.

262. "The Handling of Food," *British Medical Journal*, September 6, 1925, 575.

263. McCoy, "Trends in Salmonella Food Poisoning," 271.

264. R. Gilbert and I. Maurer, "The Hygiene of Slicing Machines, Carving Knives and Can-Openers," *Journal of Hygiene* 66, no. 3 (1968): 447.

265. William Savage, "Problems of Salmonella Food-Poisoning," *British Medical Journal*, August 11, 1956, 319.

266. Savage cited in Dewberry, *Food Poisoning*, 31.

267. T. H. Pennington, *When Food Kills: BSE, E. Coli and Disaster Science* (Oxford: Oxford University Press, 2003), 104; Sebastian Amyes, *Bacteria: A Very Short Introduction* (Oxford: Oxford University Press, 2013), 21; Carl Zimmer, *Microcosm: E. Coli and the New Science of Life* (New York: Pantheon, 2008), 8.

268. Hobbs, *Food Poisoning and Food Hygiene*, 7.

269. Madeline Drexler, *Emerging Epidemics: The Menace of New Infections* (New York: Penguin, 2010), 90.

270. B. Zane Horowitz, "The Ripe Olive Scare and Hotel Loch Maree Tragedy: Botulism under Glass in the 1920's," *Clinical Toxicology* 49 (2011): 345–47.

271. J. B. S. Haldane, "Food Poisoning," in *Possible Worlds and Other Papers* (New York: Harper & Bros., 1928), 107.

272. W. Cockburn, "Reporting and Incidence of Food Poisoning," in Cockburn et al., *Food Poisoning*, 8.

273. M. de Bartolomé, "The Welbeck Poisoning Cases," *British Medical Journal*, July 31, 1880, 189.

274. A. Christie and M. Christie, *Food Hygiene and Food Hazards for All Who Handle Food* (London: Faber & Faber, 1971), 57.

275. George Newman, "Outbreak of Pork-Pie Poisoning," *Public Health* 20 (February 1908): 312.

276. C. Peckham, "An Outbreak of Pork Pie Poisoning at Derby," *Journal of Hygiene* 22, no. 1 (October 1923): 76.

277. William Savage, *Canned Foods in Relation to Health* (Cambridge: Cambridge University Press, 1923), 66, 68, 27, 133–34.

278. Anne Hardy, *Salmonella Infections, Networks of Knowledge, and Public Health in Britain, 1880–1975* (Oxford: Oxford University Press, 2015), 46, 47.

279. "Sewage Contamination of Oysters and Mussels," *British Medical Journal*, January 3, 1903, 33.

280. Anne Hardy, "Exorcizing Molly Malone: Typhoid and Shellfish Consumption in Urban Britain, 1860–1960," *History Workshop Journal* 55 (2003): 82.

281. Hardy, *Salmonella Infections*, 160, 193.

282. Dewberry, *Food Poisoning*, 3.

283. "Hotel and Restaurant Kitchens," *Medical Officer* 24 (December 18, 1920): 259.

284. T. Lindsay, "Some Practical Effects of a Clean Food Campaign," *Journal of the Royal Sanitary Institute* 73, no. 3 (May 1953): 256.

285. Cecil Ash, "Food Hygiene," in Dewberry, *Food Poisoning*, 169; Hardy, *Salmonella Infections*, 202.

286. Hobbs, *Food Poisoning and Food Hygiene*, 41, 9, 134–35.

287. Christie and Christie, *Food Hygiene and Food Hazards*, 155; A. Hisano, "Cellophane, the New Visuality, and the Creation of Self-Service Food Retailing," Working Paper no. 17–106 (Cambridge, MA: Harvard Business School, 2017), 18–21.

288. "Watch Urged on Food Industry Trends," *The Times*, October 8, 1969.

289. Dewberry, *Food Poisoning*, 100.

290. Betty Hobbs, "*Staphylococcal* and *Clostridium Welchii* Food Poisoning," in Cockburn et al., *Food Poisoning*, 57.

291. Ministry of Health, *Clean Catering: A Handbook on Premises, Equipment and Practices for the Promotion of Hygiene in Food Establishments* (London: HM Stationery Office, 1963), 83.

292. Ministry of Health, *Clean Catering*, 33.

293. D. Jukes, *Food Legislation of the UK: A Concise Guide* (London: Butterworths, 1984), 6.

294. Ash, "Food Hygiene," 171.

295. L. Kluth, "Control of Infestation," in Hobbs, *Food Poisoning and Food Hygiene*, 187, 189; Ministry of Health, *Clean Catering*, 27.

296. E. O. Wilson, afterword to *Silent Spring*, by Rachel Carson (Boston: Mariner, 2002), 360.

297. Alec Lerner, "Food Hygiene in Marks and Spencer Ltd.," *Transactions of the Association of Industrial Medical Officers* 4, no. 2 (July 1954): 45–46.

298. Goronwy Rees, *St. Michael: A History of Marks and Spencer* (London: Pan, 1969), 223–24.

299. Rees, *St. Michael*, 226; Lerner, "Food Hygiene in Marks and Spencer," 46.

300. "Reaction at Marks and Spencer to the Typhoid Outbreak at Aberdeen," *Sanitarian*, July 1964, 413–14.

301. "Only the Best for Staff, Too," *Newcastle Chronicle*, August 13, 1970.

302. Food Standards Agency, *Red Meat Safety and Clean Livestock* (London: Food Standards Agency, 2002), 14.

303. "Spotlight," "Food Hygiene — 'New Deal,'" *The Sanitarian*, February 1956, 239.

304. Susanne Freidberg, *French Beans and Food Scares: Culture and Commerce in an Anxious Age* (Oxford: Oxford University Press, 2004), 117, 200–201.

305. Barbara Adam and Joost van Loon, "Introduction: Repositioning Risk: The Challenge for Social Theory," in *The Risk Society and Beyond: Critical Issues for Social Theory*, ed. Barbara Adam, Ulrich Beck, and Joost van Loon (London: Sage, 2000), 7.

306. Susanne Freidberg, "Footprint Technopolitics," *Geoforum* 55 (2014): 183.

307. Pennington, *When Food Kills*, 1–24.

308. Edwin Jordan, *Food Poisoning and Food-Borne Infection*, 2nd ed. (Chicago: University of Chicago Press, 1931), 1.

309. Food Standards Agency, *Red Meat Safety*, 8.

310. J. M. Farber and P. I. Peterkin, "*Listeria monocytogenes*, a Food-Borne Pathogen," *Microbiological Reviews* 55, no. 3 (1991): 487.

311. Hannah Landecker, "Food as Exposure: Nutritional Epigenetics and the New Metabolism," *BioSocieties* 6, no. 2 (2011): 167–94.

第五章

1. Cited in Peter Wallensteen, "Scarce Goods as Political Weapons: The Case of Food," *Journal of Peace Research* 4, no. 13 (1976): 277.

2. Nixon, *Slow Violence*, 7; Wells, *The Metabolic Ghetto*, 243.

3. Michael Watts, *Silent Violence: Food, Famine, and Peasantry in Northern Nigeria*, new ed. (London: University of Georgia Press, 2013).

4. Timothy Snyder, *Black Earth: The Holocaust as History and Warning* (London: Bodley Head, 2015), 323.

5. Carl Schmitt, *Land and Sea: A World-Historical Meditation* (1942), trans. Samuel Zeitlin (Candor, NY: Telos, 2015), 75.

6. A. Appleby, "Grain Prices and Subsistence Crises in England and France, 1590–1740," *Journal of Economic History* 39 (1979): 867.

7. C. H. Firth, *Then and Now, or, A Comparison between the War with Napoleon and the Present War* (London: Macmillan, 1918), 20.

8. John Bohstedt, *The Politics of Provisions: Food Riots, Moral Economy, and Market Transition in England, c. 1550–1850* (Burlington, VT: Ashgate, 2010), 238; Stern, "The Bread Crisis in Britain," 185.

9. Stern, "The Bread Crisis in Britain," 172.

10. Roger Knight, *Britain against Napoleon: The Organization of Victory, 1793–1815* (London: Allen Lane, 2013), 411.

11. John Post, *The Last Great Subsistence Crisis in the Western World* (Baltimore: Johns Hopkins University Press, 1977), 70.

12. Malthus, *An Essay on the Principle of Population*, 245; Liverpool cited in Petersen, *Bread and the British Economy*, 97.

13. Roger Wells, *Wretched Faces: Famine in Wartime England* (New York: St. Martin's, 1988), 258, 280–81.

14. Bohstedt, *The Politics of Provisions*, 240, 243.

15. Edmund Burke, *Thoughts and Details upon Scarcity, Originally Presented to the Right Hon. William Pitt, in the Month of November, 1795* (London: F. & C. Rivington, 1800); Smith, *Wealth of Nations*, 2: 33; Wells, *Wretched Faces*, 234.

16. Marcus Olson, *The Economics of Wartime Shortage: A History of British Food Supplies in the Napoleonic War and in World Wars I and II* (Durham, NC: Duke University Press, 1963), 67.

17. Outhwaite, "Dearth and Government Intervention," 399.

18. Stern, "The Bread Crisis in Britain," 179.

19. Knight, *Britain against Napoleon*, 158.

20. Wells, *Wretched Faces*, 288–89, 317.

21. W. Galpin, *The Grain Supply of England during the Napoleonic Period* (New York: Macmillan, 1925), 194; Knight, *Britain against Napoleon*, 404, 396, 175.

22. Post, *The Last Great Subsistence Crisis*, 1, 72, 88, 100, 129, 44, 49.

23. Robert Fogel, *The Escape from Hunger and Premature Death, 1700–2100: Europe, America, and the Third World* (Cambridge: Cambridge University Press, 2004); James Vernon, *Hunger: A Modern History* (Cambridge,

MA: Belknap Press of Harvard University Press, 2007).

24. Fogel, *The Escape from Hunger*.

25. Vernon, *Hunger*, 257.

26. Robert Giffen, "The Progress of the Working Classes in the Last Half-Century," *Journal of the Statistical Society of London* 46, no. 4 (December 1883): 602.

27. Clarkson and Crawford, *Feast and Famine*, 127.

28. Cormac Ó Gráda, "Ireland's Great Famine: An Overview," in *When the Potato Failed: Causes and Effects of the"Last" European Subsistence Crisis, 1845–1850*, ed. Cormac Ó Gráda, Richard Paping, and Eric Vanhaute (Turnhout: Brepols, 2007), 43.

29. Cormac Ó Gráda, "The Lumper Potato and the Famine," *History Ireland* 1 (1993): 22–23.

30. Rebecca Earle, "Promoting Potatoes in Eighteenth-Century Europe," *Eighteenth-Century Studies* 51, no. 2 (Winter 2018): 154–56.

31. Joel Mokyr, *Why Ireland Starved: A Quantitative and Analytical History of the Irish Economy, 1800–1850* (London: George Allen & Unwin, 1983), 9; David Davies, *The Case of Labourers in Husbandry Stated and Considered with an Appendix Containing a Collection of Accounts Shewing the Earnings and Expenses of Labouring Families in Different Parts of the Kingdom* (1795; Fairfield, NJ: Augustus M. Kelley, 1977), 35.

32. William Buchan, *Observations concerning the Diet of the Common People, Recommending a Method of Living Less Expensive, and More Conducive to Health, Than the Present* (London: A. Strahan, 1797), 9, 30.

33. Mokyr, *Why Ireland Starved*, 7.

34. "Report Respecting the Irish Poor," *Chambers's Edinburgh Journal* 9, no. 450 (September 12, 1840): 267.

35. Malthus, *An Essay on the Principle of Population*, 127–28, 297–98; Thomas Malthus, *Principles of Political Economy Considered with a View to Their Practical Application*, 2nd ed. (1836; New York: Augustus Kelley, 1968), 349.

36. Cobbett, *Cottage Economy*, 44.

37. Smith, *Wealth of Nations*, 1: 180.

38. Líam Kennedy, Paul Ell, E. M. Crawford, and L. A. Clarkson, *Mapping the Great Irish Famine: A Survey of the Famine Decades* (Dublin: Four Courts, 1999), 66; "A Sketch of the State of Ireland, Past and Present," *Edinburgh Review* 12, no. 24 (July 1, 1808): 343.

39. Bashford and Chaplin, *New Worlds*, 215–16.

40. Wheatley, *A Letter to the Duke of Devonshire*, 32.

41. Charles Trevelyan, "The Irish Crisis," *Edinburgh Review* 87, no. 175 (January 1848): 310.

42. Richard Cobden, "Free Trade IV," in *Speeches on Questions of Public Policy by Richard Cobden, M.P.*, ed. John Bright and James Thorold Rogers (London: Macmillan, 1903), 32.

43. Thomas Carlyle, *Sartor Resartus* (Oxford: Oxford University Press, 1987), 214.

44. Cited in Peter Gray, *Famine, Land and Politics: British Government and Irish Society, 1843–50* (Dublin: Irish Academic Press, 1999), 323.

45. John O'Rourke, *The History of the Great Irish Famine of 1847, with Notices of Earlier Irish Famines*, 2nd ed. (Dublin: McGlashan & Gill, 1875), 223.

46. Christine Kinealy, *A Death-Dealing Famine: The Great Hunger in Ireland* (London: Pluto, 1997), 62; Wheatley, *A Letter to the Duke of Devonshire*, 17.

47. O'Rourke, *The History of the Great Irish Famine*, 225.

48. A. R. G. Griffiths, "The Irish Board of Works in the Famine Years," *Historical Journal* 13, no. 4 (December 1970): 635; Trevelyan, "The Irish Crisis," 260.

49. "Extracts from Narrative of William Edward Forster's Visit in Ireland, from the 18th to the 26th of First Month, 1847," in *Distress in Ireland: Extracts from Correspondence Published by the Central Relief Committee by the Society of Friends*, 3 vols. (Dublin: Webb & Chapman, 1847), 2: 36.

50. Trevelyan, "The Irish Crisis," 267.

51. Patrick Hickey, *Famine in West Cork: The Mizen Peninsular Land and People, 1800–1852* (Cork: Mercier, 2000), 272.

52. Noel Kissane, *The Irish Famine: A Documentary History* (Dublin: National Library of Ireland, 1995), 120.

53. David Nally, *Human Encumbrances: Political Violence and the Great Irish Famine* (Notre Dame, IN: University of Notre Dame Press, 2011), 157.

54. Hickey, *Famine in West Cork*, 169–70.

55. Sailor on the *Tartarus*, *Cork Constitution*, March 11, 1847, cited in Hickey, *Famine in West Cork*, 188.

56. Clarkson and Crawford, *Feast and Famine*, 148, 150.

57. O'Rourke, *The History of the Great Irish Famine*, 257–60.

58. Richard Webb, February 19, 1847, in *Correspondence from January to March 1847 Relating to the Measures Adopted for the Relief of the Distress in Ireland* (London: William Clowes, 1847), 164.

59. T. O'Connor, *The Parnell Movement; With a Sketch of Irish Parties from 1848*, 5th ed. (New York: Benziger Bros., 1886), 61.

60. Mill, *Principles of Political Economy*, 950; "Medicines Which Will Not Cure Ireland," *The Economist*, May 2, 1846, 563.

61. Nally, *Human Encumbrances*, 52.

62. George Nicholls, *A History of the Irish Poor Law* (1856; New York: Augustus Kelley, 1967), 166 ("First Report," November 15, 1836).

63. G. Stoddart, *The True Cure for Ireland, the Development of Her Industry*, 2nd ed. (London: Trelawny Saunders, 1847), 9.

64. "Ireland — Its Permanent Evils and Their Remedy — No. III," *The Economist*, October 3, 1846.

65. Trevelyan, "The Irish Crisis," 233.

66. "The Agricultural Condition of Ireland," *The Economist*, September 25, 1847, 1105.

67. "A Sketch of the State of Ireland," 352; *Thoughts on Ireland* (London: James Ridgway, 1847), 21.

68. Stoddart, *The True Cure for Ireland*, 13, 12.

69. "View of Public Affairs," *Christian Observer*, April 1846, 255.

70. Nicholls, *A History of the Irish Poor Law*, 357.

71. A Gentleman of Lincoln's Inn, *Important Suggestions in Relation to the Irish Poor Law* (Dublin: John Hoare, 1842), 28.

72. James Donnelly Jr., *The Great Irish Potato Famine* (Stroud: Sutton, 2001), 109.

73. C. Trevelyan, "Distress in Ireland," *The Times*, October 12, 1847.

74. *Thoughts on Ireland*, 37.

75. James Caird, *The Plantation Scheme; or, The West of Ireland as a Field for Investment* (London: William Blackwood & Sons, 1850), 131.

76. "Potatoe Famine," *Leeds Times*, October 18, 1845; *Thoughts on Ireland*, 38.

77. "The Condition of Ireland and Its Cure," *The Economist*, December 25, 1847; "Ireland," *The Economist*, February 27, 1847, 226.

78. Trevelyan, "The Irish Crisis," 231.

79. Mokyr, *Why Ireland Starved*, 280.

80. Jonathan Pim, *The Conditions and Prospects of Ireland* (Dublin: Hodges & Smith, 1848), 124.

81. Jasper Rogers, *The Potato Truck System of Ireland: The Main Cause of Her Periodical Famines and of the Non-Payment of Her Rents* (London: James Ridgway, 1847), 5.

82. *The Times*, September 22, 1846.

83. Gray, *Famine, Land and Politics*, 285.

84. Cited in Landecker, "Food as Exposure," 188.

85. Wheatley, *A Letter to the Duke of Devonshire*, 4 (first quote), 6, 8, 27 (second quote), 31 (third quote), 41.

86. Nassau Senior, *Journals, Conversations and Essays Relating to Ireland*, 2 vols. (London: Longmans, Green, 1868), 2: 282; Perelman, *The Invention of Capitalism*, 318–19.

87. McCulloch, *The Principles of Political Economy*, 324.

88. Karl Marx, *Capital: A Critique of Political Economy*, 3 vols. (London: Lawrence & Wishart, 1977), 1: 658.

89. John Mitchel, *The Last Conquest of Ireland (Perhaps)* (1861), ed. Patrick Maune (Dublin: University College

Dublin Press, 2005), 120.

90. Joseph Hodge, "Writing the History of Development (Part 1: The First Wave)," *Humanity*, Winter 2015, 452.

91. *The Times*, April 2, 1849.

92. Thomas Scott, *Ireland Estimated as a Field for Investment* (London: Thomas Harrison, 1854), vii.

93. Jonsson, *Enlightenment's Frontier*, 233.

94. Smith, *Wealth of Nations*, 1: 439.

95. Senior, *Journals*, 2: 282.

96. "The Evictions," *Limerick and Clare Examiner*, May 31, 1848.

97. Marx, *Capital* (1977), 1: 666.

98. Cited in Gray, *Famine, Land and Politics*, 309.

99. Bashford and Chaplin, *New Worlds*, 235.

100. "Poor Laws (Ireland) — Rate in Aid Bill — Adjourned Debate," *Parliamentary Debates*, Commons (March 30, 1849), vol. 104, cols. 68–132, col. 117 (Peel).

101. "Comprehensive Policy for Ireland," *The Economist*, April 15, 1849. I thank David Nally for pointing this out to me.

102. "Comprehensive Policy for Ireland."

103. "Ireland's Necessity, England's Opportunity: An Unpalatable and Severe Truth," *The Economist*, September 2, 1848 (first quote); Nally, *Human Encumbrances*, 230–31 (second quote).

104. W. Trench, *Realities of Irish Life* (London: Longmans, Green, 1869), 105.

105. *The Census of Ireland for the Year 1851* (Dublin, 1856), cited in John Killen, *The Famine Decade: Contemporary Accounts, 1841–1851* (Belfast: Blackstaff, 1995), 253.

106. Janam Mukherjee, *Hungry Bengal: War, Famine and the End of Empire* (Oxford: Oxford University Press, 2015), 254. See also Nally, *Human Encumbrances*, 173; and Alex de Waal, *Mass Starvation: The History and Future of Famine* (Cambridge: Polity, 2018), 35.

107. Mukherjee, *Hungry Bengal*, 255.

108. Cited in George Pellew, *In Castle and Cabin; or, Talks in Ireland in 1887*, 3rd ed. (London: G. P. Putnam's Sons, 1889), 260.

109. Marx, *Capital* (1977), 1: 657.

110. Andy Bielenberg, "The Irish Economy, 1815–1880: Agricultural Transition, the Communications Revolution and the Limits of Industrialization," in *The Cambridge History of Ireland*, vol. 3, *1730–1880*, ed. James Kelly (Cambridge: Cambridge University Press, 2018), 183.

111. Donnelly, *The Great Irish Potato Famine*, 64; Nally, *Human Encumbrances*, 205; Imperial Economic Committee, *Cattle and Beef Survey*, 54.

112. Shanahan, *Animal Foodstufvfs*, 126.

113. Robert Herbert, "Statistics of Live Stock and Dead Meat for Consumption in the Metropolis," *Journal of the Royal Agricultural Society of England* 20 (1859): 474.

114. Rouse, *World Cattle*, 1: 176.

115. B. M. Bhatia, *Famines in India: A Study in Some Aspects of the Economic History of India with Special Reference to the Food Problem, 1860–1990*, 3rd ed., rev. (Delhi: Konark, 1991), 7.

116. Leela Visaria and Pravin Visaria, "Population (1757–1947)," in *The Cambridge Economic History of India* (2 vols.), ed. Dharma Kumar (Cambridge: Cambridge University Press, 1983), 2: 528–31.

117. B. Tomlinson, *The Economy of Modern India, 1860–1970* (Cambridge: Cambridge University Press, 1993), 51.

118. Mill, *Principles of Political Economy*, 122.

119. Mike Davis, *Late Victorian Holocausts: El Niño Famines and the Making of the Third World* (London: Verso, 2001), 7.

120. Bhatia, *Famines in India*, 89.

121. Hari Srivastava, *The History of Indian Famines and Development of Famine Policy, 1858–1918* (Agra: Sri Ram Mehra, 1968), 143.

122. William Digby, *The Famine Campaign in Southern India (Madras and Bombay Presidencies and Province of Mysore), 1876–1878*, 2 vols. (London: Longmans, Green, 1878), 2: 414, 287.

123. Aidan Forth, *Barbed-Wire Imperialism: Britain's Empire of Camps, 1876–1903* (Berkeley and Los Angeles: University of California Press, 2017), 59, 61.

124. David Hall-Matthews, *Peasants, Famine and the State in Colonial Western India* (New York: Palgrave Macmillan, 2005), 194.

125. Srivastava, *The History of Indian Famines*, 145.

126. Cited in Digby, *The Famine Campaign in Southern India*, 1: 26.

127. Cited in "Sir Richard Temple's Experiments on the Madras Famine," *Medical Times and Gazette*, May 19, 1877, 544.

128. "Sir Richard Temple's Experiment," 542.

129. David Hall-Matthews, "Inaccurate Conceptions: Disputed Measures of Nutritional Needs and Famine Deaths in Colonial India," *Modern Asian Studies* 42, no. 6 (November 2008): 1195.

130. W. Cornish to Additional Secretary to the Government of Madras, May 20, 1877, *Accounts and Papers: East India*, 32–33.

131. Digby, *The Famine Campaign in Southern India*, 2: 177, 179, 185; Cornish to Additional Secretary to the Government of Madras, 33.

132. R. Christison, April 18, 1877, cited in Digby, *The Famine Campaign in Southern India*, 2: 258.

133. Smil, *Feeding the World*, 218, 244–45.

134. Ian Kerr, *Building the Railways of the Raj, 1850–1900* (New York: Oxford University Press, 1995), 180.

135. Bashford, *Global Population*, 150.

136. Digby, *The Famine Campaign in Southern India*, 2: 304, 311; Forth, *Barbed-Wire Imperialism*, 110.

137. Cited in Digby, *The Famine Campaign in Southern India*, 2: 219.

138. "The Indian Famine," *The Era*, March 31, 1861.

139. Digby, *The Famine Campaign in Southern India*, 2: 208–9, 149, 153.

140. "Neglected Aspects of the Indian Famine," *The Economist*, March 28, 1874, 378.

141. W. Hunter, *Annals of Rural Bengal*, 5th ed. (London: Smith, Elder, 1872), 260.

142. S. Ambirajan, "Malthusian Population Theory and Indian Famine Policy in the Nineteenth Century," *Population Studies* 30, no. 1 (1976): 6.

143. Prasannan Parthasarathi, *Why Europe Grew Rich and Asia Did Not: Global Economic Divergence, 1600–1850* (Cambridge: Cambridge University Press, 2011), 71, 75; Tomlinson, *The Economy of Modern India*, 38.

144. "The Indian Famine," *Aberdeen Weekly Journal*, October 18, 1877; Digby, *The Famine Campaign in Southern India*, 2: 345, 348.

145. *Famine Commission Report, 1880*, app. 1, p. 110, cited in Hall-Matthews, *Peasants, Famine and the State*, 182.

146. Davis, *Late Victorian Holocausts*, 26; Digby, *The Famine Campaign in Southern India*, 1: 148–49; Grove, *Green Imperialism*, 445–46.

147. Hall-Matthews, *Peasants, Famine and the State*, 84.

148. William Digby, *"Prosperous" British India: A Revelation from Official Records* (London: T. F. Unwin, 1901), 269; Tomlinson, *The Economy of Modern India*, 61.

149. Hall-Matthews, *Peasants, Famine and the State*, 68, 93, 117, 122.

150. Jawaharlal Nehru, *The Discovery of India* (Delhi: Oxford University Press, 1946), 299.

151. Srivastava, *The History of Indian Famines*, 169.

152. S. Ambirajan, *Classical Political Economy and British India* (Cambridge: Cambridge University Press, 1978), 94–96.

153. Digby, *"Prosperous" British India*, 122.

154. Dadabhai Naoroji, *Poverty and Un-British Rule in India* (Delhi: Ministry of Information and Broadcasting, Government of India, 1962), iv, 55, 340.

155. Bhatia, *Famines in India*, 239.

156. Malabika Chakrabarti, *The Famine of 1896–1897 in Bengal: Availability or Entitlement Crisis?* (Hyderabad: Orient Longman, 2004), 287.

157. Bhatia, *Famines in India*, 251, 261.

158. George Dick, "The Indian Famine," *Glasgow Herald*, May 18, 1900.

159. J. Scott, *In Famine Land: Observations and Experiences in India during the Great Drought of 1899–1900* (New York: Harper & Bros., 1904), 36; H. Sharp, "In a Barren and Dry Land: I," *Cornhill Magazine*, April 1900, 501; "The Indian Famine," *Glasgow Herald*, April 14, 1900.

160. Srivastava, *The History of Indian Famines*, 242.

161. Devereux, *Theories of Famine*, 22.

162. S. G. Rudler, "Indian Famine," *Liverpool Mercury*, April 2, 1897; Scott, *In Famine Land*, 16.

163. Ira Klein, "Urban Development and Death: Bombay City, 1870–1914," *Modern Asian Studies* 20, no. 4 (1986): 746.

164. Chakrabarti, *The Famine of 1896–1897 in Bengal*, 98, 428.

165. Indian Famine Commission, *Report of the Famine Commission, 1898* (New Delhi: Agricole Publishing Academy, 1979), 208, and *Report of the Indian Famine Commission, 1901* (New Delhi: Agricole Publishing Academy, 1979), 7.

166. Indian Famine Commission, *Report... 1898*, 233.

167. Chakrabarti, *The Famine of 1896–1897 in Bengal*, 436–37.

168. Robert Giffen, "The Wealth of the Empire, and How It Should Be Used," *Journal of the Royal Statistical Society* 66, no. 3 (September 1903): 588.

169. Watts, *Silent Violence*, 186, 369.

170. Gilbert Rist, *The History of Development: From Western Origins to Global Faith*, trans. Patrick Camiller (London: Zed, 2008), 232.

171. Hobson, *The Social Question*, 208. See also De Waal, *Mass Starvation*, 98.

172. De Waal, *Mass Starvation*, x.

173. Forth, *Barbed-Wire Imperialism*, 145; Simon Webb, *British Concentration Camps: A Brief History from 1900–1975* (Barnsley: Pen & Sword, 2016), 12, 20.

174. Simon Naylor, "Spacing the Can: Empire, Modernity, and the Globalization of Food," *Environment and Planning A* 32 (2000): 1633.

175. John Bews, "The Botanical Survey of Africa" (n.d., typescript), cited in Peder Anker, *Imperial Ecology: Environmental Order in the British Empire, 1895–1945* (Cambridge, MA: Harvard University Press, 2001), 160.

176. C. Fletcher and Rudyard Kipling, *A School History of England* (Oxford: Clarendon, 1911), 236.

177. J. W. Cross, "The Future of Food," *Contemporary Review* 54 (July–December 1888): 871.

178. Cited in "The Wheat Supply of England," *The Standard*, December 24, 1895.

179. Captain Bedford Pim responding to Webster, "England's Colonial Granaries," 49, 50.

180. H. Seton-Karr, "England's Food Supply in Time of War," *North American Review* 164, no. 487 (June 1897): 651, 653, 661.

181. R. B. Marston, *War, Famine and Our Food Supply* (London: Sampson Low, Marston, 1897), xxii.

182. R. B. Marston, "Corn Stores for War Time," *Nineteenth Century* 39 (February 1896): 239.

183. Marston, *War, Famine and Our Food Supply*, 185.

184. Thomas Read, *Land and Water*, February 13, 1897, cited in Marston, *War, Famine and Our Food Supply*, 133.

185. Stewart Murray, "Our Food Supply in Time of War, and Imperial Defence," *Journal of the Royal United Service Institution* 45, no. 1 (January/June 1901): 679, 681, 686.

186. A. C. Doyle, "Great Britain and the Next War," *Fortnightly Review*, n.s., 93 (February 1913): 233–34.

187. Royal Commission on Supply of Food and Raw Materials in Time of War (RCSFRM), *Report of the Royal Commission on Supply of Food and Raw Materials in Time of War; With Minutes of Evidence and Appendices*, vol. 1, *The Report* (London: HM Stationery Office, 1905), 6.

188. "Annex C: Analysis of Storage Schemes," in RCSFRM, *Report*, 134, 144.

189. "Annex B: Memorandum on the Operations of Shipping in Relation to the Supply of the United Kingdom of Foodstuffs and Raw Materials, Prepared by the Chairman, Sir J. Colomb, K.C.M.G., M.P, and Mr. Emmott, M.P.," in RCSFRM, *Report*, 117; RCSFRM, *Report*, 28, 32–33.

190. RCSFRM, *Report*, 53.

191. Offer, *The First World War*, 220, 244.

192. Frank Coller, *A State Trading Adventure* (London: Oxford University Press, 1925), 4.

193. "Reservations and Memoranda Appended to Signatures of the Report," in RCSFRM, *Report*, 92.

194. RCSFRM, *Report*, 34.

195. L. Margaret Barnett, *British Food Policy during the First World War* (London: Allen & Unwin, 1985), 9–10.

196. Lord Milner reporting on a conversation with Lucas cited in Barnett, *British Food Policy*, 27.

197. Cited in Offer, *The First World War*, 324.

198. F. Le Gros Clark, "Britain's Food Supplies in War," in *Our Food Problem: A Study of National Security*, by F. Le Gros Clark and Richard Titmus (Harmondsworth: Penguin, 1939), 11.

199. Belinda Davis, *Home Fires Burning: Food, Politics, and Everyday Life in World War I Berlin* (London: University of North Carolina Press, 2000), 22.

200. Cited in Barnett, *British Food Policy*, 15.

201. Barnett, *British Food Policy*, 44.

202. Beveridge, *British Food Control*, 68.

203. Coller, *A State Trading Adventure*, 69–70; Beveridge, *British Food Control*, 60; Barnett, *British Food Policy*, 127.

204. "Food Control," *Parliamentary Debates*, Lords (July 26, 1917), vol. 26, cols. 49–73, col. 52 (Rhondda).

205. Frank Chambers, *The War behind the War* (New York: Harcourt, Brace, 1939), 422; Beveridge, *British Food Control*, 163–64.

206. Beveridge, *British Food Control*, 13; Barnett, *British Food Policy*, 173.

207. Beveridge, *British Food Control*, 109–10.

208. Beveridge, *British Food Control*, 96–97; "Bread Changes in Force To-Day," *The Times*, March 12, 1917; "State Milling," *The Times*, April 24, 1917; "Less Bread," *The Times*, May 11, 1917.

209. P. Dewey, *British Agriculture in the First World War* (London: Routledge, 1989), 168.

210. Cited in Dewey, *British Agriculture in the First World War*, 226.

211. Coller, *A State Trading Adventure*, 34–35.

212. Ernest Starling, *The Feeding of Nations: A Study in Applied Psychology* (London: Longmans, Green, 1919), 130.

213. Walter Hadwen, "War Bread from a Health and Economic Standpoint," *Medical Times*, April 21, 1917, 216; Robert Hutchison, "The Effects of War Bread on Health," *Practitioner*, December 1917, 504–5.

214. Hanson, *Argentine Meat and the British Market*, 207; Thomas Middleton, *Food Production in War* (Oxford: Clarendon, 1923), 336.

215. Archibald Hurd, *The Merchant Navy*, 3 vols. (London: John Murray, 1921–29), 2: 234.

216. Ian Kumekawa, "Meat and Economic Expertise in the British Imperial State during the First World War," *Historical Journal* 62, no. 1 (2019): 180.

217. "Meat Trade Control," *The Times*, November 30, 1917.

218. Wood, *The National Food Supply*, 30.

219. Starling, *Feeding of Nations*, 107.

220. Beveridge, *British Food Control*, 257.

221. Starling, *Feeding of Nations*, 91.

222. *The Food Supply of the United Kingdom: A Report Drawn Up by a Committee of the Royal Society at the Request of the President of the Board of Trade* (London: HM Stationery Office, 1917), 26.

223. Wood, *The National Food Supply*, 37, 38.

224. Dewey, *British Agriculture in the First World War*, 214.

225. "Tame Rabbits and Wild Fowl," *The Times*, February 13, 1918.

226. Barnett, *British Food Policy*, 150; Beveridge, *British Food Control*, 114.

227. H. Clemsha, *Food Control in the North-West Division* (Manchester: Manchester University Press, 1922), 77.

228. Alonzo Taylor, "International and National Food Control," *Annals of the American Academy of Political and Social Science* 78 (July 1918): 155.

229. Rachel Duffett, *The Stomach for Fighting: Food and the Soldiers of the Great War* (Manchester: Manchester University Press, 2012), 79.

230. Starling, *Feeding of Nations*, 133.

231. Robert Graves, *Good-Bye to All That* (New York: Blue Ribbon, 1930), 324.

232. Charles Bathurst, "Sugar for Jam," *The Times*, June 27, 1918; T. N. Wilson, "Sugar for Jam," *The Times*, June 25, 1918.

233. "Sugar for Jam," *The Times*, February 26, 1918; R.T.D.S., "Sugar for Jam," *The Times*, September 1, 1919.

234. Middleton, *Food Production in War*, 169.

235. Peter Dewey, "British Farming Profits and Government Policy during the First World War," *Economic History Review*, n.s., 37, no. 3 (August 1984): 378.

236. Dewey, *British Agriculture in the First World War*, 103; Venn, *The Foundations of Agricultural Economics*, 509.

237. R. Henry Rew, *Food Supplies in Peace and War* (London: Longmans, Green, 1920), 51;"Food Production on Golf Courses," *Sussex Agricultural Express*, January 25, 1918.

238. "Vegetable Growing: The Husbanding of the Meat Supply: Potato Cultivation," *The Times*, June 5, 1916; Beveridge, *British Food Control*, 158.

239. Duffett, *The Stomach for Fighting*, 50; "Scurvy and Potatoes," *Daily Record* (Glasgow), June 29, 1917.

240. Ministry of Food, *Thirty-Four Ways to Use Potatoes Other Than as Vegetables* (London, 1918); Barnett, *British Food Policy*, 76–77.

241. Edmund Spriggs, *Food and How to Save It* (London: HM Stationery Office, 1917), 12–13.

242. "Waste of Bread," *The Times*, September 2, 1916.

243. "Bread Saving," *The Times*, June 25, 1917.

244. "The Bread Peril," *The Times*, April 30, 1917.

245. Ministry of Food, *Food Economy Handbook* (London: HM Stationery Office, 1917), 1.

246. Tim Cooper, "Challenging the 'Refuse Revolution': War, Waste and the Rediscovery of Recycling, 1900–1950," *Historical Research* 81, no. 214 (2007): 7; "National Salvage Council," *Proceedings of the Institution of Municipal Engineers* 44 (1917–18): 328–29; "Nut Shells and Fruit Stones," *Grantham Journal*, August 10, 1918.

247. King's Lynn and District Central War Savings Committee Food Economy Section, *The Voice of King's Lynn on the Subject of the Food Economy Campaign* (King's Lynn: Lynn News and County Press, 1917), 4, 13, 9.

248. "Feeding 14 Dogs on Bread," *Edinburgh Evening News*, September 8, 1917; "Feeding Birds with Crusts," *Western Times* (Exeter), June 12, 1917.

249. "Where He Drew the Line," *Hull Daily Mail*, May 3, 1918.

250. Beveridge, *British Food Control*, 239–40; "Food Surrender Week," *The Times*, February 11, 1918; "The 'Accidental Surplus': Results of an Advertisement in 'The Times,'" *The Times*, February 7, 1918.

251. Ian Miller, *Reforming Food in Post-Famine Ireland: Medicine, Science and Improvement, 1845–1922* (Manchester: Manchester University Press, 2014), 185-91.

252. Anthony Coles, "The Moral Economy of the Crowd: Some Twentieth-Century Food Riots," *Journal of British Studies* 18, no. 1 (Autumn 1978): 173.

253. "Food Queues," *Sheffield Evening Telegraph*, December 21, 1917; Barnett, *British Food Policy*, 142.

254. Beveridge, *British Food Control*, 192–93; Barnett, *British Food Policy*, 146–48.

255. *The Food Supply of the United Kingdom*, 4; Starling, *Feeding of Nations*, 30, 33–34.

256. "The Food Requirements of the Sedentary Worker," *British Medical Journal*, December 22, 1917, 832.

257. Beveridge, *British Food Control*, 221.

258. Barnett, *British Food Policy*, 111.

259. Devonport (1917) cited in Barnett, *British Food Policy*, 106.

260. Coller, *A State Trading Adventure*, 185.

261. Kumekawa, "Meat and Economic Expertise."

262. Coller, *A State Trading Adventure*, 151.

263. Matthew Hilton, *Consumerism in Twentieth-Century Britain: The Search for a Historical Movement* (Cambridge: Cambridge University Press, 2003), 66–78.

264. R. Tawney, "The Abolition of Economic Controls, 1918-21," *Economic History Review* 12 (1943): 7.

265. David Lloyd George, *War Memoirs of David Lloyd George*, 6 vols. (Boston: Little, Brown, 1934), 3: 199.

266. Beveridge, *British Food Control*, 245–46.

267. Coller, *A State Trading Adventure*, 191.

268. Beveridge, *British Food Control*, 314.

269. Spriggs, *Food and How to Save It*, 5.

270. Coller, *A State Trading Adventure*, 150.

271. Barnett, *British Food Policy*, 149.

272. W. Arbuthnot Lane, *The Prevention of the Diseases Peculiar to Civilization* (London: Faber & Faber, 1929), 60.

273. Jay Winter, *The Great War and the British People*, 2nd ed. (New York: Palgrave, 2003), 2.

274. Cited in Linda Bryder, "The First World War: Healthy or Hungry?" *History Workshop Journal* 24, no. 1 (1987): 146.

275. Nigel Hawkins, *The Starvation Blockades* (Barnsley: Leo Cooper, 2002), 92; Paul Halpern, *A Naval History of World War I* (Annapolis, MD: Naval Institute Press, 1994), 293.

276. Alexander Downes, *Targeting Civilians in War* (Ithaca, NY: Cornell University Press, 2008), 113.

277. Cited in Hans Hanssen, *Diary of a Dying Empire*, trans. Oscar Winther (Bloomington: Indiana University Press, 1955), 165.

278. Hurd, *The Merchant Navy*, 3: 122, 117, 111, 120–21, 124–25.

279. Hurd, *The Merchant Navy*, 3: 215; Peter Forbes, *Dazzled and Deceived: Mimicry and Camouflage* (London: Yale University Press, 2009), 91.

280. Hurd, *The Merchant Navy*, 1: 243, 255; Hawkins, *The Starvation Blockades*, 105.

281. Hurd, *The Merchant Navy*, 3: 36; Halpern, *A Naval History of World War I*, 344.

282. Hawkins, *The Starvation Blockades*, 217.

283. Sir Herbert Russell, *Sea Shepherds: Wardens of Our Food Flocks* (London: John Murray, 1941), 131; Halpern, *A Naval History of World War I*, 362.

284. Hawkins, *The Starvation Blockades*, 226; Halpern, *A Naval History of World War I*, 369.

285. Hawkins, *The Starvation Blockades*, 24–25; Halpern, *A Naval History of World War I*, 291; Neil Heyman, *Daily Life during World War I* (London: Greenwood, 2002), 198.

286. D. A. Janicki, "The British Blockade during World War I: The Weapon of Deprivation," *Student Pulse* 6 (2014): 4–5.

287. Greg Kennedy, "Intelligence and the Blockade, 1914-1917: A Study in Administration, Friction and Command," *Intelligence and National Security* 22, no. 5 (October 2007): 699–721.

288. Downes, *Targeting Civilians in War*, 95.

289. Winston Churchill, *The World Crisis, 1911-1918*, abridged and rev. ed. (London: Free Press, 2005), 686.

290. Downes, *Targeting Civilians in War*, 96.

291. Paul Eltzbacher, ed., *Germany's Food: Can It Last? Germany's Food and England's Plan to Starve Her Out* (1914), ed. S. Russell Wells (London: University of London Press, 1915), 77, 81, 83–85.

292. Eltzbacher, ed., *Germany's Food*, 1, xxxi; Alice Weinreb, *Modern Hungers: Food and Power in Twentieth-Century Germany* (Oxford: Oxford University Press, 2017), 17.

293. Offer, *The First World War*, 28; Ernest Starling, "The Food Supply of Germany during the War," *Journal of the Royal Statistical Society* 83, no. 2 (March 1920): 234.

294. Weinreb, *Modern Hungers*, 23.

295. Davis, *Home Fires Burning*, 85.

296. Starling, "The Food Supply of Germany," 225–26; Heinzelmann, *Beyond Bratwurst*, 243.

297. Robert Whalen, *Bitter Wounds: German Victims of the Great War, 1914–1939* (Ithaca, NY: Cornell University Press, 1984), 72–73; Mary Cox, "Hunger Games; or, How the Allied Blockade in the First World War Deprived German Children of Nutrition, and Allied Food Subsequently Saved Them," *Economic History Review* 68, no. 2 (2015): 600.

298. Starling, "The Food Supply of Germany," 237.

299. "Report by Lieutenant-Colonel E. Fitzg. Dillon, D.S.O., on a Visit to Cassel, 26th–30th January, 1919," in *Reports by British Officers on the Economic Conditions Prevailing in Germany, December, 1918–March, 1919* (London: HM Stationery Office, 1919), 23.

300. John Williams, *The Other Battleground: The Home Fronts: Britain, France and Germany, 1914–1918* (Chicago: Henry Regnery, 1972), 158.

301. Starling, "The Food Supply of Germany," 244.

302. Erich Ebstein, "Diabetes, Sugar Consumption and Luxury through the Ages," in *Diabetes: Its Medical and Cultural History*, ed. Dietrich von Engelhardt (London: Springer, 1989), 105; P. E. Baldry, *The Battle against Heart Disease: A Physician Traces the History of Man's Achievements in This Field for the General Reader* (Cambridge: Cambridge University Press, 1971), 119–20.

303. Lina Richter, *Family Life in Germany under the Blockade* (London: National Labour Press, 1919), 25; Janicki, "The British Blockade," 9, 10–11.

304. Andrew Donson, *Youth in the Fatherless Land: War Pedagogy, Nationalism and Authority in Germany, 1914–1918* (London: Harvard University Press, 2010), 127.

305. Davis, *Home Fires Burning*, 132–33.

306. Telegram from Imperial Chancellor to Hintze, November 10, 1918, in *Preliminary History of the Armistice: Official Documents Published by the German National Chancellory by Order of the Ministry of State* (London: Oxford University Press, 1924), 149.

307. R. Rummel, *Statistics of Democide: Genocide and Mass Murder since 1900* (Charlottesville, VA: Center for National Security Law, 1997), 229; Bruno Cabanes, *The Great War and the Origins of Humanitarianism, 1918–1924* (Cambridge: Cambridge University Press, 2014), 276; Weinreb, *Modern Hungers*, 29.

308. Downes, *Targeting Civilians in War*, 87; De Waal, *Mass Starvation*, 73–74.

309. N. Howard, "The Social and Political Consequences of the Allied Food Blockade, 1918–19," *German History* 11, no. 2 (1993): 184.

310. George Bernard Shaw, preface to Richter, *Family Life in Germany under the Blockade*, 8.

311. Cox, "Hunger Games," 629–30.

312. Tehila Sasson, "From Empire to Humanity: The Russian Famine and the Imperial Origins of International Humanitarianism," *Journal of British Studies* 55, no. 3 (July 2016): 519–37; Michelle Tusan, "'Crimes against Humanity': Human Rights, the British Empire, and the Origins of the Response to the Armenian Genocide," *American Historical Review* 119, no. 1 (February 2014): 52.

313. "Report of Brigadier-General H. C. Rees on the Condition of Affairs in Germany, 12th–15th December, 1918," in *Reports by British Officers*, 4.

314. Coller, *A State Trading Adventure*, 222–23.

315. Cited in "Food Outlook," *The Times*, February 10, 1919.

316. Snyder, *Bread*, 101.

317. Trentmann, *Free Trade Nation*, 309.

318. Alan Wilt, *Food for War: Agriculture and Rearmament in Britain Before the Second World War* (Oxford: Oxford University Press, 2001), 18.

319. Keynes, *The Economic Consequences of the Peace*, 229.

320. Snyder, *Black Earth*, 7, 35; De Waal, *Mass Starvation*, 101–2.

321. Davis, *Home Fires Burning*, 245.

322. Saraiva, *Fascist Pigs*, 105.

323. Radkau, *Nature and Power*, 262; C. Helstosky, *Garlic and Oil: Politics and Food in Italy* (Oxford: Berg, 2004), 95; Saraiva, *Fascist Pigs*, 34–35.

324. Snyder, *Black Earth*, 18.

325. Paulo Giaccaria and Claudio Minca, "Life in Space, Space in Life: Nazi Topographies, Geographical Imaginations, and *Lebensraum*," *Holocaust Studies* 22, nos. 2–3 (2016): 157.

326. Adolf Hitler, *Hitler's Second Book*, trans. K. Smith (New York: Enigma, 2006), 16.

327. Helstosky, *Garlic and Oil*, 77.

328. J. Hurstfield, *The Control of Raw Materials* (London: HM Stationery Office, 1953), 163.

329. *The Agricultural Dilemma*, 38.

330. "Food Production in War," *The Economist*, June 10, 1939, 589.

331. "Mr. Chamberlain's Speech at Kettering," *Bulletin of International News* 15, no. 14 (July 16, 1938): 15.

332. Fenelon, *Britain's Food Supplies*, 48.

333. M. K. Bennett, *Food for Postwar Europe: How Much and What?* (Stanford, CA: Stanford University, Food Research Institute, 1944), 5, 6.

334. "Prosperity for England," *Land Union Journal*, February 1929, 15–16.

335. "Rules Waves, but Not Food Supply," *Science* 17, no. 464 (March 1, 1930): 130.

336. Viscount Lymington, *Famine in England* (London: Witherby, 1938), 55.

337. H. V. Morton, *I, James Blunt* (New York: Dodd, Mead, 1942), 72.

338. Ina Zweiniger-Bargielowska, *Austerity in Britain: Rationing, Controls and Consumption, 1939–1955* (Oxford: Oxford University Press, 2000), 14.

339. R. J. Hammond, "British Food Supplies, 1914–1939," *Economic History Review* 16, no. 1 (1946): 12.

340. R. J. Hammond, *Food*, 1: 47.

341. Hammond, *Food*, 1: 51; Ministry of Food, *The Urban Working-Class Household Diet: First Report of the National Food Survey Committee* (London: HM Stationery Office, 1951), 8.

342. J. MacGregor, "Britain's Wartime Food Policy," *Journal of Farm Economics* 25, no. 2 (May 1943): 384.

343. "Only Four Loaf Shapes Soon," *Dundee Courier*, August 10, 1940.

344. "No More Wrapped Bread," *Nottingham Evening Post*, June 18, 1941.

345. Oddy, *From Plain Fare to Fusion Food*, 139.

346. Samuel Lepkovsky, "The Bread Problem in War and in Peace," *Physiological Reviews* 24, no. 2 (April 1944): 251.

347. McCance and Widdowson, *Breads White and Brown*, 87; W. Kent-Jones and A. J. Amos, "The Milling Aspects of Fortified Flour," *Lancet* 237, no. 6145 (1941): 731.

348. T. Moran and J. C. Drummond, "Reinforced White Flour," *Nature* 3691 (July 27, 1940): 118.

349. N. Bosanquet, "Wholemeal Bread," *The Times*, November 2, 1940.

350. Alan Milward, *War, Economy and Society, 1939–1945* (London: Allen Lane, 1977), 252.

351. Lizzie Collingham, *The Taste of War: World War II and the Battle for Food* (New York: Penguin, 2012), 390.

352. Collingham, *The Taste of War*, 14; Hammond, *Food*, 2: 145.

353. "Potatoes and Bread," *The Times*, January 5, 1943.

354. Collingham, *The Taste of War*, 90.

355. International Labour Office, *Food Control in Great Britain* (Montreal: International Labour Office, 1942), 11.

356. International Labour Office, *Food Control in Great Britain*, 78–79.

357. David Edgerton, *Britain's War Machine: Weapons, Resources, and Experts in the Second World War* (Oxford: Oxford University Press, 2011); "Control of Meat," *The Times*, October 25, 1943.

358. Peter Thorsheim, *Waste into Weapons: Recycling in Britain during the Second World War* (Cambridge: Cambridge University Press, 2015), 255.

359. J. C. Drummond and Anne Wilbraham, *The Englishman's Food: A History of Five Centuries of English*

Diet, rev. Dorothy Hollingsworth (London: Pimlico, 1991), 453; W. K. Hancock and M. M. Gowing, *British War Economy* (London: HM Stationery Office, 1949), 418–19; Hammond, *Food*, 1: 224.

360. Collingham, *The Taste of War*, 99.

361. Hammond, *Food*, 3: 327.

362. "Tame Rabbit Meat Production," *Aberdeen Journal*, August 23, 1941.

363. Theodora Fitzgibbon, *With Love* (London: Century, 1982), 124.

364. Vicomte de Mauduit, *They Can't Ration These* (1940; London: Persephone, 2004), 27, 33, 98, 117, 123, 140.

365. Katherine Knight, *Rationing in the Second World War: Spuds, Spam and Eating for Victory* (Stroud: History Press, 2007), 65–66.

366. Halliday, *Our Troubles with Food*, 173; J. R. B. Branson, *Grass for All* (n.p., 1939).

367. International Labour Office, *Food Control in Great Britain*, 127.

368. "Waste of Milk Bottles," *The Times*, February 17, 1943.

369. "Milk Bottle Caps," *Sunderland Daily Echo and Shipping Gazette*, January 2, 1942; "75,000,000 Wasted!" *Biggleswade Chronicle*, April 30, 1943.

370. "Busy Sugar Beet Workers," *The Times*, December 13, 1943; Hammond, *Food*, 3: 74.

371. Hammond, *Food*, 3: 24–25.

372. International Labour Office, *Food Control in Great Britain*, 96.

373. Zweiniger-Bargielowska, *Austerity in Britain*, 15.

374. Zweiniger-Bargielowska, *Austerity in Britain*, 16; Hammond, *Food*, 1: 111.

375. Hammond, *Food*, 1: 41.

376. Hammond, *Food*, 2: 648.

377. Cited in Collingham, *The Taste of War*, 361.

378. John Boyd Orr, *As I Recall* (New York: Doubleday, 1967), 121.

379. Milward, *War, Economy and Society*, 282–83.

380. David Smith, "The Rise and Fall of the Scientific Food Committee during the Second World War," in Smith and Phillips, eds., *Food, Science, Policy and Regulation*, 107; Vernon, *Hunger*, 140.

381. Fenelon, *Britain's Food Supplies*, 67.

382. Helen MacKay, R. Dobbs, Lucy Wills, and Kaitlin Bingham, "Anaemia in Women and Children on War-Time Diets," *Lancet* 240, no. 6202 (July 11, 1942): 32; "Wanted: A Nutrition Policy," *British Medical Journal*, November 28, 1942, 640; "Tuberculosis in Wartime," *British Medical Journal*, October 10, 1942, 436–37; Oddy, *From Plain Fare to Fusion Food*, 160–61.

383. Dr. W. M. Ash, Derbyshire medical officer of health, cited in "Fewer Sweets, but Children Eat Their Dinners Now: School Health in War," *Derby Daily Telegraph*, May 28, 1943.

384. Hammond, *Food*, 1: 369.

385. Robert Mackay, *Half the Battle: Civilian Morale in Britain during the Second World War* (Manchester: Manchester University Press, 2002), 204.

386. Fenelon, *Britain's Food Supplies*, 70–71.

387. D. J. P. Barker and C. Osmond, "Diet and Coronary Heart Disease in England and Wales during and after the Second World War," *Journal of Epidemiology and Community Health* 40, no. 1 (March 1986): 38.

388. Chief medical officer cited in Wilson, *Swindled*, 220; James Rorty and N. Norman, *Tomorrow's Food: The Coming Revolution in Nutrition* (New York: Prentice-Hall, 1947), 197.

389. "Sweets and Sugar," *The Times*, February 22, 1949.

390. Warren Kimball, ed., *Churchill and Roosevelt: The Complete Correspondence*, 3 vols. (Princeton, NJ: Princeton University Press, 1984), 1: 103.

391. Edgerton, *Britain's War Machine*, 164.

392. Kevin Smith, *Conflict over Convoys: Anglo-American Logistics Diplomacy in the Second World War* (Cambridge: Cambridge University Press, 1996), 45.

393. Hammond, *Food*, 2: 334.

394. Collingham, *The Taste of War*, 92; W. A. Campbell, "The Nitrogen Industry," in *Chemistry, Society and Environment: A New History of the British Chemical Industry*, ed. Colin Russell (Cambridge: Royal Society of Chemistry, 2000), 128; Mirko Lamer, *The World Fertilizer Economy* (Stanford, CA: Stanford University Press, 1957), 228–29.

395. "Protection of Food from Gas," *Dundee Evening Telegraph*, August 30, 1940; Hammond, *Food*, 2: 286; "Contamination of Food by Poison Gas," *Western Daily Press*, August 23, 1940; Ministry of Food, *Food and Its Protection against Poison Gas*, 2nd ed. (London: HM Stationery Office, 1941), 6.

396. Ministry of Food, *Food and Its Protection*, 5; Hammond, *Food*, 2: 287, 332–33, 1: 159.

397. *Science in War* (Harmondsworth: Penguin, 1940), 92.

398. Hammond, *Food*, 2: 375.

399. Knight, *Rationing in the Second World War*, 154.

400. Hammond, *Food*, 2: 285, 296–97.

401. "Conservation of Milk," *British Medical Journal*, August 12, 1939, 361.

402. "Britain's 'Shadow Larder,'" *Sunderland Echo and Shipping Gazette*, August 15, 1941.

403. International Labour Office, *Food Control in Great Britain*, 133, 143.

404. Hammond, *Food*, 2: 414–15; "Pies for Rural Workers," *Western Gazette* (Yeovil), June 12, 1942.

405. Winnifrith, *The Ministry of Agriculture, Fisheries and Food*, 187–88.

406. Ina Zweiniger-Bargielowska, "Bread Rationing in Britain, July 1946–July 1948," *Twentieth Century British History* 4, no. 1 (1993): 57.

407. Oddy, *From Plain Fare to Fusion Food*, 167; J. M. Harries and Dorothy Hollingsworth, "Food Supply, Body Weight, and Activity in Great Britain, 1943–9," *British Medical Journal*, January 10, 1953, 76.

408. Fenelon, *Britain's Food Supplies*, 113.

409. Susan Cooper, "Snoek Piquante," in *Age of Austerity*, ed. Michael Sissons and Philip French (London: Hodder & Stoughton, 1963), 51.

410. "Bread Rationing," *The Times*, July 15, 1946.

411. Derek Oddy, "The Stop-Go Era: Restoring Food Choice in Britain After World War II," in *The Rise of Obesity in Europe: A Twentieth Century Food History*, ed. Derek Oddy, Peter Atkins, and Virginie Amilien (Farnham: Ashgate, 2009), 63.

412. "Nutrients in Bread," *British Medical Journal*, May 26, 1956, 1223.

413. H. Sinclair, "Nutritional Aspects of High-Extraction Flour," *Proceedings of the Nutrition Society* 17, no. 1 (1958): 37.

414. Collingham, *The Taste of War*, 1, 32–48.

415. Cited in Boris Shub, *Starvation over Europe (Made in Germany)* (New York: Institute of Jewish Affairs, 1943), 33.

416. Violetta Hionidou, *Famine and Death in Occupied Greece* (Cambridge: Cambridge University Press, 2006), 2–3, 11–19.

417. Wells, *The Metabolic Ghetto*, 71.

418. Madhusree Mukerjee, *Churchill's Secret War: The British Empire and the Ravaging of India during World War II* (New York: Basic, 2010), ix; Mukherjee, *Hungry Bengal*, 9, 187.

419. Cited in Smith, *Conflict over Convoys*, 159.

420. Mukherjee, *Hungry Bengal*, 252, 96, 175, 18.

421. Collingham, *The Taste of War*, 124–25.

422. D.P.E., "Food for Post-War Europe: Shortage of World Supplies," *Bulletin of International News* 22, no. 11 (May 26, 1945): 466.

423. Collingham, *The Taste of War*, 467.

424. Cited in Maggie Black, *A Cause for Our Times: Oxfam — the First Fifty Years* (Oxford: Oxford University Press, 1992), 12.

425. "Food for War and Peace," *The Times*, October 28, 1943.

426. Michel Foucault, *The History of Sexuality*, vol. 1, *An Introduction*, trans. Robert Hurley (New York:

Pantheon, 1978), 137.

第六章

1. Karl Guggenheim, *Nutrition and Nutritional Diseases: The Evolution of Concepts* (Lexington, Mass: Collamore, 1981), 112–13; Claude Bernard, *An Introduction to the Study of Experimental Medicine*, trans. Henry Green (New York: Dover, 1957), 163–64.

2. Karl Guggenheim, *Nutrition and Nutritional Diseases: The Evolution of Concepts* (Lexington, MA: Collamore, 1981), 112; Frederic Holmes, *Between Biology and Medicine: The Formation of Intermediary Metabolism* (Berkeley: Office for History of Science and Technology, University of California, Berkeley, 1992), 77–102.

3. Holmes, *Between Biology and Medicine*, 77.

4. Felix Hoppe-Seyler, *Physiologische Chemie* (1881), cited in Holmes, *Between Biology and Medicine*, 30.

5. Steven Vogel, *Prime Mover: A Natural History of Muscle* (New York: Norton, 2001), 51.

6. Holmes, *Between Biology and Medicine*, 82–83.

7. Landecker, "Food as Exposure," 169.

8. Fischer-Kowalski, "Society's Metabolism," 63; Harris Solomon, *Metabolic Living: Food, Fat, and the Absorption of Illness in India* (Durham, NC: Duke University Press, 2016), 10–11; Heinz Schandl and Niels Schulz, "Changes in the United Kingdom's Natural Relations in Terms of Society's Metabolism and Land-Use from 1850 to the Present Day," *Ecological Economics* 41 (2002): 205.

9. Sébastien Rioux, "Capitalism and the Production of Uneven Bodies: Women, Motherhood and Food Distribution in Britain *c.* 1850–1914," *Transactions of the Institute of British Geographers* 40 (2015): 2, 3.

10. Alain Corbin, "A History and Anthropology of the Senses," in *Time, Desire and Horror: Towards a History of the Senses*, trans. Jean Birrell (Cambridge: Polity, 1995), 192.

11. Jane Humphries, "Standard of Living, Quality of Life," in *A Companion to Nineteenth-Century Britain*, ed. Chris Williams (Oxford: Blackwell, 2004), 288; Amartya Sen, *The Standard of Living*, ed. Geoffrey Hawthorn (Cambridge: Cambridge University Press, 1987), 16 ("Lecture I: Concepts and Critiques"); Stanley Engerman, "The Standard of Living Debate in International Perspective: Measures and Indicators," in *Health and Welfare during Industrialization*, ed. Richard Steckel and Roderick Floud (Chicago: University of Chicago Press, 1997), 33.

12. J. Cairnes, "How Far Have Our Working Classes Benefited by the Increase in Our Wealth?" *Littell's Living Age* 120 (January 24, 1874): 633; Robert Giffen, "Further Notes on the Progress of the Working Classes in the Last Half Century," *Journal of the Statistical Society* 49 (1886): 28–100.

13. "The Best Fed Nation," *Pall Mall Gazette*, February 15, 1894.

14. Humphries, "Standard of Living," 295. See also Charles Feinstein, "Pessimism Perpetuated: Real Wages and the Standard of Living in Britain during and after the Industrial Revolution," *Journal of Economic History* 58, no. 3 (September 1998): 625–58; P. K. O'Brien and S. L. Engerman, "Changes in Income and Its Distribution during the Industrial Revolution," in *The Economic History of Britain since 1700*, vol. 1, *1700–1860*, ed. Roderick Floud and Donald McCloskey (Cambridge: Cambridge University Press, 1981), 174–75; and Roderick Floud and Bernard Harris, "Health, Height, and Welfare: Britain, 1700–1980," in Steckel and Floud, eds., *Health and Welfare*, 97.

15. Jay Winter, "Unemployment, Nutrition and Infant Mortality in Britain, 1920–50," in *The Working Class in Modern British History: Essays in Honour of Henry Pelling*, ed. Jay Winter (Cambridge: Cambridge University Press, 1983), 253.

16. Thomas McKeown, *The Modern Rise of Population* (New York: Academic, 1976), 129.

17. Floud, Fogel, Harris, and Hong, *The Changing Body*, 26.

18. S. Szreter, "The Importance of Social Intervention in Britain's Mortality Decline, c. 1850–1914: A Re-Interpretation of the Role of Public Health," *Social History of Medicine* 1, no. 1 (April 1988): 1–38, 26, 37.

19. Robert Woods and P. R. Andrew Hinde, "Mortality in Victorian England: Models and Patterns," *Journal of Interdisciplinary History* 18, no. 1 (Summer 1987): 54.

20. Bennett, *The World's Food*, 70.

21. Massimo Livi-Bacci, *Population and Nutrition: An Essay on European Demographic History*, trans. Tania Croft-Murray with the assistance of Carl Ipsen (Cambridge: Cambridge University Press, 1991), 81.

22. Rob Dunn, "Everything You Know about Calories Is Wrong," *Scientific American* 309, no. 3 (September 2013): 58.

23. Smil, *Feeding the World*, 192.

24. David Grigg, *The World Food Problem*, 2nd ed. (Oxford: Blackwell, 1993), 30; Muldrew, *Food, Energy and the Creation of Industriousness*.

25. Muldrew, *Food, Energy and the Creation of Industriousness*, 13.

26. Carole Shammas, "The Eighteenth-Century English Diet and Economic Change," *Explorations in Economic History* 21, no. 3 (July 1984): 256.

27. Fogel, *The Escape from Hunger*, 9; Grigg, "The Nutritional Transition in Western Europe," 249.

28. Ian Gazeley and Andrew Newell, "Urban Working-Class Food Consumption and Nutrition in Britain in 1904," Discussion Paper no. 6988 (Bonn: IZA, November 2012), 17.

29. Oddy, *From Plain Fare to Fusion Food*, 129.

30. Hill, "Physiological and Economic Study," 194.

31. Gazeley, *Poverty in Britain*, 73.

32. A. Carr-Saunders, D. Jones, and C. Moser, *A Survey of Social Conditions in England and Wales* (Oxford: Clarendon, 1958), 209; "Eating Well and Ill," *The Economist*, September 25, 1965.

33. Smil, *Feeding the World*, 205.

34. Jane O'Hara-May, "Measuring Man's Needs," *Journal of the History of Biology* 4, no. 2 (1971): 254, 273; A. E. Harper, "Evolution of Recommended Dietary Allowances — New Directions?" *Annual Review of Nutrition* 7 (1987): 511.

35. John Welshman, "School Meals and Milk in England and Wales, 1906–45," *Medical History* 41 (1997): 16; "The Nutrition Question," *British Medical Journal*, May 19, 1934, 900.

36. "The Nutrition Question," 901.

37. F. W. Pavy, *A Treatise on Food and Dietetics, Physiologically and Therapeutically Considered*, 2nd ed. (London: J. & A. Churchill, 1875), 453.

38. Michael Nelson, "Social-Class Trends in British Diet, 1860–1980," in *Food, Diet and Economic Change Past and Present*, ed. Catherine Geissler and Derek Oddy (Leicester: Leicester University Press, 1993), 112.

39. Fogel, *The Escape from Hunger*, 83.

40. Paul Clayton and Judith Rowbotham, "An Unsuitable and Degraded Diet? Part Two, Realities of the Mid-Victorian Diet," *Journal of the Royal Society of Medicine* 101 (2008): 354.

41. Richard Steckel, "Stature and the Standard of Living," *Journal of Economic Literature* 33 (December 1995): 1903.

42. Roderick Floud, Kenneth Wachter, and Annabel Gregory, *Height, Health and History: Nutritional Status in the United Kingdom, 1750–1980* (Cambridge: Cambridge University Press, 1990), 17.

43. Floud, Wachter, and Gregory, *Height, Health and History*, 216, 134; G. Galofré-Vilà, A. Hinde, and A. Guntupalli, "Heights across the Last 2000 Years in England," Oxford Discussion Papers in Economic and Social History, no. 151 (Oxford: Oxford University, Economics Department, January 2017), 23.

44. Floud, Wachter, and Gregory, *Height, Health and History*, 135.

45. Floud, Fogel, Harris, and Hong, *The Changing Body*.

46. Partha Dasgupta, "Nutritional Status, the Capacity for Work, and Poverty Traps," *Journal of Econometrics* 77 (1997): 18.

47. Floud, Fogel, Harris, and Hong, *The Changing Body*, 127, 23.

48. Gazeley and Newell, "Urban Working-Class Food Consumption," 23.

49. "Waste and Over-Eating," 214.

50. Alysa Levene, "The Meanings of Margarine in England: Class, Consumption and Material Culture from 1918 to 1953," *Contemporary British History* 28, no. 2 (2014): 158.

51. Ellen Ross, *Love and Toil: Motherhood in Outcast London* (Oxford: Oxford University Press, 1993), 47–48.

52. Orr, *Food Health and Income*, 42.

53. Cited in B. Seebohm Rowntree and May Kendall, *How the Labourer Lives: A Study of the Rural Labour Problem* (1913; New York: Arno, 1975), 44.

54. Crawford and Broadley, *The People's Food*, 220.

55. J. C. Drummond, "Food in Relation to Health in Great Britain: The Historical Background," *British Medical Journal*, June 8, 1940, 943.

56. Herbert Maxwell, "Diet of the Poor," *The Times*, February 8, 1936.

57. Hutchison, *Food and the Principles of Dietetics*, 17.

58. Rowntree and Kendall, *How the Labourer Lives*, 221–22.

59. Geoffrey Warren, ed., *The Foods We Eat: A Survey of Meals, Their Content and Chronology by Season, Day of the Week, Region, Class and Age, Conducted in Great Britain by the Market Research Division of W. S. Crawford Limited* (London: Cassell, 1958), 67.

60. F. Petty, "Case Papers," in *The Pudding Lady: A New Departure in Social Work* (new ed.), by Miss Bibby, Miss Colles, Miss Petty, and the Late Dr. Skyes (Westminster: National Food Reform Association, 1916), 43.

61. Lady Bell, *At the Works: A Study of a Manufacturing Town (Middlesbrough)* (1907; New York: Augustus M. Kelley, 1969), 62.

62. P. Mathias, "The British Tea Trade in the Nineteenth Century," in Oddy and Miller, eds., *The Making of the Modern British Diet*, 91.

63. Crawford and Broadley, *The People's Food*, 41.

64. Newman, *The Health of the State*, 33.

65. Alan MacFarlane, *The Savage Wars of Peace: England, Japan and the Malthusian Trap* (New York: Palgrave, 2003), 140–43.

66. Walton, *Fish and Chips*, 166.

67. George Newman, *The Building of a Nation's Health* (1939; London: Garland, 1985), 348.

68. Walton, *Fish and Chips*, 156.

69. *Our Towns*, 42.

70. Charles Smith, *Britain's Food Supplies in Peace and War* (London: George Routledge & Sons, 1940), 166.

71. George Orwell, *The Road to Wigan Pier* (New York: Harcourt, 1958), 95.

72. "Smith's Potato Crisps (1929)," *The Times*, May 18, 1939.

73. Cited in John Henley, "Crisps: A Very British Habit," *Guardian*, September 1, 2010.

74. Elizabeth Roberts, "Working-Class Standards of Living in Barrow and Lancaster, 1890–1914," *Economic History Review* 30, no. 2 (1977): 314.

75. Crawford and Broadley, *The People's Food*, 246.

76. Roger Scola, *Feeding the Victorian City: The Food Supply of Manchester, 1770–1870*, ed. W. A. Armstrong and Pauline Scola (Manchester: Manchester University Press, 1992), 122; Kingsbury, *Hybrid*, 69–70; Angeliki Torode, "Trends in Fruit Consumption," in *Our Changing Fare: Two Hundred Years of British Food Habits*, ed. T. C. Barker, J. C. McKenzie, and John Yudkin (London: MacGibbon & Kee, 1966), 115.

77. John Boyd Orr and David Lubbock, *Feeding the People in War-Time* (London: Macmillan, 1940), 38; J. G. Williamson, *A British Railway behind the Scenes* (London: Ernest Benn, 1933), 154–55.

78. *Time to Spare: What Unemployment Means by Eleven Unemployed* (London: George Allen & Unwin, 1935), 69.

79. Liverpool Economic and Statistical Society, *How the Casual Labourer Lives* (Liverpool: Northern, 1909), xxiv.

80. Cited in Grant, *Your Bread and Your Life*, 111.

81. Andrew Ure, *The Philosophy of Manufactures; or, An Exposition of the Scientific, Moral, and Commercial Economy of the Factory System of Great Britain* (London: Frank Cass, 1967), 385.

82. George Holyoake, *History of Cooperation*, 2 vols. (Philadelphia: J. B. Lippincott, 1879), 2: 24.

83. Edgar Saxon, *Sensible Food for All in Britain and the Temperate Zones* (Ashingdon: C. W. Daniel, 1949), 25.

84. Vernon, *Hunger*, 133–34.

85. League of Nations, *The Problem of Nutrition*, 3: 24; "The Food of the Poor," *The Times*, February 11, 1936; Line, *The Science of Meat*, 2: 46.

86. Orr, *Food Health and Income*, 55.

87. Lindsay, *Report upon a Study of the Diet of the Labouring Classes*, 27; Maud Pember Reeves, *Round about a Pound a Week* (London: G. Bell & Sons, 1913), 221.

88. Alan Gillie, "The Origin of the Poverty Line," *Economic History Review*, n.s., 49, no. 4 (November 1996): 718.

89. P. F. William Ryan, "Scenes from Shop and Store London," in *Living London: Its Work and Its Play, Its Humour and Its Pathos, Its Sights and Its Scenes* (3 vols.), ed. George Sims (London: Cassell, 1902), 3: 143.

90. Anna Davin, *Growing Up Poor: Home, School and Street in London, 1870–1914* (London: Rivers Oram, 1996), 61.

91. Roberts, "Working-Class Standards of Living," 317; Doris Coates, *Tuppenny Rice and Treacle: Cottage Housekeeping (1900–20)* (London: David & Charles, 1975), 70; Jeremy Seabrook, *The Unprivileged* (London: Longmans, Green, 1967), 21.

92. Coates, *Tuppenny Rice and Treacle*, 54, 77–78.

93. Paul Thompson, *The Edwardians: The Remaking of British Society* (London: Weidenfeld & Nicolson, 1975), 5; Seabrook, *The Unprivileged*, 10.

94. Carl Chinn, *They Worked All Their Lives: Women and the Urban Poor in England, 1880–1939* (Manchester: Manchester University Press, 1988), 70–71; Thompson, *The Edwardians*, 175.

95. G. Mulder, *The Chemistry of Vegetable and Animal Physiology*, trans. P. Fromberg (Edinburgh: William Blackwood & Sons, 1849), 291.

96. Liebig, *Familiar Letters on Chemistry*, 108–9.

97. Harmke Kamminga, "Nutrition for the People; or, The Fate of Jacob Moleschott's Contest for a Humanist Science," in *The Science and Culture of Nutrition, 1840–1940*, ed. Harmke Kamminga and Andrew Cunningham (Atlanta: Rodolpi, 1995), 32–33.

98. Pavy, *A Treatise on Food and Dietetics*, 123.

99. Joseph Fruton, *Proteins, Enzymes, Genes: The Interplay of Chemistry and Biology* (London: Yale University Press, 1999), 161–233.

100. Pavy, *A Treatise on Food and Dietetics*, 446; Kenneth Carpenter, *Protein and Energy: A Study of Changing Ideas in Nutrition* (Cambridge: Cambridge University Press, 1994), 68.

101. Pavy, *A Treatise on Food and Dietetics*, 445.

102. Anson Rabinbach, *The Human Motor: Energy, Fatigue, and the Origins of Modernity* (Berkeley and Los Angeles: University of California Press, 1992), 126.

103. Rabinbach, *The Human Motor*; Edgar Collis and Major Greenwood, *The Health of the Industrial Worker* (Philadelphia: P. Blakiston's Son, 1921), 87–88.

104. Lindsay, *Report upon a Study of the Diet of the Labouring Classes*, 18.

105. Haggard and Greenberg, *Diet and Physical Efficiency*, 18.

106. James Jeans, "On the Comparative Efficiency and Earnings of Labour at Home and Abroad," *Journal of the Statistical Society* 47 (December 1884): 614–65; Francesco Nitti, "The Food and Labour Power of Nations," *Economic Journal* 6, no. 21 (March 1896): 30–63; Helstosky, *Garlic and Oil*, 45.

107. Rabinbach, *The Human Motor*, 129; Paul Langford, *Englishness Identified: Manners and Character, 1650–1850* (Oxford: Oxford University Press, 2000), 48–49, 143.

108. F. Longet, *Traité de physiologie*, 3rd ed., 3 vols. (Paris: Germer Ballière, 1868), 1: 104. Austin Flint, *Human Physiology* (New York: D. Appleton, 1889), 183.

109. Gerhart von Schulze-Gävernitz, *The Cotton Trade in England and on the Continent: A Study in the Field of the Cotton Industry*, trans. Oscar Hall (Manchester: Marsden, 1895), 138.

110. Major D. McCay, *The Protein Element in Nutrition* (London: Edward Arnold, 1912), 166.

111. McCay, *The Protein Element in Nutrition*, 203; Vernon, *Hunger*, 106.

112. James McLester, *Nutrition and Diet in Health and Disease* (Philadelphia: W. B. Saunders, 1949), 12–13.

113. Vernon, *Hunger*, 112.

114. W. O. Atwater, *Methods and Results of Investigations on the Chemistry and Economy of Food* (Washington, DC: US Government Printing Office, 1895), 212.

115. Atwater, *The Chemistry and Economy of Food*, 211–13; Richard Cummings, *The American and His Food: A History of Food Habits in the United States*, rev. ed. (Chicago: University of Chicago Press, 1941), 126; Raymond Pearl, *The Nation's Food: A Statistical Study of a Physiological and Social Problem* (Philadelphia: W. B. Saunders, 1920), 248.

116. W. Peter Ward, *Birth Rate and Economic Growth: Women's Living Standards in the Industrializing West* (Chicago: University of Chicago Press, 1993), 96–97.

117. "Cooked and Eaten," *National Magazine* 5 (1859): 140.

118. Werner Sombart, *Why Is There No Socialism in the United States?* trans. Patricia Hocking and C. Husbands (White Plains, NY: IASP, 1976), 106.

119. Shanahan, *Animal Foodstuffs*, 35.

120. Fogel, *The Escape from Hunger*, 34.

121. Ward, *Birth Rate and Economic Growth*, 10.

122. de Vries, *The Industrious Revolution*, 26–29.

123. Joanna Bourke, "Housewifery in Working-Class England, 1860–1914," *Past and Present* 143 (May 1994): 176; De Vries, *The Industrious Revolution*, 199.

124. Ross, *Love and Toil*, 222.

125. Samuel Barnett, "The Public Feeding of Children," *Independent Review* 6 (May–August 1905): 154.

126. William Grisewood, *The Poor of Liverpool: Notes on Their Condition, Based on an Inquiry Made by the Liverpool Central Relief and Charity Organisation Society* (Liverpool: D. Marples, 1897), 15.

127. Newman, *The Health of the State*, 194.

128. Yuriko Akiyama, *Feeding the Nation: Nutrition and Health in Britain Before World War One* (London: I. B. Tauris, 2008), 33–34; Vernon, *Hunger*, 201.

129. Vernon, *Hunger*, 219; League of Nations, *The Problem of Nutrition*, 3: 212; I. Zweiniger-Bargielowska, *Managing the Body: Beauty, Health, and Fitness in Britain, 1880–1939* (Oxford: Oxford University Press, 2010), 135.

130. Roderick Lawrence, "The Organization of Domestic Space," *Ekistics* 46, no. 275 (March/April 1979): 135.

131. Anthony Wohl, *The Eternal Slum: Housing and Social Policy in Victorian London* (New Brunswick, NJ: Transaction, 2002), 152–53.

132. S. C. Leslie, "The Case for Gas — Kensal House," in *Flats, Municipal and Private Enterprise* (London: Ascot Gas Water Heaters, 1938), 281.

133. Alison Ravetz, "The Victorian Coal Kitchen and Its Reformers," *Victorian Studies* 11, no. 4 (1968): 439–42.

134. Broomfield, *Food and Cooking in Victorian England*, 113.

135. Stephen Mosley, *The Chimney of the World: A History of Smoke Pollution in Victorian and Edwardian Manchester* (Cambridge: White Horse, 2001), 50.

136. Anne Clendinning, "Gas Cooker," *Victorian Review* 34, no. 1 (Spring 2008): 60.

137. Stirling Everard, *The History of the Gas Light and Coke Company, 1812–1949* (London: Ernest Benn, 1949), 277.

138. Zylberberg, "Fuel Prices, Regional Diets and Cooking Habits."

139. De Vries, *The Industrious Revolution*, 197; G. Abbott, "Gas in the Home," *Journal of the Royal Society of Arts* 95, no. 4749 (August 15, 1947): 632.

140. Caroline Davidson, *A Woman's Work Is Never Done: A History of Housework in the British Isles, 1650–1950* (London: Chatto & Windus, 1986), 68.

141. Seabrook, *The Unprivileged*, 42.

142. Margery Spring Rice, *Working-Class Wives*, 2nd ed. (London: Virago, 1981), 76.

143. Davidson, *A Woman's Work Is Never Done*, 63; Alexander Fenton, "Hearth and Kitchen: The Scottish

Example," in *Food and Material Culture*, ed. Martin Schärer and Alexander Fenton (Phantassie: Tuckwell, 1998), 45.

144. Berdmore, "The Principles of Cooking," 172–73.

145. Smith, *Practical Dietary*, 204; Reeves, *Round about a Pound a Week*, 56.

146. Roberts, *The Classic Slum*, 108.

147. Brears, *Traditional Food in Yorkshire*, 13; Marian Cuff responding to Gertrude Irons, "The Teaching of Food Values, Domestic Catering and Cookery in Public Elementary Schools," in *Rearing an Imperial Race*, ed. Charles Hecht (London: National Food Reform Association, 1913), 178.

148. Class 1, "Budget No. 9," cited in B. Seebohm Rowntree, *Poverty: A Study of Town Life*, 2nd ed. (London: Macmillan, 1910), 277; Rice, *Working-Class Wives*, 152.

149. Hugh Ashby, *Infant Mortality* (Cambridge: Cambridge University Press, 1915), 50.

150. Savage, *Milk and the Public Health*, 271; Atkins, "White Poison?" 214.

151. Reeves, *Round about a Pound a Week*, 52; W. Horton Date, "Housing Difficulties in Rural Areas," *Public Health* 37 (February 1924): 116; W. G. Auger, "The Cooking of the Poorer Classes," in Bibby et al., *Pudding Lady*, 18.

152. Savage, *Milk and the Public Health*, 297.

153. Edward Bowmaker, *The Housing of the Working Classes* (London: Methuen, 1895), 92.

154. *Retail Dairyman* 1, no. 2 (April 1910): 9; Harvey and Hill, *Milk*, 277; Joint Committee on Milk of the National Health Society and the National League for Physical Education and Improvement, *Milk Supply: Instructions for Ensuring the Supply of Clean Milk: Leaflet C. to Housewives and All Consumers of Milk* (London: National League for Physical Education and Improvement, n.d.), [3] (leaflet unpaginated); George Carpenter, "Infant Feeding," *Edinburgh Medical Journal*, n.s., 4 (1898): 30; "A Milk-Bottle Cover," *British Medical Journal*, October 3, 1931, 611.

155. Crawford and Broadley, *The People's Food*, 117.

156. Dolores Hayden, *The Grand Domestic Revolution: A History of Feminist Designs for American Homes, Neighborhoods, and Cities* (Cambridge, MA: MIT Press, 1981).

157. E. M. King, "Co-Operative Housekeeping," *Building News*, April 24, 1874, 459.

158. M. Wolff, *Food for the Million: A Plan for Starting Public Kitchens* (London: Sampson Low, Marston, Searle, & Rivington, 1884), 10–11, 18.

159. Ruth Schwartz Cowan, *More Work for Mother: The Ironies of Domestic Technology from the Open Hearth to the Microwave* (New York: Basic, 1983).

160. A. Kenealy, "Travelling Kitchens and Co-Operative Housekeeping," *Lady's Realm* 11 (February 1902): 516.

161. H. G. Wells, *A Modern Utopia* (Lincoln: University of Nebraska Press, 1967), 217.

162. Nickie Charles and Marion Kerr, *Women, Food and Families* (Manchester: Manchester University Press, 1988), 42.

163. E. M. Widdowson and R. A. McCance, "A Study of English Diets by the Individual Method: Part II, Women," *Journal of Hygiene* 36, no. 3 (July 1936): 295.

164. Marion Nestle and Malden Nesheim, *Why Calories Count: From Science to Politics* (Berkeley and Los Angeles: University of California Press, 2012), 81–82.

165. Patrick Geddes and J. Arthur Thomson, *The Evolution of Sex*, rev. ed. (London: Walter Scott, 1914), 18.

166. William Thomas, *Sex and Society* (Chicago: University of Chicago Press, 1907), 3–4.

167. Bruce Webster, Helen Harrington, and L. M. Wright, "The Standard Metabolism of Adolescence," *Journal of Pediatrics* 19, no. 3 (September 1941): 354.

168. Widdowson and McCance, "A Study of English Diets," 295.

169. Hilary Marland, *Health and Girlhood in Britain, 1874–1920* (New York: Palgrave Macmillan, 2013), 157.

170. Thomas Oliver, "The Diet of Toil," *Lancet* 145, no. 3748 (June 29, 1895): 1634.

171. Oddy, *From Plain Fare to Fusion Food*, 66.

172. John MacNicol, *The Movement for Family Allowances, 1918–45: A Study in Social Policy Development* (London: Heinemann, 1980), 57.

173. Widdowson and McCance, "A Study of English Diets," 297, 298.

174. Robert Millward and Frances Bell, "Infant Mortality in Victorian Britain: The Mother as Medium," *Economic History Review* 54, no. 4 (November 2001): 720–21.

175. Widdowson and McCance, "A Study of English Diets," 298.

176. Cited in Rowntree and Kendall, *How the Labourer Lives*, 213.

177. Guggenheim, *Nutrition and Nutritional Diseases*, 151–52.

178. Ross, *Love and Toil*, 33.

179. Susan Bordo, *Unbearable Weight: Feminism, Western Culture, and the Body* (Berkeley and Los Angeles: University of California Press, 1995), 125.

180. Reeves, *Round about a Pound a Week*, 156.

181. Smith, *Practical Dietary*, 200.

182. Isabella Beeton, *Mrs. Beeton's Book of Household Management* (London: S. O. Beeton, 1861), 967, 1667.

183. Newman, *The Health of the State*, 185.

184. Steven Thompson, *Unemployment, Poverty and Health in Interwar South Wales* (Cardiff: University of Wales Press, 2006), 85.

185. Standish Meacham, *A Life Apart: The English Working Class, 1890–1914* (London: Thames & Hudson, 1977), 88.

186. *Father Joe: The Autobiography of Joseph Williamson* (New York: Abingdon, 1963), 42.

187. Robertson in City of Birmingham Health Department, *Report on the Industrial Employment of Married Women and Infantile Mortality* (1909), 19, cited in Chinn, *They Worked All Their Lives*, 50.

188. Rice, *Working-Class Wives*, 98, 37.

189. Scott, *Against the Grain*, 108.

190. D. Noel Paton, "On the Influence of Diet in Pregnancy on the Weight of the Offspring," *Lancet* 162, no. 4166 (July 4, 1903): 21; Ward, *Birth Rate and Economic Growth*, 126.

191. Rice, *Working-Class Wives*, 87.

192. Mrs. Layton, "Memories of Seventy Years," in *Life as We Have Known It*, ed. Margaret Davis (New York: Norton, 1975), 37.

193. Paton, "On the Influence of Diet in Pregnancy," 22.

194. Ward, *Birth Rate and Economic Growth*, 17–18, 21; Wells, *The Metabolic Ghetto*, 67; Kathleen Abu-Saad and Drora Fraser, "Maternal Nutrition and Birth Outcomes," *Epidemiologic Reviews* 32 (2010): 11.

195. Landecker, "Food as Exposure," 174; Wells, *The Metabolic Ghetto*, 314.

196. Landecker, "Food as Exposure," 177.

197. Robert Waterland and Karin Michels, "Epigenetic Epidemiology of the Developmental Origins Hypothesis," *Annual Review of Nutrition* 27 (2007): 363–88.

198. Emilia Kanthack, *The Preservation of Infant Life: A Guide for Health Visitors* (London: H. K. Lewis, 1907), 8.

199. *Report of the Inter-Departmental Committee on Physical Deterioration: Volume I* (London: HM Stationery Office, 1904), 56.

200. Deborah Dwork, "The Milk Option: An Aspect of the History of the Infant Welfare Movement in England, 1898–1908," *Medical History* 31 (1987): 52.

201. Winter, *The Great War and the British People*, 9.

202. Anne Hardy, "Rickets and the Rest: Child-Care, Diet and the Infectious Children's Diseases, 1850–1914," *Social History of Medicine* 5 (1992): 395; Ashby, *Infant Mortality*, 77.

203. "Infantile Diarrhoea," *British Medical Journal*, April 29, 1882, 632; H. Meredith Richards, "The Factors Which Determine the Local Incidence of Fatal Infantile Diarrhoea," *Journal of Hygiene* 3, no. 3 (July 1903): 343; Eyler, *Sir Arthur Newsholme and State Medicine*, 42.

204. Sheridan Delépine, "Some of the Ways in Which Milk Becomes Pathogenic," *British Medical Journal*, January 22, 1898, 205.

205. Robert Woods, *The Demography of Victorian England and Wales* (Cambridge: Cambridge University Press, 2000), 305.

206. J. T. C. Nash, "House Flies as Carriers of Disease," *Journal of Hygiene* 9, no. 2 (September 1909): 151–52.

207. Ashby, *Infant Mortality*, 201.

208. C. G. Hewitt, *House-Flies and How They Spread Disease* (Cambridge: Cambridge University Press, 1912), 106–7.

209. Arthur Newsholme, "Remarks on the Causation of Epidemic Diarrhoea, Including the Discussion of Professor Delépine's Paper," *Transactions of the Epidemiological Society of London*, n.s., 12 (1902–3): 40.

210. R. Snell, "Insanitation and Infant Mortality," *Journal of the Royal Institute of Public Health* 16, no. 1 (January 1908): 16.

211. Mr. G. E. Taylor (St. Helens) responding to Joseph Cates, "Measures to Be Taken to Prevent Contamination of Food by Flies," *Journal of the Royal Sanitary Institute* 38, no. 1 (March 1917): 55.

212. Anthony Shelmerdine, "The Distribution and Sale of Humanized and Sterilized Milk," *Journal of Preventive Medicine* 13, no. 5 (May 1905): 352.

213. Henry Chapin, "The Influence of Breast Feeding on the Infant's Development," *Archives of Pediatrics* 21 (August 1904): 579.

214. Helen MacMurchy, "Infant Mortality," Special Report for the Province of Ontario, Canada (1911), cited in Ashby, *Infant Mortality*, 13.

215. Charles Judson and J. Claxton Gittings, *The Artificial Feeding of Infants, Including a Critical Review of the Recent Literature of the Subject* (Philadelphia: J. B. Lippincott, 1902), 91.

216. Arthur Meigs, *Milk Analysis and Infant Feeding: A Practical Treatise on the Examination of Human and Cows' Milk, Cream, Condensed Milk, Etc., and Directions as to the Diet of Young Infants* (Philadelphia: P. Blakiston, Son, 1885), 74.

217. Linda Bryder, "From Breast to Bottle: A History of Modern Infant Feeding," *Endeavour* 33, no. 2 (2009): 56.

218. Eric Pritchard, *The Physiological Feeding of Infants*, 2nd ed. (Chicago: W. T. Keener, 1904), 13.

219. R. J. Blackham, "Cow's Milk in Infant Feeding," *British Medical Journal*, August 25, 1923, 323; W. B. Cheadle, *On the Principles and Exact Conditions to Be Observed in the Artificial Feeding of Infants: The Properties of Artificial Foods; And The Diseases Which Arise from Faults of Diet in Early Life* (London: Smith, Elder, 1902), 243.

220. Pritchard, *The Physiological Feeding of Infants*, 76.

221. Shelmerdine, "The Distribution and Sale of Humanized and Sterilized Milk," 352.

222. G. McCleary, *Infantile Mortality and Infants Milk Depôts* (London: P. S. King & Son, 1905), 38–39.

223. H. Cooper Pattin speaking in discussion of G. F. McCleary, "Municipal Milk Depots and Milk Sterilisation," *Journal of the Royal Sanitary Institute* 26, no. 4 (1905): 233.

224. James Crichton-Browne, "Milk and Health," *Journal of State Medicine* 26, no. 5 (May 1918): 146.

225. Furnas and Furnas, *Man, Bread and Destiny*, 178.

226. Woods, *The Demography of Victorian England and Wales*, 285.

227. Valerie Fildes, "Breast-Feeding in London, 1905–19," *Journal of Biosocial Science* 24 (1992): 55–59.

228. Jane Lewis, "The Social History of Social Policy: Infant Welfare in Edwardian England," *Journal of Social Policy* 9, no. 4 (1980): 471.

229. J. M. Fortescue-Brickdale, "Lac Vinum Infantum: A Review of the Work of Infant Milk Depôts," *Bristol Medico-Chirurgical Journal* 22 (1904): 203.

230. Alice Reid, "Infant Feeding and Post-Neonatal Mortality in Derbyshire, England, in the Early Twentieth Century," *Population Studies* 56, no. 2 (July 2002): 164.

231. McCleary, *Infantile Mortality*, 70, 71.

232. Bernard Harris, *The Health of the Schoolchild: A History of the School Medical Service in England and Wales* (Buckingham: Open University Press, 1995), 23.

233. T. B. Mepham, "'Humanizing' Milk: The Formulation of Artificial Feeds for Infants (1850–1910)," *Medical History* 37 (1993): 240.

234. "Infantile Diarrhoea," 145, 146; "Milk and Diarrhoea," *British Medical Journal*, August 19, 1899, 481.

235. "Infantile Diarrhoea," 148–49.

236. McCleary, *Infantile Mortality*, 73, 76–77.

237. Savage, *Milk and the Public Health*, 358.

238. Savage, *Milk and the Public Health*, 166; Lawrence Weaver, "In the Balance: Weighing Babies and the Birth of the Infant Welfare Clinic," *Bulletin of the History of Medicine* 84, no. 1 (Spring 2010): 50.

239. Deborah Dwork, *War Is Good for Babies and Other Young Children: A History of the Infant and Child Welfare Movement in England, 1898–1918* (London: Tavistock, 1987), 118, 122.

240. Metropolitan Borough of Woolwich, *Annual Report of the Medical Officer of Woolwich: 1910* (Woolwich: H. Pryce & Sons, 1910), 108.

241. W. Robertson, "The Practical Side of an Infants' Milk Depôt," *Edinburgh Medical Journal*, n.s., 19 (1906): 496.

242. Janet Lane-Claypon, "Phases of the Development of the Infant Welfare Movement in England in England," *The Child* 1, no. 9 (November 1912): 25.

243. Atkins, "White Poison?" 224.

244. "The First Infant Welfare Centre," *British Medical Journal*, May 9, 1931, 807.

245. Carol Dyhouse, "Working-Class Mothers and Infant Mortality in England, 1895–1914," *Journal of Social History* 12, no. 2 (Winter 1978): 257.

246. H. Kerr, "Modern Educative Methods for the Prevention of Infantile Mortality," *Public Health* 23 (January 1910): 131.

247. "The Inspection and Sterilisation of Milk," *Belfast News-Letter*, October 16, 1900.

248. Paton, introduction to *Report upon a Study of the Diet of the Labouring Classes*, 3.

249. "Cheaper Milk in Poor Homes," *The Times*, July 9, 1937.

250. Janet Golden, *Message in a Bottle: The Making of Fetal Alcohol Syndrome* (London: Harvard University Press, 2005), 25; "Mothers and Alcohol," *Medical News* 76 (May 12, 1900): 749.

251. Ashby, *Infant Mortality*, 72.

252. Dyhouse, "Working-Class Mothers and Infant Mortality," 250; Winter, "Unemployment, Nutrition and Infant Mortality," 234.

253. Peter McKinlay, "The Decline in Infant Mortality," *Journal of Hygiene* 27, no. 4 (June 1928): 424.

254. R. I. Woods, P. A. Watterson, and J. H. Woodward, "The Causes of Rapid Infant Mortality Decline in England and Wales, 1861–1921: Part II," *Population Studies* 43 (1989): 130.

255. Millward and Bell, "Infant Mortality in Victorian Britain," 715.

256. Anna Davin, "Loaves and Fishes: Food in Poor Households in Late Nineteenth-Century London," *History Workshop Journal* 41, no. 1 (Spring 1996): 168.

257. A. Anderson, "An Investigation of the Diet of School Children," *British Medical Journal*, June 13, 1936, 1221–22.

258. Fraser Brockington, "Influence of the Growing Family upon the Diet," *Journal of Hygiene* 38, no. 1 (January 1938): 61; Robert Hunter, "The Social Significance of Underfed Children," *International Quarterly* 12, no. 1 (October 1905): 343.

259. Cited in Hunter, "The Social Significance of Underfed Children," 347.

260. Cited in Charles Segal, *Penn'orth of Chips: Backward Children in the Making* (London: Victor Gollancz, 1939), 79–80.

261. Floud, Wachter, and Gregory, *Height, Health and History*, 246.

262. Cheadle, *The Artificial Feeding of Infants*, 196–97.

263. Harris, *The Health of the Schoolchild*, 42.

264. Welshman, "School Meals," 12.

265. G. M'Gonigle and J. Kirby, *Poverty and Public Health* (1936; London: Garland, 1985), 53.

266. F. Kelly, "Fifty Years of Nutritional Science," *Medical Officer* 53 (February 16, 1935): 65.

267. Hunter, "The Social Significance of Underfed Children," 343.

268. A. D. Edwards, "Evolution, Economy, and the Child," *Westminster Review* 171 (January 1909): 83.

269. "The Problem of Feeding School Children," *British Medical Journal*, October 1, 1904, 850.

270. *"After Bread, Education": A Plan for the State Feeding of School Children* (London: Fabian Society, 1905), 10–11.

271. T. J. Macnamara, "Physical Condition of Working-Class Children," *Nineteenth Century and After* 56 (August 1904): 309.

272. William Anson, "Provision of Food for School-Children in Public Elementary Schools," *Economic Journal* 16, no. 62 (June 1906): 184.

273. John Burnett, *Plenty and Want: A Social History of Diet in England from 1850 to the Present Day* (London: Nelson, 1966), 212; Phyllis Winder, *The Public Feeding of Elementary School Children* (London: Longmans, Green, 1913), 24.

274. Vernon, *Hunger*, 164, 179.

275. Peter Atkins, "School Milk in Britain, 1900–1934," *Journal of Policy History* 19, no. 4 (2007): 400–401.

276. J. Kinloch, "Prefatory Note," in *Milk Consumption and the Growth of School Children: Report on an Investigation in Lanarkshire Schools*, by Gerald Leighton and Peter McKinlay (Edinburgh: HM Stationery Office, 1930), 7; Student, "The Lanarkshire Milk Experiment," *Biometrika* 23, nos. 3–4 (December 1931): 398.

277. R. Stenhouse Williams, "Nutritional Value of Milk," *British Medical Journal*, June 13, 1931, 1048.

278. Atkins, "School Milk in Britain," 409–10.

279. Welshman, "School Meals," 20.

280. Atkins, "School Milk in Britain," 416.

281. K. A. H. Murray and R. S. G. Rutherford, *Milk Consumption Habits: Preliminary Report* (Oxford: Agricultural Economics Research Institute, 1941), 53, 54.

282. Harvey and Hill, *Milk*, 476.

283. Allen, *The British Industrial Revolution in Global Perspective*, 32.

第七章

1. Denis Burkitt, "Some Diseases Characteristic of Modern Western Civilization," *British Medical Journal*, February 3, 1973, 274, 276, 277.

2. "Doctors' Orders Are Healthier Hamburger and Safer Sausage," *Glasgow Herald*, October 27, 1980.

3. Charles Rosenberg, "Pathologies of Progress: The Idea of Civilization as Risk," *Bulletin of the History of Medicine* 72 (1998): 728.

4. John Cope, *Cancer: Civilization: Degeneration: The Nature, Causes and Prevention of Cancer, Especially in Its Relation to Civilization and Degeneration* (London: H. K. Lewis, 1932), 119.

5. Stanley Ulijasek, Neil Mann, and Sarah Elton, *Evolving Human Nutrition: Implications for Human Health* (Cambridge: Cambridge University Press, 2012), 121; Loren Cordain et al., "Origins and Evolution of the Western Diet: Health Implications for the 21st Century," *American Journal of Clinical Nutrition* 81 (2005): 350.

6. Arbuthnot Lane, preface to *Maori Symbolism: Being an Account of the Origin, Migration, and Culture of the New Zealand Maori as Recorded in Certain Sacred Legends*, by Ettie Rout (London: Kegan Paul, Trench, Trubner, 1926), xi.

7. W. Arbuthnot Lane, "An Address on Chronic Intestinal Stasis and Cancer," *British Medical Journal*, October 27, 1923, 745.

8. S. Henning Belfrage, *What's Best to Eat?* (London: William Heinemann 1926), 56.

9. Freidberg, *Fresh*.

10. Collingham, *The Taste of Empire*, 185.

11. T. L. Cleave, *Fat Consumption and Coronary Disease: The Evolutionary Answer to This Problem* (New York: Philosophical Library, 1958), 18; James Crichton-Browne, *Parcimony in Nutrition* (London: Funk & Wagnalls, 1909), 77.

12. William Paveley, "From Aretaeus to Crosby: A History of Coeliac Disease," in *The History of*

Gastroenterology, ed. T. S. Chen and P. S. Chen (London: Pantheon, 1995), 167–72; Matthew Smith, *Another Person's Poison: A History of Food Allergy* (New York: Columbia University Press, 2015).

13. Yudkin, *Pure, White and Deadly*, 24.

14. Swinburn et al., "Syndemic," 17.

15. Robert McCarrison, "Faulty Food in Relation to Gastro-Intestinal Disorder," *Journal of the American Medical Association* 78, no. 1 (January 7, 1922): 3.

16. Doris Grant, *Housewives Beware* (London: Faber & Faber, 1958), 63–64.

17. Frederick Hoffman, *Cancer and Diet, with Facts and Observations on Related Subjects* (Baltimore: Williams & Wilkins, 1937), 664, 652, 197.

18. Frederick Marwood, *What Is the Root Cause of Cancer? Is It the Excessive Consumption of Common Salt, Salted Foods and Salt Compounds?* (London: John Bale, 1927), 16; Dr. Braithwaite, "Excess of Salt in the Diet a Probable Factor in the Causation of Cancer," in Marwood, *What Is the Root Cause of Cancer?* 29.

19. T. L. Cleave and G. D. Campbell, *Diabetes, Coronary Thrombosis, and the Saccharine Disease* (Bristol: John Wright & Sons, 1969), vi, 6, 7.

20. Ulijasek, Mann, and Elton, *Evolving Human Nutrition*, 291; Goudiss, *The Strength We Get from Sweets*, 5.

21. Michael Worboys, "The Discovery of Colonial Malnutrition between the Wars," in *Imperial Medicine and Indigenous Societies*, ed. David Arnold (Manchester: Manchester University Press, 1988), 210.

22. R. H. A. Plimmer and Violet Plimmer, *Food and Health* (London: Longmans, Green, 1925), 5.

23. Weston Price, *Nutrition and Physical Degeneration: A Comparison of Primitive and Modern Diets and Their Effects* (New York: Paul B. Hoeber, 1939), 42, 44, 49, 209.

24. Campbell, *What Is Wrong with British Diet?* 12.

25. For example, Cottrell, ed., *Beet-Sugar Economics*, 12–15; Swinburn et al., "Syndemic," 31.

26. Lindeberg, *Food and Western Disease*, 135.

27. "Food and the Child," *British Medical Journal*, March 10, 1934, 436.

28. E. P. Cathcart, "Food and Nutrition," *British Medical Journal*, February 27, 1937, 438.

29. Arthur Keith, *The Human Body* (London: Thornton Butterworth, 1936), 233, and "Concerning Certain Structural Changes Which Are Taking Place in Our Jaws and Teeth," in *Five Lectures on "The Growth of the Jaws, Normal and Abnormal, in Health and Disease"* (London: Dental Board of the United Kingdom, 1924), 135–36.

30. Medical Research Council, *Reports of the Committee for the Investigation of Dental Disease: II, The Incidence of Dental Disease in Children* (London: HM Stationery Office, 1925), 42; League of Nations, *The Problem of Nutrition* 1: 43.

31. R. Pedley and Frank Harrison, *Our Teeth: How Built Up, How Destroyed, How Preserved* (London: Blackie & Son, 1908), v.

32. Richard Steckel et al., "Skeletal Health in the Western Hemisphere from 4000 B.C. to the Present," *Evolutionary Anthropology* 11 (2002): 146; W. J. Moore, "Dental Caries in Britain from Roman Times to the Nineteenth Century," in Geissler and Oddy, eds., *Food, Diet and Economic Change*, 58; Ursula Witwer-Backofen and Felix Engel, "The History of European Oral Health: Evidence from Dental Caries and Antemortem Tooth Loss," in *The Backbone of Europe: Health, Diet, Work, and Violence over Two Millennia*, ed. Richard Steckel, Clark Larsen, Charlotte Roberts, and Joerg Baten (Cambridge: Cambridge University Press, 2019), 111, 123.

33. J. Campbell, *Those Teeth of Yours: A Popular Guide to Better Teeth* (London: William Heinemann, 1929), 78.

34. J. A. MacDonald, *What a Newspaper Man Saw in Britain* (Toronto: Globe, 1909), 7.

35. F. Truby King, *The Story of the Teeth and How to Save Them* (Auckland: Whitcombe & Tombs, 1917), 6; James Wheatley, "Dental Caries as a Field for Preventive Medicine," *Public Health* 25 (August 1912): 407–8.

36. Mrs. Garrett, "The Evils of Sweet Eating," *National Health* (July 1913), cited in Hecht, ed., *Gateway to Health*, 43.

37. J. G. Adami, "Inaugural Address," in Hecht, ed., *Gateway to Health*, 163.

38. Kurt Thoma, *Teeth, Diet and Health* (London: Century, 1923), 59.

39. Drummond and Wilbraham, *The Englishman's Food*, 161–62.

40. Ed. Jas. Wenyon, "The Teeth and Civilization," *Nature* 50, no. 1285 (June 14, 1894): 148.

41. Price, *Nutrition*, 54.

42. Steven, *The Good Scots Diet*, 132.

43. Albert Carter, *Vaccination a Cause of the Prevalent Decay of the Teeth* (London: Mothers' Compulsory Anti-Vaccination League, 1877); R. Russell, *Strength and Diet: A Practical Treatise with Special Regard to the Life of Nations* (London: Longmans, Green, 1905), 413; Cope, *Cancer*, 88; Cyril Howkins, "The Teeth of the Present Generation," *British Journal of Dental Science* 49 (February 15, 1906): 154.

44. L. S. Bevington, "How to Eat Bread," *Nineteenth Century* 4 (September 1881): 349; Committee for the Investigation of Dental Disease, *The Influence of Diet on Caries in Children's Teeth* (London: HM Stationery Office, 1936), 2-3.

45. J. Sim Wallace, *Oral Hygiene* (London: Ballière, Tindall & Cox, 1923), 15, 34.

46. M. Nicolson and G. Taylor, "Scientific Knowledge and Clinical Authority in Dentistry: James Sim Wallace and Dental Caries," *Journal of the Royal College of Physicians of Edinburgh* 39 (2009): 66.

47. Martha Koehne and R. Bunting, "Studies in the Control of Dental Caries: II," *Journal of Nutrition* 7, no. 6 (1934): 673.

48. Bengt Gustafsson et al., "The Vipeholm Dental Caries Study: The Effect of Different Levels of Carbohydrate Intake on Caries Activity in 436 Individuals Observed for Five Years," *Acta Odontologica Scandinavica* 11, nos. 3-4 (September 1954): 232-65.

49. Christina Adler et al., "Sequencing Ancient Calcified Dental Plaque Shows Changes in Oral Microbiota with Dietary Shifts of the Neolithic and Industrial Revolutions," *Nature Genetics* 45, no. 4 (April 2013): 453, 454.

50. Campbell, *What Is Wrong with British Diet?* 227.

51. J. Sim Wallace, "Some Experiments on Bread, with Special Reference to the Causation and Prevention of Dental Caries," *Proceedings of the Royal Society of Medicine* (June 1911), cited in Hecht, ed., *Gateway to Health*, 87.

52. Harry Critchley, *Hygiene in School: A Manual for Teachers* (London: Allman & Son, 1906), 72; S. Mervyn Herbert, *Britain's Health* (Harmondsworth: Penguin, 1939), 148.

53. Campbell, *What Is Wrong with British Diet?* 243.

54. Salop County Council Elementary Education Department, "Prevention of Decay of Teeth" (1912), cited in Wheatley, "Dental Caries as a Field for Preventive Medicine," 410.

55. F. M. Holborn, "Pyorrhoea," in Hecht, ed., *Gateway to Health*, 249.

56. Thoma, *Teeth, Diet and Health*, 154.

57. Austin Furniss, "Preventive Dentistry: The Public Health Aspect," *Medical Officer* 29 (June 16, 1923): 293.

58. Marland, *Health and Girlhood in Britain*, 166.

59. Joel Levy, *Really Useful: The Origins of Everyday Things* (Buffalo, NY: Firefly, 2002), 70.

60. Karen Dunnell, "Are We Healthier?" in *The Health of Adult Britain, 1841-1994* (2 vols.), ed. John Charlton and Mike Murphy (London: HM Stationery Office, 1997), 2: 179.

61. Olivia Timbs and Lorraine Fraser, "Winning the War against Tooth Decay," *The Times*, June 14, 1985.

62. D. White, G. Tsakos, N. Pitts, E. Fuller, G. Douglas, J. Murray, and J. Steele, "Adult Dental Health Survey 2009: Common Oral Health Conditions and Their Impact on the Population," *British Journal of Dentistry* 213, no. 11 (December 8, 2012): 568.

63. *Children's Dental Health Survey: Executive Summary: England, Wales and Northern Ireland, 2013*, https://digital.nhs.uk/data-and-information/publications/statistical/children-s-dental-health-survey/child-dental-health-survey-2013-england-wales-and-northern-ireland.

64. K. Hill, B. Chadwick, R. Freeman, I. O'Sullivan, and J. Murray, "Adult Dental Health Survey 2009: Relationships between Dental Attendance Patterns, Oral Health Behaviour and the Current Barriers to Dental Care," *British Dental Journal* 214, no 1 (January 12, 2013): 27.

65. Cope, *Cancer*, 126.

66. Campbell, *Those Teeth of Yours*, 16-17.

67. Keith, *The Human Body*, 235.

68. Daniel Lieberman, *The Evolution of the Human Head* (Cambridge, MA: Harvard University Press, 2011), 278.

69. Cope, *Cancer*, 111.

70. D. Davies, *The Influence of Teeth, Diet, and Habits on the Human Face* (London: William Heinemann, 1972), 41.

71. Lieberman, *The Evolution of the Human Head*, 248–49.

72. Matthew Baillie, *Lectures and Observations on Medicine* (London: Richard Taylor, 1825), 188.

73. Guthrie Rankin, "Dyspepsia and Its Treatment by Antiseptics," *British Medical Journal*, November 29, 1902, 1698–99.

74. Thomas Trotter, *A View of the Nervous Temperament* (London: Longman, Hurst, Rees, & Orme, 1807), 203.

75. Fothergill, *A Manual of Dietetics*, 13.

76. J. Barker, *Cancer: How It Is Caused; How It Can Be Prevented* (New York: E. P. Dutton, 1924), 335.

77. Felicity Edwards and John Edwards, "Tea-Drinking and Gastritis," *Lancet* 268, no. 6942 (September 15, 1956): 545; J. Yeo, "Food Accessories: Their Influence on Digestion," *Nineteenth Century* 19 (1886): 278; Martin Priest and C. G. Moor, "Preservatives in Food," *Sanitary Record*, 37, suppl. (March 16, 1900): 19.

78. Fothergill, *A Manual of Dietetics*, 231; Max Einhorn, *Diseases of the Stomach: A Text-Book for Practitioners and Students*, 4th ed. (New York: William Wood, 1906), 141.

79. John Goodfellow, *The Dietetic Value of Bread* (London: Macmillan, 1892), 124.

80. Russell, *Strength and Diet*, 380.

81. William Tibbles, *Dietetics; or, Food in Health and Disease* (Philadelphia: Lea & Febiger, 1914), 275.

82. Rankin, "Dyspepsia and Its Treatment by Antiseptics," 1700; George Niles, "The Philosophy of Mastication," *Public Health Journal* 4, no. 5 (May 1913): 294.

83. William Harvey, *On Corpulence in Relation to Disease; With Some Remarks on Diet* (London: Henry Renshaw, 1872), 72; Fothergill, *A Manual of Dietetics*, 85; Rankin, "Dyspepsia and Its Treatment by Antiseptics," 1700.

84. Rankin, "Dyspepsia and Its Treatment by Antiseptics," 1701.

85. Einhorn, *Diseases of the Stomach*, 39–56.

86. "The Surgery of Chronic Dyspepsia," *Lancet* 160, no. 4121 (August 23, 1902): 513.

87. Nicholas Talley, "Dyspepsia and Non-Ulcer Dyspepsia: An Historical Perspective," in Chen and Chen, eds., *The History of Gastroenterology*, 125.

88. Jon Nguyen-Van-Tam and Richard Logan, "Digestive Disease," in Charlton and Murphy, eds., *The Health of Adult Britain*, 2: 131.

89. Cleave and Campbell, *Diabetes*, 91; G. Lloyd, "White Bread and Peptic Ulcer," *British Medical Journal*, April 24, 1948, 810.

90. T. L. Cleave, *Peptic Ulcer: A New Approach to Its Causation, Prevention, and Arrest, Based on Human Evolution* (Bristol: John Wright, 1962), 12, 29, 77, 78 (quotes).

91. C. A. Wells, "High Gastric Ulcer: A Suggested Operation," *British Medical Journal*, May 6, 1933, 778; R. Milnes Walker, "The Surgical Management of High Gastric Ulcers," *British Medical Journal*, November 14, 1936, 967–68.

92. Arthur Hurst, *Constipation and Allied Intestinal Disorders*, 2nd ed. (London: Oxford University Press, 1921), 73.

93. Whorton, *Inner Hygiene*, 30–37.

94. Henry Collett, "On the Treatment of Habitual or Chronic Constipation," *Provincial Medical and Surgical Journal* 15, no. 23 (November 12, 1851): 625.

95. Belfrage, *What's Best to Eat?* 86.

96. J. H. Kellogg, *The Itinerary of a Breakfast* (New York: Funk & Wagnalls, 1923), 37.

97. Samuel Gant, *Constipation and Intestinal Obstruction (Obstipation)* (London: W. B. Saunders, 1909), 17.

98. Arbuthnot Lane, "The Sewage System of the Human Body," *American Medicine*, May 1923, 267.

99. F. A. Hornibrook, *The Culture of the Abdomen: The Cure of Obesity and Constipation* (Garden City, NY:

Doubleday, Doran, 1933), 9; Kellogg, *The Itinerary of a Breakfast*, 25.

100. Alcinous Jamison, *Intestinal Ills: Chronic Constipation, Indigestion, Autogenetic Poisons, Diarrhea, Piles, Etc., Also Auto-Infection, Auto-Intoxication, Anemia, Emaciation, Etc. Due to Proctitis and Colitis* (New York: Knickerbocker, 1913), 275; Alfred Jordan, *Chronic Intestinal Stasis (Arbuthnot Lane's Disease): A Radiological Study* (London: Henry Frowde/Hodder & Stoughton, 1923), v.

101. J. Barker, *Chronic Constipation: The Most Insidious and the Most Deadly of Diseases, Its Cause, Grave Consequences and Natural Cure* (London: John Murray, 1927), 27.

102. Jordan, *Chronic Intestinal Stasis*, 4.

103. Lane, *The Prevention of the Diseases Peculiar to Civilization*, 67.

104. J. Granville, "Three Prescriptions for Habitual Constipation," *British Medical Journal*, May 26, 1883, 1001.

105. Jamison, *Intestinal Ills*, 25.

106. Charles Bouchard, *Leçons sur les auto-intoxications dans la maladie* (Paris: F. Savy, 1887).

107. Leonard Williams, "The Medical Aspects of Intestinal Stasis," in *The Operative Treatment of Chronic Intestinal Stasis* (4th ed.), by W. Arbuthnot Lane (London: Oxford University Press, 1918), 260.

108. Hornibrook, *The Culture of the Abdomen*, 11, 39.

109. Lane, "An Address on Chronic Intestinal Stasis and Cancer," 746; W. Arbuthnot Lane, "An Address on Chronic Intestinal Stasis," *British Medical Journal*, November 1, 1913, 1126; Lane, "The Sewage System of the Human Body," 271.

110. Tibbles, *Dietetics*, 348.

111. William Mayo, "Diverticulitis of the Sigmoid," *British Medical Journal*, September 28, 1929, 574.

112. Edmund Spriggs, "Diverticulitis," *British Medical Journal*, September 28, 1929, 569.

113. Nguyen-Van-Tam and Logan, "Digestive Disease," 132.

114. David Barker, "Rise and Fall of Western Diseases," *Nature* 338 (March 30, 1989): 371; Picton, "Brown Bread versus White," 939.

115. G. D. Campbell, "Diet and Diverticulitis," *British Medical Journal*, July 22, 1967, 243; Barker, *Chronic Constipation*, 170.

116. Kellogg, *The Itinerary of a Breakfast*, 108.

117. Cleave and Campbell, *Diabetes*, 83.

118. Hornibrook, *The Culture of the Abdomen*, 76.

119. James Sawyer, "A Clinical Lecture on the Treatment of Constipation," *Lancet* 178, no. 4594 (September 16, 1911): 811.

120. Gant, *Constipation and Intestinal Obstruction*, 67, 69; Hurst, *Constipation and Allied Intestinal Disorders*, 148.

121. Hornibrook, *The Culture of the Abdomen*, 77.

122. Gant, *Constipation and Intestinal Obstruction*, 207.

123. William Walsh, *The Conquest of Constipation* (New York: E. P. Dutton, 1923), 65–66.

124. Gant, *Constipation and Intestinal Obstruction*, 68.

125. Walsh, *The Conquest of Constipation*, 69.

126. Arthur Hurst, "An Address on the Sins and Sorrows of the Colon," *British Medical Journal*, June 17, 1922, 943.

127. Cited in Patrick Black, "Clinical Lecture on Obstinate Constipation and Obstruction of the Bowels," *British Medical Journal*, January 28, 1871, 84.

128. Walsh, *The Conquest of Constipation*, 146, 148.

129. Whorton, *Inner Hygiene*, 45–46, 51.

130. Cleave and Campbell, *Diabetes*, 83.

131. Eva Otter, personal communication, July 2, 2015.

132. Walsh, *The Conquest of Constipation*, 181.

133. Jane Grigson, *Vegetable Book* (Harmondsworth: Penguin, 1978), 291.

134. Hurst, *Constipation and Allied Intestinal Disorders*, 327; F. Weber, "Prepared Bran and the Prevention of

Constipation," *British Medical Journal*, February 15, 1941, 252; Whorton, *Inner Hygiene*, 174–75; Campbell, *What Is Wrong with British Diet?* 27.

135. Harold Edwards, "Diverticulitis: A Clinical Review," *British Medical Journal*, June 2, 1934, 974.

136. Whorton, *Inner Hygiene*, 173.

137. Arthur Keith, "The Functional Nature of the Caecum and Appendix," *British Medical Journal*, December 7, 1912, 1599.

138. Hurst, *Constipation and Allied Intestinal Disorders*, 397, 402–3.

139. Lane, "The Sewage System of the Human Body," 257.

140. Hurst, *Constipation and Allied Intestinal Disorders*, 402–3.

141. F. P. Bremner, "The Value of Shortcircuiting the Colon for Severe Constipation," *Lancet*, vol. 179, no. 4617 (February 12, 1912).

142. Lane, "An Address on Chronic Intestinal Stasis," 1127–28; Michaela Sullivan-Fowler, "Doubtful Theories, Drastic Therapies: Autointoxication and Faddism in the Late Nineteenth and Early Twentieth Centuries," *Journal of the History of Medicine and Allied Sciences* 50 (1995): 384.

143. Whorton, *Inner Hygiene*, 65–69.

144. Hurst, *Constipation and Allied Intestinal Disorders*, 137; Kellogg, *The Itinerary of a Breakfast*, 122.

145. Alfred Barrs, "Operative Treatment of Results of Constipation," *Lancet* 164, no. 4244 (December 31, 1904): 1888.

146. Walsh, *The Conquest of Constipation*, 197.

147. "Real and Imaginary Constipation," *Lancet* 222, no. 5742 (September 16, 1933): 661.

148. George Bernard Shaw, *The Doctor's Dilemma* (New York: Penguin, 1954), 103.

149. Lane, *The Operative Treatment of Chronic Intestinal Stasis*, 59.

150. Michael Power and Jay Schulkin, *The Evolution of Obesity* (Baltimore: Johns Hopkins University Press, 2009), 208; Ann Dally, *Fantasy Surgery, 1880–1930: With Special Reference to Sir William Arbuthnot Lane* (Amsterdam: Rodopi, 1996), 127.

151. T. S. Clouston, *Unsoundness of Mind* (New York: E. P. Dutton, 1911), 143.

152. J. F. Goodhart, "Discussion on Chronic Constipation and Its Treatment," *British Medical Journal*, October 8, 1910, 1039.

153. Francis Brook, "Discussion on Alimentary Toxaemia: Its Sources, Consequences, and Treatment," *Proceedings of the Royal Society of Medicine* 6 (1913): 344–52 (quote 348); Alison Bested, Alan Logan, and Eva Selhub, "Intestinal Microbiota, Probiotics and Mental Health: From Metchnikoff to Modern Advances: Part I, Autointoxication Revisited," *Gut Pathogens* 5, no. 5 (2013): 7, 8–10; N. Norman and A. Eggston, "Pyogenic Infections of the Intestinal Tract and Their Biological Treatment," *New York Medical Journal*, April 19, 1922, 455.

154. Barker, *Chronic Constipation*, 153.

155. Geri Brewster, "The Biochemical Connection between the Gut and the Brain: How Food, Bugs, and the Gut Barrier Affect Health, Behavior, and Cognition," in *Bugs, Bowels, and Behavior: The Groundbreaking Story of the Gut-Brain Connection*, ed. Teri Arranga, Claire Viadro, and Lauren Underwood (New York: Skyhorse, 2013), 9.

156. Michael Gillings and Ian Paulsen, "Microbiology of the Anthropocene," *Anthropocene* 5 (2014): 2–3; Erica Sonnenburg et al., "Diet-Induced Extinctions in the Gut Microbiota Compound over Generations," *Nature* 529 (January 14, 2016): 212.

157. Talley, "Dyspepsia and Non-Ulcer Dyspepsia," 127; Sir Francis Jones, "Management of Constipation in Adults," in *Management of Constipation*, ed. Sir Francis Jones and Edmund Godding (Oxford: Blackwell, 1972), 104.

158. Michael Gershon, *The Second Brain: A Groundbreaking New Understanding of Nervous Disorders of the Stomach and Intestine* (New York: HarperCollins, 1998); Giulia Enders, *Gut: The Inside Story of Our Body's Most Under-Rated Organ* (London: Scribe, 2014).

159. "Diabetes: Facts and Stats," https://www.diabetes.co.uk/diabetes-prevalence.html; Heart UK, "Key Facts and Figures," https://www.bhf.org.uk/for-professionals/press-centre/facts-and-figures.

160. W. Logan, "Mortality in England and Wales from 1848 to 1947," *Population Studies* 4, no. 2 (September

1950): 142.

161. Hutchison, *Food and the Principles of Dietetics*, 467; Fothergill, *A Manual of Dietetics*, 198–99; "Linseed Bread," *British Medical Journal*, October 12, 1878, 569.

162. *The Family Physician: A Manual of Domestic Medicine, by Physicians and Surgeons of the Principal London Hospitals* (London: Cassell, 1886), 219.

163. H. Himsworth, "Diabetes Mellitus: Its Differentiation into Insulin-Sensitive and Insulin-Insensitive Types," *Lancet* 227, no. 5864 (January 18, 1936): 128.

164. Daniel Lieberman, *The Story of the Human Body: Evolution, Health, and Disease* (New York: Pantheon, 2013), 271.

165. R. T. Williamson, "Sugar *versus* Alcohol," *British Medical Journal*, April 7, 1923, 611; Plimmer and Plimmer, *Food and Health*, 3.

166. Csergo, "Le sucre," 2S60.

167. Cleave and Campbell, *Diabetes*, 19, 25, 34.

168. Chocolate Biscuit, "The Little Things We Can Do Without," *Northern Whig*, February 10, 1941; Alan Kemp, "Motley Notes," *The Sketch*, September 10, 1941, 162.

169. E. McCollum, Elsa Orent-Keiles, and Harry Day, *The Newer Knowledge of Nutrition*, 5th ed. (New York: Macmillan, 1939), 616.

170. "Obesity and Sugar Addiction," *Lancet* 281, no. 7284 (April 6, 1963): 768.

171. Yudkin, *Pure, White and Deadly*, 143–52.

172. Nicole Avena, Pedro Rada, and Bartley Hoebel, "Evidence for Sugar Addiction: Behavioral and Neurochemical Effects of Intermittent, Excessive Sugar Intake," *Neuroscience and Behavioral Reviews* 32, no. 1 (2008): 2.

173. J. DiNicolantonio, J. O'Keefe, and W. Wilson, "Sugar Addiction: Is It Real? A Narrative Review," *British Journal of Sports Medicine* 52 (2018): 912.

174. Lieberman, *The Story of the Human Body*, 278.

175. J. O. Leibowitz, *The History of Coronary Heart Disease* (Berkeley: University of California Press, 1970), 73; William Heberden, "Some Account of a Disorder of the Breast," *Medical Transactions of the Royal College of Physicians of London* 2 (1772): 59.

176. Leon Michaels, *The Eighteenth-Century Origins of Angina Pectoris: Predisposing Causes, Recognition and Aftermath* (London: Wellcome Trust Centre, 2001), 1, 119, 121, 181.

177. William Osler, "Lectures on Angina Pectoris and Allied States," in *William Osler's Collected Papers on the Cardiovascular System*, ed. W. Bruce Fye (Birmingham, AL: Classics of Medicine Library, 1988), 259, 383.

178. William Osler, "Diseases of the Arteries," in *William Osler's Collected Papers*, 431.

179. Baldry, *The Battle against Heart Disease*, 125, 127.

180. "Increase of Heart-Disease," *British Medical Journal*, March 23, 1872, 317.

181. Clifford Allbutt, *Diseases of the Arteries Including Angina Pectoris*, 2 vols. (London: Macmillan, 1915), 1: 171.

182. W. Arnott, "The Changing Aetiology of Heart Disease," *British Medical Journal*, October 16, 1954, 888.

183. Baldry, *The Battle against Heart Disease*, 124.

184. John Charlton, Mike Murphy, Kay-tee Khaw, Shah Ebrahim, and George Davey Smith, "Cardiovascular Diseases," in Charlton and Murphy, eds., *The Health of Adult Britain*, 2: 68; Wells, *The Metabolic Ghetto*, 62; Landecker, "Food as Exposure," 179.

185. Logan, "Mortality in England and Wales," 142.

186. Tessa Pollard, *Western Diseases: An Evolutionary Perspective* (Cambridge: Cambridge University Press, 2008), 47.

187. Alastair Frazer, "Nutritional and Dietetic Aspects," in *Margarine: An Economic, Social and Scientific History, 1869–1969*, ed. J. van Stuyvenberg (Toronto: University of Toronto Press, 1969), 151.

188. Allbutt, *Diseases of the Arteries*, 1: 5.

189. James Holmes, "Milk and Arterio-Sclerosis," *British Medical Journal*, December 6, 1924, 1082.

190. Norman Jolliffe, "Fats, Cholesterol, and Coronary Heart Disease: A Review of Recent Progress," *Circulation* 10 (July 1959): 124, 117.

191. David Schleifer, "The Perfect Solution: How Trans Fats Became the Healthy Replacement for Saturated Fats," *Technology and Culture* 53, no. 1 (2012): 106.

192. Franklin Bicknell, *Chemicals in Food and in Farm Produce: Their Harmful Effects* (London: Faber & Faber, 1960), 125.

193. Hillel Schwartz, *Never Satisfied: A Cultural History of Diets, Fantasies, and Fat* (New York: Anchor, 1990), 219; J. A. Gardner, "Cholesterol Metabolism in Disease," *British Medical Journal*, August 27, 1932, 392.

194. B. Bronte-Stewart, A. Keys, and J. F. Brock with the collaboration of A. Moodie, M. Keys, and A. Antonis, "Serum-Cholesterol, Diet, and Coronary Heart-Disease: An Inter-Racial Survey in the Cape Peninsula," *Lancet* 266, no. 6900 (November 26, 1955): 1106.

195. Joseph Goldstein and Michael Brown, "A Century of Cholesterol and Coronaries: From Plaques to Genes to Statins," *Cell* 161, no. 1 (March 26, 2015): 4; Z. A. Leitner, "Cholesterol and Vascular Disease," *British Medical Journal*, December 1, 1956, 1303–4.

196. Karin Garrety, "Social Worlds, Actor-Networks and Controversy: The Case of Cholesterol, Dietary Fat and Heart Disease," *Social Studies of Science* 27 (1997): 754; G. Thompson, "History of the Cholesterol Controversy in Britain," *Quarterly Journal of Medicine* 102, no. 2 (February 2009): 81–86.

197. Yudkin, *Pure, White and Deadly*, 88; Harvey Levenstein, *Paradox of Plenty: A Social History of Eating in Modern America*, rev. ed. (Berkeley and Los Angeles: University of California Press, 2003), 191.

198. Cleave and Campbell, *Diabetes*, 113.

199. I. Snapper, *Chinese Lessons to Western Medicine: A Contribution to Geographical Medicine from the Clinics of Peiping Union Medical College* (New York: Interscience, 1941), 160.

200. Susan Allport, *The Queen of Fats: Why Omega-3s Were Removed from the Western Diet and What We Can Do to Replace Them* (Berkeley and Los Angeles: University of California Press, 2007), 105, 142–43.

201. M. Crawford, "Fatty-Acid Ratios in Free-Living and Domestic Animals," *Lancet* 291, no. 7556 (June 22, 1968): 1329.

202. T. Khosla and C. Lowe, "Height and Weight of British Men," *Lancet* 291, no. 7545 (April 6, 1968): 743.

203. Andrew Prentice and Susan Jebb, "Obesity in Britain: Gluttony or Sloth?" *British Medical Journal*, August 21, 1995, 437.

204. Cited in Elizabeth Furdell, *Fatal Thirst: Diabetes in Britain until Insulin* (Boston: Brill, 2009), 162.

205. Smith, *Practical Dietary*, 163.

206. Thomas Short, *A Discourse Concerning the Causes and Effects of Corpulency: Together with the Method for Its Prevention and Cure*, 2nd ed. (London: J. Roberts, 1728), 68–69, 74; Malcolm Flemyng, *A Discourse on the Nature, Causes and Cure of Corpulency* (London: L. Davis & C. Reymers, 1760), 19–20.

207. William Cullen, *Lectures on the Materia Medica*, 2nd ed. (Dublin: W. & H. Whitestone, 1781), 83.

208. William Wadd, *Comments on Corpulency, Lineaments of Leanness, Mems on Diet and Dietetics* (London: John Ebers, 1829), 25–26.

209. "A British Disease," *Washington Post*, April 17, 1879.

210. Silus Wier Mitchell, *Fat and Blood: An Essay on the Treatment of Certain Forms of Neurasthenia and Hysteria*, 6th ed. (Philadelphia: J. B. Lippincott, 1891), 21.

211. William Banting, *Letter on Corpulence, Addressed to the Public*, 3rd ed. (San Francisco: A. Roman, 1865), 3, 9, 13, 17.

212. "Banting on Corpulence," review from *Blackwood's Magazine*, in *Letter on Corpulence*, 30, 31.

213. Fothergill, *A Manual of Dietetics*, 227.

214. Wilhelm Ebstein, *Corpulence and Its Treatment, on Physiological Principles*, trans. and adapted by Emil W. Hoeber (New York: Brentano Bros., 1884), 27.

215. Lindeberg, *Food and Western Disease*, 131.

216. Georges Vigarello, *The Metamorphoses of Fat: A History of Obesity*, trans. C. Jon Delogu (New York: Columbia University Press, 2013), 159.

217. Russell Chittenden, "A Discussion on Over-Nutrition and Under-Nutrition," *British Medical Journal*, October 27, 1906, 1100.

218. Peter Stearns, *Fat History: Bodies and Beauty in the Modern West* (New York: New York University Press, 2002).

219. Hoffman, *Cancer and Diet*, 663.

220. Forth, "On Fat and Fattening," 52, 54, 56, 65, 72, 74.

221. Banting, *Letter on Corpulence*, 27.

222. E. Lankester, "Height and Weight," *Nature*, July 21, 1870, 230.

223. Hornibrook, *The Culture of the Abdomen*, 82.

224. John Hutchinson, *The Spirometer, the Stethoscope, and Scale-Balance; Their Use in Discriminating Diseases of the Chest, and Their Value in Life Offices; With Remarks on the Selection of Lives for Life Assurance Companies* (London: John Churchill, 1852), 56.

225. Sherry Turkle, *Reclaiming Conversation: The Power of Talk in a Digital Age* (New York: Penguin, 2015), 90.

226. Garabed Eknoyan, "Adolphe Quetelet (1796–1874) — the Average Man and Indices of Obesity," *Nephrology Dialysis Transplantation* 23 (2008): 50; Ancel Keys et al., "Indices of Relative Weight and Obesity," *Journal of Chronic Diseases* 25 (1972): 331.

227. W. F. Christie, *Surplus Fat and How to Reduce It* (London: William Heinemann, 1927), 34; Edmund Cautley, "Diet in Obesity," in *A System of Diet and Dietetics* (2nd ed.), ed. G. A. Sutherland (New York: Physicians and Surgeons Book Co., 1925), 459; Zweiniger-Bargielowska, *Managing the Body*, 220.

228. Thompson, *Diet in Relation to Age and Activity*, 43.

229. Pritchard, *The Physiological Feeding of Infants*, 172.

230. June Lloyd, O. H. Wolff, and W. S. Whelen, "Childhood Obesity," *British Medical Journal*, July 15, 1961, 145, 147.

231. "Helping Obese Children," *Lancet* 311, no. 8075 (June 3, 1978): 1189.

232. Cope, *Cancer*, 229.

233. "Work Is Best for Health," *The Times*, December 1, 1961.

234. R. Passmore, "Daily Energy Expenditure by Man," *Proceedings of the Nutrition Society* 15, no. 1 (January 1956): 86.

235. Solomon, *Metabolic Living*, 173.

236. Ulijasek, Mann, and Elton, *Evolving Human Nutrition*, 143.

237. Jonathan Wells, *The Evolutionary Biology of Human Body Fatness: Thrift and Control* (Cambridge: Cambridge University Press, 2010), 258.

238. Lieberman, *The Story of the Human Body*, 257.

239. Robert Lustig, *Fat Chance: Beating the Odds against Sugar, Processed Food, Obesity, and Disease* (New York: Hudson Street, 2013), 47.

240. Nestle and Nesheim, *Why Calories Count*, 103.

241. Mark Jackson, *The Age of Stress: Science and the Search for Stability* (Oxford: Oxford University Press, 2013), 91.

242. Lustig, *Fat Chance*, 68.

243. Susan Torres and Caryl Nowson, "Relationship between Stress, Eating Behavior, and Obesity," *Nutrition* 23 (2007): 892; Ruth Bell, Amina Aitsi-Selmi, and Michael Marmot, "Subordination, Stress, and Obesity," in *Insecurity, Inequality, and Obesity in Affluent Societies*, ed. Avner Offer, Rachel Pechey, and Stanley Ulijasnek (Oxford: Oxford University Press, 2012), 105–28.

244. Avner Offer, Rachel Pechey, and Stanley Ulijaszek, "Obesity under Affluence Varies by Welfare Regimes: The Effect of Fast Food, Insecurity, and Inequality," *Economics and Human Biology* 8 (2010): 297.

245. Richard Wilkinson and Kate Pickett, *The Spirit Level: Why Greater Equality Makes Societies Stronger* (London: Bloomsbury, 2009), 100.

246. Ernest Bulmer, "The Menace of Obesity," *British Medical Journal*, June 4, 1932, 1024.

247. Lindeberg, *Food and Western Disease*, 135; George Bray, "History of Obesity," in *Obesity: Science to Practice*, ed. Gareth Williams and Gema Frühbeck (Oxford: Wiley-Blackwell, 2009), 10.

248. Ronald Ma, Gary Ko, and Juliana Chan, "Health Hazards of Obesity: An Overview," in Williams and Frühbeck, eds., *Obesity*, 228; David Haslam and W. Philip James, "Obesity," *Lancet* 366, no. 9492 (October 1, 2005): 1201–2.

249. Timothy Alborn, *Regulated Lives: Life Insurance and British Society, 1800–1914* (Toronto: University of Toronto Press, 2009), 263, 266–67.

250. Hannah Landecker, "Postindustrial Metabolism: Fat Knowledge," *Public Culture* 25, no. 3 (2013): 516.

251. Yeo, "Food Accessories," 273.

252. W. Towers-Smith, "The Treatment of Obesity," *British Medical Journal*, November 24, 1888, 1186; Thomas Dutton, *Obesity: Its Cause and Treatment* (London: Henry Kimpton, 1896), 23–24; Kerry Segrave, *Obesity in America: A History of Social Attitudes and Treatment* (Jefferson, NC: McFarland, 2008), 73–75.

253. Susanne Wiesner and Jens Jordan, "Managing Obesity: General Approach and Lifestyle Intervention," in Williams and Frühbeck, eds., *Obesity*, 402.

254. Contrast, say, Gary Taubes, *Good Calories, Bad Calories: Fats, Carbs, and the Controversial Science of Diet and Health* (New York: Anchor, 2008), with Nestle and Nesheim, *Why Calories Count*, 158–64.

255. "The Composition of Certain Secret Remedies: V. — Obesity Cures," *British Medical Journal*, July 6, 1907, 25.

256. Dutton, *Obesity*, 32.

257. William MacLennan, "On the Treatment of Obesity and Myxoedema by a New Preparation of Thyroid ('Thyroglandin')," *British Medical Journal*, July 9, 1898, 80.

258. W. J. Hoyten, "Thyroid Gland in Obesity," *British Medical Journal*, July 28, 1906, 198.

259. John Rendle Short, "Obesity in Childhood," *British Medical Journal*, March 5, 1960, 704.

260. Christie, *Surplus Fat and How to Reduce It*, 79–80; C. L. Williamson and C. H. Broomhead, "Treatment of Obesity by Ultra-Violet Rays," *Lancet* 211, no. 5449 (February 4, 1928): 232.

261. A. Stewart Truswell, "Medical History of Obesity," *Nutrition and Medicine* 1, no. 1 (2013): 2013.

262. Christie, *Surplus Fat and How to Reduce It*, 96.

263. Torben With, "Treatment of Obesity by Intestinal Operation," *Lancet* 276, no. 7143 (July 23, 1960): 207.

264. Dr. Silverstone, "Treatment of Obesity: Round Table Discussion," in *Obesity Syndrome: Proceedings of a Servier Research Institute Symposium Held in December 1973*, ed. W. L. Burland, Pamela Samuel, and John Yudkin (Edinburgh: Churchill Livingstone, 1974), 355.

265. "Jaw Trap and Obesity Belt the Latest Slimming Aids," *The Times*, Friday March 13, 1981.

266. The argument here complements that in Joan Scott, "Gender: A Useful Category of Historical Analysis," *American Historical Review* 91, no. 5 (December 1986): 1053–75.

267. Sylvia Tara, *The Secret Life of Fat: The Science behind the Body's Least Understood Organ and What It Means for You* (New York: Norton, 2017), 134–41; Betty Wu and Anthony O'Sullivan, "Sex Differences in Energy Metabolism Need to Be Considered with Lifestyle Modifications in Humans," *Journal of Nutrition and Metabolism*, 2011, 1.

268. Joan Jacobs Brumberg, *Fasting Girls: The History of Anorexia Nervosa*, rev. ed. (New York: Vintage, 2000), 50–54; Walter Vandereycken and Ron Van Deth, *From Fasting Girls to Anorexic Saints* (New York: New York University Press, 1994), 39–40.

269. Brumberg, *Fasting Girls*, 65–73.

270. Anna Krugovoy Silver, *Victorian Literature and the Anorexic Body* (Cambridge: Cambridge University Press, 2002), 145.

271. Brillat-Savarin, *Physiologie du goût*, 261; "Bantingism Abroad," *British Medical Journal*, January 14, 1865, 43.

272. Annette Kellermann, *Physical Beauty: How to Keep It* (New York: George H. Doran, 1918), 24, 114.

273. Ann Delafield, "Success in Reducing," in *Your Weight and How to Control It*, ed. Morris Fishbein (Garden City, NY: Doubleday, 1949), 228; Forth, "On Fat and Fattening," 67.

274. “Obesity: Its Causes and Cure,” *British Medical Journal*, December 24, 1881, 1023.

275. A Specialist, *Beauty and Hygiene for Women and Girls* (London: Swan Sonnenschein, 1893), 40, 31, 31n; Anna Kingsford, *Health, Beauty, and the Toilet* (London: Fredrick Warne, 1886).

276. Silver, *The Anorexic Body*, 26; Vigarello, *The Metamorphoses of Fat*, 146.

277. Sabine Melchior-Bonnet, *The Mirror: A History*, trans. Katherine Jewett (London: Routledge, 2001), 272.

278. Helena Rubenstein, *The Art of Feminine Beauty* (New York: Horace Liverlight, 1930), 255.

279. Silver, *The Anorexic Body*, 36.

280. Silver, *The Anorexic Body*, 55; Marland, *Health and Girlhood in Britain*, 159.

281. *Etiquette for Ladies and Gentlemen; With Coloured Plates* (London: Frederick Warne, 1876), 37.

282. Bordo, *Unbearable Weight*, 100; Susie Orbach, *Hunger Strike: Starving amidst Plenty*, new ed. (New York: Other, 2001), 10.

283. Arthur Newsholme, *School Hygiene: The Laws of Health in Relation to School Life* (London: Swan Sonnenschein, Lowrey, 1887), 97.

284. Orbach, *Hunger Strike*, 43.

285. Robert McCarrison, *Studies in Deficiency Disease* (London: Henry Frowde/Hodder & Stoughton, 1921), 8.

286. E. Lloyd Jones, *Chlorosis: The Special Anaemia of Young Women: Its Causes, Pathology, and Treatment* (London: Baillière, Tindall & Cox, 1897), 58; Leigh Summers, *Bound to Please: A History of the Victorian Corset* (Oxford: Berg, 2001), 111.

287. W. A. F. Browne, “Morbid Appetites of the Insane,” *Journal of Psychological Medicine and Mental Pathology*, n.s., 1 (1875): 240.

288. Robert Saundby, “Abstract of the Ingleby Lectures on the Common Forms of Dyspepsia in Women,” *Lancet* 143, no. 3681 (March 17, 1894): 663.

289. Thomas Chambers, *The Indigestions; or, Diseases of the Digestive Organs Functionally Treated* (Philadelphia: Henry C. Lea, 1868), 217.

290. Edward Shorter, “The First Great Increase in Anorexia Nervosa,” *Journal of Social History* 21 (Fall 1987): 70.

291. Brumberg, *Fasting Girls*, 6.

292. William Gull, “Anorexia Nervosa (Apepsia Hysterica, Anorexia Hysterica),” *Transactions of the Clinical Society of London* 7 (1874): 22-28.

293. Brumberg, *Fasting Girls*, 121, 123.

294. Vandereycken and Van Deth, *From Fasting Girls to Anorexic Saints*, 178.

295. Brumberg, *Fasting Girls*, 29.

296. Morag MacSween, *Anorexic Bodies: A Feminist and Sociological Perspective on Anorexia Nervosa* (London: Routledge, 1993), 41.

297. Brumberg, *Fasting Girls*, 27.

298. Elizabeth Williams, “Neuroses of the Stomach: Eating, Gender, and Psychopathology in French Medicine, 1800-1870,” *Isis* 98, no. 1 (March 2007): 56; Brumberg, *Fasting Girls*, 117-18.

299. Vandereycken and Van Deth, *From Fasting Girls to Anorexic Saints*, 188.

300. Brumberg, *Fasting Girls*, 137; Vandereycken and Van Deth, *From Fasting Girls to Anorexic Saints*, 189.

301. Bordo, *Unbearable Weight*, 58-59, 62.

302. Brumberg, *Fasting Girls*, 23, 142-43.

303. “Statistics,” Anorexia and Bulimia Care, August 26, 2016, http://www.anorexiabulimiacare.org.uk/about/statistics.

304. Orbach, *Hunger Strike*, 3.

305. Baldry, *The Battle against Heart Disease*, 124; Barry Popkin, “The Emerging Obesity Epidemic: An Introduction,” in *Geographies of Obesity: Environmental Understandings of the Obesity Epidemic*, ed. Jamie Pearce and Karen Witten (Burlington, VT: Ashgate, 2010), 29.

第八章

1. Catton, *Overshoot*, 136; Jean-Baptiste Fressoz and Christophe Bonneuil, *The Shock of the Anthropocene: The Earth, History and Us* (London: Verso, 2016), 249–50.

2. Moore, *Capitalism in the Web of Life*, 63; Fressoz and Bonneuil, *The Shock of the Anthropocene*, 236.

3. Rockström and Klum, *Big World, Small Planet*, 65.

4. Swinburn et al., "Syndemic," 11.

5. Marcia Bjornerud, *Timefulness: How Thinking Like a Geologist Can Help Save the World* (Princeton, NJ: Princeton University Press, 2018), 158.

6. Peet, "The Spatial Expansion of Commercial Agriculture," 290.

7. de Hevesy, *World Wheat Planning*, 214.

8. Marx, *Capital* (1981), 3: 949.

9. William Vogt, *Road to Survival* (New York: William Sloane, 1948), 67.

10. *A Blueprint for Survival* (Harmondsworth: Penguin, 1972), 22.

11. Federico, *Feeding the World*, 88.

12. Turner, Beckett, and Afton, *Farm Production in England*, 71.

13. Mauro Ambrosoli, *The Wild and the Sown: Botany and Agriculture in Western Europe, 1350–1850*, trans. Mary Salvatorelli (Cambridge: Cambridge University Press, 1997), 393; Smil, *Enriching the Earth*, 32.

14. T. Kjærgaard, "A Plant That Changed the World: The Rise and Fall of Clover, 1000–2000," *Landscape Research* 28, no. 1 (2003): 47.

15. Liebig, *Familiar Letters on Chemistry*, 137.

16. T. Wrigley, *Continuity, Chance and Change: The Character of the Industrial Revolution in England* (Cambridge: Cambridge University Press, 1988), 14, 35; Ambrosoli, *The Wild and the Sown*, 389.

17. Gregory Clark, "Yields per Acre in English Agriculture, 1250–1860: Evidence from Labour Inputs," *Economic History Review* 54, no. 3 (1991): 458; Liam Brunt, "Where There's Muck, There's Brass: The Market for Manure in the Industrial Revolution," *Economic History Review*, n.s., 60, no. 2 (May 2007): 366.

18. C. P. H. Chorley, "The Agricultural Revolution in Northern Europe, 1750–1880: Nitrogen, Legumes, and Crop Productivity," *Economic History Review*, n.s., 34, no. 1 (February 1981): 92.

19. J. V. Beckett, *The Agricultural Revolution* (Oxford: Blackwell, 1990), 19.

20. Peter Jones, *Agricultural Enlightenment: Knowledge, Technology, and Nature, 1750–1840* (Oxford: Oxford University Press, 2016).

21. Richard Aulie, "Boussingault and the Nitrogen Cycle," *Proceedings of the American Philosophical Society* 114, no. 8 (1970): 444–46, 451–52, 468, 471–72.

22. Smil, *Enriching the Earth*, 15, 12.

23. Liebig, *Familiar Letters on Chemistry*, 173.

24. A. D. Hall, *Fertilisers and Manures* (New York: E. P. Dutton, 1909), 107.

25. Campbell, "Nitrogen Industry," 107.

26. Campbell, "Nitrogen Industry," 109; Hall, *Fertilisers and Manures*, 120.

27. Campbell, "Nitrogen Industry," 109–11; Smil, *Enriching the Earth*, 56.

28. William Buckland, "On the Discovery of Coprolites, or Fossil Faeces, in the Lias at Lyme Regis, and in Other Formations," *Transactions of the Geological Society of London*, ser. 2, 3 (1829): 231, 223.

29. Trevor Ford and Bernard O'Connor, "A Vanished Industry: Coprolite Mining," *Mercian Geologist* 17, no. 2 (2009): 96, 98, 99.

30. Liebig, *Familiar Letters on Chemistry*, 179–80; Barbier, *Scarcity and Frontiers*, 372.

31. S. Hoare Collins, *Chemical Fertilizers and Parasiticides* (New York: D. Van Nostrand, 1920), 127.

32. Donald Hopkins, *Chemicals, Humus, and the Soil: A Simple Presentation of Contemporary Knowledge and Opinions about Fertilizers, Manures, and Soil Fertility* (Brooklyn, NY: Chemical Publishing Co., 1948), 164; Hall, *Fertilisers and Manures*, 126.

33. Dana Cordell, Jan-Olof Drangert, and Stuart White, "The Story of Phosphorus: Global Food Security and Food for Thought," *Global Environmental Change* 19 (2009): 295, 298.

34. Fressoz and Bonneuil, *The Shock of the Anthropocene*, 8.

35. Smil, *Feeding the World*, 77.

36. R. Warington, *Sulphate of Ammonia: Its Characteristics and Practical Value as a Manure* (London: Sulphate of Ammonia Committee, 1900), 8, 13–14, 34.

37. Warington, *Sulphate of Ammonia*, 10; "Growing Importance of Sulphate of Ammonia," *Chemical World* 1, no. 1 (January 1912): 35.

38. Hall, *Fertilisers and Manures*, 265; Thomas Newbigging, *The Gas Manager's Handbook; Consisting of Tables, Rules, and Useful Information for Gas Engineers, Managers, and Others Engaged in the Manufacture and Distribution of Coal Gas*, 4th ed. (London: Walter King, 1885), 281.

39. Robert Hamilton, "Recovery of By-Products from Blast Furnace Gases," *Journal of the Society of Chemical Industry* 35, no. 12 (June 30, 1916): 663–65.

40. George Scott Robertson, *Basic Slags and Rock Phosphates* (Cambridge: Cambridge University Press, 1922), 2–4.

41. B. C. Aston, "Basic Slag: The Philosopher's Stone of the Pastoralist," *New Zealand Journal of Agriculture* 4 (June 15, 1912): 454.

42. Robertson, *Basic Slags and Rock Phosphates*, 7.

43. Gregory Cushman, *Guano and the Opening of the Pacific World: A Global Ecological History* (Cambridge: Cambridge University Press, 2013), 172.

44. James Johnston, "On Guano," *Journal of the Royal Agricultural Society of England* 2 (1841): 312; Jonathan Levin, *The Export Economies: Their Pattern of Development in Historical Perspective* (Cambridge, MA: Harvard University Press, 1960), 28–29.

45. Rory Miller and Robert Greenhill, "The Fertilizer Commodity Chains: Guano and Nitrate, 1840–1930," in *From Silver to Cocaine: Latin American Commodity Chains and the Building of the World Economy, 1500–2000*, ed. Steven Topik, Carlos Marichal, and Zephyr Frank (Durham, NC: Duke University Press, 2006), 243; W. Mathew, "Peru and the British Guano Market, 1840–1870," *Economic History Review*, n.s., 23, no. 1 (April 1970): 114.

46. Mathew, "Peru and the British Guano Market," 112–13.

47. Harrison, *Contagion*, 233.

48. Mathew, "Peru and the British Guano Market," 112–13; J. Way, "On the Composition and Money Value of the Different Varieties of Guano," *Journal of the Royal Agricultural Society of England* 10 (1849): 196–230.

49. "Guano," *Farmer's Magazine* 5 (April 1854): 314.

50. J. Nesbit, *On Peruvian Guano; Its History, Composition and Fertilizing Qualities; With the Best Mode of Its Application to the Soil*, 5th ed. (London: Longman, 1852), 8.

51. J. J. Mechi, *A Series of Letters on Agricultural Improvement; With an Appendix* (London: Longman, Brown, Green, & Longmans, 1845), 11, 23, 24.

52. Cushman, *Guano and the Opening of the Pacific World*, 48–49.

53. Edward Melillo, "The First Green Revolution: Debt Peonage and the Making of the Nitrogen Fertilizer Trade, 1840–1930," *American Historical Review* 117, no. 4 (October 2012): 1039.

54. Levin, *The Export Economies*, 88; John Bellamy Foster, Brett Clark, and Richard York, *The Ecological Rift: Capitalism's War on the Earth* (New York: Monthly Review Press, 2000), 361.

55. Smil, *Enriching the Earth*, 42.

56. Cushman, *Guano and the Opening of the Pacific World*, 45, 59.

57. Dondlinger, *The Book of Wheat*, 138.

58. Hugh Gorman, *The Story of N: A Social History of the Nitrogen Cycle and the Challenge of Sustainability* (New Brunswick, NJ: Rutgers University Press, 2013), 66; Miller and Greenhill, "The Fertilizer Commodity Chains," 229.

59. Simon Collier and William Sater, *A History of Chile, 1808–2002*, 2nd ed. (Cambridge: Cambridge University

Press, 2004), 87.

60. Smil, *Enriching the Earth*, 46; Levin, *The Export Economies*, 109; Gorman, *The Story of N*, 67; Miller and Greenhill, "The Fertilizer Commodity Chains," 233.

61. Collier and Sater, *A History of Chile*, 144; Michael Monteon, "John T. North, the Nitrate King, and Chile's Lost Future," in *Mining Tycoons in the Age of Empire, 1870–1945: Entrepreneurship, High Finance, Politics and Territorial Expansion*, ed. Raymond E. Dumett (Burlington, VT: Ashgate, 2009), 113–15; Robert Greenhill, "The Nitrate and Iodine Trades, 1880-1914," in *Business Imperialism, 1840–1930: An Inquiry Based on British Experience in Latin America*, ed. D. Platt (Oxford: Clarendon, 1977), 261.

62. Collier and Sater, *A History of Chile*, 162–63.

63. Collier and Sater, *A History of Chile*, 161; Monteon, "John T. North, the Nitrate King," 121.

64. Gorman, *The Story of N*, 67; Monteon, "John T. North, the Nitrate King," 115.

65. Hall, *Fertilisers and Manures*, 46.

66. Lamer, *The World Fertilizer Economy*, 99; Alfred Lotka, *Elements of Physical Biology* (Baltimore: Williams & Watkins, 1925), 238.

67. Malenbaum, *The World Wheat Economy*, 156.

68. William Crookes, *The Wheat Problem: Based on Remarks Made in the Presidential Address to the British Association at Bristol in 1898: Revised, with an Answer to Various Critics* (London: John Murray, 1900), 46 ("The World's Wheat Supply").

69. Smil, *Enriching the Earth*, 51–55, 199.

70. Brown, *Agriculture in England*, 55.

71. Arnaud Page, "'The Greatest Victory Which the Chemist Has Won in the Fight (...) against Nature': Nitrogenous Fertilizers in Great Britain and the British Empire, 1910s–1950s," *History of Science* 54, no. 4 (2016): 387, 389, 394.

72. Jenks, *The Stuff Man's Made Of*, 62; Lamer, *The World Fertilizer Economy*, 230.

73. Lamer, *The World Fertilizer Economy*, 638.

74. Lotka, *Elements of Physical Biology*, 241.

75. Warington, *Sulphate of Ammonia*, 51.

76. Hopkins, *Chemicals, Humus, and the Soil*, 21, 75.

77. Frederick Keeble, *Fertilizers and Food Production on Arable and Grass Land* (Oxford: Oxford University Press, 1932), 22.

78. Liebig, *Familiar Letters on Chemistry*, 117.

79. Smith, *World's Food Resources*, 375.

80. Nicholas Goddard, "'A Mine of Wealth'? The Victorians and the Agricultural Value of Sewage," *Journal of Historical Geography* 22, no. 3 (1996): 276.

81. George Poore, *Essays on Rural Hygiene*, 2nd ed. (London: Longmans, Green, 1894), 272, 284–85.

82. Hall, *Fertilisers and Manures*, 245.

83. George Waring, *Earth Closets and Earth Sewage* (New York: Tribune Association, 1870), 54; Dana Simmons, "Waste Not, Want Not: Excrement and Economy in Nineteenth-Century France," *Representations* 96, no. 1 (Fall 2006): 73–98.

84. Hopkins, *Chemicals, Humus, and the Soil*, 90.

85. Sykes, *Humus and the Farmer*, 101; L. Brunt, "The Recovery and Treatment of Organic Matter from Municipal Wastes," *Journal of the Royal Sanitary Institute* 70 (1950): 531.

86. J. C. Wylie, *Fertility from Town Wastes* (London: Faber & Faber, 1955), 25.

87. Jones, *Agricultural Enlightenment*, 227.

88. James Galloway et al., "The Nitrogen Cascade," *BioScience* 53, no. 4 (April 2003): 342, 343.

89. Moore, *Capitalism in the Web of Life*, 63; Pomeranz, *The Great Divergence*; Weis, *The Ecological Hoofprint*, 37; Mark Elvin, *The Retreat of the Elephants: An Environmental History of China* (New Haven, CT: Yale University Press, 2004), 470.

90. Baden-Powell, *State Aid and State Interference*, 147, 173.

91. Crawford, "Notes on the Food Supply," 607.

92. R. Rew, "The Progress of British Agriculture," *Journal of the Royal Statistical Society* 85, no. 1 (January 1922): 7.

93. Kimble, *The World's Open Spaces*, 29.

94. George Knibbs, *The Shadow of the World's Future* (London: Ernest Benn, 1928), 22, 21.

95. Bashford, *Global Population*, 103.

96. E. Levy, *Grasslands of New Zealand*, 3rd ed. (Wellington: A. R. Shearer, 1970), 345.

97. Astor and Rowntree, *British Agriculture*, 38.

98. Peet, "The Spatial Expansion of Commercial Agriculture," 296.

99. John Brooke, *Climate Change and the Course of Global History: A Rough Journey* (Cambridge: Cambridge University Press, 2014), 496.

100. Adelman, *Frontier Development*, 62.

101. Cited in *Report of the Scottish Commission on Agriculture to Canada, 1908* (Edinburgh: William Blackwood & Sons, 1909), 129.

102. Voisey, *Vulcan*, 77–97.

103. Barry Potyondi, "Loss and Substitution: The Ecology of Production in Southwestern Saskatchewan, 1860–1930," *Journal of the Canadian Historical Association/Revue de la Société historique du Canada* 5, no. 1 (1994): 225–28, 226, 234.

104. Vaclav Smil, *Harvesting the Biosphere: What We Have Taken from Nature* (Cambridge, MA: MIT Press, 2013), 170; Richard Tucker, *Insatiable Appetite: The United States and the Ecological Degradation of the Tropical World* (Berkeley and Los Angeles: University of California Press, 2000), 303.

105. Borgstrom, *Hungry Planet*, 275.

106. W. Bowron, *The Manufacture of Cheese, Butter, and Bacon in New Zealand* (Wellington: George Didsbury, 1883), 1; Eric Pawson and Tom Brooking, "The Contours of Transformation," in *Seeds of Empire: The Environmental Transformation of New Zealand*, ed. Tom Brooking and Eric Pawson (London: I. B. Tauris, 2011), 26.

107. Saul, *Studies in British Overseas Trade*, 213.

108. Robert Peden, "Pastoralism and the Transformation of the Open Grasslands," in Brooking and Pawson, eds., *Seeds of Empire*, 87; Levy, *Grasslands of New Zealand*, 245; Peter Holland, Paul Star, and Vaughan Wood, "Pioneer Grassland Farming: Pragmatism, Innovation and Experimentation," in Brooking and Pawson, eds., *Seeds of Empire*, 63; Kenneth Cumberland, "A Century's Change: Natural to Cultural Vegetation in New Zealand," *Geographical Review* 31, no. 4 (October 1941): 544.

109. Pawson and Brooking, "The Contours of Transformation," 19.

110. Charles Dilke, *Greater Britain*, 2 vols. (London: Macmillan, 1869), 1: 330.

111. R. Stapledon, *A Tour in Australia and New Zealand: Grass Land and Other Studies* (London: Oxford University Press, 1928), 64, 67.

112. Cumberland, "Natural to Cultural Vegetation," 529.

113. Levy, *Grasslands of New Zealand*, preface to the 2nd ed., 313.

114. Lamer, *The World Fertilizer Economy*, 121; Holland, Star, and Wood, "Pioneer Grassland Farming," 70, 170; Cumberland, "Natural to Cultural Vegetation," 541.

115. Cushman, *Guano and the Opening of the Pacific World*, 131.

116. Levy, *Grasslands of New Zealand*, 330.

117. Smil, *Harvesting the Biosphere*, 153–54; Erle Ellis, Erica Antill, and Holger Kreft, "All Is Not Loss: Plant Biodiversity in the Anthropocene," *PLoS ONE* 7, no. 1 (January 2012): 5; Kevin Laland and Michael O'Brien, "Niche Construction Theory and Archaeology," *Journal of Archaeological Method and Theory* 17 (2010): 316.

118. Winson, *The Industrial Diet*, 153; Mark Williams et al., "The Anthropocene Biosphere," *Anthropocene Review* 2, no. 3 (2015): 206.

119. Colin Duncan, *The Centrality of Agriculture: Between Humankind and the Rest of Nature* (Montreal and Kingston: McGill-Queen's University Press, 1996), 15.

120. P. Matson, W. Parton, A. Power, and M. Swift, "Agricultural Intensification and Ecosystem Properties," *Science* 277 (July 25, 1997): 505; Julian Cribb, *The Coming Famine: The Global Food Crisis and What We Can Do to Avoid It* (Berkeley and Los Angeles: University of California Press, 2010), 100–101.

121. Carol Kennedy, *ICI: The Company That Changed Our Lives*, 2nd ed. (London: Paul Chapman, 1993), 139, 143, 145; Turner, Beckett, and Afton, *Farm Production in England*, 94; Collins, *Chemical Fertilizers*, 243, 250; Kenneth Blaxter and Noel Robertson, *From Dearth to Plenty: The Modern Revolution in Food Production* (Cambridge: Cambridge University Press, 1995), 96; Daniel Vasey, *An Ecological History of Agriculture: 10, 000 B.C.–A.D. 10,000* (Ames: Iowa State University Press, 1992), 226–28.

122. G. R. Conway, "Agroecosystems," in *Systems Theory Applied to Agriculture and the Food Chain*, ed. J. G. W. Jones and P. R. Street (London: Elsevier, 1990), 211.

123. Linda Nash, "The Fruits of Ill-Health: Pesticides and Workers' Bodies in Post-World War II California," *Osiris*, 2nd ser., 19 (2004): 204; Winnifrith, *The Ministry of Agriculture, Fisheries and Food*, 146.

124. Landecker, "Food as Exposure," 183.

125. Walter Hamilton, "The Requisites of a National Food Policy," *Journal of Political Economy* 26, no. 6 (June 1918): 620.

126. W. S. Jevons, *The Coal Question: An Inquiry Concerning the Progress of the Nation, and the Probable Exhaustion of Our Coal-Mines*, 3rd ed., rev. (1906; New York: A. M. Kelley, 1965), 410.

127. Turner, Beckett, and Afton, *Farm Production in England*, 92.

128. J. Allen Ransome, *The Implements of Agriculture* (London: J. Ridgway, 1843), 17; Turner, Beckett, and Afton, *Farm Production in England*, 91.

129. V. Smil, *Energy in World History* (Boulder, CO: Westview, 1994), 70–71.

130. Ransome, *The Implements of Agriculture*, 139; Beckett, *Agricultural Revolution*, 27–28.

131. Turner, Beckett, and Afton, *Farm Production in England*, 93.

132. Collins, "Rural and Agricultural Change," 129.

133. Astor and Rowntree, *British Agriculture*, 405.

134. Claude Culpin, *Farm Machinery*, 9th ed. (London: Crosby Lockwood Staples, 1976), 4.

135. Deborah Fitzgerald, *Every Farm a Factory: The Industrial Ideal in American Agriculture* (London: Yale University Press, 2003), 6–7.

136. Fred Shannon, *The Farmer's Last Frontier: Agriculture, 1860–1897* (White Plains, NY: M. E. Sharpe, 1977), 125.

137. G. Britnell and V. Fowke, *Canadian Agriculture in War and Peace, 1935–50* (Stanford, CA: Stanford University Press, 1962), 410; Federico, *Feeding the World*, 92.

138. Harvey, *A History of Farm Buildings*, 146–47.

139. Francois Bernard, "The World's Wheat Production," *Journal of the Royal Statistical Society* 50, no. 4 (December 1887): 683.

140. Lotka, *Elements of Physical Biology*, 180.

141. Colin Clark, "Agriculture: Liability or Asset?" *Spectator*, April 23, 1937, 755.

142. "Nuisance Caused by Whey," *Medical Officer* 24 (July 3, 1920): 9; B. Owens, *A Report on an Investigation into the Desiccation of Sugar Beet and the Extraction of Sugar; With a Note on the Treatment of Sugar Beet Effluents* (London: HM Stationery Office, 1927), 79.

143. Wrigley, *Continuity, Chance and Change*, 30.

144. Wrigley, *Continuity, Chance and Change*, 53; Christopher Kennedy, John Cuddihy, and Joshua Engel-Yan, "The Changing Metabolism of Cities," *Journal of Industrial Ecology* 11, no. 2 (2007): 55; Edgar Dunn, *The Location of Agricultural Production* (Gainesville: University of Florida Press, 1967), 55, 61.

145. Richard Adams, *Paradoxical Harvest: Energy and Explanation in British History, 1870–1914* (Cambridge: Cambridge University Press, 1982), 76.

146. Jevons, *The Coal Question*, 315.

147. Edgerton, *Britain's War Machine*, 22.

148. Fressoz and Bonneuil, *The Shock of the Anthropocene*, 245.

149. Moore, *Capitalism in the Web of Life*, 153; Cross, "The Future of Food," 878.

150. Scola, *Feeding the Victorian City*, 55-56, 109.

151. Cited in "Railways in India: No. 5, Lord Dalhousie's Minute of 1853," *Railway Engineer* 4, no. 4 (April 1883): 90.

152. Michael Williams, *Deforesting the Earth: From Prehistory to Global Crisis: An Abridgement* (Chicago: University of Chicago Press, 2006), 339.

153. A. Kirkaldy, *British Shipping: Its History, Organisation and Importance* (London: Kegan Paul, Trench, Trubner, 1919), 131-33.

154. R. Fremdling, "European Foreign Trade Policies, Freight Rates and the World Markets of Grain and Coal during the 19th Century," *Jahrbuch für Wirtschaftsgeschichte* 2 (2003): 90, 94.

155. Luigi Pascali, "The Wind of Change: Maritime Technology, Trade and Economic Development," Working Paper no. 764 (Barcelona: Barcelona Graduate School of Economics, 2014), 2.

156. Hope, *A New History of British Shipping*, 332.

157. Carl McDowell and Helen Gibbs, *Ocean Transportation* (New York: McGraw-Hill, 1954), 45.

158. Hope, *A New History of British Shipping*, 338; Michael Miller, *Europe and the Maritime World: A Twentieth-Century History* (Cambridge: Cambridge University Press, 2012), 72.

159. Hardy, *The Book of the Ship*, 148.

160. G. Billen, S. Barles, P. Chatzimpiros, and J. Garnier, "Grain, Meat and Vegetables to Feed Paris: Where Did and Do They Come From? Localising Paris Food Supply Areas from the Eighteenth to the Twenty-First Century," *Regional Environmental Change* 12 (2012): 329, 321.

161. Peet, "The Spatial Expansion of Commercial Agriculture," 295.

162. Tim Lang, "Crisis? What Crisis? The Normality of the Current Food Crisis," *Journal of Agrarian Change* 10, no. 1 (January 2010): 91.

163. Ralph Borsodi, *The Distribution Age: A Study of the Economy of Modern Distribution* (1927; New York: Arno, 1976), 61.

164. Thomas Hodgskin, *Popular Political Economy: Four Lectures Delivered at the London Mechanics' Institution* (London: Charles Tait, 1827), 85.

165. Thomas Edmonds, *An Enquiry into the Principles of Population, Exhibiting a System of Regulations for the Poor; Designed Immediately to Lessen, and Finally to Remove, the Evils Which Have Hitherto Pressed upon the Labouring Classes of Society* (London: James Duncan, 1832), 60-62 (quote 62).

166. Cross, "The Future of Food," 880.

167. P. Kropotkin, "The Coming Reign of Plenty," *Nineteenth Century* 23 (June 1888): 819; W. Atwater, "The Food-Supply of the Future," *Century Magazine* 44 (1891): 112.

168. Mill, *Principles of Political Economy*, 177, 176, 196.

169. For the Mill-Crookes connection, see Ritortus, "The Imperialism of British Trade," 285.

170. Crookes, *The Wheat Problem*, 16.

171. "The Future Wheat Supply of the World," *Journal of the Royal Society of Arts* 57, no. 2964 (September 10, 1909): 890.

172. Erastus Wiman, "The Farmer on Top," *North American Review* 153, no. 416 (July 1891): 14; C. Wood Davis, *A Compendium of the World's Food Production and Consumption* (Goddard, KS, 1891).

173. Silvanus Thompson, "When Wheat Fails," *Harper's Weekly*, June 15, 1907, 874, 875.

174. Crookes, *The Wheat Problem*, 146.

175. Bashford, *Global Population*, 46, 51.

176. Perkins, *Geopolitics and the Green Revolution*, 122.

177. Smith, *World's Food Resources*, 69.

178. C. Peterson, "Another Lease of Life," *Canadian Magazine* 14, no. 2 (December 1899): 140.

179. J. Unstead, "The Climatic Limits of Wheat Cultivation, with Special Reference to North America (Continued)," *Geographical Journal* 39, no. 4 (May 1912): 425, 436.

180. John Lawes and J. Gilbert, "The World's Wheat Supply," *The Times*, December 2, 1898.

181. R. Enfield, "The World's Wheat Situation," *Economic Journal* 41, no. 164 (December 1931): 550.

182. Smith, *World's Food Resources*, 415–16, 332–33.

183. The Earl of Birkenhead, *The World in 2030 A.D.* (London: Hodder & Stoughton, 1930), 21.

184. Willcox, *Nations Can Live at Home*, 138; J. S. Haldane, "Enzymes," in *Possible Worlds and Other Papers*, 53; Watson, *Rural Britain*, 63.

185. William Beveridge, "Mr. Keynes's Evidence for Over-Population," *Economica* 10 (February 1924): 18; Bashford, *Global Population*, 134.

186. "Our Daily Bread," *The Times*, February 4, 1925.

187. "Saskatchewan Wheat Yield," *The Times*, October 6, 1928.

188. Thomas Smith, "The Wheat Surplus," *Geographical Review* 25, no. 1 (January 1935): 108; de Hevesy, *World Wheat Planning*, 1.

189. Venn, *The Foundations of Agricultural Economics*, 20; *The Agricultural Dilemma*, 2.

190. "Agriculture as a World Problem," *Geneva Special Studies* 2, no. 5 (May 1931): 3.

191. de Hevesy, *World Wheat Planning*, vi, vii (quote).

192. J. R. McNeill, *Something New under the Sun: An Environmental History of the Twentieth-Century World* (London: W. W. Norton, 2000), 35; Barbier, *Scarcity and Frontiers*, 66; Markus Dotterweich, "The History of Human-Induced Soil Erosion: Geomorphic Legacies, Early Descriptions and Research, and the Development of Soil Conservation — a Global Synopsis," *Geomorphology* 201 (2013): 4.

193. Richards, *The Unending Frontier*, 421.

194. D. Montgomery, *Dirt: The Erosion of Civilizations* (London: University of California Press, 2008), 123.

195. Keeble, *Fertilizers and Food Production*, 8.

196. G. Jacks and R. Whyte, *Vanishing Lands: A World Survey of Soil Erosion* (New York: Doubleday, Doran, 1939), 14–15.

197. Charles Lyell, *A Second Visit to the United States of North America*, 2 vols. (London: John Murray, 1849), 2: 23.

198. Jacks and Whyte, *Vanishing Lands*, 17, 21, 10 (quote).

199. The Earl of Portsmouth, preface to *Ill Fares the Land: Migrants and Migratory Labor in the United States*, by Carey McWilliams (London: Faber & Faber, 1945), 11.

200. Vogt, *Road to Survival*, 63, 202.

201. Bashford, *Global Population*, 195; Donald Worster, *Dust Bowl: The Southern Plains in the 1930s*, 25th anniversary ed. (Oxford: Oxford University Press, 2004), 4; Paul Sears, *Deserts on the March* (Norman: University of Oklahoma Press, 1935), 167; Geoff Cunfer, *On the Great Plains: Agriculture and Environment* (College Station: Texas A&M University Press, 2005), 156.

202. Worster, *Dust Bowl*, 89.

203. H. Bennett, "Soil Erosion and Its Prevention," in *Our Natural Resources and Their Conservation* (2nd ed.), ed. A. Parkins and J. Whitaker (New York: John Wiley & Sons, 1939), 71–72; Vogt, *Road to Survival*, 124.

204. F. Taussig, *Principles of Economics*, 4th ed., 2 vols. (New York: Macmillan, 1939), 2: 105.

205. Fairfield Osborne, *Our Plundered Planet* (1948; New York: Pyramid, 1970), 143.

206. Hannah Holleman, "De-Naturalizing Ecological Disaster: Colonialism, Racism and the Global Dust Bowl of the 1930s," *Journal of Peasant Studies* 44, no. 1 (2017): 234–60.

207. David Jones, *Empire of Dust: Settling and Abandoning the Prairie Dry Belt* (Edmonton: University of Alberta Press, 1987), 127–33, 220.

208. G. Britnell, "The Rehabilitation of the Prairie Wheat Economy," *Canadian Journal of Economics and Political Science* 3, no. 4 (November 1937): 511; Jacks and Whyte, *Vanishing Lands*, 184–85.

209. Evelyn Wrench, "The Canadian 'Dust-Bowl,'" *The Times*, August 18, 1937.

210. Kimble, *The World's Open Spaces*, 152.

211. Edward Hyams, *Soil and Civilization* (New York: Harper Colophon, 1976), 90.

212. Dotterweich, "The History of Human-Induced Soil Erosion," 21; J. MacDonald Holmes, *Soil Erosion in Australia and New Zealand* (Sydney: Angus & Robertson, 1946), 3, 16–20; Muir, *The Broken Promises of*

Agricultural Progress, 137.

213. [H. Guthrie-Smith], "The Changing Land," *Making New Zealand*, 2 vols. (Wellington: New Zealand Department of Internal Affairs, 1940), 2, chap. 30: 21.

214. William Beinart, *The Rise of Conservation in South Africa: Settlers, Livestock, and the Environment, 1770–1950* (Oxford: Oxford University Press, 2003), 367.

215. J. Smuts, "We Are Destroying Our Country," *African Observer* 1, no. 4 (1934): 14.

216. Jacks and Whyte, *Vanishing Lands*, 52.

217. Peter Delius and Stefan Schirmer, "Soil Conservation in a Racially Ordered Society: South Africa, 1930–1970," *Journal of Southern African Studies* 26, no. 4 (December 2000): 721, 729, 734; Harold Tempany, *The Practice of Soil Conservation in the British Empire* (Harpenden: Commonwealth Bureau of Soil Science, 1949), 38.

218. Barton, *The Global History of Organic Farming*, 142.

219. A. Daniel Hall, *The Improvement of Native Agriculture in Relation to Population and Public Health* (London: Oxford University Press, 1936), 58.

220. *The Colonial Problem: A Report by a Study Group of Members of the Royal Institute of International Affairs* (Oxford: Oxford University Press, 1937), 145.

221. William Beinart, "Soil Erosion, Conservation and Ideas about Development: A Southern African Exploration, 1900–1960," *Journal of Southern African Studies* 11, no. 1 (1984): 74.

222. Jacks and Whyte, *Vanishing Lands*, 275.

223. Watts, *Silent Violence*, 82.

224. Jacks and Whyte, *Vanishing Lands*, 33; R. Maclagan Corrie, "The Problem of Soil Erosion in the British Empire with Special Reference to India," *Journal of the Royal Society of Arts* 86, no. 4471 (July 29, 1938): 912.

225. de Hevesy, *World Wheat Planning*, 349.

226. de Hevesy, *World Wheat Planning*, 139; H. Fornari, *Bread upon the Waters: A History of United States Grain Exports* (Nashville: Aurora, 1973), 86.

227. Jacks and Whyte, *Vanishing Lands*, 104–9; Holmes, *Soil Erosion in Australia and New Zealand*, 33; MacEwan, *Harvest of Bread*, 121; Tempany, *The Practice of Soil Conservation*, 22–25.

228. C. Anderson, *A History of Soil Erosion by Wind in the Palliser Triangle of Western Canada* (Ottawa: Research Branch, Canada Department of Agriculture, 1975), 11; Jacks and Whyte, *Vanishing Lands*, 255.

229. Holmes, *Soil Erosion in Australia and New Zealand*, 264.

230. Tempany, *The Practice of Soil Conservation*, 73–82.

231. Joseph Hodge, *Triumph of the Expert: Agrarian Doctrines of Development and the Legacies of British Colonialism* (Athens: Ohio University Press, 2007), 151–54.

232. Tempany, *The Practice of Soil Conservation*, 71.

233. Worster, *Dust Bowl*, 203.

234. Frederic Clements and Ralph Chaney, *Environment and Life on the Great Plains* (Washington, DC: Carnegie Institute, 1937), 48; Erle Ellis, "Anthropogenic Transformation of the Terrestrial Biosphere," *Philosophical Transactions of the Royal Society A* 369 (2011): 1027.

235. C. Orwin, *The Future of Farming* (Oxford: Clarendon, 1930), 1.

236. R. Stapledon, *The Land: Now and To-Morrow* (London: Faber & Faber, 1935), 181.

237. Jacks and Whyte, *Vanishing Lands*, 225.

238. The Communist Party, *Agriculture: Planned and Prosperous* (London: Communist Party, 1945), 3, 13.

239. Philip Oyler, *Feeding Ourselves* (London: Hodder & Stoughton, 1951), 33.

240. William Beach Thomas, *A Countryman's Creed* (London: The Right Book Club, 1947), 205.

241. Astor and Rowntree, *British Agriculture*, 7, 14.

242. B. Wilkinson, "Humans as Geologic Agents: A Deep-Time Perspective," *Geological Society of America* 33, no. 3 (March 2005): 163.

243. De Lavergne, *Rural Economy*, 187.

244. Donald Pickering, "World Agriculture," in *Fream's Principles of Food and Agriculture* (17th ed.), ed. Colin Spedding (Oxford: Blackwell, 1992), 93.

245. Hardy, *Salmonella Infections*, 186.

246. Astor and Rowntree, *British Agriculture*, 53.

247. Weis, *The Ecological Hoofprint*, 111; James Galloway et al., "International Trade in Meat: The Tip of the Pork Chop," *Ambio* 36, no. 8 (December 2007): 623; Henning Steinfeld et al., *Livestock's Long Shadow: Environmental Issues and Options* (Rome: UN Food and Agriculture Organization, 2006), 33.

248. Shaw, "Swine Industry of Denmark"; Harvey, *A History of Farm Buildings*, 185; Astor and Rowntree, *British Agriculture*, 213.

249. Abigail Woods, "Rethinking the History of Modern Agriculture: British Pig Production, *c*. 1910–65," *Twentieth Century British History* 23, no. 2 (2012): 174–76, 190.

250. David Sainsbury, *Pig Housing*, 4th ed. (Ipswich: Farming Press, 1976), 139.

251. Ian Miller, "The Husbandry of Pigs Housed Intensively," in *Intensive Livestock Farming*, ed. W. Blount (London: William Heinemann, 1968), 113–15.

252. Culpin, *Farm Machinery*, 277–79.

253. Sainsbury, *Pig Housing*, 176; Gerry Brent, *Housing the Pig* (Ipswich, Farming Press, 1986), 58–59.

254. Brown, *Agriculture in England*, 97; Hardy, *Salmonella Infections*, 192.

255. "Lecture on Poultry Keeping," *Ipswich Journal*, April 11, 1891.

256. Leighton and Douglas, *The Meat Industry and Meat Inspection*, 5: 1456.

257. Derry, *Masterminding Nature*, 129.

258. Leighton and Douglas, *The Meat Industry and Meat Inspection*, 5: 1459–61, 1462 (first quote), 1463 (second quote).

259. W. Boyd, "Making Meat: Science, Technology, and American Poultry Production," *Technology and Culture* 42, no. 4 (October 2001): 633, 638–40, 645; Duckham, *Animal Industry in the British Empire*, 64.

260. Leonard Robinson, *Modern Poultry Husbandry* (London: Crosby Lockwood, 1961), 248.

261. Andrew Godley and Bridget Williams, "Democratizing Luxury and the Contentious 'Invention of the Technological Chicken' in Britain," *Business History Review* 83, no. 2 (Summer 2009): 269.

262. Boyd, "Making Meat," 645.

263. Robinson, *Modern Poultry Husbandry*, 419–20.

264. Geoffrey Sykes, *Poultry: A Modern Agribusiness* (London: Crosby Lockwood, 1963), 149; Godley and Williams, "Democratizing Luxury," 281.

265. W. Naish, "Integration and Agribusiness," in Blount, ed., *Intensive Livestock Farming*, 173; J. Walker, "The Broiler Industry — Transmission of Salmonella Infection," *Royal Society of Health Journal* 9 (1960): 143; Andrew Godley and Bridget Williams, "The Chicken, the Factory Farm, and the Supermarket: The Emergence of the Modern Poultry Industry in Britain," in *Food Chains: From Farmyard to Shopping Cart*, ed. Warren Belasco and Roger Horowitz (Philadelphia: University of Pennsylvania Press, 2009), 55.

266. "200,000 Chickens a Week," *Mass Production*, September 1960, 121; Nichole Hoplin and Ron Robinson, *Funding Fathers: The Unsung Heroes of the Conservative Movement* (Washington, DC: Regnery, 2008), 155.

267. Godley and Williams, "Democratizing Luxury," 279, 286.

268. Godley and Williams, "The Chicken, the Factory Farm, and the Supermarket," 56–57, 59.

269. Ian Wilmut, Keith Campbell, and Colin Tudge, *The Second Creation: Dolly and the Age of Biological Control* (London: Harvard University Press, 2001).

270. Carys Bennett et al., "The Broiler Chicken as a Signal of a Human Reconfigured Biosphere," *Royal Society Open Science* 5 (2018): 7, 8.

271. Beresford, *We Plough the Fields*, 177.

272. Hoplin and Robinson, *Funding Fathers*, 155–60.

273. Warren, *Meat Makes People Powerful*, 112.

274. Smith, *World's Food Resources*, 309.

275. Robinson, *Modern Poultry Husbandry*, 75.

276. Harrison, *Animal Machines*, 40.

277. Watson, *Rural Britain*, 10.

278. W. Blount, *Hen Batteries* (London: Ballière, Tindall & Cox, 1951), 49, 18.

279. Watson, *Rural Britain*, 11.

280. Blount, *Hen Batteries*, 30–31, 159; W. Blount, "Housing Systems and Controlled Environments for Poultry," in Blount, ed., *Intensive Livestock Farming*, 185; Freidberg, *Fresh*, 109–14.

281. Blount, *Hen Batteries*, 59–60.

282. Hammond, *Food*, 2: 65; "The National Mark Egg Packing Stations," *"The Poultry World" Annual*, 1930, 170–71.

283. "The Cheltenham Egg Packing Station," *Journal of the Ministry of Agriculture* 35, no. 9 (December 1928): 833, 836.

284. Blaxter and Robertson, *From Dearth to Plenty*, 242.

285. Grigg, *World Food Problem*, 130.

286. Campbell, *What Is Wrong with British Diet?* 30.

287. I. Michael Lerner, *Population Genetics and Animal Improvement as Illustrated by the Inheritance of Egg Production* (Cambridge: Cambridge University Press, 1950), 42.

288. Peter Atkins and Ian Bowler, *Food in Society: Economy, Culture, Geography* (London: Arnold, 2001), 239; Johnson, *Factory Farming*, 29; Blount, *Hen Batteries*, 246.

289. Blount, *Hen Batteries*, 184–85, 191–97.

290. Foucault, *The History of Sexuality*, vol. 1, *An Introduction*, 135–59; J. Clark, "Ecological Biopower, Environmental Violence against Animals, and the 'Greening' of the Factory Farm," *Journal for Critical Animal Studies* 10, no. 4 (2012): 120; Dinesh Wadiwel, *The War against Animals* (Leiden: Brill, 2015), 84.

291. H. E. Swepstone, *Eggs from Every Cage: Describing Laying Battery Management* (Worcester: Littlebury, 1948), 49.

292. Johnson, *Factory Farming*, 136–37.

293. George Monbiot, *Feral: Rewilding the Land, the Sea and Human Life* (Chicago: University of Chicago Press, 2014), 163–64.

294. Fudge, *Quick Cattle and Dying Wishes*, 223; Wilkie, *Livestock/Deadstock*, 141.

295. Astor and Murray, *Land and Life*, 104.

296. Wilmot, "From 'Public Service' to Artificial Insemination," 419.

297. John Martin, *The Development of Modern Agriculture: British Farming since 1931* (London: Macmillan, 2000), 125.

298. Janet Dohner, *The Encyclopedia of Historic and Endangered Livestock and Poultry Breeds* (New Haven, CT: Yale University Press, 2001), 415, 6.

299. Hammond, *Farm Animals*, 157.

300. K. Dobney and G. Larson, "Genetics and Animal Domestication: New Windows on an Elusive Process," *Journal of Zoology* 269 (2006): 263; Weis, *The Ecological Hoofprint*, 116.

301. E. Khafipour et al., "Effects of Grain Feeding on Microbiota in the Digestive Tract of Cattle," *Animal Frontiers* 6, no. 2 (April 2016): 17.

302. Weis, *The Ecological Hoofprint*, 117.

303. W. Blount, "Factory Farming — Animal Machines?" in Blount, ed., *Intensive Livestock Farming*, 530.

304. V. Smil, "Eating Meat: Evolution, Patterns, and Consequences," *Population and Development Review* 28, no. 4 (December 2002): 618.

305. Stephen Meyer, *The End of the Wild* (London: MIT Press, 2006), 4.

306. Willett et al., "Food in the Anthropocene," 474.

307. Wilmot, "Artificial Insemination," 418–19.

308. Darwin, *Origin of Species*, 163.

309. Bell and Watson, *A History of Irish Farming*, 271.

310. Dohner, *Encyclopedia*, 219, 240, 246.

311. Dohner, *Encyclopedia*, 14; Woods, *The Herds Shot Round the World*, 167; Lawrence Alderson, *The Chance to Survive: Rare Breeds in a Changing World* (London: Cameron & Tayleur, 1978), 155, and "The Work of the

Rare Breeds Survival Trust," in *Genetic Conservation of Domestic Livestock* (2 vols.), ed. Lawrence Alderson (Wallingford: C.A.B. International, 1990), 1: 36.

312. Brillat-Savarin, *Physiologie du goût*, 172.

313. "Food and Drink: Part III," *Blackwood's Edinburgh Magazine* 511, no. 83 (May 1858): 521.

314. Anthony and Blois, *The Meat Industry*, 24.

315. Campbell, *What Is Wrong with British Diet?* ix.

316. Alexander Monro, *An Essay on Comparative Anatomy* (London: John Nourse, 1744), 17.

317. Russell, *Strength and Diet*, 80, 277.

318. Lappé, *Diet for a Small Planet*, 13.

319. Kellogg, *The Itinerary of a Breakfast*, 184.

320. Anna Kingsford, *The Perfect Way in Diet: A Treatise Advocating a Return to the Natural and Ancient Food of Our Race* (London: Kegan Paul, Trench, 1889), 114.

321. Anthony and Blois, *The Meat Industry*, 27.

322. Charles Evans, *Principles of Human Physiology*, 11th ed. (London: J. & A. Churchill, 1952), 816; Moulton, *Meat through the Microscope*, 472; McFall, *The World's Meat*, 12–13.

323. William Thomas, "Health of a Carnivorous Race," *Journal of the American Medical Association* 88, no. 20 (May 14, 1927): 1559–60.

324. Russell, *Strength and Diet*, 281.

325. Percy Bysshe Shelley, *A Vindication of Natural Diet*, new ed. (London: F. Pitman, 1884), 27.

326. John Harvey Kellogg, *The New Dietetics: What to Eat and How: A Guide to Scientific Feeding in Health and Disease* (Battle Creek, MI: Modern Medicine Publishing Co., 1921), 31.

327. Otto Carque, *The Folly of Meat-Eating: How to Conserve Our Food Supply* ([1918?]; St. Catharine's, ON: Provoker, 1970), 20.

328. Ernest Tipper, *The Cradle of the World and Cancer: A Disease of Civilization* (London: Charles Murray, 1927), 9–10; Lane, *The Prevention of the Diseases Peculiar to Civilization*, 56; "Meat Eating in Relation to Cancer," *Ipswich Journal*, April 7, 1900; Fothergill, *A Manual of Dietetics*, 206; Arthur Hunter, "Blood Pressure; What Affects It?" *Proceedings of the 17th Annual Meeting of the Association of Life Insurance Presidents* (New York, 1923), 79; A. Rendle Short, "The Causation of Appendicitis," *British Journal of Surgery* 8 (July 1920–April 1921): 180–83; "Appendicitis and Vegetarianism," *British Medical Journal*, September 25, 1926, 580; H. Williamson, "Appendicitis and Vegetarianism," *British Medical Journal*, October 16, 1926, 714; "Flesh-Eating and Decayed Teeth," *Literary Digest* 22 (December 15, 1900): 736; "General Paralysis of the Insane," *Lancet* 135, no. 3475 (April 5, 1890): 753.

329. Montanari, *The Culture of Food*, 78.

330. William Smellie, *The Philosophy of Natural History* (Edinburgh, 1790), 60–61.

331. Anonymous cited in "Remarks on Cruelty to Animals," in *The Literary Miscellany* (Manchester: G. Nicholson, 1795), 15.

332. Shelley, *A Vindication of Natural Diet*, 17; Arnold Lorand, *Health and Longevity through Rational Diet: Practical Hints in Regard to Food and the Usefulness or Harmful Effects of the Various Articles of Diet* (Philadelphia: F. A. Davis, 1918), 383.

333. Carque, *The Folly of Meat-Eating*, 7–8.

334. Charles Forward, *The Food of the Future: A Summary of Arguments in Favour of a Non-Flesh Diet* (London: George Bell & Sons, 1904), 114.

335. Eustace Miles, *A Boy's Control and Self-Expression* (New York: Dutton, 1905), 105, 121.

336. Paley, *Principles of Moral and Political Philosophy*, 385; Martin, *The Development of Modern Agriculture*, 32.

337. Smith, *Wealth of Nations*, 1: 165.

338. Thomas Newenham, *A Statistical and Historical Inquiry into the Progress and Magnitude of the Population of Ireland* (London: C. & R. Baldwin, 1805), 337.

339. Lappé, *Diet for a Small Planet*, 89.

340. Shelley, *A Vindication of Natural Diet*, 20.

341. Tristram Stuart, *The Bloodless Revolution: A Cultural History of Vegetarianism from 1600 to Modern Times* (New York: W. W. Norton, 2006), 206, 243.

342. Samuel Pratt, *Humanity; or, The Rights of Nature: A Poem in Two Books* (London: T. Cadell, 1788).

343. John Newton, *The Return to Nature; or, A Defence of the Vegetable Regimen* (London: T. Cadell, 1811), 4–6.

344. Shelley, *A Vindication of Natural Diet*, 9.

345. Stuart, *The Bloodless Revolution*, 373; Shelley, *A Vindication of Natural Diet*, 20–21.

346. Freeman, *Mutton and Oysters*, 250; Derek Antrobus, *A Guiltless Feast: The Salford Bible Christian Church and the Rise of the Modern Vegetarian Movement* (Salford: City of Salford Education and Leisure, 1997), 52.

347. Timothy Morton, *Shelley and the Revolution in Taste: The Body and the Natural World* (Cambridge: Cambridge University Press, 1994), 16.

348. James Gregory, *Of Victorians and Vegetarians: The Vegetarian Movement in Nineteenth-Century Britain* (London: Tauris Academic, 2007), 6, 22.

349. Perren, *Taste, Trade and Technology*, 189; Alain Drouard, "Reforming Diet at the End of the Nineteenth Century in Europe," in *Food and the City in Europe since 1800*, ed. Peter Atkins, Peter Lummel, and Derek Oddy (Aldershot: Ashgate, 2007), 218; Antrobus, *A Guiltless Feast*, 64; Forward, *Fifty Years of Food Reform*, 29.

350. Gregory, *Of Victorians and Vegetarians*, 26, 100.

351. Forward, *The Food of the Future*, 106–7.

352. Perren, *Taste, Trade and Technology*, 191.

353. Forward, *The Food of the Future*, 94.

354. Bernarr MacFadden, "How Scientific Dieting Builds Strength," *Physical Culture* 23 (1910): 454.

355. Forward, *Fifty Years of Food Reform*, 154; L. Margaret Barnett, "'Every Man His Own Dietician': Dietetic Fads, 1890–1914," in Kamminga and Cunningham, eds., *The Science and Culture of Nutrition*, 161–62; A. Payen, *Des substances alimentaires et des moyens de les améliorer, de les conserver et d'en reconnaître les altérations* (Paris: L. Hachette, 1853), 384–85.

356. Barnett, "'Every Man His Own Dietician,'" 161–62.

357. George Allen, *From Land's End to John O'Groats* (London: L. N. Fowler, 1905), 85–87.

358. Gregory, *Of Victorians and Vegetarians*, 131–32.

359. "Vegetarianism," *British Medical Journal*, March 2, 1901, 535.

360. Furnas and Furnas, *Man, Bread and Destiny*, 222. See also Line, *The Science of Meat*, 2: 69.

361. Line, *The Science of Meat*, 2: 64.

362. Edmund Cautley, "Diet Cures and Special Diets," in Sutherland, ed., *A System of Diet and Dietetics*, 196.

363. Woods Hutchinson, "Some Diet Delusions," *McClure's Magazine* 25, no. 6 (April 1906): 616.

364. Barton, *The Global History of Organic Farming*, 45–47.

365. Colin Spencer, *Vegetarianism: A History* (London: Four Walls Eight Windows, 2000), 274.

366. Alun Howkins, *The Death of Rural England: A Social History of the Countryside since 1900* (London: Routledge, 2003), 223.

367. Stuart, *The Bloodless Revolution*, 57.

368. A Vice-President of the Vegetarian Society, "No More Meat," *Pall Mall Gazette*, October 24, 1885.

369. Jenks, *The Stuff Man's Made Of*, 181.

370. John Langdon-Davies, "Vitamins," *Picture Post*, December 17, 1938, 83.

371. Brent, *Housing the Pig*, 4.

372. William Longgood, *The Poisons in Your Food* (New York: Simon & Schuster, 1960), 3.

373. Viscount Lymington, *Horn, Hoof, and Corn: The Future of British Agriculture* (London: Faber & Faber, 1932), 136.

374. Albert Howard, *An Agricultural Testament* (London: Oxford University Press, 1940), 18.

375. Philip Conford, *The Origins of the Organic Movement* (Edinburgh: Floris, 2001), 39.

376. E. Balfour, *The Living Soil and the Haughley Experiment* (London: Faber & Faber, 1975), 27.

377. Howard, *An Agricultural Testament*, 37.

378. Howard, *An Agricultural Testament*, 196.

379. Vladimir Vernadsky, *The Biosphere*, trans. M. McMenamin (New York: Copernicus, 1998), 142, 145.

380. Howard, *An Agricultural Testament*, 26, 27, x.

381. Michael Graham, *Soil and Sense* (London: Faber & Faber, 1941), 45.

382. Ehrenfried Pfeiffer, *Bio-Dynamic Farming and Gardening: Soil Fertility Renewal and Preservation* (New York: Anthroposophic, 1938), 44.

383. Pfeiffer, *Bio-Dynamic Farming and Gardening*, 54. See also Wylie, *Fertility from Town Wastes*, 121–23.

384. Barton, *The Global History of Organic Farming*, 148.

385. Wylie, *Fertility from Town Wastes*, 109–13; R. A. Slater and J. Frederickson, "Composting Municipal Waste in the UK: Some Lessons from Europe," *Resources, Conservation and Recycling* 32 (2001): 362.

386. Conford, *The Origins of the Organic Movement*, 75.

387. Cited in Conford, *The Origins of the Organic Movement*, 78.

388. Wylie, *Fertility from Town Wastes*, 144.

389. John Seymour, *The Self-Sufficient Gardener: A Complete Guide to Growing and Preserving All Your Own Food* (Garden City, NY: Doubleday, 1979), 15.

390. Philip Conford, *The Development of the Organic Network: Linking People and Themes, 1945–95* (Edinburgh: Floris, 2011), 199.

391. Grant, *Housewives Beware*, 136.

392. *Of the Land and the Spirit: The Essential Lord Northbourne on Ecology and Religion*, ed. Christopher James and Joseph Fitzgerald (Bloomington: World Wisdom, 2008), 12.

393. Martin, *The Development of Modern Agriculture*, 184.

394. David Matless, *Landscape and Englishness* (London: Reaktion, 1998), 104.

395. John Seymour, *The Self-Sufficient Life and How to Live It* (New York: DK, 2003), 13.

396. Tim Lang and Michael Heasman, *Food Wars: The Global Battle for Mouths, Minds and Markets* (London: Earthscan, 2004), 235.

397. H. Massingham, introduction to *Natural Order: Essays in the Return to Husbandry*, ed. H. Massingham (London: J. M. Dent & Sons, 1945), 7, 11.

398. Oyler, *Feeding Ourselves*, 103.

399. Lymington, *Famine in England*, 198.

400. Graham, *Soil and Sense*, 242–43.

401. Seymour, *Fat of the Land* (1961), cited in Seymour, *The Self-Sufficient Life*, 92.

402. Orwell, *The Road to Wigan Pier*, 179.

403. Arthur Mol and Harriet Bulkley, "Food Risks and the Environment: Changing Perspectives in a Changing Social Order," *Journal of Environmental Policy and Planning* 4 (2002): 192.

404. Sykes, *Humus and the Farmer*, 247.

405. Balfour, *The Living Soil*, 127–28.

406. Sykes, *Humus and the Farmer*, 308, 10, 174, 277.

407. "Nutrition, Soil Fertility, and the National Health," *British Medical Journal*, April 15, 1939, 157–59.

408. Conford, *The Development of the Organic Network*, 21.

409. Barton, *The Global History of Organic Farming*, 165–66.

410. Howard, *An Agricultural Testament*, 219.

411. Massingham, "Work and Quality," in Massingham, ed., *Natural Order*, 32.

412. "Cheapness Is Expensive," *Organic Farming Digest* 1, no. 5 (April–June 1947): 15.

413. Sykes, *Humus and the Farmer*, 16–18.

414. Hyams, *Soil and Civilization*, 75, 81.

第九章

1. Swinburn et al., "Syndemic," 1.

2. Orr, *As I Recall*, 118; Amy Staples, *The Birth of Development: How the World Bank, Food and Agriculture Organization, and World Health Organization Changed the World, 1945–1965* (Kent, OH: Kent State University Press, 2006), 75.

3. Staples, *Birth of Development*, 76–77.

4. John Black, "The International Food Movement," *American Economic Review* 33, no. 4 (December 1943): 801 (quote), 810.

5. John Boyd Orr, *Food and the People* (London: Pilot, 1943), 42.

6. McMahon, *Feeding Frenzy*, 126.

7. Bryan McDonald, *Food Power: The Rise and Fall of the Postwar American Food System* (Oxford: Oxford University Press, 2017), 29.

8. Staples, *Birth of Development*, 85–86.

9. Orr, *As I Recall*, 173, 172.

10. Orr, *As I Recall*, 191.

11. Staples, *Birth of Development*, 88; Amy Staples, "To Win the Peace: The Food and Agriculture Organization, Sir John Boyd Orr, and the World Food Board Proposals," *Peace and Change* 38, no. 4 (October 2003): 505; Vernon, *Hunger*, 154.

12. "A Food Policy," *The Economist*, February 15, 1947, 270.

13. Staples, "To Win the Peace," 506.

14. Orr, *As I Recall*, 193, 169.

15. Matthew Connelly, *Fatal Misconception: The Struggle to Control World Population* (Cambridge, MA: Harvard University Press, 2008), 131.

16. Staples, *Birth of Development*, 94, 96.

17. Vernon, *Hunger*, 156.

18. McDonald, *Food Power*, 6.

19. Nick Cullather, *The Hungry World: America's Cold War Battle against Poverty in Asia* (Cambridge, MA: Harvard University Press, 2010); Perkins, *Geopolitics and the Green Revolution*, 119.

20. Swinburn et al., "Syndemic," 28–29.

21. Rockefeller Foundation Advisory Committee for Agricultural Activities, *The World Food Problem, Agriculture and the Rockefeller Foundation*, June 21, 1951, Rockefeller Archive Center, Rockefeller Foundation Records, Administration, Program and Policy, RG 3.1, ser. 908, box 14, folder 144, pp. 3, 4, 7.

22. McDonald, *Food Power*, 97.

23. Peter Wallensteen, "Scarce Goods as Political Weapons: The Case of Food," *Journal of Peace Research* 13, no. 4 (1976): 284.

24. Perkins, *Geopolitics and the Green Revolution*, 115, 108.

25. Barton, *The Global History of Organic Farming*, 120–21.

26. Grigg, *World Food Problem*, 81.

27. Sara Millman et al., "Organization, Information and Entitlement in the Emerging Global Food System," in *Hunger in History: Food Shortage, Poverty, and Deprivation*, ed. Lucile F. Newman (Cambridge, MA: Blackwell, 1990), 311.

28. John Storck and Walter Teague, *Flour for Man's Bread: A History of Milling* (Minneapolis: University of Minnesota Press, 1952), 330.

29. H. Robinson, "Dimensions of the World Food Crisis," *BioScience* 19, no. 1 (January 1969): 26.

30. Cited in Robinson, "Dimensions of the World Food Crisis," 28.

31. Cited in Robinson, "Dimensions of the World Food Crisis," 24.

32. McDonald, *Food Power*, 163; Christian Gerlach, "Illusions of Global Governance: Transnational Agribusiness inside the UN System," in Nützenadel and Trentmann, eds., *Food and Globalization*, 193.

33. Atkins and Bowler, *Food in Society*, 176.

34. Beresford, *We Plough the Fields*, xxv.

35. McDonald, *Food Power*, 183.

36. Lester Brown, "The Next Crisis? Food," *Foreign Policy* 13 (Winter 1973–74): 11–12.

37. Cited in McMahon, *Feeding Frenzy*, 234.

38. Della McMillan and Thomas Reardon, "Food Policy Research in a Global Context: The West African Sahel," in *Food in Global History*, ed. Raymond Grew (Boulder, CO: Westview, 1999), 140.

39. Utsa Patnaik, "Origins of the Food Crisis in India and Developing Countries," in *Agriculture and Food in Crisis: Conflict, Resistance, and Renewal*, ed. Fred Magdoff and Brian Tokar (New York: Monthly Review Press, 2010), 95; McMahon, *Feeding Frenzy*, 41; David Rieff, *The Reproach of Hunger: Food, Justice, and Money in the Twenty-First Century* (New York: Simon & Schuster, 2015), 124.

40. McMahon, *Feeding Frenzy*, 41, 43.

41. Eric Lambin and Patrick Meyfroidt, "Global Land Use Change, Economic Globalization, and the Looming Land Scarcity," *Proceedings of the National Academy of Sciences* 108, no. 9 (March 1, 2011): 3465.

42. Moore, *Capitalism in the Web of Life*, 2.

43. Testimony of Raj Patel, US House of Representatives, Hearing before the Committee on Financial Services, "Contributing Factors and International Responses to the Global Food Crisis" (Appendix), Second Session, Wednesday, May 14, 2008, 43.

44. Cited in Samuel Loewenberg, "Global Food Crisis Looks Set to Continue," *Lancet* 372 (October 4, 2008): 1210.

45. McMahon, *Feeding Frenzy*, 143–44, 152.

46. "Cheap No More," *The Economist*, December 8, 2007, 83.

47. De Waal, *Mass Starvation*, 163.

48. Paul Krugman, "Grains Gone Wild," *New York Times*, April 7, 2008.

49. UN Food and Agriculture Organization, "World Food Situation" (May 10, 2017), http://www.fao.org/worldfoodsituation/foodpricesindex/en.

50. Richard Swift, "Year of Living Dangerously: Global Food Crisis Being Worsened by the Economic Crisis," *CCPA Monitor*, February 2009, 6.

51. Cribb, *The Coming Famine*, 5, 19, 20.

52. Testimony of David Scott, US House of Representatives, Hearing before the Committee on Financial Services, "Contributing Factors," Second Session, Wednesday, May 14, 2008, 3.

53. McMahon, *Feeding Frenzy*, 100.

54. Alex Gray, "Which Countries Spend the Most on Food? This Map Will Show You," *World Economic Forum*, December 7, 2016, https://www.weforum.org/agenda/2016/12/this-map-shows-how-much-each-country-spends-on-food.

55. Hillary Shaw, *The Consuming Geographies of Food: Diet, Food Deserts and Obesity* (London: Routledge, 2014), 13, 120.

56. Moss, *Salt Sugar Fat*, 340.

57. M. Heller and G. Keoleian, "Assessing the Sustainability of the US Food System: A Life Cycle Perspective," *Agricultural Systems* 76 (2003): 1028.

58. Rieff, *The Reproach of Hunger*, 89.

59. Cited in Shiv Malik, "Food Prices Expected to Rise After Second Wettest Summer on Record," *Guardian*, October 10, 2012.

60. Perelman, *The Invention of Capitalism*, 155; Semmel, *Free Trade*, 64–65; Michael Pollan, *The Omnivore's Dilemma: A Natural History of Four Meals* (New York: Penguin, 2006); Ritortus, "The Imperialism of British Trade," 297.

61. Worster, *Shrinking the Earth*, 25.

62. Cribb, *The Coming Famine*, 48.

63. Wilson, *Half-Earth*, 172.

64. Bringezou et al., *Assessing Global Land Use*, 9.

65. Eric Lambin, "Global Land Availability: Malthus versus Ricardo," *Global Food Security* 1 (2012): 84–85.

66. Barbier, *Scarcity and Frontiers*, 682; Lambin, "Global Land Availability," 86.

67. E. F. Lambin et al., "Estimating the World's Potentially Available Cropland Using a Bottom-Up Approach," *Global Environmental Change* 23 (2013): 900; Lambin and Meyfroidt, "Global Land Use Change," 3465.

68. Bringezou et al., *Assessing Global Land Use*, 23.

69. Jesse Ausubel, Iddo Wernick, and Paul Waggoner, "Peak Farmland and the Prospect for Land Sharing," *Population and Development Review* 38, suppl. (2012): 239; Worster, *Shrinking the Earth*, 169.

70. Lambin and Meyfroidt, "Global Land Use Change," 3471.

71. Bringezou et al., *Assessing Global Land Use*, 24.

72. Vaclav Smil, "Nitrogen and Food Production: Proteins for Human Diets," *Ambio* 31, no. 2 (March 2012): 128.

73. Bringezou et al., *Assessing Global Land Use*, 32.

74. Willett et al., "Food in the Anthropocene," 468.

75. Emma Dunkley, "Africa Is the Final Frontier for the Bold and Patient Investor," *Independent*, June 1, 2013.

76. De Waal, *Mass Starvation*, 164.

77. Fred Pearce, *The Land Grabbers: The New Fight over Who Owns the Earth* (Boston: Beacon, 2012), 10, 12, 90, 291.

78. Pearce, *Land Grabbers*, 240; Robert Collins, *A History of Modern Sudan* (Cambridge: Cambridge University Press, 2008), 119.

79. Pearce, *Land Grabbers*, 247.

80. David Nally, "Governing Precarious Lives: Land Grabs, Geopolitics, and 'Food Security,'" *Geographical Journal* 181, no. 4 (December 2015): 343.

81. Lang, "Crisis? What Crisis?" 95.

82. McMahon, *Feeding Frenzy*, 62.

83. McMahon, *Feeding Frenzy*, 61; Pearce, *Land Grabbers*, 22–23.

84. Cribb, *The Coming Famine*, 41, 52–53.

85. Xia Liang et al., "Beef and Coal Are Key Drivers of Australia's High Nitrogen Footprint," *Scientific Reports*, December 23, 2016, 2.

86. Cribb, *The Coming Famine*, 116; Chris Otter, "Toxic Foodways: Agro-Food Systems, Emerging Foodborne Pathogens, and Evolutionary History," *Environmental History* 20, no. 4 (2015): 751–64.

87. Mol and Bulkley, "Food Risks and the Environment," 191.

88. Adam Drewnowski, "Fat and Sugar in the Global Diet: Dietary Diversity in the Nutrition Transition," in Grew, ed., *Food*, 194.

89. Warren, *Meat Makes People Powerful*, 103, 105–6.

90. Willett et al., "Food in the Anthropocene," 449, 471.

91. McMahon, *Feeding Frenzy*, 33.

92. Shafa Du, Bing Lu, Fengying Zhai, and Barry Popkin, "A New Stage of the Nutrition Transition in China," *Public Health Nutrition* 5, no. 1A (2002): 171.

93. Warren, *Meat Makes People Powerful*, 126.

94. Drewnowski, "Fat and Sugar in the Global Diet," 200.

95. McMahon, *Feeding Frenzy*, 36.

96. Pearce, *Land Grabbers*, 204.

97. Patel, *Stuffed and Starved*.

98. "Global Food Crisis Challenge Looms," *Morning Bulletin* (Rockhampton, Queensland), July 3, 2009.

99. Barry Popkin and Samara Nielsen, "The Sweetening of the World's Diet," *Obesity Research* 11, no. 11 (November 2003): 1325–32; World Health Organization, Diabetes Factsheet, July 2017, https://www.who.int/news-room/fact-sheets/detail/diabetes.

100. John Vidal, "Across Africa, the World Food Crisis since 1985 Looms for 50 Million," *Guardian*, May 22,

2016.

101. De Waal, *Mass Starvation*, 189.

102. Jean-Pierre Filiu, *Gaza: A History*, trans. John King (Oxford: Oxford University Press, 2014), 324–25.

103. Numerous variants of this quote have been reported. This version was cited in Tamer Qarmout and Daniel Béland, "The Politics of International Aid to the Gaza Strip," *Journal of Palestine Studies* 41, no. 4 (Summer 2012): 37.

104. Testimony of Raj Patel, US House of Representatives, Wednesday May 14, 2008, 48.

105. Testimony of Eva Clayton, US House of Representatives, Hearing before the Committee on Financial Services, "Contributing Factors and International Responses to the Global Food Crisis" (Appendix), Second Session, Wednesday, May 14, 2008, 35.

106. "Food for Street Parties: Coronation Sugar Bonus," *Dundee Courier*, January 28, 1953.

107. "Ox Roasting Schedule," *Hartlepool Northern Daily Mail*, June 2, 1953.

108. "Housewives to Sing-In End of Rationing," *Birmingham Daily Post*, July 3, 1954.

109. Zweiniger-Bargielowska, *Austerity in Britain*, 44; J. Greaves and Dorothy Hollingsworth, "Trends in Food Consumption in the United Kingdom," *World Review of Nutrition and Dietetics* 6 (1966): 70–75.

110. Martin, *The Development of Modern Agriculture*, 146; Oddy, "The Stop-Go Era," 67; Ulijasek, Mann, and Elton, *Evolving Human Nutrition*, 266.

111. Panikos Panayi, *Spicing up Britain: The Multicultural History of British Food* (London: Reaktion, 2008), 121–22; Andrew Rosen, *The Transformation of British Life, 1950–2000: A Social History* (Manchester: Manchester University Press, 2003), 16, 21; Blythman, *Bad Food Britain*, 69.

112. Rappaport, *A Thirst for Empire*, 351.

113. Bee Wilson, "Why We Fell for Clean Eating," *Guardian*, August 11, 2017.

114. Michael Butterwick and Edmund Neville-Rolfe, *Food, Farming, and the Common Market* (London: Oxford University Press, 1968), 21.

115. Butterwick and Rolfe, *Food, Farming, and the Common Market*, 22; Winnifrith, *The Ministry of Agriculture, Fisheries and Food*, 30.

116. McMahon, *Feeding Frenzy*, 37.

117. Beresford, *We Plough the Fields*, 221.

118. *A Blueprint for Survival*, 35, 46.

119. Worster, *Shrinking the Earth*, 163; E. F. Schumacher, *Small Is Beautiful: Economics as If People Mattered* (London: Harper & Row, 1975), 66; Höhler, *Spaceship Earth*, 63.

120. Clive Aslet, "Clocking Up Food Miles: The Ingredients of a Family Meal May Have Travelled a Long Way to Reach the Plate," *Financial Times*, February 23, 2002.

121. *Food Statistics Pocketbook 2017*, https://www.gov.uk/government/statistics/food-statistics-pocketbook-2017.

122. Chartered Institution of Wastes Management Environmental Body, *City Limits: A Resource Flow and Ecological Footprint Analysis of Greater London* (London: Best Foot Forward, 2002), 6.

123. Jean Mayer, "A Report on the White House Conference on Food, Nutrition, and Health," *Nutrition Reviews* 27, no. 9 (September 1969): 249.

124. Collingham, *The Taste of Empire*, 272.

125. "Sugar Reduction," 6, 7.

126. Cited in Rieff, *The Reproach of Hunger*, 148.

127. Denis Campbell, "Huge Rise in Hospital Beds in England Taken Up by People with Malnutrition," *Guardian*, November 25, 2016.

128. Kayleigh Garthwaite, *Hunger Pains: Life Inside Foodbank Britain* (Bristol: Policy, 2016), 5, 49–51, 2.

129. Jack Monroe, "I Am Daniel Blake — and There Are Millions More Like Me," *Guardian*, October 22, 2016.

130. Garthwaite, *Hunger Pains*, 137.

131. Wells, *The Metabolic Ghetto*, 428.

132. Tim Lang, "Brexit Poses Serious Threats to the Availability and Affordability of Food in the United

Kingdom," *Journal of Public Health* 40, no. 4 (2018): e608–e609.

133. Sarah Butler, "UK Appoints Food Supplies Minister amid Fears of No-Deal Brexit," *Guardian*, September 26, 2018.

134. Warren, *Meat Makes People Powerful*, 173.

135. Swinburn et al., "Syndemic," 13.

136. Worster, *Shrinking the Earth*, 199.

137. Serge Latouche, *Farewell to Growth*, trans. David Macey (Cambridge: Polity, 2009), 1.

138. Willett et al., "Food in the Anthropocene," 476.

139. Smil, *Feeding the World*; UN Human Rights Council, *Right to Food*, 9; Willett et al., "Food in the Anthropocene," 465; Bringezou et al., *Assessing Global Land Use*, 29.

140. Swinburn et al., "Syndemic," 26–27.

141. Willett et al., "Food in the Anthropocene," 470, 469.

142. De Waal, *Mass Starvation*, 201.

143. Daniel Oberhaus, "Space Lettuce: Inside NASA's Space Farming Labs," *Motherboard*, February 25, 2017.

144. Wilson, *Half-Earth*, 192.

145. Dickson Despommier, *The Vertical Farm: Feeding the World in the 21st Century* (New York: Picador, 2011), 22, 26.

146. Frank Salisbury, "Growing Crops for Space Explorers on the Moon, Mars, or in Space," in *Advances in Space Biology and Medicine* (vol. 7), ed. S. Bonting (Amsterdam: Elsevier, 1999), 142.

147. Sloterdijk, *Foams*, 315, 329.

148. For a case in point, see Steven Pinker, *Enlightenment Now: The Case for Reason, Science, Humanism, and Progress* (New York: Viking, 2018), 128.

149. Lappé, *Diet for a Small Planet*, 8.

索 引*

* 页码为原著页码，即本书页边码；插图由斜体字页码标注。

① http: //economy.guoxue.com/?p=8071.